"十一五"上海重点图书

材料科学与工程研究生教学用书

材料表面与界面

胡福增 主编

华东理工大学出版社
EAST CHINA UNIVERSITY OF SCIENCE AND TECHNOLOGY PRESS

图书在版编目(CIP)数据

材料表面与界面/胡福增主编. —上海:华东理工大学出版社,2008.1(2025.1 重印)

(材料科学与工程研究生教学用书)

ISBN 978-7-5628-2198-4

Ⅰ.材… Ⅱ.胡… Ⅲ.①工程材料—表面结构—研究生—教材 ②工程材料—界面—研究生—教材 Ⅳ.TB302

中国版本图书馆 CIP 数据核字(2007)第 137330 号

"十一五"上海重点图书

材料科学与工程研究生教学用书

材料表面与界面

主　　编 / 胡福增

责任编辑 / 马夫娇

责任校对 / 李　晔　张　波

出版发行 / 华东理工大学出版社

地　址:上海市梅陇路 130 号,200237

电　话:(021)64250306(营销部)

传　真:(021)64252707

网　址:www.ecustpress.cn

印　　刷 / 江苏凤凰数码印务有限公司

开　　本 / 787 mm×1092 mm　1/16

印　　张 / 21

字　　数 / 466 千字

版　　次 / 2008 年 1 月第 1 版

印　　次 / 2025 年 1 月第 14 次

书　　号 / ISBN 978-7-5628-2198-4/TB·20

定　　价 / 39.00 元

联系我们:电 子 邮 箱 press@ecust.edu.cn

官 方 微 博 e.weibo.com/ecustpress

天猫旗舰店 http://hdlgdxcbs.tmall.com

華東理工大學出版社

客户端扫码进入天猫旗舰店

序

材料是人类历史和社会发展的标志，其研发和应用水平是一个国家科技进步和综合国力的重要体现。20世纪70年代人们把材料、信息和能源誉为当代文明的三大支柱。80年代又把新材料、信息技术和生物技术并列为新技术革命的重要标志，并列入我国“863”高技术研究发展计划。新材料技术是当代高新技术的重要组成部分，同时也是高新技术发展的基础。

人类对材料的使用始于远古的石器时代，而对材料进行系统的研究则始于19世纪中叶。随着物理、化学及其相关学科理论体系的形成，以及X射线衍射、电子衍射和电子显微术等技术的出现极大地促进了材料科学的发展：在种类上，由传统的金属和陶瓷材料派生出高分子、混凝土以及复合材料；在性能方面，也由结构向功能、智能以及结构、功能和智能复合的方向发展；在结构层次方面，也从宏观进入微观的纳米尺度。

在科学技术高速发展的今天，材料科学与工程学科有以下几个突出的特点：首先，广义上更多的学科交融。涉及物理、化学、冶金、化工、机械、电子、生物和环境等众多学科领域；第二，发展速度快。电子、航空航天等高科技领域对材料日益苛刻的需求，以及工艺手段的逐步改进有力地推动了材料科学的发展；第三，材料的种类向多元化，性能向复合化、集成化方向发展。

“材料科学与工程”系列丛书具有“新、齐、强”的特点：“新”，就是反映了最新的科技发展成果和态势；“齐”，就是涵盖了材料科学与工程学科的各个领域，便于读者选择使用；“强”，就是整合了各院校相关学科及师资力量的资源优势，保证了整套丛书的质量和水平。在编写过程中，充分考虑了不同教育阶段内容的有机衔接，并根据研究生的教学要求进行相应的拓展和提升，在保持知识系统性的前提下，力求理论叙述深入浅出，保证丛书的科学性、原创性、先进性和实用性。对高等学校材料学、材料加工工程、材料物理与化学等专业的研究生，以及从事新材料研究和开发的科技工作者具有重要的应用和参考价值。

中国工程院院士 

序

前　言

材料科学、信息科学和生命科学是当前新技术革命中的三大前沿科学，材料在人类社会发展长河中起着举足轻重的作用。石器时代、陶器时代、青铜器时代、铁器时代……材料的使用水平成为历史前进、社会发展的里程碑。当今社会，材料科学更是日新月异地高速发展，高性能的金属材料、无机非金属材料、高分子材料、复合材料、纳米材料、生物材料……层出不穷，材料已经成为国民经济中的支柱产业之一。

任何材料都有与外界接触的表面或与其他材料区分的界面，材料的表界面在材料科学中占有重要的地位。材料的表面与其内部本体，无论在结构上还是在化学组成上都有明显的差别，这是因为材料内部原子受到周围原子的相互作用是相同的，而处在材料表面的原子所受到的力场却是不平衡的，因此产生了表面能。对于由不同组分构成的复合材料，组分与组分之间可形成界面，某一组分也可能富集在材料的表界面上。即使是单组分的材料，由于内部存在的缺陷(如位错等)或者晶态的不同形成晶界，也可能在内部产生界面。材料的表界面对材料整体性能具有决定性的影响，材料的腐蚀、老化、硬化、破坏、印刷、涂膜、黏结、复合等，无不与材料的表界面密切有关。因此研究材料的表界面现象具有重要的意义。

材料表界面的研究越来越受到国内外科学家的重视，材料表界面科学得到了迅速发展。有关材料表界面研究的文献资料浩若烟海，国内外定期召开材料表界面学术年会，并形成专著出版。有关金属材料、无机非金属材料、高分子材料、复合材料的期刊，会议论文集，专著等都刊有材料表界面的专题。

但是，材料表界面的教学落后于材料表界面科学的发展，虽然物理化学中有关表面化学的章节，表面物理化学早已形成系统的教材和课程，但这只是基础的表界面教程，与材料科学的联系不够紧密。目前虽有一些材料表界面的专著，但往往是以学术会议为基础编写而成的，缺乏系统性。这些专著对于从事材料表界面研究的工作人员很有参考价值，但用作初涉该领域学生的教材显然是不合适的。目前，在高分子材料、无机材料、复合材料等专业课程的教学中多少涉及一些材料表界面知识，但尚未形成系统的适用教材。因此编写适合于材料类专业的材料表界面教材，很有必要。

长期以来，我们一直非常重视材料表界面的科研和教学工作，积累了丰富的经验。我校开设材料表界面的课程已有二十几年的历史，先后为硕士研究生开设了“复合材料的界面”、“聚合物及聚合物基复合材料的表界面”、“材料表界面”等课程。在长期教学实践的基础上，我们编著了这本教材，力求深入浅出地介绍表界面的基础知识和概念，着重于高聚物材料、无机材料、复合材料、生物材料、纳米材料表界面的基础理论及其应用实例，将材料表界面科学的发展趋势和我校在该领域的研究成果结合在该教材之中。

本书第 1 章、第 3 章和第 5 章由胡福增编写，第 2 章由胡福增和王书忠执笔，第 4 章由杨云霞撰写，第 6 章由胡福增和郑安呐编写，第 7 章和第 8 章分别由郎美东和朱以华编写，最后由胡福增统稿。参加本书编写的教师在各自编写的领域都有较高的造诣，具有丰富的教学科研经验。虽然编写者为本书的完成尽了很大的努力，但材料表界面科学博大精深，本书限于篇幅及编著者的知识局限，不可能涉及材料表界面的每个方面，也不可避免地存在种种问题，希望专家、读者提出宝贵的意见，以便今后改正。

吴叙勤教授长期从事聚合物基复合材料的教育科研工作，为硕士研究生开课多年，退休前，将讲课资料毫无保留地传授给后人。本书不少材料取自吴叙勤教授的讲课材料，在此谨表衷心感谢。

本书编写大纲由中国工程院院士孙晋良先生审定，在此表示感谢。

在本书的编写过程中，得到一些研究生的协作和帮助，他们为资料的搜集和本书的文字、图表输入做了大量的工作。在此一并表示感谢。

编　者

目　　录

第 1 章　表界面基础知识

材料科学、信息科学和生命科学是 21 世纪技术革命的三大前沿科学，材料的表界面在材料科学中占有重要的地位。

何谓表界面？表界面是多相体系中相与相之间的过渡区域。从表界面的定义可知，表界面研究的对象是不均匀的多相体系，更确切地说，研究的是不均匀体系中从一个相到另一个相的过渡区域。

根据物质聚集态的不同，表界面可分为以下五类：固-气、液-气、固-液、液-液、固-固。

习惯上，把固-气、液-气的过渡区域称为表面，而把液-液、固-液、固-固的过渡区域称为界面。气体和气体之间总是均相体系，因此不存在界面。

实际上两相之间并不存在截然的分界面，相与相之间是一个逐步过渡的区域。如图1-1所示，在 A，B 两相形成界面的过程中，由于优先吸附作用，界面区形成一个吸附层，A 相临近界面的表面层与 A 相本体有不同的结构，B 相临近界面的表面层也与 B 相本体有不同的结构，界面区域的化学组分、分子排列、结构、能量、热性能、力学性能等呈现连续的梯度性变化。表界面不是几何学上的平面，而是一个结构复杂，厚度约为几个分子的准三维区域。本体相是宏观的，其组成和结构相对是比较均匀和简单的；界面相是亚微观的，却有极其复杂的结构和组成。在两相复合形成界面的过程中，会出现热效应（导热系数、膨胀系数的不同）、界面化学效应（官能团之间的作用或反应）和界面结晶效应（成核诱发结晶、横晶）等，这些效应引起的界面微观结构和性能特征，对材料的宏观性能产生直接的影响。因此，界面也称为界面相或界面层。

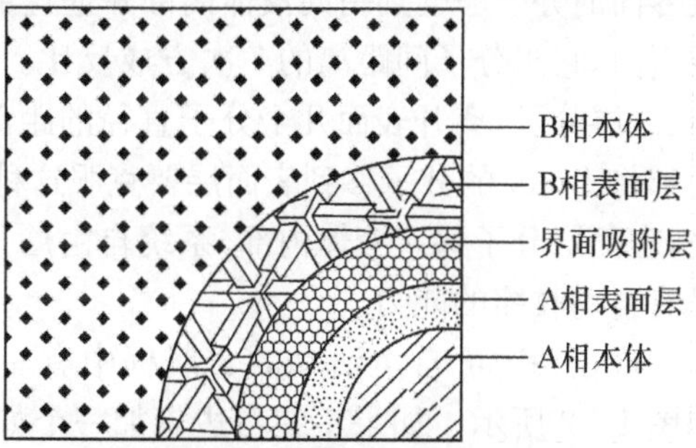

图 1-1　复合材料界面模型

人们最初认识物体总是从直观地观察其表面开始的。当我们接触某种物体时，首先看到的是它的表面，它是什么颜色，它的表面是光滑还是粗糙的，表面是光彩夺目还是暗淡无光。当把油和水混合在一起静置后，水油分层，我们可清楚地看到两层液体之间的界面。物体在三维空间中以表面或界面的形式与其他物体区分开来，表面与界面现象随处可见。对于多组分的材料，组分与组分之间可形成界面，某一组分也可能富集在材料的表界面上。即使是单组分材料，由于内部存在缺陷（如位错等）或者因晶态的不同形成晶界，也可能在内部形成界面。材料的表面和界面对材料的整体性能具有决定性的影响，材料的腐蚀、老化、硬化、印刷、涂膜、黏结、复合等,都与材料的表面和界面密切有关。因此,研究材料的表面和界面具有重要的意义。

为了深入学习材料的表面和界面,首先有必要对表面和界面的基础知识作一了解。

1.1 表面张力和表面自由能

1.1.1 表面张力、表面自由能

处在液体表面层的分子与处在液体内部的分子所受的力场是不同的。众所周知,分子之间存在短程的相互作用力,称为范德瓦尔斯力。处在液体内部的分子受到周围同种分子的相互作用力,从统计平均来说分子间力是对称的,相互抵消。但是处在液体表面的分子没有被同种分子完全包围,在气-液界面上的分子受到指向液体内部的液体分子的吸引力,也受到指向气相的气体分子的吸引力。由于气体方面的吸引力比液体方面的小得多,因此气-液界面的分子净受到指向液体内部并垂直于界面的引力。这种分子间的引力主要是范德瓦尔斯力,它与分子间距离的 7 次方成反比。所以表面层分子所受邻近分子的引力只限于第一、二层分子,离开表面几个分子直径的距离,分子受到的力基本上就是对称的了。从液相内部将 1 mol 的分子移到表面层要克服这种分子间引力做功,从而使系统的自由焓增加;反之,表面层分子移入液体内部,系统自由焓下降。因为系统的能量越小越稳定,故液体表面具有自动收缩的能力。

设在一边可自由活动的金属框中有一层肥皂液膜,如图 1-2 所示。如果不在右边施加一个如图 1-2 所示方向的外力 F,液膜就会收缩。这就表明,在沿液膜的切线方向上存在一个与外力 F 方向相反、大小相等且垂直于液膜边缘的力。实验表明,外力 F 与液膜边缘的长度成正比,比例常数与液体表面特性有关,以 σ 表示,称为表面张力,即:

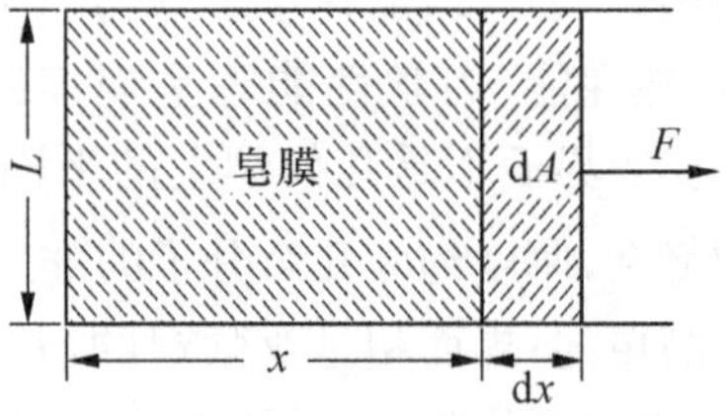

图 1-2 皂膜的拉伸

$$\sigma = \frac{F}{2L} \tag{1-1}$$

式中,L 为液膜边缘长度,因为液膜有两个表面,故取系数 2。上式表明,表面张力 σ 是单位长度上的作用力,其单位是 N/m。它是反抗表面扩大的一种收缩力,作用是使一定体积的系统具有最小的表面积。液滴在无外力作用时呈珠状就是这个道理。

在图 1-2 中,设在力 F 的作用下金属丝移动了 $\mathrm{d}x$ 的距离,则所做的功为:

$$\mathrm{d}W = F\mathrm{d}x = \sigma \cdot 2L \cdot \mathrm{d}x \tag{1-2}$$

但 $2L \cdot dx$ 等于液膜的面积增量 dA，所以：

$$dW = \sigma \cdot dA \tag{1-3}$$

将上式改写成如下形式：

$$\sigma = dW/dA \tag{1-4}$$

从式(1-4)可以看出，σ 也可以理解为系统增加单位面积时所需做的可逆功，单位为 J/m^2，是功的单位或能的单位，所以 σ 称为表面自由能，简称表面能。注意到单位 J/m^2 和 N/m在量纲上是等效的，在本书中对这两个单位不作严格区别而交替使用。

如上所述，表面张力本质上是由分子间相互作用力而产生的，范德瓦尔斯力由色散力、诱导力、偶极力、氢键等分量组成，其中色散力是由分子间的非极性相互作用引起的，诱导力、偶极力、氢键等都与分子间的极性相互作用有关，因此可以把表面张力分解为色散分量 σ^d 和极性分量 σ^p，即：

$$\sigma = \sigma^d + \sigma^p \tag{1-5}$$

1.1.2　表面张力的热力学定义

根据热力学第一定律，系统的内能由热能和功组成，纯物质组成的系统在可逆条件下生成单位表面时内能的变化为：

$$dU = dQ_R + dW_R \tag{1-6}$$

由于涉及表面能，系统的功包括膨胀功和表面功，即：

$$dW_R = -pdV + \sigma dA$$

由热力学第二定律 $dQ_R = TdS$，与上式一起代入式(1-6)，可得：

$$dU = TdS - pdV + \sigma dA \tag{1-7}$$

根据焓：$H \equiv U + pV$

自由能：$F \equiv U - TS$

自由焓：$G \equiv H - TS$

微分得：

$$\begin{aligned} dH &= dU + pdV + Vdp \\ dF &= dU - TdS - SdT \\ dG &= dH - TdS - SdT \end{aligned} \tag{1-8}$$

与式(1-7)结合，可导出以下三个表面张力的热力学基本方程：

$$dH = TdS + Vdp + \sigma dA \tag{1-9}$$

$$dF = -SdT - pdV + \sigma dA \tag{1-10}$$

$$dG = -SdT + Vdp + \sigma dA \tag{1-11}$$

由以上四个热力学基本方程可以得出表面张力的热力学定义：

$$\sigma = \left(\frac{\partial U}{\partial A}\right)_{S,V} = \left(\frac{\partial H}{\partial A}\right)_{S,p} = \left(\frac{\partial F}{\partial A}\right)_{V,T} = \left(\frac{\partial G}{\partial A}\right)_{p,T} \tag{1-12}$$

上式表明，表面张力为各特定条件下改变单位面积所引起的 U，H，F，G 的变化值。由于经常在恒温、恒压下研究表面性能，故下列定义较为常用，即：

$$\sigma = \left(\frac{\partial G}{\partial A}\right)_{p,T} \tag{1-13}$$

令 G^S 为单位面积的自由焓，单位为 J/m^2，简称比表面自由焓，A 为总表面积，则总表面自由焓为：

$$G = G^S A \tag{1-14}$$

代入式(1-13)可得：

$$\sigma = G^S + A\left(\frac{\partial G^S}{\partial A}\right)_{p,T} \tag{1-15}$$

纯液体分子是可流动的，表面改变时并不引起表面结构分子间平均距离及排列情况的变化，所以：

$$\left(\frac{\partial G^S}{\partial A}\right) = 0$$

由此得：

$$\sigma = G^S \tag{1-16}$$

上式表明，单组分液体的表面张力等于比表面自由焓。

1.2 Laplace 方程

表面弯曲的液体在表面张力的作用下，表面上承受着一定的附加压力。如图 1-3 所示，在两根玻璃毛细管中，(a)中储汞，呈凸面，在凸面与毛细管壁的交界线上作用的表面张力指向液体内部；(b)中储水，呈凹面，在交界线上作用的表面张力指向液体上方。对平面液体来说，表面张力是沿平面切线方向作用的，所以附加压力为零。由图 1-3

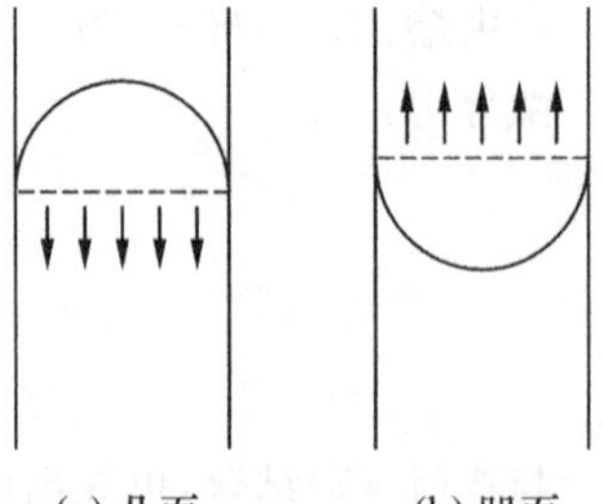

图 1-3 弯曲界面上的附加压力

可知，附加压力的方向总是指向曲率中心一边，且与曲率大小有关，Laplace方程阐明了这种关系。

1.2.1 球面

首先考虑弯曲面为球面的特殊情况，如图1-4所示。

设有一球形皂泡，半径为r，表面积$A=4\pi r^2$。假如在附加压力Δp的作用下，半径减小了$\mathrm{d}r$，则表面能量变化ΔE为：

$$\Delta E=\sigma \mathrm{d}A=8\pi r\sigma \mathrm{d}r \quad (1-17)$$

当半径收缩$\mathrm{d}r$时，压力Δp所做的功W为：

$$W=\Delta pA\mathrm{d}r=\Delta p4\pi r^2\mathrm{d}r \quad (1-18)$$

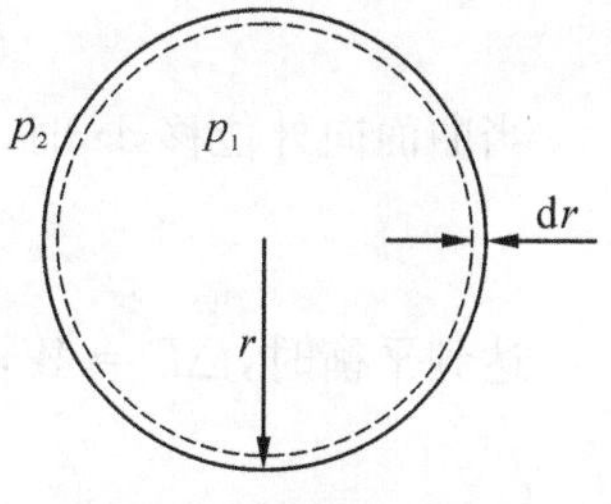

图1-4 皂泡的收缩

平衡时，W等于表面自由能的减少，即：

$$\Delta p4\pi r^2\mathrm{d}r=8\pi r\sigma \mathrm{d}r$$

求得：

$$\Delta p=2\sigma/r \quad (1-19)$$

式(1-19)即为弯曲表面为球面时的Laplace方程。在推导过程中未考虑重力场的作用。由此式可知Δp与表面张力成正比，而与曲率半径成反比。

1.2.2 任意曲面

若液面为任意曲面，一般需用两个曲率半径来描述。图1-5所示为任意曲面的一小部分。

其中R_1，R_2分别表示曲线在正交方向上的两个曲率半径，由于所取曲面足够小，R_1，R_2可看作常数，即AB和CD的曲率半径等于R_1，其圆心分别为O和O'，而AD和BC的曲率半径等于R_2，圆心分别为Q和Q'。曲面在很小时可近似看作是一个矩形，边长分别为x和y，其面积$A=xy$。如果将该曲面在压差Δp的作用下由$ABCD$向外推移一个小小的距离$\mathrm{d}z$成为$A'B'C'D'$，面积的微小变化为：

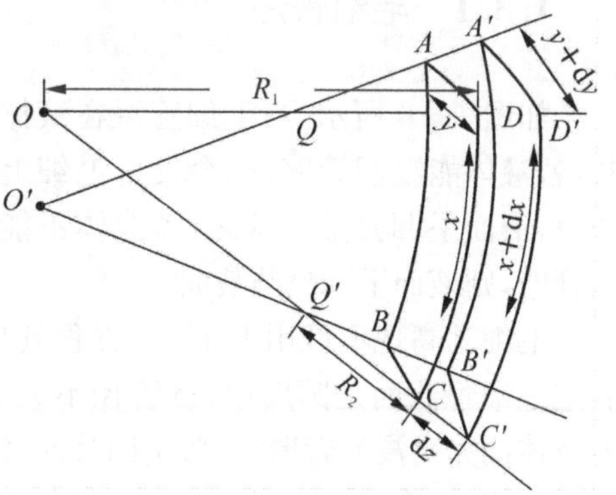

图1-5 任意曲面

$$\mathrm{d}A=\mathrm{d}(xy)=x\mathrm{d}y+y\mathrm{d}x \quad (1-20)$$

形成这部分新表面时的表面能ΔE的变化为：

$$\Delta E=\sigma\mathrm{d}A=\sigma(x\mathrm{d}y+y\mathrm{d}x) \tag{1-21}$$

由相似三角形原理：

$$\frac{x+\mathrm{d}x}{R_1+\mathrm{d}z}=\frac{x}{R_1} \quad 即 \quad \mathrm{d}x=x\mathrm{d}z/R_1 \tag{1-22}$$

$$\frac{y+\mathrm{d}y}{R_2+\mathrm{d}z}=\frac{y}{R_2} \quad 即 \quad \mathrm{d}y=y\mathrm{d}z/R_2 \tag{1-23}$$

当曲面向外位移 $\mathrm{d}z$ 时，作用在 xy 面积上的压差 Δp 做功为：

$$W=\Delta p\cdot xy\cdot \mathrm{d}z \tag{1-24}$$

达到平衡时，$\Delta E=W$，即：

$$\sigma(x\mathrm{d}y+y\mathrm{d}x)=\Delta p\cdot xy\cdot \mathrm{d}z$$

以式(1-22)和式(1-23)代入，化简后得：

$$\Delta p=\sigma(1/R_1+1/R_2) \tag{1-25}$$

式(1-25)就是 Laplace 方程的一般形式，是表面化学的基本定律之一。当两个曲率半径相等时，$R_1=R_2=r$，曲面成为一个球面，式(1-25)即成为式(1-19)。对于平液面，两个曲率半径都为无限大，$\Delta p=0$，表示跨过平液面不存在压差。

1.3 液体表面张力的测试

1.3.1 毛细管法

如图 1-6 所示，当毛细管浸在液体中时，若液体能浸润管壁，则会发生毛细上升现象，液面呈凹月形。反之，若液体不能浸润管壁，则液面下降呈凸液面。

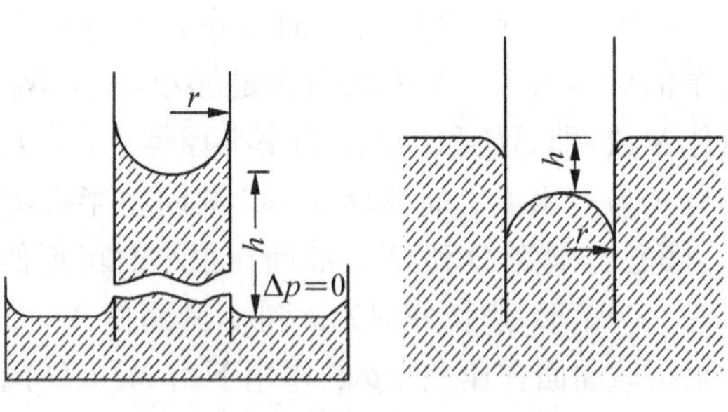

图 1-6 毛细管上升和下降现象

毛细升高现象可用 Laplace 方程处理。假定毛细管截面是圆周形，且管径不太大，若液体能完全浸润管壁，并假定凹月面可近似看作半球形，此时不仅两个曲率半径相等，而且都等于毛细管半径 r。由 Laplace 公式可得：

$$\Delta p=2\sigma/r \tag{1-26}$$

若定义 h 为凹月面底部距平液面的高度，则压差 Δp 应等于毛细管内液柱的静压强 $\Delta\rho gh$，即：

$$\Delta\rho gh = 2\sigma/r \tag{1-27}$$

式中，$\Delta\rho$ 为液-气两相密度差；g 为重力加速度。式(1-27)也可以改写成：

$$a^2 = 2\sigma/\Delta\rho g = rh \tag{1-28}$$

式中，a 称为毛细常数，它是液体的一个特性常数。

当液体完全不浸润管壁时，式(1-28)仍适用，毛细上升改为毛细下降，h 表示下降深度。

更普遍的情况是液体与管壁不是完全浸润，液-固之间的接触角 θ 介于 0°～180°之间，若弯月面仍为球面，则有：

$$\Delta\rho gh = \frac{2\sigma\cos\theta}{r} \tag{1-29}$$

实验测得毛细升高(或下降)高度 h，因毛细管半径 r 和液体密度已知，由式(1-27)或式(1-29)可以求出液体的表面张力 σ。

仔细分析上面的推导过程，可发现如下的问题：对凹月面作了球面的近似处理，事实上凹月面不可能是一个绝对的球面，也即凹月面上每一点的曲率半径都不一定相等，所以要作弯月面非球面的修正；只有在凹月面的最低点毛细上升高度才是 h，在其他各点上，毛细上升高度都大于 h。若令 y 表示凹月面上某点离开液面的距离，则有 $\Delta p = \Delta\rho gy$，只有在凹月面最低点上才有 $\Delta p = \Delta\rho gh$，因此要作液体质量的修正。

对毛细上升现象作精确处理，必须考虑对以上两个偏差作修正。修正方法之一是 Rayleigh 提出的级数近似法。对接近球形的弯月面，在 $r \ll h$ 的情况下，可得到如下的级数展开式：

$$a^2 = r(h + r/3 - 0.128\,8r^2/h + 0.131\,2r^3/h^2 - \cdots) \tag{1-30}$$

式中，第一项是基本的 Laplace 方程；第二项是考虑弯月面液体质量的修正；其余各项是对偏离球形的修正。

1.3.2　最大气泡压力法

本法是将一根毛细管插入待测液体中，缓缓通入惰性气体，使在管端形成气泡逸出，如图 1-7 所示。当毛细管很细时，可假设气泡在生成过程中始终是球体的一部分。但气泡在发展过程中半径由大变小，当气泡形状恰为半球时，气泡的半径最小，正好等于毛细管半径，Δp 也相应达到最大值。实验过程中用连接在毛细管上的 U 形压力计测出最大气泡

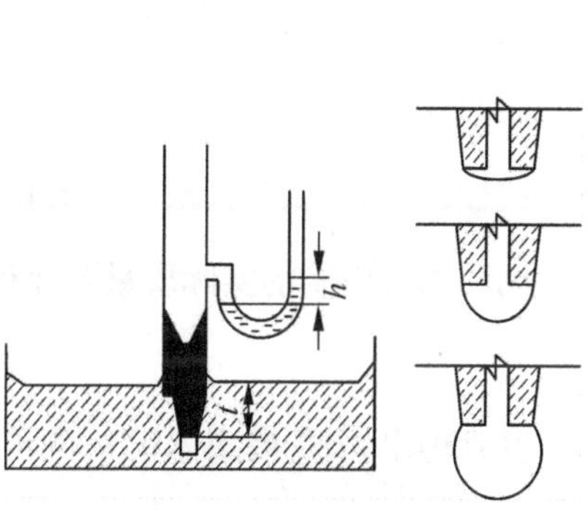

图 1-7　最大气泡压力法

压力，则：

$$\Delta p_{\max} = \Delta\rho g h = 2\sigma/r \tag{1-31}$$

若测试中，毛细管下端在液面下的深度为 t，该处的压力为 p_t，则：

$$\Delta p_{\max} = \Delta\rho g h - p_t \tag{1-32}$$

必须指出，这种处理仅局限于毛细管很细的情况，精度可达千分之几。当毛细管较粗时，则计算误差较大，应加以修正。

1.3.3 滴重法

这是一种既精确又方便的方法。它既可测定气-液表面张力，又可测定液-液界面张力。如图 1-8 所示，在恒温条件下，使管端缓慢形成的液滴滴入杯中，收集适量的液体后称其质量，由此精确地测得每滴液重。早在 1864 年，Tate 就提出液滴所受重力 mg 与表面张力 σ 的关系为：

$$mg = 2\pi r\sigma \tag{1-33}$$

式中，r 是毛细管半径，液体能润湿管端平面时为外径，不能润湿时为内径。

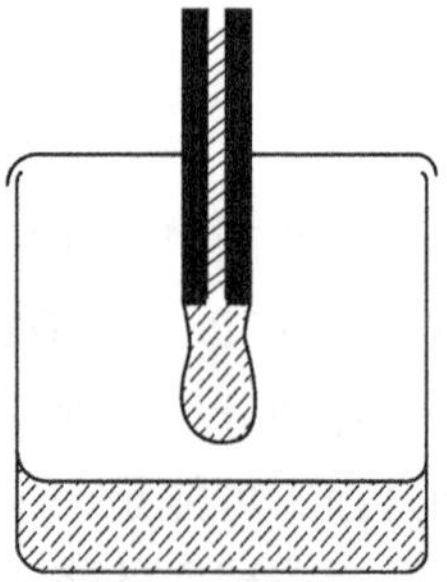

图 1-8 滴重法

仔细观察液滴形成全过程就会发现，由于形成的细长液柱在力学上不稳定，一部分半径缩小，另一部分半径扩大，最后形成液滴落下，因此真正落入容器的只是一部分液体。一般认为，多至 40% 质量分数的液滴仍与滴尖相连，当与下落部分分离后，又缩了回去，成为下一个液滴的一部分，如图 1-9 所示。

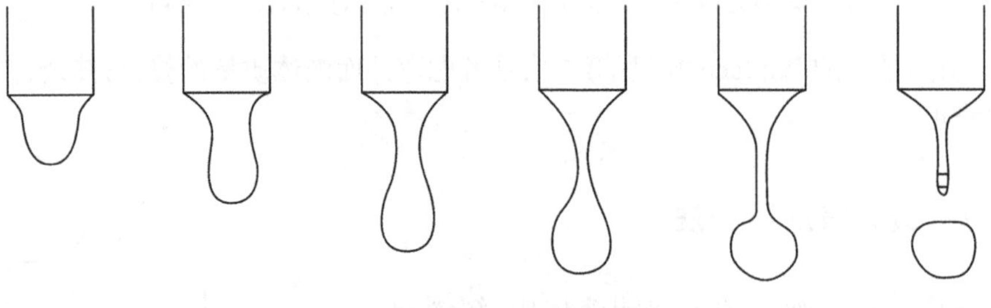

图 1-9 液滴落下过程的示意图

因此测得液滴的实际质量要比计算值小得多。为此，Harkins 引入修正系数 f：

$$mg = 2\pi r\sigma \cdot f \tag{1-34}$$

并且得出，f 是液滴体积 V 的函数，f 随 $r/V^{1/3}$ 变化。

$$f = \phi(r/V^{1/3}) \tag{1-35}$$

Wilkenson 等用实验数据拟合得到下面的经验方程：

$$f = 0.9045 - 0.7249(r/V^{1/3}) + 0.4293(r/V^{1/3})^2 \tag{1-36}$$

上式适用于 $0.3 < (r/V^{1/3}) < 1.2$ 的区间。吴树森与王飞虹则提出下面的经验方程：

$$f = 1.007 - 1.4789(r/V^{1/3}) + 1.829(r/V^{1/3})^2 \tag{1-37}$$

上式适用于 $0.058 < (r/V^{1/3}) < 0.3$ 的区间。

因此，用滴重法测出液滴质量后，求出 $r/V^{1/3}$，通过式(1-36)、式(1-37)求出修正因子 f，代入式(1-34)即可得到表面张力 σ。

1.3.4 吊环法

吊环法是脱离法的一种，如图1-10所示。

将一环放在液面上，然后测定将环向上拉起时所需的力 p。根据表面张力的基本概念可知，将圆环从液面上分离所需的最大拉力应等于该环的质量加上表面张力与被分离表面周长的乘积。设环的内径为 R'，环由半径为 r 的铂丝制成，则：

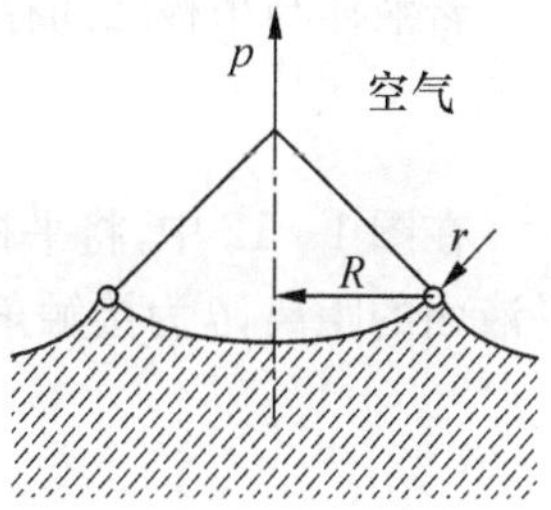

图1-10 吊环法

$$p = W_{环} + 2\pi\sigma R' + 2\pi\sigma(R' + 2r) \tag{1-38}$$

式中，$W_{环}$ 为铂环质量；后面两项为液膜对圆环内外表面施加的作用力。令 $F = p - W_{环}$，$R = R' + r$，则可得：

$$F = 4\pi\sigma(R' + r) = 4\pi R\sigma \tag{1-39}$$

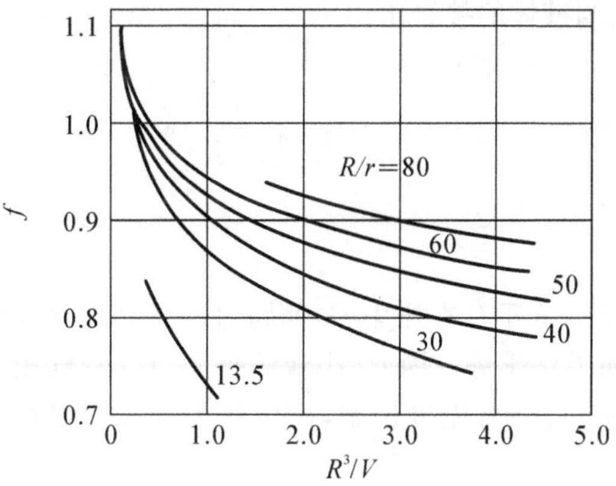

图1-11 吊环法的校正因素

Harkins 和 Tordan 发现上式与实际数据有较大的误差，模拟滴重法作了校正。根据大量的实验数据分析总结，表明校正因子 f 与两个无量纲量 R^3/V 和 R/r 有关，即：

$$F = \psi(R^3/V, R/r)$$

图1-11是吊环法的校正因子图，该图是在一定的 R/r 下以 f 对 R^3/V 作出的一系列曲线。由 R^3/V 值和 R/r 曲线的交点可查出校正因子 f。

$$\sigma = \frac{F}{4\pi R} \cdot f \tag{1-40}$$

1.3.5 吊板法

吊板法是由 Wilhelmy 于 1863 年提出的。如图 1－12 所示，将一块平板（如显微镜盖玻片或铂箔）部分浸到液体中，平板另一端挂在天平上，测定吊板脱离液面时所需的最大拉力 $W_{总}$，则：

$$p = W_{总} - W_{板} = 2(l + d) \tag{1-41}$$

式中，l 为吊板宽度；d 为厚度；$2(l+d)$ 为平板周长；$W_{板}$ 为平板在空气中的质量。测出 $W_{总}$ 后，可由式（1－41）求出液体的表面张力 σ。

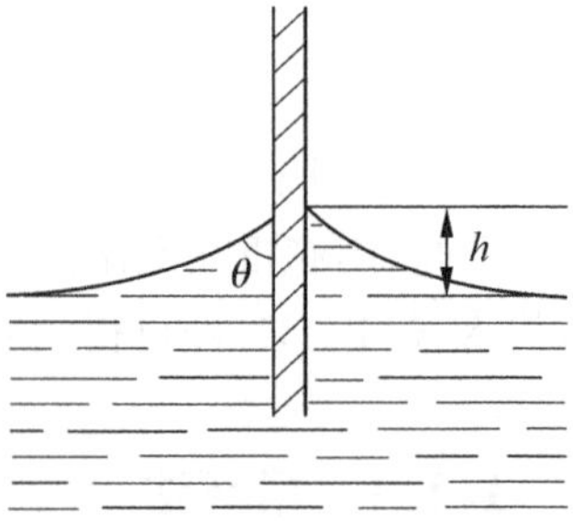

图 1－12　吊板法

若液体与吊板之间存在接触角 θ，则相应的公式为：

$$p = 2(l + d)\sigma\cos\theta \tag{1-42}$$

在图 1－12 中，将平板插入液体中后，产生了毛细升高现象。设 h 为液面升高端点离水平液面的距离，θ 为接触角，根据 Laplace 公式：

$$\Delta\rho g y = \sigma\left(\frac{1}{R_1} + \frac{1}{R_2}\right) \tag{1-43}$$

因 $R_2 \to \infty$，对式（1－43）微分方程求解，结果得：

$$\frac{\Delta\rho g h^2}{2\sigma} = 1 - \sin\theta \tag{1-44}$$

若用分离法测定 p，同时又用一台测高计测出 h，则联合式（1－42）和式（1－44），在一个实验中可同时测出液体的表面张力和平板材料与液体的接触角。

1.4 Kelvin 公式

根据 Young-Laplace 公式可知，跨过一个平表面不存在压力差，而跨过曲面必然存在压力差 Δp。对于液体来说，增加压力相当于增加了化学势。因此，小液滴平衡时的蒸气压一定比平面液体平衡时的蒸气压大。假定液体不可压缩，温度恒定，则由热力学第二定律可知，压力改变对液相摩尔自由焓的影响为：

$$\Delta G_1 = \int V\mathrm{d}p = V\Delta p = \sigma V\left(\frac{1}{R_1} + \frac{1}{R_2}\right) \tag{1-45}$$

式中，V 为摩尔体积。

液体的自由焓变化也可用蒸气压的变化来表示。假定与液体相平衡的蒸气为理想气体，则：

$$\Delta G_v = RT\ln p/p_0 \tag{1-46}$$

假定曲面为球面，则 $R_1 = R_2 = r$。当液相与气相平衡时：

$$\Delta G_l = \Delta G_v \tag{1-47}$$

$$RT\ln\frac{p}{p_0} = \frac{2\sigma V}{r} = \frac{2\sigma M}{\rho r} \tag{1-48}$$

式中，p_0 为 T 温度下平液面的蒸气压；p 为 T 温度下弯液面的蒸气压；V 为液体摩尔体积 $(V = M/\rho)$；M 为液体相对分子质量；ρ 为液体的密度；r 为弯液面的曲率半径。

式(1-48)即为 Kelvin 公式，是表面化学的基本公式之一。Kelvin 公式表明，液滴的半径越小，其蒸气压越大。对水滴的计算结果如表 1-1 所示。

表 1-1　20℃时水滴蒸气压随水滴半径的变化($p_0 = 0.238$ kPa)

水滴半径/cm	10^{-4}	10^{-5}	10^{-6}	10^{-7}
$(\Delta p/p_0)$/%	0.1	1.1	11.4	19.5

由表 1-1 可见，当半径小到 10^{-6} cm 时，蒸气压增加 10%以上。这样小的水滴中约含 1.4×10^5 个水分子，可见即使空气中水蒸气过饱和达到 10%时，这么多水分子同时聚在一起形成水珠的可能性仍很小，所以在干净空气中，水蒸气有时可达很高的过饱和程度而不凝聚。若有灰尘等微粒存在，则水蒸气在较低的过饱和程度时就能在微粒表面上凝结。人工降雨就是利用这一原理，提供一些凝结核心，使水汽形成水珠落下。

应用 Kelvin 公式可以解释以下一些现象。

在 0℃以下，很纯的水可能不结冰，即为过冷水。这是因为由于涨落现象而生成的微小冰粒的化学位比大冰块的化学位高，结果被融化。因此很纯的水在自动结冰之前可以过冷至−40℃左右，但这种介稳态是不能稳定存在的，如果系统中有杂质存在，则过冷水会很快凝聚成冰。

过热液体是加热到沸点也不沸腾的液体。加热产生的微小气泡使液面呈凹面，曲率半径是很大的负值。按照 Kelvin 公式，凹面液体的饱和蒸气压比平面液体的小；更重要的是，由 Laplace 方程可知，微小气泡还承受很大的附加压力 $2\sigma/r$。所以在未达到足够的过热程度前，气泡内的压力小于大气压与附加压力 $2\sigma/r$ 之和，不能使液体沸腾，必须升温到使凹液面的蒸气压等于或超过大气压 $+2\sigma/r$ 才能使液体沸腾。这就是纯净液体易过热的原因。通过在液体内放入沸石或一端封闭的毛细管，可使过热程度显著降低。

过饱和溶液是指浓度高于正常溶解度而不结晶的溶液。产生这一现象的原因是生成高度分散的微小晶粒具有较大的溶解度。

1.5 二元体系的表面张力

1.5.1 溶液的表面张力

溶液的表面张力不仅与温度和压力有关，还与其组成有关，溶质的存在可以影响溶液的表面张力。

溶液的组成对表面张力的影响比较复杂。在水溶液中，表面张力随组成的变化规律一般有三种比较典型的类型。

第一种如图 1－13 所示，20℃时 NaCl 水溶液的表面张力随溶质浓度的增加几乎成直线上升。一般强电解质的水溶液，如 Na_2SO_4，KOH，NH_4Cl，KNO_3 等无机盐以及蔗糖、甘露醇等多羟基有机物具有类似的图形。电解质水溶液表面张力增大趋势还与离子的性质有关，对一价离子有下列次序：$Li^+ > Na^+ > K^+ > Rb^+ > Cs^+$，$F^- > Cl^- > Br^- > I^-$。

这与由它们构成的各种 1－1 型电解质熔盐在 1 000℃时的表面张力相比，顺序是一致的。

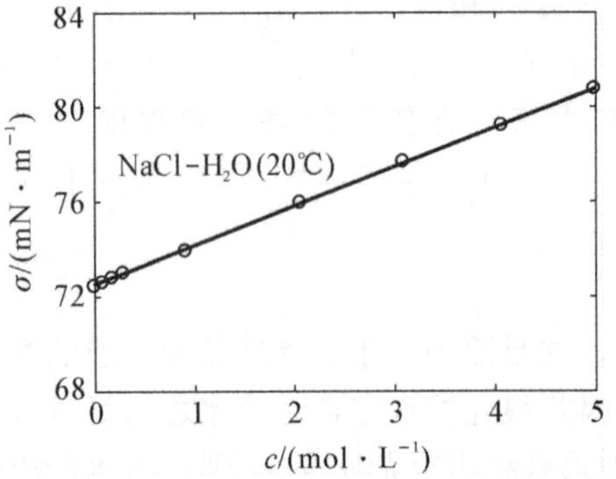

图 1－13 NaCl 水溶液的 $\sigma-c$ 关系图

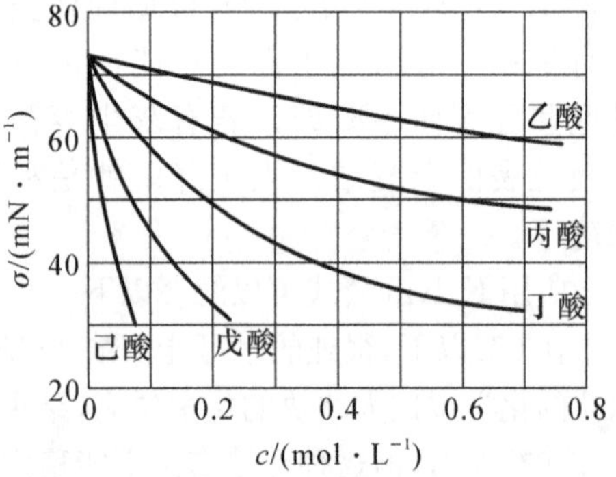

图 1－14 脂肪酸水溶液的 $\sigma-c$ 关系图

第二种类型是一些醇、醛、酸、酮、胺等有机物，它们在稀溶液中可比较明显地降低水溶液的表面张力，通常开始降低得较快，随着浓度增加，表面张力减小趋势减慢。图 1－14 为脂肪酸水溶液的表面张力与其浓度的关系图。

由图 1－14 可见，脂肪酸降低水的表面张力的能力与其碳氢链长度有关，碳氢链越长，其降低表面张力的能力越强。在稀溶液中各种脂肪酸的表面张力下降值 $\Delta\sigma$ 与其浓度成正比：

$$\Delta\sigma = \sigma_0 - \sigma = \alpha c \tag{1-49}$$

式中，σ_0，σ 为溶剂与溶液的表面张力；α 为特性常数。

Traube 比较了许多同系列有机化合物的 $\sigma - c$ 曲线后发现，同系物中每增加一个亚甲基团，$(\sigma_0-\sigma)/c$，即 α 值增大约 3 倍。这个规则称为 Traube 规则：在同系物溶液中，欲使表面张力降低得一样多，所需溶液浓度因分子中每增加一个亚甲基而减少为原来的三分之一。

可以证明，Traube 规则相当于将 1 mol 亚甲基从本体相移到表面相需做功 2 675.2 J，也就是说，不管碳链多长，每个亚甲基从本体相迁移到表面相所做的功是一样的。由此推断，表面上每个亚甲基处于相同的状态，即在表面浓度很小时，溶质分子是平躺在表面上的；但当浓度较大时，分子将与表面斜交，因而会偏离 Traube 规则。

对浓度较大的溶液，Szyszkowski 提出了下面的半经验式：

$$\Delta\sigma = \sigma_0 - \sigma = \sigma_0 b \ln(c/a + 1) \tag{1-50}$$

式中，b 为特性常数，同系物的 b 值大致相同；a 为随溶质而异的特性常数。

对上式在 $c \to 0$ 时，将 $\ln(c/a+1)$ 按级数展开，取第一项可得：

$$\Delta\sigma = \frac{\sigma_0 b}{a} c \tag{1-51}$$

上式与式(1-49)完全一样，比较可知，$\alpha = \sigma_0 b/a$。因 σ_0，b 为常数，所以 α 与 $1/a$ 成比例。换言之，Traube 规则也可表达为：对同系化合物，每增加一个亚甲基，a 值减少为原值的 1/3，即 $a_i/a_{i+1} = 3$，或 $\alpha_{i+1}/\alpha_i = 3$。

当浓度很大时，式(1-50)中 $(c/a+1) \approx c/a$。此时可简化为：

$$\sigma = A + B\ln c \tag{1-52}$$

式中，A，B 均为常数。此式表明，以 σ 对 $\ln c$ 作图，应为一直线。

第三种类型的物质是八碳以上的直链有机碱金属盐、高碳直链磺酸盐和硫酸盐、苯磺酸盐等表面活性剂的水溶液。其特点是加入少量这类物质可显著降低溶液的表面张力，至一定浓度后表面张力不再有明显变化。图 1-15 所示的十二烷基硫酸钠水溶液在 20℃时的表面张力与浓度关系，就属于这种情况。

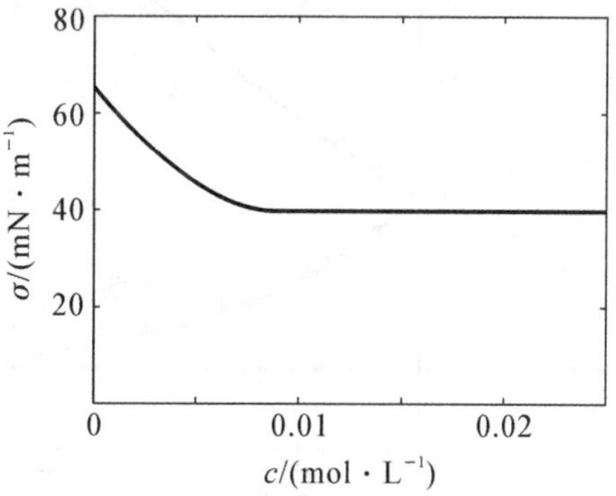

图 1-15　十二烷基硫酸钠水溶液的 $\sigma - c$ 图(20℃)

上述三种情况都是因为纯溶质的表面张力与纯水相比有较大差异，溶质在溶液表面发生了选择性吸附。一般认为在表面优先吸附的物质具有表面活性。第一类溶质(如 NaCl)，在水溶液中完全电离成离子，并发生强烈溶剂化，这就导致表面层的 NaCl 浓度低于本体相，这种现象叫做负吸附作用。但由于本体相浓度大于表面层，必然有部分离子扩散到表面上，而离子的表面张力比纯水高，故在负吸附的情况下溶液表面张力仍有所上升。第二类物质的分子是由非极性基团与极性基团或离子组成的，它们和溶剂水的相互作用较弱，其表面张力小于水，因此很容易被吸附到表面上，从而使溶液的表面张力显著下降，这种现象称为正吸附作用。第三类物质是表面活性剂，分子中非极性基团比第二类物质更多，因此疏水性更强，表面活性更大，以致少量表面活性剂分子就可在溶液表面上形成定向排列的单分子层。

1.5.2 Gibbs 吸附等温式

Gibbs 从热力学导出了联系溶液表面张力与溶液浓度的微分方程式，这就是著名的 Gibbs 吸附等温式，它的最简单形式为：

$$\Gamma_2^1 = -\frac{c_2}{RT}\left(\frac{\partial\sigma}{\partial c_2}\right)_T = -\frac{1}{RT}\left(\frac{\partial\sigma}{\partial \ln c_2}\right)_T \tag{1-53}$$

式中，Γ_2^1表示单位面积上吸附溶质的过剩量，其单位是 mol/cm^2，它表示溶质的表面浓度和本体浓度之差，如果 Γ_2^1为正，溶质的表面浓度大于本体浓度，为正吸附，也称为表面超量；若 Γ_2^1为负，溶质的表面浓度小于本体浓度，则为负吸附，也叫做表面亏量；c_2 为溶质的质量摩尔浓度或体积摩尔浓度。

图 1-16 中丁酸的 $\sigma-c$ 曲线的斜率$\left(\frac{\partial\sigma}{\partial c}\right)_T$ 为负值，Γ_2^1 为正，所以 Γ_2^1随溶质浓度 c_2 增加而增大；对 NaCl 溶液，表面张力与浓度曲线的斜率$\left(\frac{\partial\sigma}{\partial c}\right)_T$ 为正值，Γ_2^1为负值，Γ_2^1随溶质浓度 c_2 增加而减小。

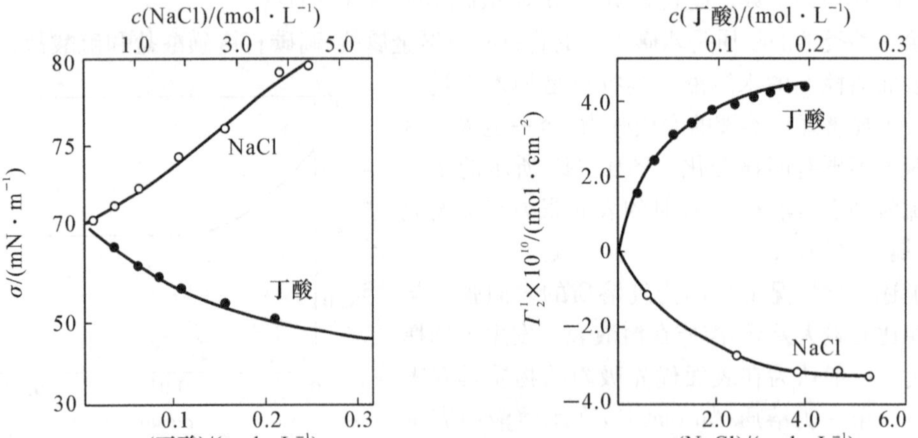

图 1-16 丁酸与 NaCl 的 $\sigma-c$ 与 Γ_2^1-c 图

Gibbs 吸附等温式是界面化学中基本关系式之一，与 Laplace 方程、Kelvin 公式、Young 方程一起，被称为界面化学四大基本定律。Gibbs 公式适用于气-液、液-液和固-液界面，也可适用于固体粉末吸附气体的现象。

1.6 润湿现象

液体对固体的润湿是常见的界面现象。清晨水形成露珠在树叶上闪闪发亮，水银在玻璃上形成小珠，而水在玻璃表面铺展开来，这些现象都与润湿有关。

润湿现象不仅影响自然界中动、植物的各种生命活动，对人类的生活与生产也起着重要作用。例如，塑料表面的印刷，聚合物与其他材料的黏结，机械的润滑以及去污、乳化、分散等，都与润湿现象密切相关。这里主要讨论液体对固体表面的润湿作用。

1.6.1 Young 方程和接触角

润湿作用实际上涉及气、液、固三相界面。因为固体表面的不均匀性及固体表面能不能直接测量，加上液体分子结构与固态相比没有那么整齐，与气体相比分子间距又很小，分子间作用力不能不考虑，这就使得固-液-气三相界面十分复杂。

将一液滴滴在固体表面上，形成图 1-17 的形状。设在固-液-气三相界面上，固-气的界面张力为 σ_{SG}，固-液的界面张力为 σ_{SL}，气-液的表面张力为 σ_{LG}。在三相交界处自固-液界面经过液体内部到气-液界面的夹角叫接触角，以 θ 表示。则三相界面张力 σ_{SG}，σ_{LG}，σ_{SL} 一般服从下面的 Young 方程：

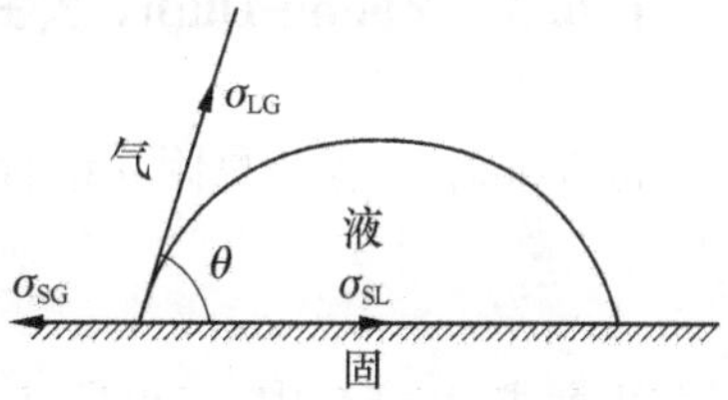

图 1-17 接触角

$$\sigma_{SG} = \sigma_{SL} + \sigma_{LG}\cos\theta \tag{1-54}$$

Young 方程是研究液-固润湿作用的基础。一般来讲，接触角 θ 的大小是判定润湿性好坏的依据。若 $\theta = 0$，$\cos\theta = 1$，液体完全润湿固体表面，液体在固体表面铺展；$0 < \theta < 90°$，液体可润湿固体，且 θ 越小，润湿性越好；$90° < \theta < 180°$，液体不润湿固体；$\theta = 180°$，完全不润湿，液体在固体表面凝聚成小球。

Young 方程忽略了重力的影响，也未考虑 σ_{LG} 的垂直分力 $\sigma_{LG}\sin\theta$。但事实证明，在一般情况下，重力和 σ_{LG} 的垂直分力是可以忽略的。

1.6.2 黏附功和内聚能

设有单位面积的 α-β 两相，其界面张力为 $\sigma_{\alpha\beta}$，如图 1-18 所示。

在外力的作用下分离为独立的 α 和 β 相，表面张力分别为 σ_α 和 σ_β。在这一过程中，外界所做的功 W_a 为：

$$W_a = \sigma_\alpha + \sigma_\beta - \sigma_{\alpha\beta} \tag{1-55}$$

W_a 是将结合在一起的两相分离成独立的两相外界所做的功，称作黏附功。

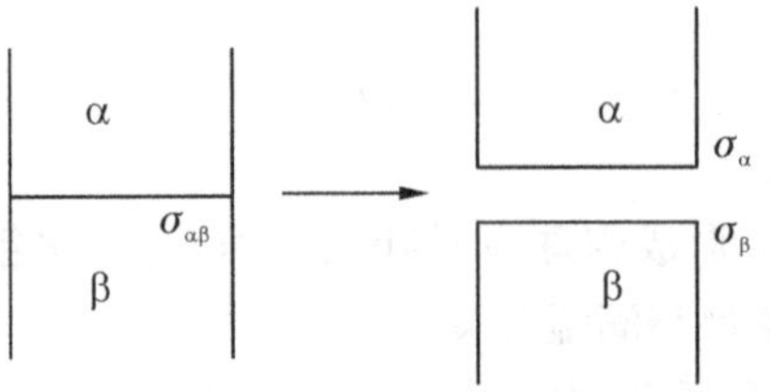

图 1-18 α-β 相的分离

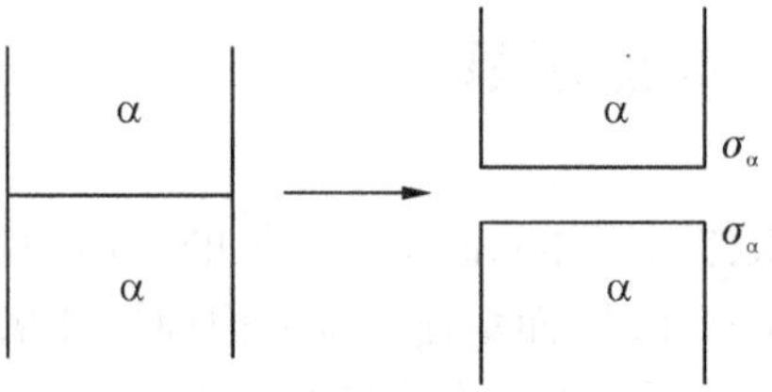

图 1-19 均相物质的分离

若将单位面积的均相物质分离成两部分，产生两个新界面，如图 1-19 所示，则式(1-55)中，$\sigma_\alpha = \sigma_\beta$，$\sigma_{\alpha\beta} = 0$。式(1-55)成为：

$$W_c = 2\sigma \tag{1-56}$$

这里 W_c 称作内聚功或内聚能。物体的内聚能越大，将其分离产生新表面所需的功也越大。黏附功和内聚能是表面化学中的两个重要物理量。

1.6.3 Young-Dupre 公式

将 Young 方程与黏附功结合起来考虑，对固-液界面，其黏附功为：

$$W_{SL} = \sigma_S + \sigma_L - \sigma_{SL} \tag{1-57}$$

注意式(1-54)中 σ_{SG} 和式(1-57)中 σ_S 是有区别的。严格地讲，σ_S 是固体处在真空中的表面张力，σ_{SG} 则是固体表面为液体蒸气饱和时的表面张力。一般有：

$$\sigma_S - \sigma_{SG} = \pi \tag{1-58}$$

π 称为扩展压。因为在气-液-固三相系统中，固-气、液-气均达到平衡，即固、液表面都吸附了气体，因此式(1-57)写成：

$$W_{SL} = \sigma_{SG} + \sigma_{LG} - \sigma_{SL} \tag{1-59}$$

与 Young 方程结合可得：

$$W_{SL} = \sigma_{LG}(1 + \cos\theta) \tag{1-60}$$

上式称为 Young-Dupre 公式，它将固-液之间的黏附功与接触角联系起来。在式(1-60)中，如果 $\theta = 0°$，则：

$$W_{SL} = 2\sigma_{LG} \tag{1-61}$$

也即黏附功等于液体的内聚功，固-液分子间的吸引力等于液体分子与液体分子的吸引力，因此固体被液体完全润湿。当 $\theta=180°$时，则有：

$$W_{SL} = 0 \tag{1-62}$$

也就是说，液-固分子之间没有吸引力，分开固-液界面不需做功。此时固体完全不为液体润湿。实际上，固-液之间多少总存在吸引力，接触角 θ 为 0°～180°。接触角越小，黏附功越大，润湿性越好。

1.6.4 接触角的测定方法

接触角的测定方法有多种，现简要介绍如下。

1. 停滴法

在光滑、均匀、水平的固体表面上放一小液滴，因液滴很小，重力作用可忽略。将液滴视作球形的一部分，测出液滴高度 h 与底宽 $2r$（见图 1－20）。由简单的几何分析可求出 θ：

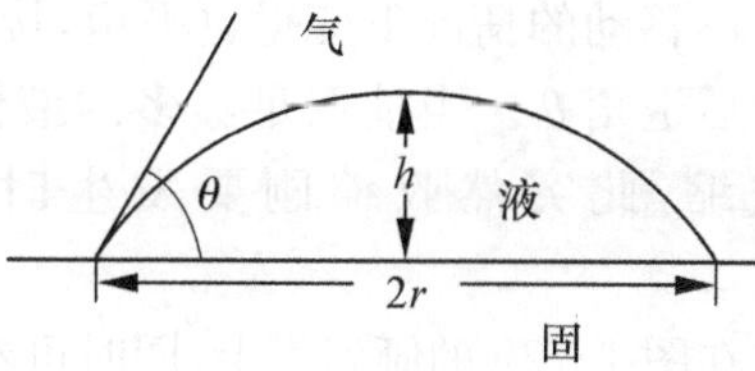

图 1－20 停滴法测接触角

$$\sin\theta = \frac{2hr}{h^2+r^2} \tag{1-63}$$

$$\tan\theta = \frac{2hr}{r^2-h^2} \tag{1-64}$$

2. 吊片法

将表面光滑、均匀的固体薄片垂直插入液体中，如果液体能够润湿此固体，则将沿薄片平面上升（见图 1－21）。升高值 h 与接触角 θ 之间的关系为：

$$\sin\theta = 1-\frac{\rho g h^2}{2\sigma_{LG}} \tag{1-65}$$

在液体的密度 ρ 和表面张力 σ_{LG} 已知的条件下，不难由上式求出接触角 θ。

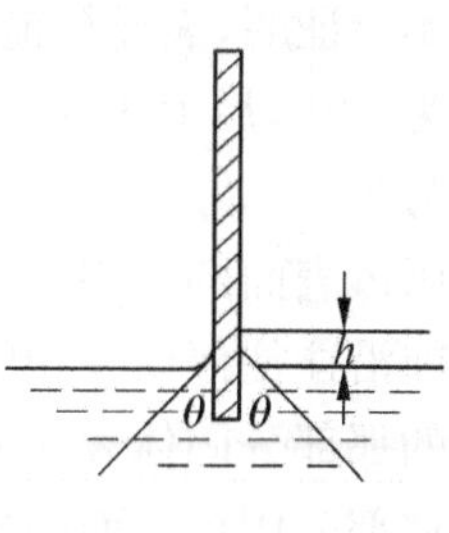

图 1－21 吊片法测接触角

1.6.5 接触角的滞后现象

在理想光滑、组成均匀的表面上的平衡接触角就是 Young 接触角。许多实际表面都是粗糙的或是不均匀的，静置在这种表面上的液滴可以处于稳定平衡态（即最低能量态），也可处于亚稳平衡态（即被能垒从其相邻态中隔离出来的能谷），即出现接触角的滞后现象。

1. 前进角和后退角

考虑一个在水平面上具有稳定接触角的液滴。若表面是理想光滑和均匀的，往这液滴加少量液体，则液滴周界的前沿向前拓展，但仍保持原来的接触角。从液滴中抽去少量液体，则液滴的周界前沿向后收缩，但仍维持原来的接触角。反之，若表面是粗糙的或不均匀的，向液滴加入一点液体只会使液滴变高，周界不动，从而使接触角变大，此时的接触角称为前进角 θ_a。若加入足够多的液体，液滴的周界会突然向前蠕动，此突然运动刚要发生时的角度称为最大前进角 $\theta_{a,\max}$。若从液滴中取出少量液体，液滴在周界不移动的情况下变得更平坦，接触角变小，此时的接触角称为后退角 θ_r。当抽取足够多的液体时，液滴周界前沿会突然收缩，此突然收缩刚要发生时的角度称为最小后退角 $\theta_{r,\min}$。

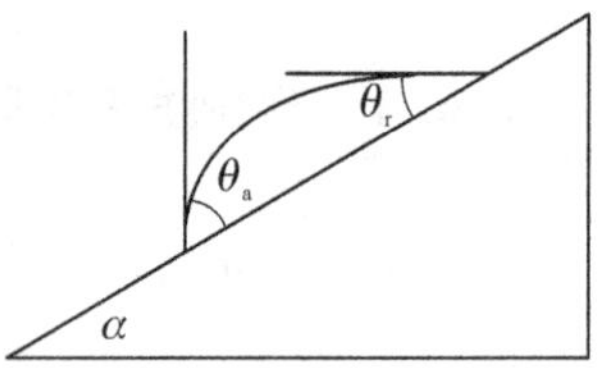

图 1-22　在倾斜板上的液滴

在图 1-22 的倾斜面上，同时可看到液体的前进角和后退角。假若没有接触角滞后，平板只要稍微倾斜一点，液滴就会滚动。接触角的滞后使液滴能稳定在斜面上。这一事实表明，接触角滞后的原因是由于液滴的前沿存在着能垒。

2. 引起接触角滞后的原因

引起接触角滞后的原因之一是固体表面的粗糙不平。粗糙表面的真正表面积与表观表面积是不相同的。定义真正表面积 A 与表观表面积 A' 之比为表面粗糙度 r：

$$r = A/A' \tag{1-66}$$

实验证明，表面粗糙度与接触角滞后有关。例如，由石蜡形成的一种粗糙表面使水的前进角为 110°，后退角为 89°，阻滞角达 21°；而光滑表面的前进角和后退角各为 97°和 89°，阻滞角仅为 8°。

固体表面的不均匀性或多相性也是接触角滞后的原因。在相的交界处存在着能垒，液体的前沿往往停留在相的交界处。前进角往往反映表面能较低的区域，或反映与液体亲和力弱的那部分固体表面的性质，而后退角往往反映表面能较高的区域，或反映与液体亲和力强的那部分固体表面的性质。

表面污染是常见的接触角滞后的原因之一，无论是液体还是固体的表面，在污染后都会引起滞后现象。例如，水在清洁的玻璃表面上是完全润湿的，接触角为零。但若玻璃表面上有油污，与水接触时，大部分油将散开在水面上，影响接触角的测试。

1.7　固体表面的吸附性能

1.7.1　固-气界面吸附

固体表面具有吸附其他物质的能力。固体表面的分子或原子具有剩余的力场，当气体分子趋近固体表面时，受到固体表面分子或原子的吸引力，被拉到表面，在固体表面富集。这种吸附只限于固体表面包括固体孔隙中的内表面。如果被吸附物质深入到固体体相中，则称为吸收。吸附与吸收往往同时发生，很难区分。

根据吸附力的本质，可将固体表面的吸附作用区分为物理吸附和化学吸附。现将物理吸附与化学吸附的差别总结在表 1－2 中。

表 1－2　物理吸附与化学吸附的差别

吸 附 性 质	物 理 吸 附	化 学 吸 附
吸附力	范德瓦尔斯力	化学键力
吸附热	小，近于液化热	大，近于反应热
选择性	无	有
吸附层	单或多分子层	单分子层
吸附速度	快，不需活化能	慢，需活化能
可逆性	可逆	不可逆
发生吸附的温度	低于吸附质临界温度	远高于吸附质沸点

物理吸附的作用力是范德瓦尔斯力，因此物理吸附层可看作是蒸气冷凝形成的液膜，物理吸附热的数值与液化热相似，一般在 40 kJ/mol 以下。在化学吸附中，作用力与化合物中形成化学键的力相似，这种力比范德瓦尔斯力大很多，化学吸附热也与化学反应热相似，一般为 80～400 kJ/mol。因为范德瓦尔斯力存在于任何分子之间，因此物理吸附没有选择性，只要条件合适，任何固体皆可吸附任何气体，吸附多少因吸附剂和吸附质种类不同而异。反之，化学吸附只有在特定的固-气体系之间才能发生，有选择性。物理吸附的速度一般较快，而化学吸附像化学反应那样需要一定的活化能，所以速度较慢。化学吸附时，固体表面与吸附质之间要形成化学键，所以化学吸附总是单分子层的，而物理吸附可以是多分子层的。物理吸附往往容易脱附，是可逆的。

由于吸附发生在固体的表面，所以固体的吸附性能与其表面能密切有关，不难想象，物质被粉碎成微粒后，其总表面积急剧增大，其吸附能力也大大增强。定义单位质量的吸附剂具有的表面积为比表面积。可按下式计算：

$$A_0 = A/W \tag{1-67}$$

式中，A_0 为物质的比表面积(m^2/g)；A 为物质的总表面积(m^2)；W 为物质的质量(g)。比表面积是物质分散程度的一种表征方法。

提高固体比表面积从而提高固体的吸附能力的另一种方法是使固体具有许多内部空隙，即具有多孔性。例如，常用的吸附剂硅胶、活性氧化铝、活性炭、分子筛等，都具有大小不等的内孔，使其具有巨大的比表面积，从数百至数千。多孔性吸附剂孔径的大小及分布对其吸附性能有重要的影响，如被吸附分子的尺寸与孔径的大小应相适应，被吸附分子可以进入较大的孔径，进入较小的孔径就比较困难，这就使得某些吸附剂具有一定的选择性，吸附在脱水、脱气、净化和分离、催化等领域有广泛的应用，成为化学工程的重要单元操作之一。

固体的表面有吸附气体分子的能力，吸附量的多少可用单位面积上吸附气体的物质的量或体积来表示，也可用单位质量吸附剂所吸附气体的物质的量或体积来表示。即：

$$q = x/m \tag{1-68}$$

或

$$q' = V/m \tag{1-69}$$

式中，q 或 q' 为吸附量；x 为被吸附气体的物质的量；V 为被吸附气体的体积；m 为吸附剂的质量。

平衡时，吸附量与吸附剂、被吸附气体(吸附质)的性质及温度和气体的压力有关。在吸附剂和吸附质选定的体系中，平衡吸附量取决于温度 T 和气体的压力 p_0，即：

$$q = f(T,\ p) \tag{1-70}$$

上式中有三个变量，为了找出它们的规律性，常常固定一个变量，然后求出其他两个变量之间的关系。恒温下，$q = f(p)$，称为吸附等温式；恒压下，$q = f(T)$，称为吸附等压式；恒 q 下，$p = f(T)$，称为吸附等量式。

以上三种吸附式中最常用的是吸附等温式。若在恒温下，通过实验，以吸附量 q 对气体压力 p 作图，得到的曲线称为吸附等温线。在科学工作者已提出的上万条吸附线中，除极少数个别情况外，绝大多数等温线都符合图 1－23 的五种类型，分别称为第Ⅰ类吸附等温线、第Ⅱ类吸附等温线、第Ⅲ类吸附等温线、第Ⅳ类吸附等温线、第Ⅴ类吸附等温线。例如，

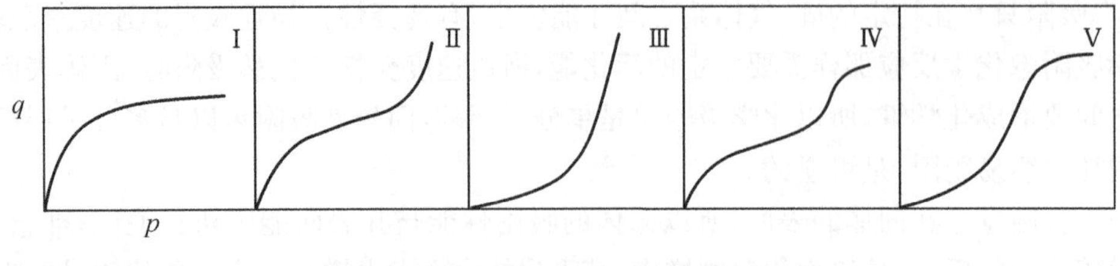

图 1－23　吸附等温线的五种类型

-195℃下 N_2 在活性炭上的吸附属于Ⅰ型，-195℃时 N_2 在硅胶上或铁催化剂上的吸附属于Ⅱ型，79℃时 Br_2 在硅胶上的吸附属于Ⅲ型，50℃下 C_6H_6 在氧化铁凝胶上的吸附属于Ⅳ型，100℃时水蒸气在活性炭上的吸附属于Ⅴ型。

五种类型的吸附等温线，反映了吸附剂表面性质，孔分布及吸附剂和吸附质的相互作用有所不同。因此从吸附等温线的类型反过来可了解一些关于吸附剂表面性质、孔的分布性质以及吸附剂与吸附质相互作用的有关知识。这就是研究吸附等温线及其类型的意义。

1.7.2 Langmuir 吸附等温式

针对吸附等温线的类型，人们希望通过理论的或半经验的探索，为等温线配上一个方程式。由于等温线的多样性，这样的工作很不容易。

观察等温线，无论何种类型，在压强很低、吸附量很小时，所有的等温线都趋于直线。即吸附量 q 与压力 p 成正比关系，这使我们想起了亨利定律，根据该定律，气体在液体中的溶解度与它的气压成正比，从而可将吸附等温线的低压部分称为亨利定律区。但是，除个别情况外，这个区的压强太小，吸附量太少了。

Langmuir 用动力学的观点研究了吸附等温线。这个理论的基本假设是：

① 固体表面存在一定数量的活化位置，当气体分子碰撞到固体表面时，就有一部分气体被吸附在活化位置上。每个活化位置只可吸附一个分子，吸附作用只能发生在固体的空白表面上，吸附是单分子层的；

② 固体表面是均匀的，表面各个位置发生吸附时吸附热都相等，被吸附分子间没有相互作用力；

③ 已吸附在固体表面上的气体分子，当其热运动足够大时，又可重新回到气相，即发生脱附，吸附速率和脱附速率相等时，达到动态平衡。

假定固体表面有 S 个吸附位，已被气体分子占据了 S_1 个，尚空余 $S_0 = S - S_1$ 个。则：$\theta = S_1/S$，表示表面已被吸附的面积分数；$1-\theta = S_0/S$，表示表面未被占据，即空位的面积分数。

气体的吸附速率 v_1 应与气体的压力 p 和空位面积分数$(1-\theta)$成正比，即：

$$v_1 = k_1 p\ (1-\theta)$$

被吸附分子的解吸附速率 v_2 与已被吸附的面积分数 θ 成正比，即：

$$v_2 = k_2 \theta$$

式中，k_1，k_2 为比例常数。在等温下达到平衡时有：

$$v_1 = v_2$$

$$k_1 p(1-\theta) = k_2 \theta$$

$$\theta = \frac{k_1 p}{k_2 + k_1 p}$$

令 $k_1/k_2 = b$，则：

$$\theta = \frac{bp}{1+bp} \tag{1-71}$$

式(1－71)称为 Langmuir 吸附等温式，b 称为吸附系数。式(1－71)定量描述了 θ 与平衡压力 p 之间的关系。从该式可看到：当压力足够低时，$bp \ll 1$，则 $\theta = bp$，即 θ 与 p 成直线关系，符合亨利定律，如图 1－24 中的低压部分；当压力足够高时，$bp \gg 1$，则 $\theta \approx 1$，即 θ 与 p 无关，吸附达到单分子层饱和，如图 1－24 中压力较高部分；当压力适中时，θ 与 p 是曲线关系，如图 1－24 中的弯曲部分，此时 θ 用式(1－71)表示(或 $\theta \propto p^m$，m 介于 0 与 1 之间)。

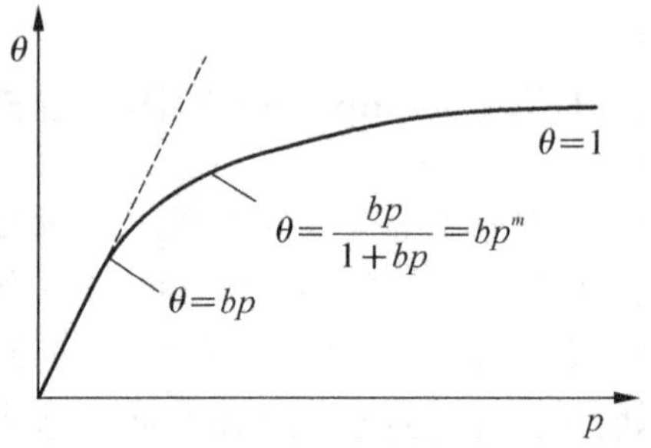

图 1－24　Langmuir 等温式示意图

图 1－24 是 Langmuir 等温式的示意图，以上三种情况都描绘在图中，可见，Langmuir 等温线具有Ⅰ型曲线形状。

若以 V_m 代表表面上吸满单分子层气体时的吸附量，V 代表压力为 p 时的实际吸附量，则：

$$\theta = \frac{V}{V_m} = \frac{bp}{1+bp}$$

重排得：

$$\frac{p}{V} = \frac{1}{V_m b} + \frac{p}{V_m} \tag{1-72}$$

以 p/V 对 p 作图，可得一直线，从直线得斜率和截距可以求出 V_m 和 b。V_m 与固体的表面积 A_S 有如下关系：

$$A_S = \frac{V_m N_0 \omega}{V_0} \tag{1-73}$$

式中，ω 为一个吸附位的面积；V_0 为标准状态下气体的摩尔体积；N_0 为阿伏加德罗常数。如果知道了 ω，如 N_2 在 77 K 时一个吸附位的面积为 0.162 nm^2，则从实验的数据 V_m 可以求出固体的表面积。

吸附系数 b 随温度和吸附热而变化，其关系式为：

$$b = b_0 e^{\frac{Q}{RT}} \tag{1-74}$$

式中，Q 为吸附热；对放热吸附来说，当温度上升时，吸附系数 b 变小，吸附量相应减少。

Langmuir 等温式是理想的吸附公式，它代表了在均匀表面吸附分子互不发生相互作用并且是单分子层吸附情况下吸附达到平衡时的规律。由于实际情况不一定符合这些条件。

因此，人们往往以 Langmuir 等温式为出发点，考虑理想情况，找出某些规律性。然后针对具体体系再作修正。

1.7.3　BET 多分子层吸附理论

实验证明，大多数固体对气体的吸附并不是单分子层吸附，对于物理吸附，往往都是多分子层吸附，因此 Langmuir 吸附等温式不能适用。1938 年，Brunauer，Emmett 和 Teller 在 Langmuir 模型的基础上，提出了多分子层的理论。

BET 吸附模型假定固体表面是均一的，吸附是定位的，并且吸附分子间没有相互作用。但他们认为：

① 已吸附了单分子层的表面还可以通过分子间力再吸附第二层、第三层……即吸附是多分子层的，但并不一定等一层完全吸附满后才开始吸附下一层；

② 各相邻吸附层之间存在着动态平衡，达到平衡时，各分子层的覆盖面积保持一定；

③ 第一层吸附是固体表面与气体分子之间的相互作用，其吸附热为 Q_1，第二层以上的吸附都是吸附质分子之间的相互作用，吸附热接近于被吸附分子的凝聚热 Q_L，因此，第二层以上的吸附热是相同的，而第一层与其他各层的吸附热是不同的。

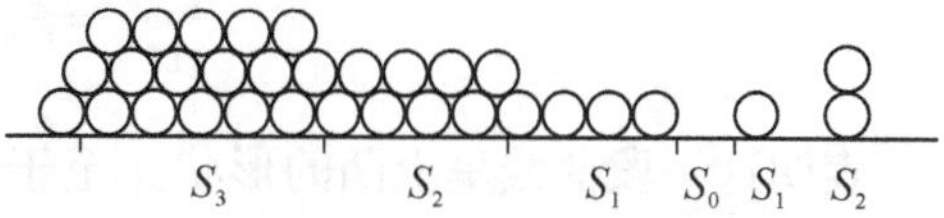

图 1-25　BET 模型

如图 1-25 所示的 BET 模型，设裸露的固体表面积为 S_0，吸附了单分子层的表面积为 S_1，双分子层面积为 S_2……S_0 吸附了气体分子则成为单分子层，S_1 层吸附的气体分子脱附则又成为裸露表面，平衡时裸露表面的吸附速度和单分子层的脱附速度相等；同样，单分子层再吸附气体分子形成双分子层，双分子层脱附形成单分子层，平衡时单分子层的吸附速度与双分子层的脱附速度相等，以此类推……假定吸附层为无限层，经数学处理后可得到如下的 BET 吸附等温式：

$$\frac{p}{V(p_0-p)}=\frac{1}{V_m c}+\frac{c-1}{V_m c}\frac{p}{p_0} \tag{1-75}$$

或

$$\theta=\frac{V}{V_m}=\frac{cx}{(1-x)(1+cx-x)} \tag{1-76}$$

式中，p 为气相平衡分压；p_0 为同温度下气体的饱和蒸气压；$x=p/p_0$，为相对压力；V 为被吸附气体的体积；V_m 为固体表面被单分子层覆盖时的气体体积；$\theta=V/V_m$；c 为常数。

上两式中有两个常数 c 和 V_m，所以称为二常数公式。

当吸附发生在多孔固体表面上，由于孔内吸附层数受到一定的限制，不可能无限增厚，若吸附层只有 n 层，则可导出 BET 三常数公式：

$$\theta=\frac{V}{V_m}=\frac{cx}{1-x}\left[\frac{1-(n+1)x^n+nx^{n+1}}{1+(c-1)x-cx^{n+1}}\right] \tag{1-77}$$

若 $n \to \infty$，上式即成为二常数公式；若 $n=1$，则转变为 Langmuir 公式。

用 BET 方程可以对各类吸附等温线作出解释。第Ⅰ类吸附等温线为 Langmuir 型，符合单分子层吸附。如上所述，BET 公式中 $n=1$ 即成为 Langmuir 吸附等温式。但需要指出的是，除了单分子层吸附表现为第Ⅰ类吸附外，当吸附剂仅有 2～3 nm 以下微孔时，虽发生了多层吸附与毛细孔凝聚现象，其吸附等温线仍可表现为第Ⅰ型。这是因为当比压由零开始逐步增加时，发生了多层吸附，同时也发生了毛细孔凝聚，使吸附量很快增加，呈现出饱和吸附。

第Ⅱ类吸附等温线呈 S 型，前半段上升缓慢，呈现上凸的形状。这相当于第一层吸附放出的热 Q_1 远大于气体凝聚热 Q_L，BET 公式中 $c \gg 1$。在吸附的开始阶段 $x \ll 1$，二常数公式(1-76)可简化为：

$$V = \frac{V_m cx}{1+cx} \tag{1-78}$$

对上式分别求一阶导数和二阶导数：

$$\frac{dV}{dx} = \frac{V_m c}{(1+cx)^2} > 0 \tag{1-79}$$

$$\frac{d^2V}{dx^2} = -\frac{2V_m c^2}{(1+cx)^3} < 0 \tag{1-80}$$

表明这一段曲线呈上凸的形状。至于后半段曲线的迅速上升，则是发生了毛细管凝聚作用。由于吸附剂具有的孔径从小到大一直增加到无穷，因此，毛细孔凝聚引起的吸附量的急剧增加到无穷，吸附等温线向上翘而不呈现饱和状态，或者是具有很大外表面积的粉末试样表面的吸附，使吸附膜厚趋于无限大。

第Ⅲ类吸附等温线是上凹的。若第一层吸附热 Q_1 比气体凝聚热 Q_L 小得多，即 $Q_1 \ll Q_L$，则 $c \ll 1$，在 x 不大时，二常数公式(1-76)转化为：

$$V = V_m \frac{cx}{(1-x)^2} \approx V_m \frac{cx}{(1-2x)} \tag{1-81}$$

对上式分别求一阶导数和二阶导数：

$$\frac{dV}{dx} = \frac{V_m c}{(1-2x)^2} > 0 \tag{1-82}$$

$$\frac{d^2V}{dx^2} = \frac{4V_m c}{(1-2x)^3} > 0 \tag{1-83}$$

此时曲线向上凹，这就解释了第Ⅲ类吸附等温线。至于吸附等温线后半段发生的情况可以第Ⅱ类同样的理由解释。至于第Ⅳ类和第Ⅴ类吸附等温线的解释也很容易，可将第Ⅳ类与第Ⅱ类对照，第Ⅴ类与第Ⅲ类对照，所区别的只是，在发生第Ⅳ、第Ⅴ类吸附等温线的吸附剂中，其大孔的孔径有一定的范围，即没有某一孔径以上的孔。因此，在高的相对压力时出现吸附饱和现象，吸附等温线又平缓起来。

BET 吸附等温式与实验结果的偏差情况是在低压下所得吸附量偏低，在高压下偏高。这是由于 BET 模型与 Langmuir 模型一样没有考虑固体表面不均一性以及被吸附分子间的相互作用等因素。通常二常数公式适用于相对压力 $x=0.05\sim0.35$；当 $x<0.05$ 时，相对压力太小，建立不了多层吸附，甚至单层吸附也未完成，表现的不均一性突出；当 $x>0.35$ 时，则毛细管凝聚现象显著，也将出现偏差。对三常数公式，可适用范围在 $x=0.35\sim0.60$。

1.7.4 气体吸附法测定固体的比表面积

BET 模型常用来测定固体的比表面积。按二常数公式：

$$\frac{p}{V(p_0-p)}=\frac{1}{V_m c}+\frac{c-1}{V_m c}\frac{p}{p_0}$$

若将 $\frac{p}{V(p_0-p)}$ 对 $\frac{p}{p_0}$ 作图，应得一直线（p/p_0 在 0.05～0.35 为线性）。直线的斜率 K 和截距 B 分别为：

$$K=\frac{c-1}{V_m c} \tag{1-84}$$

$$B=\frac{1}{V_m c} \tag{1-85}$$

由斜率 K 和截距 B 可计算出固体表面被单层覆盖时所需的气体体积 V_m：

$$V_m=\frac{1}{K+B} \tag{1-86}$$

设单分子层中每一个被吸附的分子所占的面积为 ω，吸附剂质量为 W，则此表面积 A_s 可表示为：

$$A_s=\frac{V_m N_0 \omega}{V_0 W} \tag{1-87}$$

式中，V_m 为折算成标准状况下的单分子层气体体积；N_0 为阿伏加德罗常数；V_0 为标准状态下气体的摩尔体积。

比表面积测定时常用的吸附质是 N_2 和 Ar。通常氮气的 $\omega=0.162\ nm^2$，Ar 的 ω 取 $0.138\ nm^2$。BET 法测定比表面积通常在低温下，如在液氮温度下进行，以忽略化学吸附的影响。

在液氮温度下，氮在大多数固体表面吸附时放出的热远大于其凝聚热，即 $c\gg1$，此时式(1-75)简化为：

$$\frac{p}{V(p_0-p)}=\frac{1}{V_m}\cdot\frac{p}{p_0} \qquad (1-88)$$

所以选定一个适当的平衡压力，测定其相应的吸附体积，在BET图中可得到一点，将此点与原点连成直线，即可从斜率求出 V_m，测得比表面积，此方法称为"一点法"。

还有一种"B 点法"测比表面积，对Ⅱ类等温线如图1－26所示。

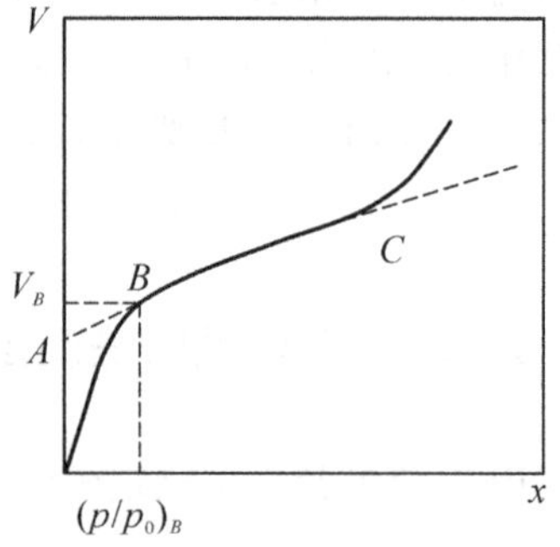

图1－26　典型Ⅱ型等温线的 *B* 点

随着相对压力由小变大，曲线先直线上升，随后开始向 V 轴突出，经过一明显扭转点又维持一段直线，然后上弯向 x 轴突出。Emmett等将此类等温线的扭转点(即第二段直线部分的开始点)称为 B 点，将 V_B 视作单分子层饱和吸附量 V_m 来计算比表面积，这就是所谓的"B 点法"。人们对这一方法做了很多研究和比较，表明在Ⅱ类等温线中，V_B 和 V_m 很接近，由 V_B 代替 V_m 的误差一般不会大于10%。当 c 越大，Ⅱ类等温线的 B 点越明显，V_B 也越易求出。第Ⅲ类等温线不存在扭转点，也不能应用"B 点法"。对大多数固体的低温液氮吸附来讲，都呈现Ⅱ类吸附等温线，因而较易求出 V_B。

参考文献

[1] 吴树森，章燕豪. 界面化学——原理和应用. 上海：华东化工学院出版社，1989.
[2] 谈慕华，黄蕴元. 表面物理化学. 北京：中国建筑工业出版社，1987.
[3] Adamson A W. 表面物理化学. 北京：科学出版社，1989.
[4] 朱履冰. 表面与界面物理. 天津：天津大学出版社，1990.
[5] 崔国文. 表面与界面. 北京：清华大学出版社，1990.
[6] 胡英，陈学让，吴树森. 物理化学. 北京：人民教育出版社，1979.
[7] 陈宗淇，王光信，徐桂英. 胶体与界面化学. 北京：高等教育出版社，2001.
[8] 胡福增，陈国荣，杜永娟. 材料表界面. 上海：华东理工大学出版社，2001.
[9] 胡福增，郑安呐，张群安. 聚合物及其复合材料的表界面. 北京：中国轻工业出版社，2001.

思考题

1. 试述表面张力(表面能)产生的原因。怎样测试液体的表面张力？

2. 弯曲面的附加压力 Δp 与液体表面张力和曲率半径之间存在怎样的关系？若弯曲面为球面、平面又怎样？

3. 什么是 Young 方程？接触角的大小与液体对固体的润湿性好坏有怎样的关系？根据 Young-Dupre 方程，请设计测定固-液界面黏附功的方法。

4. 比较 Langmuir 单分子层吸附理论和 BET 多分子层吸附理论的异同，怎样测定材料的比表面积？

第 2 章　表 面 活 性 剂

溶质加到溶剂中可引起其表面张力的变化。溶质的浓度对溶剂表面张力的影响有三种类型，如图 2－1 所示。第一类物质的加入会使溶剂表面张力略为升高，属于此类的物质有强电解质（如无机盐、酸、碱等）；第二类物质的加入会使溶剂的表面张力逐渐下降（如低碳醇、羧酸等有机化合物）；第三类物质少量加入就会使溶剂表面张力急剧下降，但到达一定浓度后，表面张力变化缓慢或几乎不下降，趋于一个稳定值。例如，在 25℃水中加入 0.1％的油酸钠，即可使水的表面张力从 72 mN/m 降低到 25 mN/m。

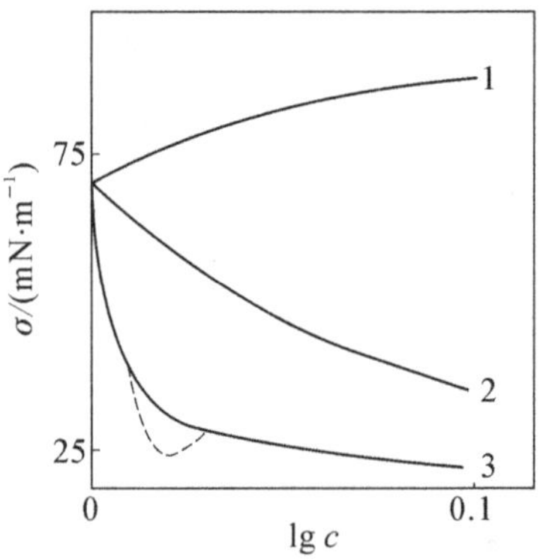

图 2－1　各类物质水溶液表面张力 σ 与浓度 c 的关系

我们把能使溶剂（通常为水）表面张力降低的物质称为具有表面活性的物质，如第二类、第三类物质都能使溶剂的表面张力降低，它们都具有表面活性。但第一类物质不能使溶剂的表面张力降低，它们不具有表面活性，是非表面活性物质。

比较第二类和第三类物质，它们在使溶剂表面张力降低的程度上有明显的差别。少量的第三类物质使溶剂的表面张力急剧下降，而当达到某一浓度后，表面张力曲线趋于水平。像第三类物质那样，加入很少量就能大大降低溶剂的表面张力，使表面呈现活性状态的物质称为表面活性剂。

表面活性剂的加入不仅能明显降低表面张力，而且它还具有润湿或反润湿、乳化或破乳、起泡或消泡、增容、分散等一系列作用。因此表面活性剂在生产和生活实际中有着广泛的应用。

2.1　表面活性剂分子的结构特点

表面活性剂化学结构上有什么特点呢？任何一种表面活性剂分子都是由两种不同性质的基团组成的，一种是非极性的亲油基团，另一种是极性的亲水基团，也就是说，表面活性剂既具有亲水性，又具有亲油性，形成一种所谓“两亲结构”的分子。表面活性剂分子结构可用所谓的“火柴棒”模型表示，如图 2－2 所示。

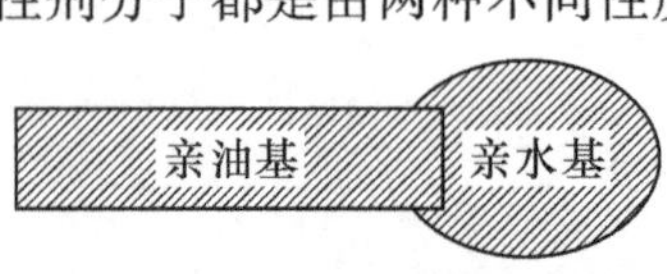

图 2－2　表面活性剂分子模型

以肥皂 $C_{17}H_{35}COONa$(硬脂酸钠)为例,它的分子中含有长的烃链疏水(亲油)基团 $C_{17}H_{35}$—,也含有亲水的羧酸盐基团—COONa,因此它是具有两亲结构的表面活性剂。

构成表面活性剂的亲油基团和亲水基团的种类很多,代表性的基团见表 2-1。

表 2-1 表面活性剂的主要亲油基和亲水基

亲 油 基	亲 水 基
烷烃基 R—	羧酸基(脂肪酸基)—COONa
烷基苯基 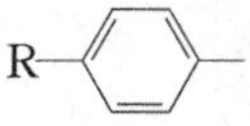	羟基(多元醇)—OH
烷基酚基 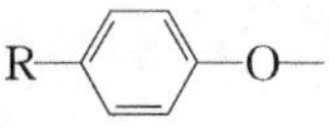	磺酸基—SO_3Na
脂肪酸基 R—COO—	硫酸酯基—OSO_3Na
脂肪酸酰胺基 R—CONH—	磷酸盐 $-\overset{\displaystyle O}{\overset{\Vert}{P}}(ONa)_2$
脂肪醇基 R—O—	胺盐、季铵盐—$\overset{+}{N}$—$(CH_3)_2$
脂肪胺基 R—NH—	吡啶嗯盐 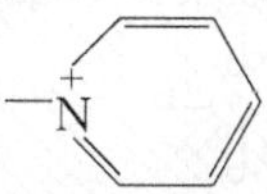
马来酸烷基酯基 $R-O-\overset{\displaystyle O}{\overset{\Vert}{C}}-CH_2-CH_2-\overset{\displaystyle O}{\overset{\Vert}{C}}-O-$	氨基酸—NH—CH_2CH_2COONa
烷基酮基 $R-\overset{\displaystyle O}{\overset{\Vert}{C}}-CH_2-$	甜菜碱—$N^+(CH_3)_2CH_2COO^-$
聚氧丙烯基 $-O\!\left(\underset{\displaystyle CH_3}{\underset{\vert}{CH}}-CH_2-O\right)_n$	氧乙烯基—CH_2CH_2O—
有机硅类(聚硅氧烷类)	
碳化氟类(全氟化和部分氟化)	

如上所述,表面活性剂加于水中,一开始表面张力随表面活性剂浓度增加而急剧下降,以后则大体保持不变(见图 2-1 曲线 3),表面活性剂的这一性质是由其分子的两亲结构决定的。如图 2-3 所示,随着表面活性剂浓度增加,水溶液中表面活性剂分子按(a)、(b)、(c)、(d)的顺序变化。

图 2-3(a)是极稀溶液,即表面张力刚要开始下降时的示意图。在浓度极低时,空气和水的界面上聚集了很少的表面活性剂,空气和水几乎是直接接触的,水的表面张力下降不多,因此,溶液的表面张力接近纯水的表面张力(72 mN/m)。

图 2-3(b)表示随表面活性剂浓度增加,表面活性剂分子聚集在水面,其亲水端向水,亲油端向空气,此时只要稍微增加些表面活性剂,其分子就会聚集在表面,使空气和水的接触面减少,表面张力急剧下降。与此同时,水中的表面活性剂也三三两两地聚集在一起,互相把疏水基靠在一起,开始形成所谓的胶束。

图 2-3(c)表示表面活性剂浓度继续增大,水溶液表面聚集了足够多的表面活性剂,无间隙地布满在水表面上,形成了单分子膜。此时空气和水完全处于隔绝状态,表面张力也从急剧下降开始转入平缓段。如果再提高浓度,则水溶液中的表面活性剂就几十几百地聚集

在一起，排列成疏水基向里、亲水基向外的胶束。表面活性剂达到形成单分子膜的最低浓度叫临界胶束浓度。

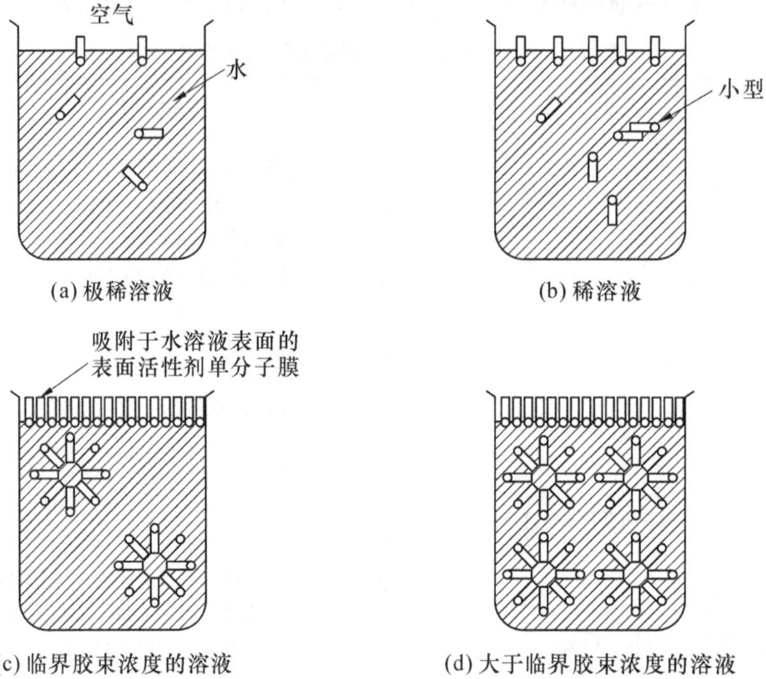

图 2-3　表面活性剂的浓度变化与表面活性剂的活动情况之间的关系

图 2-3(d)表示浓度大于临界胶束浓度时表面活性剂的分子状态。此时若再增加表面活性剂，因水溶液已经形成了单分子膜，空气和水的接触面积不会再缩小，因此也就不能再降低表面张力，只是水溶液中的胶束数量增多。

一个良好的表面活性剂，不但要具有亲油基团和亲水基团，而且它们的亲油和亲水强度必须匹配。亲油性太强会完全进入油相，亲水性太强则完全进入水相。它们都不会像表面活性剂那样在油-水界面上定向排列，从而改变界面性质。亲油基的强弱除受基团种类结构影响外，还受烃链长短的影响；而亲水基的强弱则主要决定于其种类和数量。图 2-4 是在 30℃下脂肪酸钠对石蜡-水界面张力的影响。当脂肪链 R 在 7 个碳原子以下时，降低表面张力不明显，不是表面活性剂。当 R 达到 8～20 个碳原子时，脂肪酸钠盐呈现出明显的表面活性。当 R 基碳原子超过 20 个时，变成了不溶于水的有机化合物，又失去了表面活性。当亲油基为直链或支链烷烃时，则以 8～20 个碳原子为合适；当亲油基为烷基酚或苯基时，

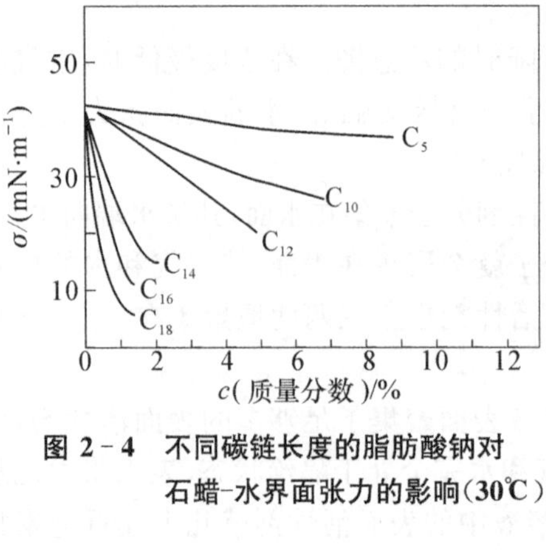

图 2-4　不同碳链长度的脂肪酸钠对石蜡-水界面张力的影响(30℃)

则以 8～16 个碳原子为宜；若亲油基为烷基，则烷基数一般为 2 个，每个烷基碳原子数在 3 个以上。对亲水基，除决定于其本身性质外，还决定于其数量。例如，多元醇中含多个羟基，或聚氧化乙烯中含较多的氧乙烯基，则会得到较强的亲水性。

2.2 表面活性剂的分类

表面活性剂的种类很多，为了解它们的性质、结构和用途，必须进行分类。一般分类方法如下。

按亲水基类型分类。这是表面活性剂分类的主要方法。表面活性剂溶于水能电离生成离子的叫做离子型表面活性剂；不能电离的叫非离子型表面活性剂。离子型表面活性剂按生成离子性质可分成阴离子、阳离子和两性表面活性剂。按亲水基分类法总结如图 2－5 所示。

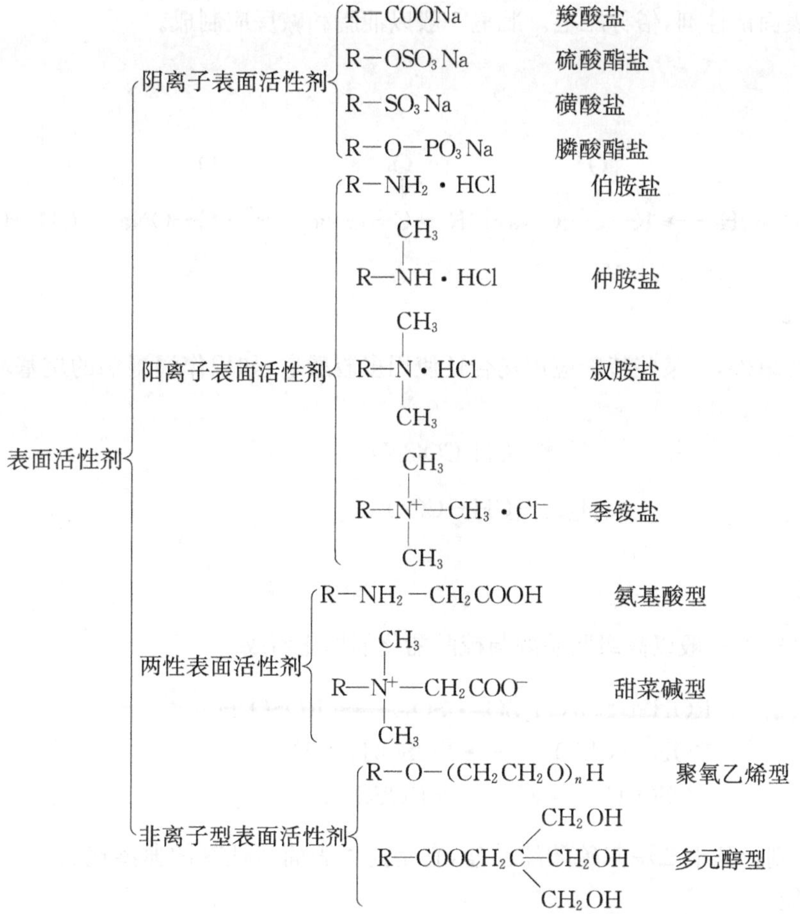

图 2－5 表面活性剂按亲水基种类分类

按相对分子质量分类。低分子表面活性剂，相对分子质量为200～1 000；中分子表面活性剂，相对分子质量为1 000～10 000；高分子表面活性剂，相对分子质量在10 000以上。

按工业用途分类。按工业用途分类，表面活性剂可分为渗透剂、润湿剂、乳化剂、分散剂、起泡剂、消泡剂、净洗剂、杀菌剂、匀染剂、缓染剂、柔软剂、平滑剂、抗静电剂、防锈剂等。有的表面活性剂可同时具有几种功能。

2.2.1 阴离子表面活性剂

这类表面活性剂在水中离解后，起活性作用的是阴离子基团。按阴离子基团的性质，可进一步分为以下几类。

1. 羧酸盐类

通式 $RCOO^-M^+$，其中R为长的烃链，M^+为金属离子或阳离子，如Na^+，K^+，NH_4^+等。这是最古老的表面活性剂，俗称肥皂。肥皂一般以油脂和碱反应制成。

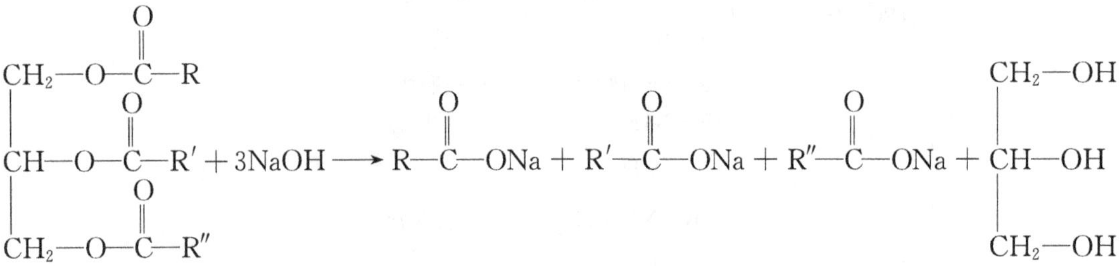

除简单的脂肪酸皂外，在某些特殊应用场合还使用多羧酸皂，如用作润湿剂的烷基琥珀酸二钠。

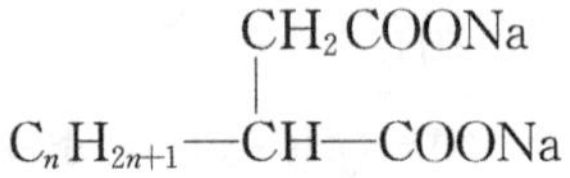

2. 硫酸酯盐类

通式为R—OSO_3M，一般以高级脂肪醇与硫酸酯化剂酯化而成。

$$ROH + SO_3(H_2SO_4 \cdot SO_3) \longrightarrow ROSO_3H$$
$$ROH + ClSO_3H \longrightarrow ROSO_3H + HCl$$
$$ROSO_3H + NaOH \longrightarrow ROSO_3Na + H_2O$$

若醇用月桂醇，则得到十二烷基硫酸酯钠盐，它是这类表面活性剂的典型代表，具有良好的乳化和发泡性能。

硫酸酯盐类还可由烯烃与硫酸加成制备：

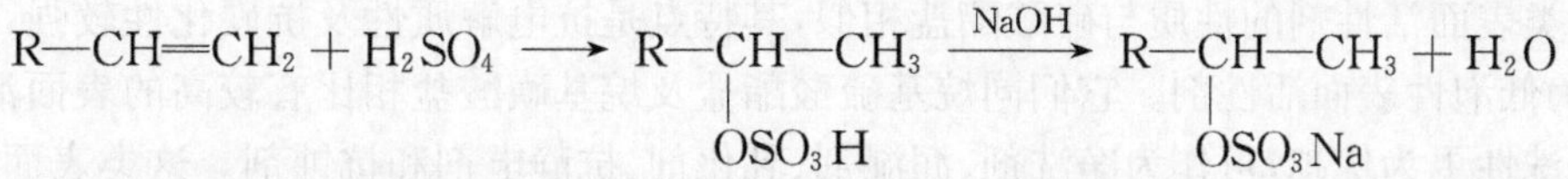

由分子式可知，硫酸酯不是加在分子端部，而是加在与双键相邻的一个碳原子上。代表性商品如阴离子除垢剂(Teepol)，它是由石蜡高温裂解所得的 $C_{12}\sim C_{18}$ 的 α-烯烃与硫酸加成后制得的洗涤剂。

硫酸酯盐表面活性剂在酸、碱条件下不耐热，特别在酸性介质中易水解：

$$R{-}OSO_3Na + H_2O \xrightarrow{H^+} ROH + NaHSO_4$$
$$R{-}OSO_3Na + NaHSO_4 + H_2O \longrightarrow ROH + H_2SO_4 + Na_2SO_4$$

3. 磺酸盐

磺酸盐一般以 RSO_3Na 表示。与硫酸酯盐分子的主要区别在于磺酸盐的碳原子与硫原子直接相连，硫酸酯盐的碳原子与氧原子连接。磺酸盐在酸性介质中不发生水解，并且也比硫酸酯盐耐热，优点较多。磺酸盐的种类有烷基苯磺酸盐 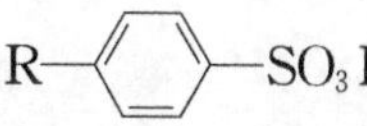，典型代表是十二烷基苯磺酸钠，是洗衣粉的主要成分，其合成原料来自石油。若烷基苯磺酸盐中的芳基为萘，则为烷基萘磺酸盐，拉开粉即属此类，拉开粉结构式为：

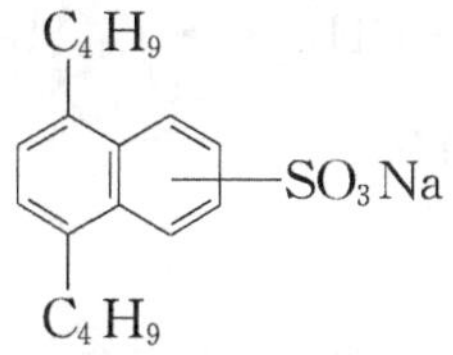

拉开粉主要用作润湿剂、分散剂、乳化剂等，耐酸、耐碱、耐无机盐。

烷基磺酸盐为非芳香族磺酸盐类表面活性剂，此类表面活性剂的毒性小，易生物降解，因而环境问题较小，故产量在逐步上升。此类表面活性剂的代表有渗透剂 OT(磺化琥珀酸双酯)，其结构式如下：

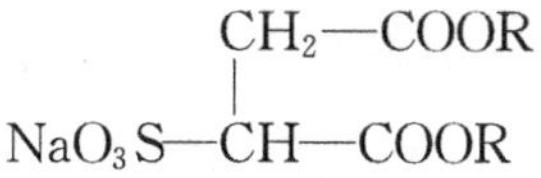

4. 膦酸酯盐类

一般式为 $ROPO_3Na_2$ 和 $(RO)_2PO_2Na$，有单酯盐和双酯盐两种，其结构式分别为：

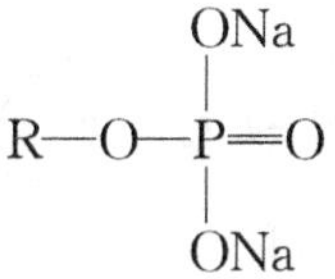 (单酯盐)　　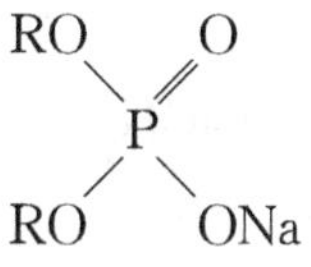 (双酯盐)

这类表面活性剂的性质与硫酸酯盐相似，其特点是抗电解质性及抗硬化性较强，洗净能力好，为低泡性表面活性剂。它们同烷基硫酸酯盐及烷基磺酸盐相比有较高的表面活性，对棉的净洗性更为优越，可作为净洗剂、润湿剂、乳化剂、抗静电剂和抗蚀剂。这类表面活性剂的问题是污染环境，影响水质。随着表面活性剂无磷化呼声的高涨，膦酸酯盐类表面活性剂的使用正日益受到限制。

2.2.2 阳离子表面活性剂

这类表面活性剂在水中离解后，起活性作用的部分是阳离子。阳离子表面活性剂分为两类：胺盐类和季铵盐类。

1. 胺盐类

伯胺盐、仲胺盐和叔胺盐总称为胺盐类表面活性剂。胺盐类的疏水基一般是 $C_{12}\sim C_{18}$ 烷基。胺盐类表面活性剂可由高级胺用盐酸或醋酸处理而得：

$$RCH_2NH_2 \xrightarrow{H^+} RCH_2\overset{+}{N}H_3$$

或由高级胺与环氧乙烷反应制备（再酸化即得胺盐）：

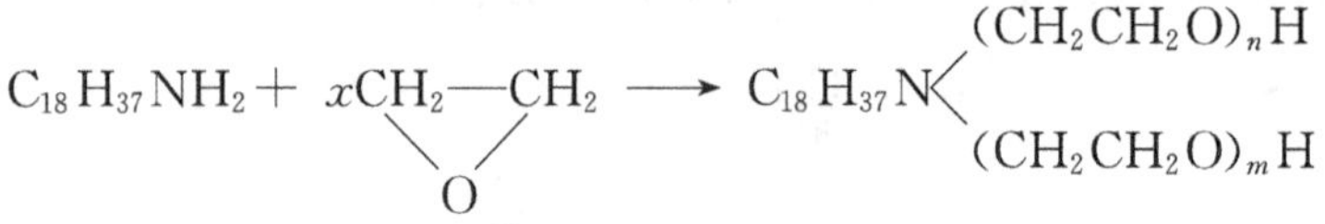

2. 季铵盐类

季铵盐类阳离子表面活性剂由叔胺与烷基化剂反应制得。由于季铵盐的碱性较强，其水溶液加碱无变化。这类表面活性剂可由高级脂肪胺制得，如十二烷基三甲基氯化铵盐：

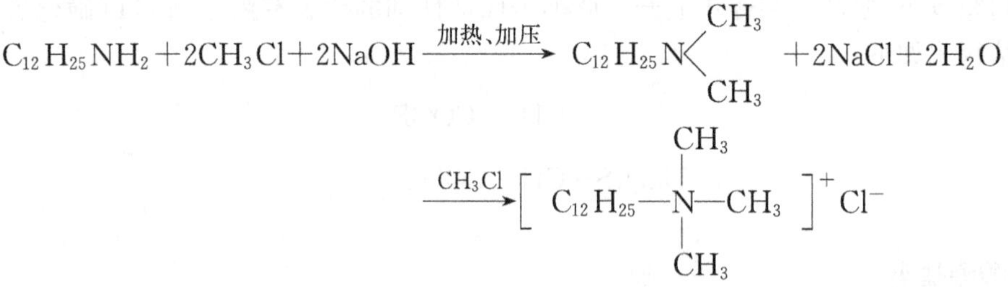

又如，十二烷基二甲基苄基氯化铵：

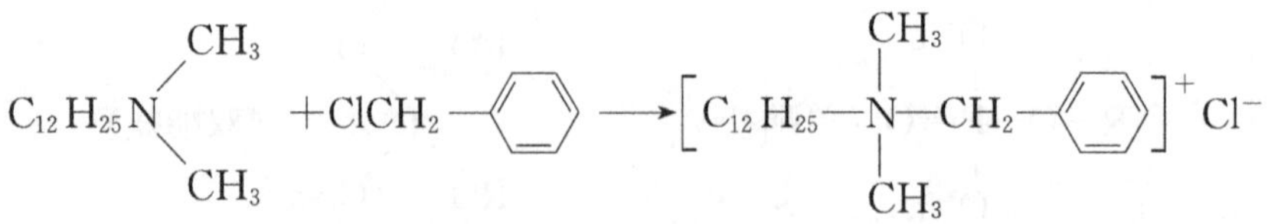

阳离子表面活性剂除具有表面活性外，还有如下几个特点：水溶液有很强的杀菌作用，因此可用作消毒杀菌剂。例如，十二烷基二甲基苄基氯化铵，它首先能使蛋白质沉淀，然后杀死微生物。容易吸附在一般固体表面上。由于水介质中的固体表面常带有负电荷，因此很容易吸附阳离子表面活性剂形成一层表面膜，使固体表面改性。例如，矿粉表面吸附了阳离子表面活性剂而变成疏水性，便可附着于气泡浮选出来；织物表面吸附了阳离子表面活性剂，C_{12}～C_{18}的亲油基烃链都向外整齐排列，降低了纤维之间的摩擦系数，使纤维柔软平整。阳离子表面活性剂在纤维表面还有抗静电作用。

2.2.3 两性表面活性剂

两性表面活性剂分子中同时具有可电离的阳离子和阴离子。通常阳离子部分都是由胺盐或季铵盐作亲水基，而阴离子部分可以是羧酸盐、硫酸酯盐、磺酸盐等，但商品几乎都是羧酸盐型。阴离子部分是羧酸基构成的两性表面活性剂，其中由胺盐构成阳离子部分的叫氨基酸型两性表面活性剂。由季铵盐构成阳离子部分的叫甜菜碱型两性表面活性剂。

氨基酸型两性表面活性剂的通式为 $RNHCH_2CH_2COOH$，如十二烷基氨基丙酸钠盐 $C_{12}H_{25}NHCH_2CH_2COONa$。这种表面活性剂易溶于水，为透明溶液，其水溶液发泡性好，呈碱性，此外洗涤性良好，故常作特殊洗涤剂使用。

甜菜碱型两性表面活性剂通式为：

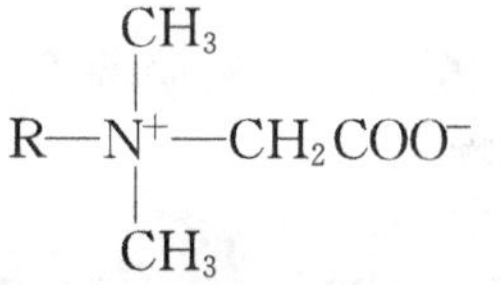

常用的是 $R=C_{12}$～C_{18}。这种化合物加水是透明溶液，泡沫多，去污力强，对纤维有保护作用。

两性表面活性剂在水中电离时，因同时存在两种电荷，因此有一个等电点 pI，溶液的 pH 低于 pI 时，呈正电性，具有阳离子表面活性剂的性质；当 pH 高于 pI 时，呈负电性，具有阴离子表面活性剂的性质。在等电点附近时则呈非离子型表面活性剂性质。

两性表面活性剂的特点是毒性小，对皮肤刺激性小，有良好的生物降解性和杀菌抗微生物能力，有优良的抗静电性和柔软平滑性，并且与其他类型表面活性剂的相容性好，但价格较贵。

2.2.4 非离子型表面活性剂

非离子型表面活性剂在数量上仅次于阴离子表面活性剂，是一类大量使用的重要品种。随着石油化工的发展，其原料环氧乙烷的成本不断降低，非离子型表面活性剂的消费量在逐渐增长，有超过其他表面活性剂的趋势。

非离子型表面活性剂含有在水中不电离的羟基和醚键，并以它们作为亲水基。由于羟基和醚键的亲水性弱，只靠一个羟基或醚键弱亲水基团不能将很大的疏水基溶于水中。必须有多个这样的亲水基才能发挥出亲水性。这与只有一个亲水基就能发挥亲水性的阳离子和阴离子表面活性剂是大不相同的。

非离子型表面活性剂因为在溶液中不呈离子状态，所以稳定性高，不受强电解质无机盐和酸、碱的影响，与其他类型的表面活性剂相容性好，也不易在一般固体上强烈吸附，所以非离子型表面活性剂在某些方面比离子型表面活性剂优越。

非离子型表面活性剂按亲水基分类，有聚乙二醇型和多元醇型，两者性能和用途都有较大的差异。

1. 聚乙二醇型非离子型表面活性剂

聚乙二醇型非离子型表面活性剂是以含活泼氢原子的疏水性基团同环氧乙烷进行加成反应制成的。所谓含活泼氢原子的化合物，可以是含羟基(—OH)、羧基(—COOH)、胺基($—NH_2$)和酰胺基($—CONH_2$)等基团的化合物。这些基团中氢原子有很强的化学活性，容易与环氧乙烷发生反应，生成聚乙二醇型表面活性剂。

(1) 高级脂肪醇与环氧乙烷加成物

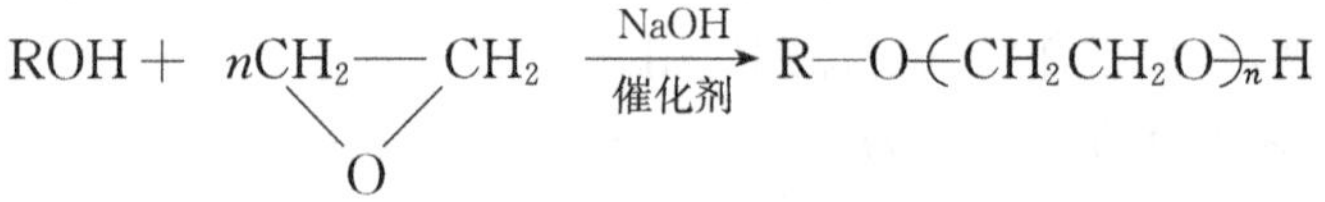

所用高级醇主要有月桂醇、十六醇、油醇、鲸腊醇等。

(2) 烷基酚与环氧乙烷的加成物

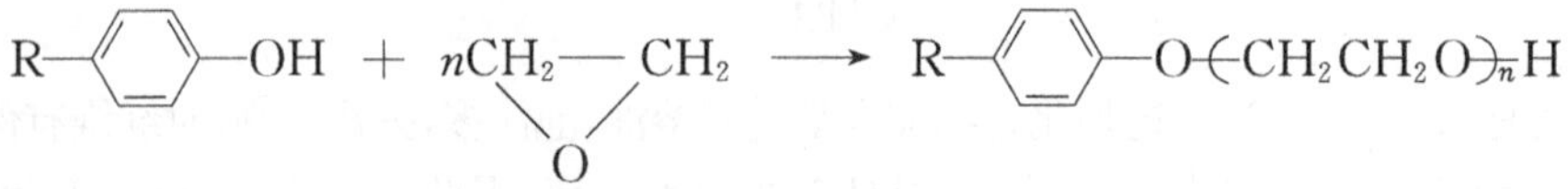

所用烷基酚主要有壬基酚、辛基酚和辛基甲酚等。

(3) 脂肪酸与环氧乙烷的加成物

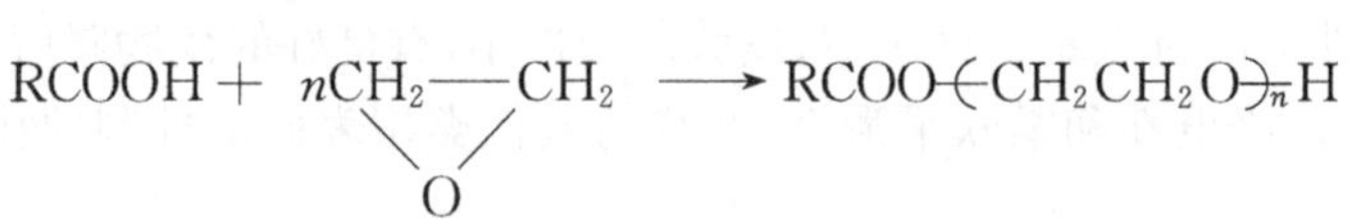

所用脂肪酸可以是硬脂酸、月桂酸、油酸等。

(4) 高级脂肪胺和脂肪酰胺的环氧乙烷加成物

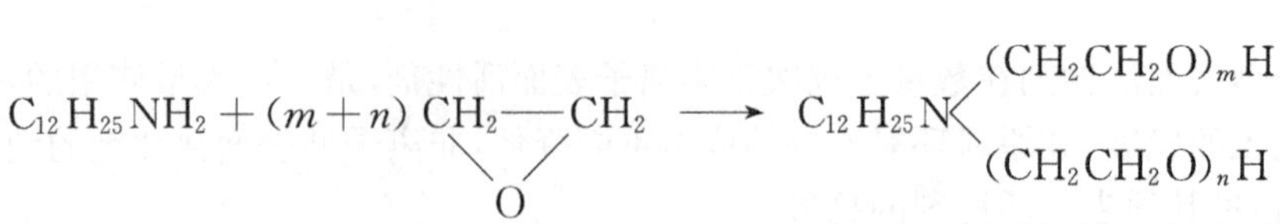

$$C_{17}H_{35}CONH_2+(p+q)\,\underset{\diagdown\ O\ \diagup}{CH_2\!-\!\!-CH_2}\longrightarrow C_{17}H_{35}CON\begin{matrix}\diagup(CH_2CH_2O)_pH\\ \diagdown(CH_2CH_2O)_qH\end{matrix}$$

(5) 聚丙二醇的环氧乙烷加成物

环氧丙烷和环氧乙烷一样能进行加成反应，形成聚丙二醇，但因甲基空间障碍，不易形成氢键，故水溶性很小。相对分子质量为1 000～2 500的聚丙二醇适于作疏水基原料。

由聚丙二醇和环氧乙烷加成的非离子型表面活性剂称为聚醚型非离子型表面活性剂，具有如下结构：

$$HO\!\leftarrow\!CH_2CH_2O\!\rightarrow_a\!\leftarrow\!CH_2\overset{\overset{CH_3}{|}}{C}HO\!\rightarrow_b\!\leftarrow\!CH_2CH_2O\!\rightarrow_c H$$

亲水基　　　　疏水基　　　　亲水基

其相对分子质量可达几千，因此是高分子表面活性剂，可作为低泡洗涤剂、乳化分散剂、消泡剂等使用，其用途在逐步推广。

聚乙二醇型非离子型表面活性剂的亲水基是分子中的聚乙二醇部分。为什么聚乙二醇部分具有亲水性呢？这可由图2-6说明。

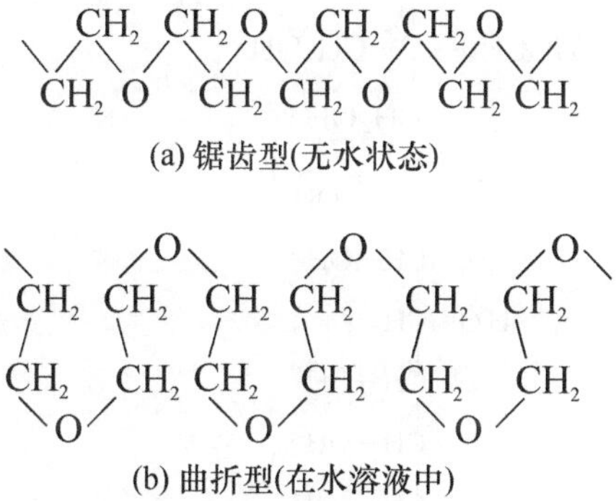

(a) 锯齿型(无水状态)

(b) 曲折型(在水溶液中)

图2-6　锯齿型和曲折型的聚乙二醇链

由图2-6可知，聚乙二醇链在无水状态下是锯齿型的，在水溶液中是曲折型的。当其在水中时，亲水性的氧原子被置于链的外侧，疏水性的亚甲基位于内部，因而有利于氧原子与水分子形成氢键，使聚乙二醇链整体上恰似一个亲水基，显示出较大的亲水性。

2. 多元醇型非离子型表面活性剂

多元醇型非离子型表面活性剂的主要亲水基是多元醇类、氨基醇类、糖类等。常用亲水基原料见表2-2，所用的疏水基原料主要是脂肪酸。

甘油和季戊四醇是最常用的多元醇，与脂肪酸、月桂酸或棕榈酸酯化，可生成非离子型表面活性剂，用作乳化剂或纤维油剂。因对人体无害，可广泛使用于食品和化妆品。

山梨醇是葡萄糖加氢制得的多元醇，有 6 个羟基：

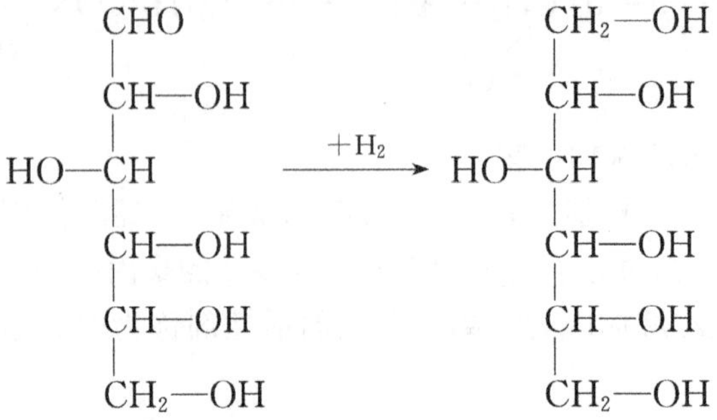

（左旋葡萄糖）　　　　（左旋山梨醇）

表 2-2　多元醇型非离子型表面活性剂的亲水基原料

	名　称	化学式	脂肪酸酯或酰胺的水溶性
多元醇类	甘油 羟基数＝3	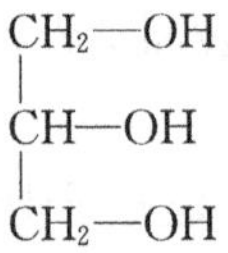	不溶，有自乳化性
	季戊四醇 羟基数＝4	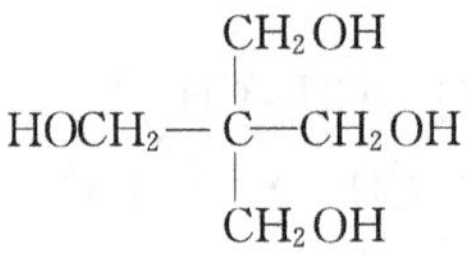	不溶，有自乳化性
	山梨醇[①] 羟基数＝6	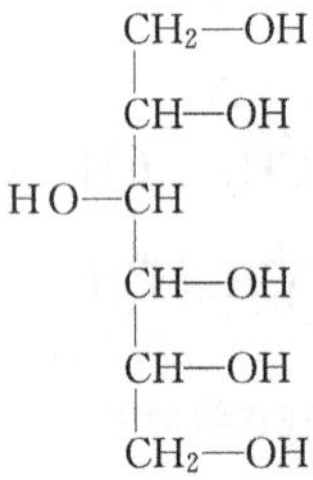	不溶-难溶，有自乳化性
	失水山梨醇 羟基数＝4	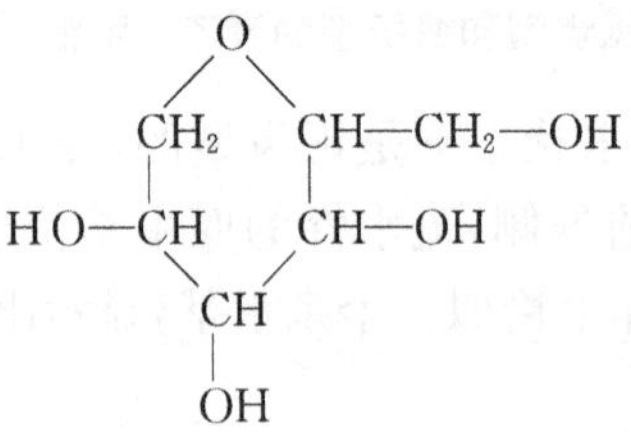 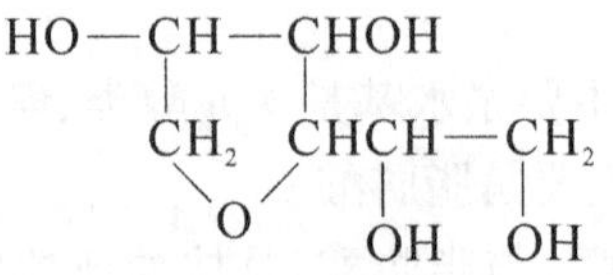 等的混合物	不溶，有自乳化性

续 表

	名 称	化学式	脂肪酸酯或酰胺的水溶性
氨基醇类	一乙醇胺	$H_2NCH_2CH_2OH$	不溶
	二乙醇胺	$HN(CH_2CH_2OH)_2$	1：2(物质的量之比)型可溶[2] 1：1(物质的量之比)型难溶[3]
糖类	蔗糖 羟基数＝8	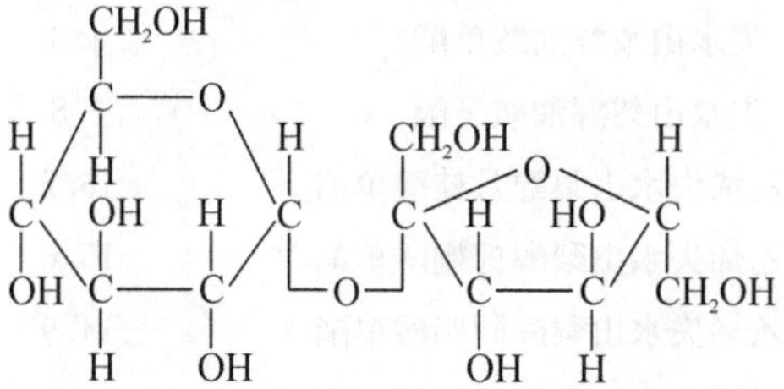	可溶-难溶

注：① 从旋光异构体来看有左旋和右旋的，市场上出售的山梨醇是由左旋葡萄糖还原而得，故都是左旋体的。

② 1：2(物质的量之比)型：

$$C_{11}H_{23}CON(CH_2CH_2OH)_2 \cdot HN(CH_2CH_2OH)_2$$

③ 1：1(物质的量之比)型：

$$C_{11}H_{23}CON(CH_2CH_2OH)_2$$

山梨醇在适当条件下脱去1分子水，成为失水山梨醇。失水山梨醇是各种异构体的混合物，失水山梨醇再脱1分子水则成为二失水山梨醇。

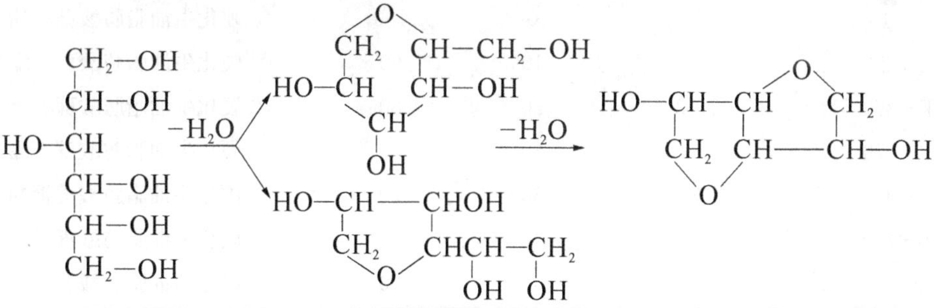

(山梨醇) (失水山梨醇) (二失水山梨醇)

失水山梨醇与脂肪酸酯化后得到的非离子型表面活性剂商品名为斯盘(SPAN)。斯盘主要用作乳化剂，但因自身不溶于水，很少单独使用。如与其他水溶性表面活性剂复合使用，可发挥它良好的乳化力。

斯盘与环氧乙烷加成可制得另一类著名的非离子型表面活性剂——吐温(TWEEN)。主要的斯盘和吐温产品见表2-3。

表 2-3 SPAN 和 TWEEN 的组成及性能

商品名称	化学成分	*HLB*	熔点/℃
SPAN 20	失水山梨醇月桂酸单酯	8.6	油状
SPAN 40	失水山梨醇棕榈酸单酯	6.7	42～46
SPAN 60	失水山梨醇硬脂酸单酯	4.9	49～53
SPAN 65	失水山梨醇硬脂酸三酯	2.1	44～48
SPAN 80	失水山梨醇油酸单酯	4.3	油状
SPAN 85	失水山梨醇油酸三酯	1.8	油状
TWEEN 20	聚氧乙烯失水山梨醇月桂酸单酯	16.7	油状
TWEEN 40	聚氧乙烯失水山梨醇棕榈酸单酯	15.6	油状
TWEEN 60	聚氧乙烯失水山梨醇硬脂酸单酯	14.9	油状
TWEEN 65	聚氧乙烯失水山梨醇硬脂酸三酯	10.5	27～31
TWEEN 80	聚氧乙烯失水山梨醇油酸单酯	15	油状
TWEEB 85	聚氧乙烯失水山梨醇油酸三酯	11	油状

蔗糖有八个羟基，是理想的亲水基原料。由于蔗糖和天然油脂中的脂肪酸为百分之百天然产物，安全，无毒，无刺激，无污染，可生物分解，因此是非常理想的非离子型表面活性剂，在轻化工、食品、医药等工业部门有广泛应用，蔗糖酯系表面活性剂见表 2-4。

表 2-4 商品蔗糖酯的 *HLB* 值

商品名称	*HLB*	酯分布/%		成分
		单酯	双酯以上	
F-10	1	0	100	硬化牛油脂肪酸蔗糖酯
F-20	2	10	90	硬化牛油脂肪酸蔗糖酯
F-370	2～3	20	80	硬化牛油脂肪酸蔗糖酯
S-570	5	30	70	硬化牛油脂肪酸蔗糖酯
F50	6	30	70	硬化牛油脂肪酸蔗糖酯
S-770	7	40	60	硬化牛油脂肪酸蔗糖酯
F-70	8	40	60	硬化牛油脂肪酸蔗糖酯
S-970	9	50	50	硬化牛油脂肪酸蔗糖酯
F-90	9.5	45	55	硬化牛油脂肪酸蔗糖酯
S-1170	11	55	45	硬化牛油脂肪酸蔗糖酯
F-110	11	50	50	硬化牛油脂肪酸蔗糖酯
F-140	13	60	40	硬化牛油脂肪酸蔗糖酯

续 表

商品名称	HLB	酯分布/%		成 分
		单酯	双酯以上	
S-1570	14～15	70	30	硬化牛油脂肪酸蔗糖酯
F-160	约15	约70	约30	硬化牛油脂肪酸蔗糖酯
P-1570	14～15	70	30	软脂酸(约70%)硬脂酸(约30%)酯
P-1670	16	75	25	软脂酸(约70%)硬脂酸(约30%)酯
LWA-1540	15	70	30	椰子油酸蔗糖酯
OWA-1570	15	70	30	油酸蔗糖酯(约70%)

2.2.5 其他表面活性剂

1. 高分子表面活性剂

通常表面活性剂几乎全是相对分子质量几百的低分子物质，而相对分子质量数千以上有表面活性的物质称为高分子表面活性剂。一些高分子表面活性剂如表2-5所示。

表2-5 高分子表面活性剂的分类

	天 然	半 合 成	合 成
阴离子型	海藻酸钠 果胶酸钠 咕吨胶	羧甲基纤维素(CMC) 羧基淀粉(CMS) 甲基丙烯酸接枝淀粉	甲基丙烯酸共聚物 马来酸共聚物
阳离子型	壳聚酸	阳离子淀粉	乙烯吡啶共聚物 聚乙烯吡咯烷酮 聚乙烯亚胺
非离子型	玉米淀粉 各种淀粉	甲基纤维素(MC) 乙基纤维素(EC) 羟乙基纤维素(HEC)	聚氧乙烯-聚氧丙烯 聚乙烯醇(PVA) 聚乙烯醚 聚丙烯酰胺 烷基酚-甲醛缩合物的环氧乙烷加成物

高分子表面活性剂也有非离子、阴离子、阳离子和两性之分，其结构特点是亲油基和亲水基都是以嵌段或接枝链段结合的两亲性聚合物。它可分为天然、半合成的和合成的三种。如天然的卵蛋白质是有名的保护胶，上面讨论的聚醚非离子型表面活性剂则是合成高分子表面活性剂。各种改性纤维素(如羧甲基纤维素)等可认为是半合成的高分子表面活性剂。

高分子表面活性剂特点是：表面张力降低能力小；由于相对分子质量大，故渗透力弱；起泡力弱，一旦发泡能形成稳定的泡沫；有乳化能力，能形成稳定乳状液；有良好的分散力和絮凝力；多数毒性小。

高分子表面活性剂令人注目的特性是分散、絮凝、增稠、抗静电等性能，所以常用作分散剂、防垢剂、絮凝剂、消泡剂、螯合剂、匀染剂、固色剂等。

2. 氟系表面活性剂

表面活性剂的碳氢链中氢原子全被氟原子取代，则称全氟表面活性剂。由于碳氟链键能大，因此其耐热性、耐药性、化学稳定性好。氟系表面活性剂的表面活性比一般表面活性剂大得多，其溶液表面张力可低至 20 mN/m 以下，这是其他类型表面活性剂所远远不及的。碳氟链不但疏水，而且疏油，故氟系表面活性剂有良好的防水性和防油性，不仅在低浓度水溶液中显示高的表面活性，而且还可在有机溶剂中使用。氟表面活性剂的碳原子数一般不超过 10，以 7～10 时表面活性最显著。氟系表面活性剂主要用途有氟系树脂乳液聚合的乳化剂、电镀浸蚀用添加剂、灭火剂、均质剂和渗透剂等。

3. 冠醚类大环化合物

冠醚类大环化合物是新发展的表面活性剂。由于冠醚大环主要由聚氧乙烯组成，与非离子型表面活性剂的亲水基相似，若在冠醚大环上引入疏水性的烷基取代基，则可得到与非离子型表面活性剂类似的新型表面活性剂。

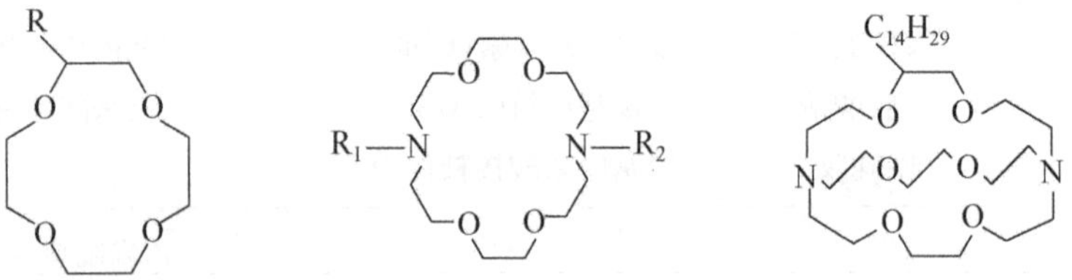

冠醚大环化合物可与金属离子配合，形成可溶于有机溶剂的配合物，从而使其从非离子型表面活性剂转变为阳离子表面活性剂：

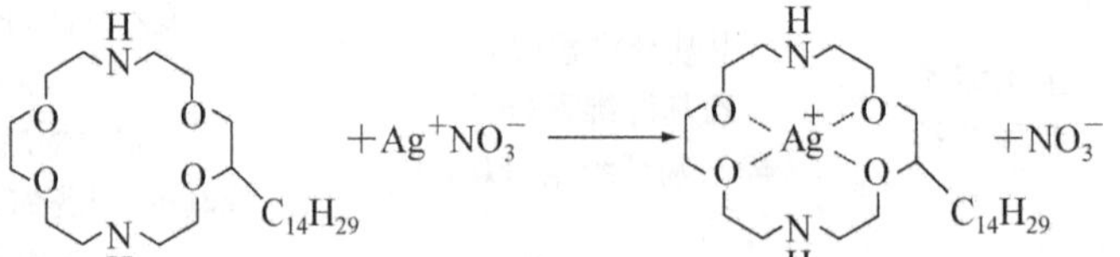

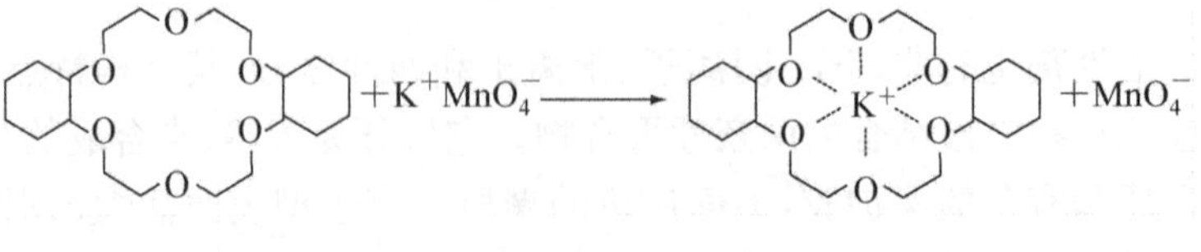

相转移催化是表面活性剂用于化学反应的新尝试，对阳离子冠醚的金属配合物 Q^+X^- 的负电荷部分 X^-，在水溶液中和其他阴离子 Y^- 交换后，溶于含有反应试剂的 RX 有机相中，与 RX 反应生成 RY，本身复原为 Q^+X^-，同时再进入水相。这样反复循环，起到催化作用，反应过程示意如下：

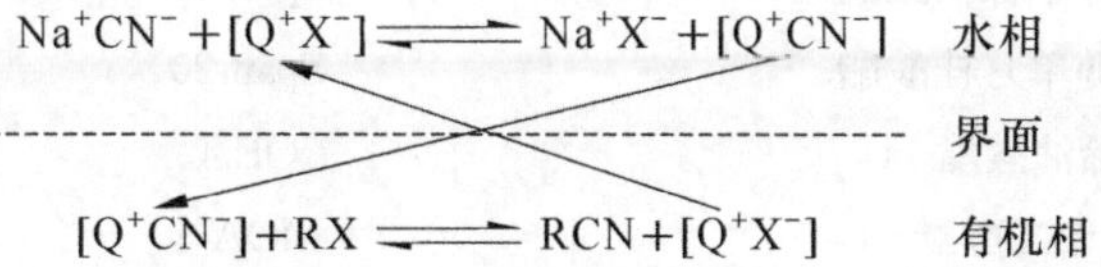

于是，有可能使水相和有机相形成多相体系反应。这一新方法用于有机合成获得了很高的评价。

2.3 表面活性剂的亲疏平衡值

2.3.1 定义和物理意义

表面活性剂的亲水性、疏水性强弱对表面活性有很大的影响。若分子的亲水性太强，将完全进入水相；疏水性太强又将完全进入油相。亲水基团和疏水基团强弱必须适当平衡，才能使表面活性剂发挥最佳的表面活性。

1949 年，美国科学家首先提出了亲水-疏水平衡值 *HLB* 的概念。*HLB* 值的大小表示表面活性剂亲水性与亲油性的相对大小，*HLB* 值越大，表示该表面活性剂的亲水性越强；*HLB* 越小，则亲油性或疏水性越强。

一般规定，石蜡的 $HLB = 0$，油酸的 $HLB = 1$，油酸钾的 $HLB = 20$，十二烷基硫酸酯钠的 $HLB = 40$。以此为标准，阴离子表面活性剂的 *HLB* 为 1～40，非离子型表面活性剂的 *HLB* 为 1～20。

常用表面活性剂的 *HLB* 值见表 2－6。

表 2－6 常用表面活性剂的 *HLB* 值

化学组成	商品名称	*HLB*
油酸		1
失水山梨醇三油酸酯	Span 85	1.8
失水山梨醇硬脂酸酯	Span 65	2.1
失水山梨醇单油酸酯	Span 80	4.3
失水山梨醇单硬脂酸酯	Span 60	4.7

续 表

化学组成	商品名称	*HLB*
聚氧乙烯月桂酸酯-2	LAE-2	6.1
失水山梨醇单棕榈酸酯	Span 40	6.7
失水山梨醇单月桂酸酯	Span 20	8.6
聚氧乙烯油酸酯-4	OE 4	7.7
聚氧乙烯十二醇醚-4	MOA 4	9.5
二(十二烷基)二甲基氯化铵		10.0
十四烷基苯磺酸钠	ABS	11.7
油酸三乙醇胺	FM	12.0
聚氧乙烯壬基苯酚醚-9	OP-9	13.0
聚氧乙烯十二胺-5		13.0
聚氧乙烯辛基酚醚-10	TritonX-100 (TX-10)	13.5
聚氧乙烯失水山梨醇单硬脂酸酯	Tween 60	14.9
聚氧乙烯失水山梨醇单油酸酯	Tween 80	15.0
十二烷基三甲基氯化铵	DTC	15.0
聚氧乙烯十二胺-15		15.3
聚氧乙烯失水山梨醇单棕榈酸酯	Tween 40	15.6
聚氧乙烯硬脂酸酯-30	SE 30	16.0
聚氧乙烯硬脂酸酯-40	SE 40	16.7
聚氧乙烯失水山梨醇单月桂酸酯	Tween 20	16.7
聚氧乙烯辛基酚醚-30	TX-30	17.0
油酸钠	钠皂	18.0
油酸钾	钾皂	20.0
十六烷基乙基吗啡啉乙基硫酸盐	阿特拉斯 G263	25～30
十二烷基硫酸钠	AS	40

表面活性剂的 *HLB* 值与其用途和在水中的分散情况有密切关系，见表 2-7 和表 2-8。

表 2-7　*HLB* 范围及其适当用途

HLB 值范围	应　用	*HLB* 值范围	应　用
1～3	消泡剂	8～18	O/W 型乳化剂
3～6	W/O 型乳化剂	13～15	洗涤剂
7～9	润湿剂	15～18	增容剂

表 2-8 *HLB* 值范围与其在水中分散性能

HLB 值范围	在水中分散情况	*HLB* 值范围	在水中分散情况
1～4	不分散	8～10	乳状分散液，稳定
3～6	分散能力不好	10～13	半透明到透明液体
6～8	乳状分散液（剧烈振荡后）	＞13	透明液体

2.3.2 *HLB* 值的确定

HLB 值可用实验方法测定，但实验方法既麻烦又费时，在大量实验基础上已总结出一些表面活性剂 *HLB* 值的经验或半经验的计算方法，可用来快速地估算物质的 *HLB* 值。

1. 非离子型 *HLB* 值的计算

本法适用于聚氧乙烯型和多元醇型非离子型表面活性剂的 *HLB* 值，可按下式计算：

$$HLB = \frac{\text{亲水基部分相对分子质量}}{\text{表面活性剂相对分子质量}} \times \frac{100}{5}$$

$$= \frac{\text{亲水基相对分子质量}}{\text{疏水基相对分子质量}+\text{亲水基相对分子质量}} \times \frac{100}{5} \quad (2-1)$$

由于石蜡完全没有亲水基，其 $HLB = 0$；聚乙二醇完全是亲水基，$HLB = 20$，所以非离子型表面活性剂的 *HLB* 值为 $0 \sim 20$。

例 1：求 C_9H_{19}— 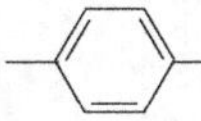 —O—$(CH_2CH_2O)_9H$ 的 *HLB* 值。

解：亲水基相对分子质量：$(CH_2CH_2O)_9 = 396$

表面活性剂相对分子质量＝616

$HLB = 396/616 \times 100/5 = 12.86$

对于聚乙二醇型非离子型表面活性剂，上式可作如下改变：

$$HLB = E_0/5 \quad (2-2)$$

式中，E_0 为聚乙二醇部分即亲水基的质量百分数。

对多元醇型脂肪酸酯非离子型表面活性剂，则可按下式计算：

$$HLB = 20(1 - S/A) \quad (2-3)$$

式中，S 为多元醇酯的皂化值；A 为原料脂肪酸的酸值。例如，甘油硬脂酸单酯的皂化值 $S = 161$，酸值 $A = 198$，则：

$$HLB = 20 \times (1 - 161/198) = 3.8$$

2. 其他类型表面活性剂 *HLB* 值的计算

表面活性剂品种繁多,很难用统一的式子进行计算。1957 年,Davies 提出可把表面活性剂按结构分解为一些基团,每一基团对 *HLB* 值都有确定的贡献。如表 2-9 所示,根据表面活性剂的分子结构,查表求出各亲水基团和亲油基团的 *HLB* 值,即可按下式计算出表面活性剂的 *HLB* 值:

$$HLB = \sum H - \sum L + 7 \tag{2-4}$$

式中,$\sum H$ 为亲水基体 *HLB* 的总和;$\sum L$ 为亲油基体 *HLB* 的总和。

表 2-9 各种基团的 *HLB* 值

亲水基团	*H*	亲油基团	*L*
$-OSO_3Na$	38.7	$-\overset{\vert}{C}H-$, $-CH_2-$, CH_3-, $=CH-$	0.475
$-COOK$	21.1	$-(C_3H_6O)-$ 氧丙烯基	0.15
$-COONa$	19.1	$-CF_2-$, CF_3-	0.870
$-SO_3Na$	11.0	苯环	1.662
—N(叔胺)	9.4		
酯基(失水山梨醇环)	6.8		
$-COOR$	2.4		
$-OH$	1.9		
$-COOH$	2.1		
$-O-$	1.3		
—OH(失水山梨醇环)	0.5		
$-(C_2H_4O)-$	0.33		

3. 混合表面活性剂的 *HLB* 值的计算

一般认为,*HLB* 值有加和性,因此可以预测一种混合表面活性剂的 *HLB* 值。混合表面活性剂的 *HLB* 值可按下式计算:

$$HLB = \frac{W_A \cdot HLB_A + W_B \cdot HLB_B}{W_A + W_B} \tag{2-5}$$

式中,W_A、W_B 为混合表面活性剂中 A、B 组分的质量;HLB_A、HLB_B 为 A、B 组分各自的 *HLB* 值。因此调节 A、B 组分的比例可以调制成一个有合适的 *HLB* 值的混合表面活性剂。

2.4 相转型温度

HLB 值虽然能反映表面活性剂的亲水、亲油情况，但它明显存在三个缺点：没有考虑到油相与水相本身的性能；没有考虑表面活性剂浓度的影响；没有考虑到温度及各相体积的影响。

针对 *HLB* 值的缺点，日本学者筱田耕三提出了相转型温度（*PIT*）的概念，用来衡量表面活性剂的亲水、亲油性质。

非离子型表面活性剂在低温下可形成水包油（O/W）型乳状液，随着温度升高，溶解度减小，*HLB* 值下降，最后达到某一温度，使得乳状液从原来的 O/W 型转变为油包水型（W/O）。这一温度称为相转型温度 *PIT*，又称为亲水-亲油平衡温度（*HLB* 温度），因为此温度表面活性剂的亲水性与亲油性正好平衡。*PIT* 与 *HLB* 同样可以反映出表面活性剂的亲水性与亲油性，而且还可以反映出油种类、水溶液性质、温度和相体积等的影响。即使相同的表面活性剂，油的种类不同，*PIT* 值也不同。越容易溶解非离子型表面活性剂的油，其 *PIT* 值越低。表面活性剂的亲水性越强，*PIT* 也越高。而且在 *PIT* 时体系的表面张力才显最小值。

PIT 的测定可用电导法：用 3%～5%非离子型表面活性剂乳化等体积的油相和水相，然后梯度升温，搅拌并用电导仪测定电导率。因为 O/W 型的导电性高，W/O 型的导电性低，所以转相时电导率有突变，此时的温度即为 *PIT*。用电导法测 *PIT* 时间短，精度高。

PIT 与 *HLB* 的关系近乎直线，可解释为 *HLB* 值大，其亲水性强，故需在较高温度下才能转相。*PIT* 随油相性质而改变，油相极性越小，*PIT* 越高。*PIT* 与混合油相（A、B 两种油）组成的关系为：

$$PIT = (PIT)_A \phi_A + (PIT)_B \phi_B \tag{2-6}$$

式中，ϕ 代表体积分数。

如果固定表面活性剂浓度，增大体系中油/水比例则 *PIT* 增大；当固定表面活性剂与油相比例时，即使增大油/水比例，*PIT* 也不再改变。对于含聚氧乙烯链的非离子型表面活性剂，一般在表面活性剂浓度 3%～5%时，*PIT* 值达到恒定。表面活性剂中聚氧乙烯链长分布越宽，*PIT* 值越高。在油相中加入添加剂会改变 *PIT*，如加入十二醇或油酸等极性添加剂，*PIT* 变小；加入石蜡等非极性物质，*PIT* 将变大。在水相中加入无机盐也使 *PIT* 降低。

2.5 临界胶束浓度

如前所述，少量表面活性剂的加入可使水的表面张力迅速下降，但达到某一浓度后，水溶液的表面张力几乎不变。这个表面张力转折点的浓度即为临界胶束浓度(*CMC*)。在临界胶束浓度下,表面活性剂分子在水的表面形成了单分子膜。继续增加浓度,表面活性剂分子在水中形成的胶束增多,表面性能并不改变。

进一步的研究表明,不仅是表面张力,表面活性剂溶液的其他物理性能,在 *CMC* 范围均发生突变,见图 2-7。

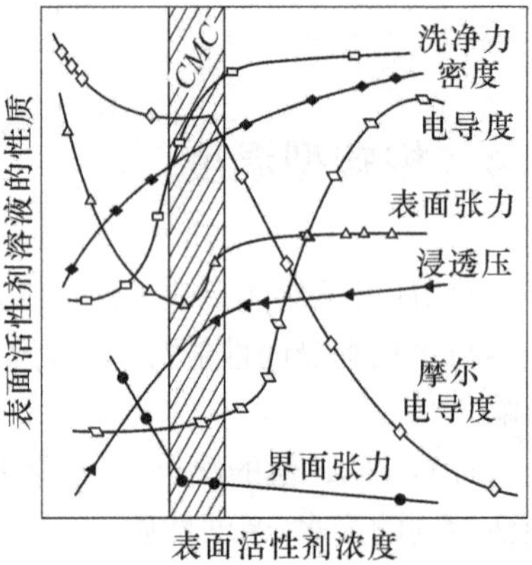

图 2-7 表面活性剂物理性质随浓度变化图

由图可见,表面活性剂的一些物理性质,如电导率,渗透压,冰点,增容性,洗净力等,在临界胶束浓度时均有显著变化。所以测定这些物理性能发生显著变化时的转变点,就可测知临界胶束浓度。一般来讲,离子型表面活性剂的 *CMC* 在 $10^{-4}\sim10^{-2}$ mol/L 以下,非离子型表面活性剂则在 10^{-4} mol/L 以下。一些表面活性剂的 *CMC* 值见表 2-10。

表 2-10 表面活性剂的临界胶束浓度

表面活性剂	温度/℃	*CMC*/(mol/L)	表面活性剂	温度/℃	*CMC*/(mol/L)
$C_8H_{17}SO_4Na$	40	0.14	$C_{12}H_{25}O(EO)_4H$	25	6.4×10^{-5}
$C_{10}H_{21}SO_4Na$	40	0.033	$C_{12}H_{25}O(EO)_6H$	20	8.7×10^{-5}
$C_{12}H_{25}SO_4Na$	40	0.008 7	$C_{12}H_{25}O(EO)_8H$	25	1.1×10^{-4}
$C_{14}H_{29}SO_4Na$	40	0.002 4	$C_{12}H_{25}O(EO)_{12}H$	23	1.4×10^{-4}
$C_7H_{15}CH(C_6H_{13})SO_4Na$	25	0.009 7	$C_{13}H_{27}O(EO)_8H$	25	2.7×10^{-5}
$C_{16}H_{33}SO_4Na$	40	0.000 58	$C_{14}H_{29}O(EO)_8H$	25	9.0×10^{-6}
$C_{16}H_{33}SO_4Na$	25	0.000 165	$C_{15}H_{31}O(EO)_8H$	25	3.5×10^{-6}
$C_8H_{17}O(EO)_6H$	25	0.009 9	$C_{12}H_{25}CH(SO_4Na)C_3H_7$	25	0.001 72
$C_{10}H_{21}O(EO)_6H$	25	0.000 9	$C_{10}H_{21}CH(SO_4Na)C_5H_{11}$	25	0.002 35
$C_{12}H_{25}O(EO)_4H$	25	0.000 04	$C_8H_{17}CH(SO_4Na)C_7H_{15}$	25	0.004 25
$C_{12}H_{25}O(EO)_4H$	55	0.000 017	$C_8H_{17}OCOCH_2$ ∣ $C_8H_{17}OCOCH—SO_3Na$	25	0.000 68
$C_{12}H_{25}O(EO)_7H$	25	0.000 05			
$C_{12}H_{25}O(EO)_7H$	55	0.000 02			
$C_{14}H_{29}O(EO)_6H$	25	0.000 01	$C_4H_9CH(C_2H_4)CH_2OCOCH_2$ ∣ $C_4H_9CH(C_2H_4)CH_2OCOCH$ ∣ NaO_3S	25	0.025
$C_{16}H_{33}O(EO)_6H$	25	0.000 001			

续 表

表面活性剂	温度/℃	CMC /(mol/L)	表面活性剂	温度/℃	CMC /(mol/L)
$C_{12}H_{25}COOK$	40	0.012 5	$C_5F_{11}COOK$		0.5
$C_{12}H_{25}SO_3Na$	40	0.014	$C_7F_{15}COOK$		0.027
$C_{12}H_{25}SO_4Na$	40	0.008 6	$C_9F_{19}COOK$		0.000 9
$C_{12}H_{25}NH_3Cl$	40	0.014	$H(CF_2)_{10}COONH_4$		0.009
$C_{12}H_{25}N(CH_3)_3Br$	25	0.016	$C_{12}H_{25}SO_4Li$	25	0.008 8
$C_{12}H_{25}C_5H_5NCl$	25	0.017	$C_{12}H_{25}SO_4Na$	25	0.008 2
$C_{12}H_{25}C_5H_5NBr$	25	0.011	$C_{12}H_{25}SO_4K$	40	0.008 2
$C_{12}H_{25}O(EO)_2H$	25	3.3×10^{-5}	$C_{12}H_{25}SO_4Cs$	40	0.008 2

临界胶束浓度是表面活性剂的一个重要性质。*CMC* 越小，形成胶束所需要的浓度越低，也即表面活性剂可在较低浓度下发挥更大效能。因此，研究表面活性剂结构对 *CMC* 的关系，研究各种因素对 *CMC* 的影响非常重要。

2.5.1 疏水基的影响

在水溶液中，在 C_8～C_{16} 范围，表面活性剂疏水基烃链长度的增加会导致 *CMC* 下降。烃链碳原子数 m 与 *CMC* 的关系可用下式表示：

$$\lg CMC = A - Bm \tag{2-7}$$

式中，A、B 在一定温度下为常数，其值随活性剂结构及温度而异。表 2-11 列出了部分表面活性剂的 A 和 B 值，显然，A 值无一定规律，对于 1-1 价离子型表面活性剂，B 值为 0.3 左右，而非离子型表面活性剂的 B 值为 0.5 左右。

表 2-11 一些表面活性剂的 *A*、*B* 值

表面活性剂	温度/℃	A	B
羧酸钠	20	1.85	0.30
羧酸钾	25	1.92	0.29
正烷基硫酸钠(钾)	25	1.51	0.30
正烷基苯磺酸钠	25	1.68	0.29
正烷基氯化铵	25	1.25	0.27
溴化正烷基三甲胺	25	1.72	0.30
氯化正烷基三甲胺(加盐)	30	1.23	0.33
溴化正烷基吡啶	30	1.72	0.31

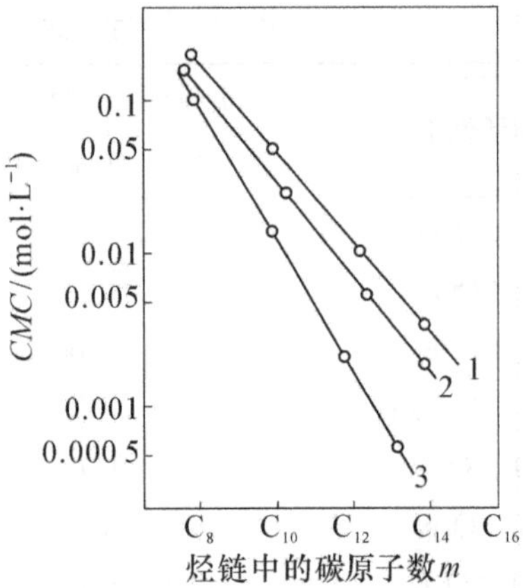

图 2-8　烃链中碳原子数 *m* 与 *CMC* 的关系

1-烷基三甲溴化胺；2-烷基磺酸钠；3-$C_mH_{2m+1}N(CH_3)_2O$

按式(2-7)，以 *CMC* 的对数坐标对 *m* 作图应为直线，图 2-8 的实验结果证实了这点。

对于离子型同系物，表面活性剂烃链每增加一个—CH_2—，*CMC* 下降一半；对非离子型表面活性剂，每增加两个—CH_2—，*CMC* 下降至原值的十分之一。如果烃链上含一个苯环，苯环起到约三个半—CH_2—的作用。当烃链碳原子数超过 16 个，链长对 *CMC* 的影响减小，链长超过 18 个碳原子，*CMC* 基本不随碳链增加而变化。

若表面活性剂的烃链上有支链，则有分支的表面活性剂的 *CMC* 值比同碳原子数的直链化合物高得多。如 $(C_8H_{17})_2N(CH_3)_2Cl$ 的 *CMC* 为 0.266 mol/L，而直链的 $C_{16}H_{33}NH(CH_3)_2Cl$ 的 *CMC* 只有 0.001 4 mol/L。在烃链中存在 C═C 时，比同条件下的 C—C 的 *CMC* 大 3～4 倍。若在烃链中引入—O—、—OH 等极性基，则 *CMC* 值明显增大。

疏水基碳链长度相同而化学组成不同时，*CMC* 会有显著差别。碳氢表面活性剂的 *CMC* 远大于相同碳链长度的碳氟表面活性剂，如全氟辛基磺酸钠的 *CMC* 为 8.0 mmol/L，与十二烷基磺酸钠相当，而辛基磺酸钠的 *CMC* 为0.16 mol/L，显然，1 个 CF_2 基团对 *CMC* 的贡献相当于 1.5 个—CH_2 基团。

2.5.2　亲水基的影响

在水溶液中，离子型表面活性剂比同烃链的非离子型表面活性剂的 *CMC* 值高得多。如直链 12 碳的离子型表面活性剂的 *CMC* 约为 1×10^{-2} mol/L，而同样长碳链的非离子型表面活性剂的 *CMC* 值约为 1×10^{-4} mol/L。两性表面活性剂与同碳链长的离子型表面活性剂的 *CMC* 值相近。极性剂从末端位置移到越靠近中间位置，*CMC* 值越大。含多个亲水基团的表面活性剂比同碳链长的含单个亲水基团的表面活性剂的 *CMC* 值更大，而亲水基的种类对 *CMC* 影响不大。

对聚氧乙烯型非离子型表面活性剂水溶液，随氧乙烯基数目 *n* 的增多，*CMC* 值增大。因为氧乙烯基数目增多，表面活性剂更亲水。*n* 与 *CMC* 的关系为：

$$\lg CMC = A' + B'n \tag{2-8}$$

式中，A'、B'是与疏水基种类和温度有关的常数。

2.5.3　温度的影响

温度对表面活性剂水溶液的影响是复杂的。开始时 *CMC* 随温度升高而下降，中间经过一最小值，然后随温度升高而增大。这可能是因为一开始随温度升高，表面活性剂分子动能增大，增加了分子相互接触的机会而聚集成胶束，因而 CMC 减小。达到最低值后，继续升温使亲水基的水合作用下降，疏水基碳链之间的凝聚力减弱，而且因温度升高，胶束的动能增大，使得胶束不易形成，CMC 值上升。图 2-9 描述了温度对 CMC 的影响。

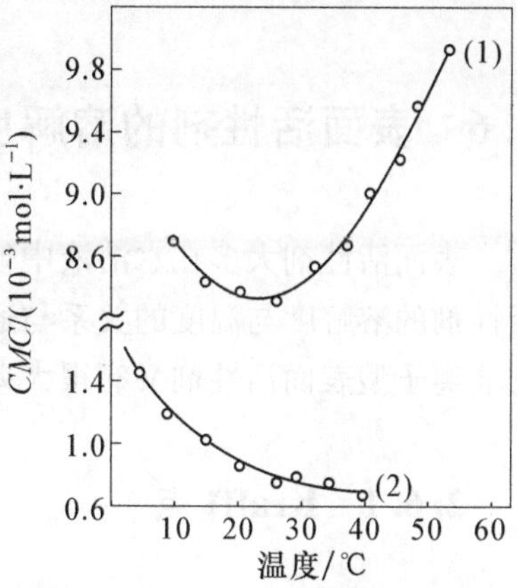

图 2-9　温度对十二烷基硫酸钠(1)及 $C_{10}H_{21}(C_2H_4O)_3OH$(2)的 CMC 影响

2.5.4　其他因素的影响

在水溶液中添加电解质会导致 CMC 下降。电解质对离子型表面活性剂 CMC 的影响较大，对两性表面活性剂的影响次之，对非离子型表面活性剂的影响较小。电解质使离子型表面活性剂 CMC 下降的原因主要是反电荷离子作用。电解质的正离子与阴离子表面活性剂的作用、电解质的负离子与阳离子表面活性剂的作用降低了表面活性剂离子间的相互作用，因而使 CMC 值下降。

少量有机物的加入能导致表面活性剂水溶液 CMC 很大的变化。如脂肪醇的加入使离子型表面活性剂的 CMC 值直线下降(见图 2-10)。脂肪醇能降低 CMC 值是由于它参与胶束的形成，插入胶团外层表面活性剂之间，从而减少它们之间的排斥力，使胶束易于形成。

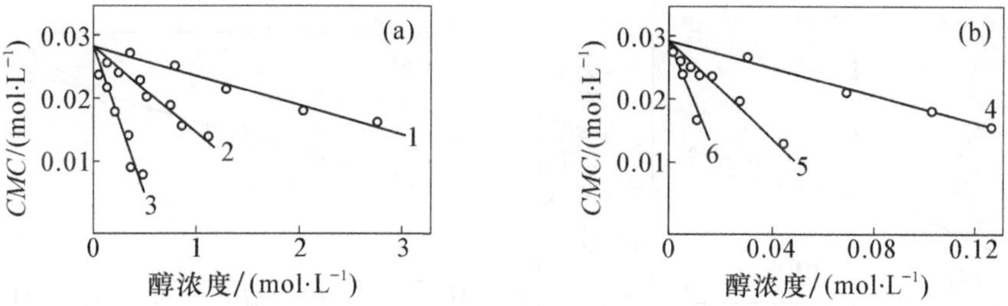

图 2-10　脂肪醇对 $C_{11}H_{23}COOK$ 水溶液 CMC 的影响

1-C_2H_5OH；2-C_3H_7OH；3-C_4H_9OH；4-i-$C_5H_{11}OH$；5-$C_6H_{13}OH$；6-$C_7H_{15}OH$

但是加入醇或其他有机物并非总使 CMC 降低。如一些碳原子数较少，水溶性很强的醇，在浓度很小时可使 CMC 减小，但在高浓度时则会使 CMC 增大。减少和增大的程度随醇分子大小和结构而异。另一些添加剂(如 N-甲基乙酰胺、乙二醇等)能使表面活性剂，尤其是聚氧乙烯型非离子型表面活性剂的 CMC 增大。

2.6 表面活性剂的溶解度

表面活性剂大多在水溶液中使用,因而溶解性成为表面活性剂的一个基本性质。表面活性剂的溶解度与温度的关系与通常的化合物不同,而在表面活性剂中,离子型表面活性剂与非离子型表面活性剂又有很大差别。现分别加以讨论。

2.6.1 Krafft 点

图 2-11 是离子型表面活性剂的溶解度随温度变化的曲线,其特点是,在足够低的温度下,溶解度随温度升高而慢慢增大,当温度达到某一定值后,溶解度会突然增大。这种现象称为 Krafft 现象,溶解度开始突然增大的温度称为 Krafft 温度或 K. P 点。在图 2-11 中,$S_1(T)$线为单分子表面活性剂的溶解度曲线;*CMC* 曲线为胶束的溶解度曲线;$S(T)$则为总溶解度曲线,包括单分子和胶束的溶解度。当温度超过 K. P 点后,溶解度之所以急剧增加是由于表面活性剂以胶束形式溶解,K. P 点实际上是分子溶解和胶束溶解的分界点。温度低于 K. P 点不形成胶束,只有温度高于 K. P 点才形成胶束。因此,K. P 点相应溶液的浓度即为 *CMC* 值,K. P 点也可认为是表面活性剂在溶液中的溶解度等于它的 *CMC* 值时的温度。

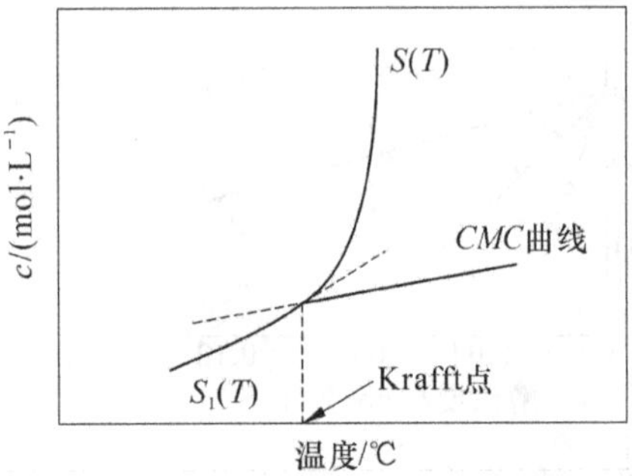

图 2-11 离子型表面活性剂溶解度曲线及 K. P 点

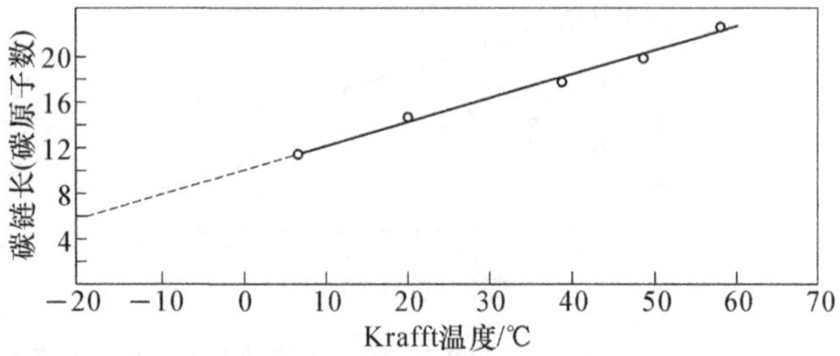

图 2-12 烷基硫酸钠烃链长度与 K. P 点之间的关系

K. P 点与离子型表面活性剂的烃链长度密切相关。图 2-12 是烷基硫酸钠的烃链长度与 K. P 点之间的关系,可见烃链越长,K. P 点越高,*CMC* 值越小,在同一温度下的溶解度越高。

由于 K. P 点是形成胶束所需的最低温度,而表面活性剂有许多重要作用都是通过胶束的形成来实现的。只有温度在 K. P 点以上才能使离子型表面活性剂形成胶束,发挥其最佳效能。表面活性剂的K.P点越低,越有利于实现这一目的。一些离子型表面活性剂的K.P点见表2-12。

表2-12 一些离子型表面活性剂的K.P点

表面活性剂	K.P点/℃	表面活性剂	K.P点/℃
$C_{12}H_{25}SO_4Na$	9	$(C_{12}H_{25}SO_4)_2Pb$	52
$C_{12}H_{25}SO_4K$	34	$(C_{12}H_{25}SO_4)_2Ba$	105
$(C_{12}H_{25}SO_4)_2Zn$	11	$C_{14}H_{29}SO_4Na$	26
$(C_{12}H_{25}SO_4)_2Mn$	16	$(C_{14}H_{29}SO_4)_2Mn$	29
$(C_{12}H_{25}SO_4)_2Cu$	19	$(C_{14}H_{29}SO_4)_2Co$	29
$(C_{12}H_{25}SO_4)_2Co$	23	$(C_{14}H_{29}SO_4)_2Zn$	32
$(C_{12}H_{25}SO_4)_2Mg$	25	$(C_{14}H_{29}SO_4)_2Mg$	38.5
$(C_{12}H_{25}SO_4)_2Ca$	50	$(C_{14}H_{29}SO_4)_2Cu$	40
$(C_{14}H_{29}SO_4)_2Ca$	71	$[C_{12}H_{25}(OCH_2CH_2)SO_4]_2Ca$	0
$C_{12}H_{25}OCH_2CH_2SO_4Na$	5	$C_{16}H_{33}N(CH_3)_3Br$	25
$C_{12}H_{25}(OCH_2CH_2)_2SO_4Na$	−1	$C_{16}H_{33}N(CH_3)_3I$	41
$(C_{12}H_{25}OCH_2CH_2SO_4)_2Ca$	15	$n-C_7F_{15}COONa$	8
$n-C_7F_{15}SO_3Na$	56.5	$n-C_7F_{15}COOK$	25.6
$n-C_8F_{17}SO_3Li$	0以下	$n-C_7F_{15}COORb$	20.2
$n-C_8F_{17}SO_3Na$	75	$n-C_7F_{15}COOCs$	0以下
$n-C_8F_{17}SO_3K$	80	$n-C_7F_{15}COOH$	20
$n-C_8F_{17}SO_3NH_4$	41	$n-C_7F_{15}COONH_4$	2.5
$n-C_8F_{17}SO_3H$	0以下	$(CF_3)_2CF(CF_2)_4COOK$	0以下
$n-C_8F_{17}SO_3NH_3C_2H_4OH$	0以下	$(CF_3)_2CF(CF_2)_4COONa$	0以下
$(n-C_9F_{19}SO_3)_2Mg\cdot 2H_2O$	41	$(CF_3)_2CF(CF_2)_4COOH$	0以下
$(n-C_{11}F_{23}SO_3)_2Mg\cdot 2H_2O$	90±5	$(CF_3)_2CF(CF_2)_4CH=CHCH_2COOK$	0以下
$n-C_7F_{15}COOLi$	0以下		

2.6.2 浊点

非离子型表面活性剂溶液的溶解度随温度升高而下降,当温度升到一定值时,溶液突然变浑浊,此时的温度称为浊点,即C.P点。以聚氧乙烯型非离子型表面活性剂为例,如前所述,其分子形状在无水状态为锯齿形,在水溶液中是曲折形的。亲水性的氧原子被置于链的外侧,疏水性的—CH_2—基位于内侧,醚键中的氧原子与水分子中的氢以微弱的化学结合力形成氢键,因而增大了在水中的溶解度(见图2-13)。

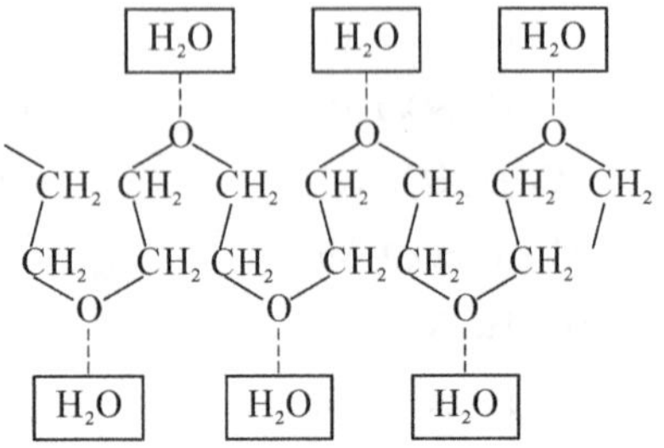

图 2-13　聚氧乙烯链中氧与水分子的氢形成氢键

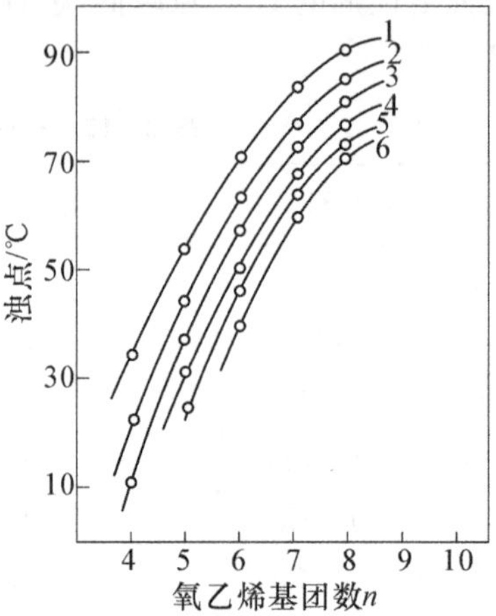

图 2-14　聚氧乙烯型非离子型表面活性剂

$C_mH_{2m+1}O(CH_2CH_2O)_nH$烃链长为$C_9\sim C_{14}$时氧乙烯基团数$n$对浊点影响，1～6 曲线的$m$值分别为 9、10、11、12、13 和 14

由于氢键的键能较低，因而醚键氧原子与水分子的结合不是很牢固。当温度上升时，氢键被削弱，升高到一定温度，氢键断裂，表面活性剂从溶液中析出，使溶液突然变浊。浊点是非离子型表面活性剂的重要参数。表面活性剂在浊点以下溶于水，在浊点以上则不溶于水。

表面活性剂的结构决定其浊点大小，如图 2-14 所示，对具有相同极性剂的同系物，烃链较短者具有较高的浊点；如果烃链长度相同，则浊点随氧乙烯基团数n的增加而升高。

溶液浓度对浊点的影响很少，如非离子型表面活性剂 TritonX-100 水溶液的浓度从 0.25%～10%（质量分数），浊点仅从 64℃升高到 66℃。

浊点还受电解质、离子型表面活性剂等添加剂的影响，有的使浊点升高，有的使浊点下降，比较复杂。读者若有兴趣可参阅专著。

2.7　表面活性剂在溶液表面上的吸附

物质自体相内部富集于界面上的现象称为吸附。当少量表面活性剂溶解在水中时，表面活性剂将富集在水溶液表面，以亲水端朝向水中，以疏水端朝向空气，使水的表面张力显著下降。这种表面活性剂在表面层中的浓度高于本体溶液中浓度的现象叫做"正吸附"，反之若溶质在表面层中的浓度低于本体溶液中的浓度则称为"负吸附"。

随着表面活性剂浓度的增大，溶液的表面张力继续减小，当表面活性剂分子恰铺满溶液表面，即实现单分子层吸附时，表面张力达到最小值，此时表面活性剂的浓度即为临界胶束浓度 *CMC*。表面活性剂浓度在 *CMC* 以上，溶液的表面张力不再下降，增加的表面活性剂分子主要在溶液内部形成胶束。

对于非离子型表面活性剂，通常十分强烈地吸附在水溶液表面上，它们的 *CMC* 值很小，约为 10^{-5} mol/L 数量级。其表面张力随浓度的变化率与表面吸附量之间的关系，可用 Gibbs 等温吸附公式来描述：

$$\Gamma_2 = -\frac{c}{RT}\frac{\mathrm{d}\sigma}{\mathrm{d}c} \tag{2-9}$$

式中，Γ_2 是溶质的表面层吸附量，即单位面积表面层所含溶质的摩尔数比同量溶剂在本体溶液中所含溶质摩尔数的超出量，单位为 $\mathrm{mol/m^2}$；c 是溶液的本体浓度；σ 是溶液表面张力；T 是热力学温度；R 是气体常数，取值 8.314 J/(mol·K)。

通常测定表面张力 σ 随浓度 c 的变化，由 $\sigma-c$ 曲线求出一定浓度的 $\mathrm{d}\sigma/\mathrm{d}c$ 值，即可求出表面吸附量 Γ 值。Γ 值表示表面过剩量，但是对表面活性剂而言，浓度很稀时，表面过剩量与溶液内部浓度相比，Γ 值要大得多，因此吸附量可近似地看作是表面浓度。

应用 Gibbs 公式从 $\sigma-c$ 曲线计算出相应的 Γ 值，即可绘制出 $\Gamma-c$ 曲线，即吸附等温线。水溶液表面的 $\Gamma-c$ 曲线形状如图 2-15 所示。吸附量有一极限值 Γ_∞，即饱和吸附量，该值可反映表面活性剂在溶液表面的吸附能力。

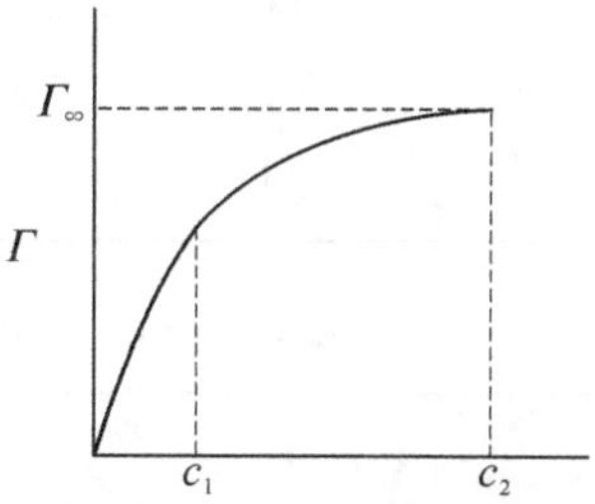

图 2-15 $\Gamma-c$ 曲线图

图 2-15 的形状与 Langmuir 单分子层吸附等温线相似，因此，也可用 Langmuir 公式表示溶液的表面吸附量与溶液浓度的关系：

$$\Gamma = \frac{\Gamma_\infty Kc}{1+Kc} \tag{2-10}$$

式中，Γ_∞ 为单分子层饱和吸附量；K 是常数，与溶液性质有关。当浓度很稀时，$1+Kc$ 接近于 1，上式简化为：

$$\Gamma = \Gamma_\infty Kc \tag{2-11}$$

这时吸附量与浓度呈直线关系，如图 2-15 中浓度小于 c_1 的范围。当浓度很大时，$1+Kc$ 接近于 Kc，式(2-10)简化为：

$$\Gamma = \Gamma_\infty \tag{2-12}$$

此时吸附量与浓度无关，是恒定值。

应用 Γ_∞ 可计算饱和吸附时每个吸附分子所占的面积 S_∞：

$$S_\infty = \frac{1}{\Gamma_\infty N_A} \tag{2-13}$$

式中，N_A 是阿伏加德罗常数。

实验结果表明，对直链脂肪酸、醇和胺来说，只要疏水基的碳原子数不大于 8，不管碳链长度如何，同系物的 Γ_∞ 值总是接近的，由此求得醇类的 $S_\infty = 0.274 \sim 0.289\ nm^2$，RCOOH 的 $S_\infty = 0.302 \sim 0.310\ nm^2$，$RNH_2$ 的 $S_\infty = 0.270\ nm^2$。这些结果表明，达到饱和时，表面上的直链脂肪酸、醇和胺吸附分子应该是垂直定向排列的，否则就无法解释不管碳链长度如何，而每个分子所占的面积都相同这一事实。

表 2-13 和表 2-14 列出了 $C_{12}H_{25}O(C_2H_4O)_nH$ 与 $C_{16}H_{33}O(C_2H_4O)_nH$ 系列化合物的最大吸附量 Γ_∞ 与吸附剂分子最小占有面积 S_∞。由表可见，最小分子面积 S_∞ 是随氧乙烯基数 n 的增大而变大的。由此可判断，氧乙烯型非离子型表面活性剂不是在表面上垂直定向吸附的，这可能与聚氧乙烯链有伸直与卷曲两种构象有关，一般聚合度较大的聚氧乙烯链具有卷曲的构象。

表 2-13　$C_{12}H_{25}O(C_2H_4O)_nH$ 的最大吸附量与最小分子占有面积（55℃）

n	$\Gamma_\infty \times 10^6/(mol \cdot m^{-2})$	S_∞/nm^2
4	5.20	0.32
7	3.86	0.43
14	2.82	0.59
23	2.07	0.80
30	1.79	0.93

表 2-14　$C_{16}H_{33}O(C_2H_4O)_nH$ 的最大吸附量与最小分子占有面积（25℃）

n	$\Gamma_\infty \times 10^6/(mol \cdot m^{-2})$	S_∞/nm^2
6	4.4	0.38
7	3.8	0.44
9	3.1	0.53
12	2.3	0.72
15	2.1	0.81
21	1.4	1.20

对于离子型表面活性剂情况比较复杂，离子型表面活性剂会电离成正、负离子并与水分子同时存在，以 1-1 型离子型表面活性剂 NaA 为例，若在水溶液中完全电离为离子：$NaA = Na^+ + A^-$，A^- 为表面活性离子。若溶液很稀，则吸附等温式为：

$$\Gamma_2 = -\frac{1}{2RT}\frac{\partial\sigma}{\partial \ln c(NaA)} \tag{2-14}$$

即 Gibbs 吸附等温式用于离子型表面活性剂时，在 RT 前面加了系数 2。

当溶液中存在过量无机盐(如 NaX)时，NaA 完全不电离，式(2-14)改为：

$$\Gamma_{\infty} = -\frac{1}{RT}\frac{\partial\sigma}{\partial \ln c(\text{NaA})} \quad (2-15)$$

上式表明不水解的 1-1 型表面活性剂在水中吸附于表面时，Gibbs 吸附等温式的 RT 前系数与有无加盐有关，无盐时为 $2RT$，加过量盐时为 RT。若加入的盐不过量，则 RT 前的系数介于 1 与 2 之间，即：

$$-\mathrm{d}\sigma = yRT\Gamma^{\infty}(A^{-})\mathrm{d}\ln c(\text{NaA}) \quad (2-16)$$

式中，y 值在 1 与 2 之间。

从离子型表面活性剂的分子表面占有面积可以研究其在溶液表面的分子状态。以十二烷基硫酸酯钠盐为例，其在 0.1 mol/L NaCl 溶液中的表面吸附量如图 2-16 所示。

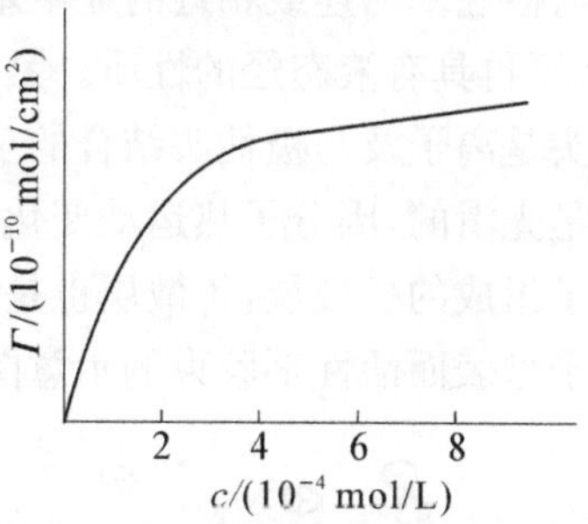

图 2-16 $C_{12}H_{25}OSO_3Na$ 的溶液表面的吸附等温线(25℃)

从图可见，浓度稀时，吸附量小；随浓度的增加，吸附量急剧增大；浓度达到一定程度，吸附量趋于恒定，此值即为饱和吸附量 Γ_{∞}。根据浓度变化，求出表面吸附分子的平均面积见表 2-15。

表 2-15 十二烷基硫酸酯钠盐表面吸附分子面积(25℃)

浓度/(mol/L)	5.0×10^{-6}	1.26×10^{-5}	3.2×10^{-5}	5.0×10^{-5}	8.0×10^{-5}
分子面积/nm²	4.75	1.75	1.00	0.72	0.58
浓度/(mol/L)	2.0×10^{-4}	4.0×10^{-4}	6.0×10^{-4}	8.0×10^{-4}	
分子面积/nm²	0.45	0.39	0.365	0.36	

十二烷基硫酸酯钠盐的表面活性离子 $C_{12}H_{25}OSO_3^-$ 的分子结构是一棒状分子，长约 2.1 nm，最大宽度约 0.5 nm，若分子"平躺"，所占面积 1 nm²。对照表 2-15 的尺寸可知，当浓度大于 3.2×10^{-5} mol/L 时，$C_{12}H_{25}OSO_3^-$ 已不能"平躺"；浓度接近 8.0×10^{-4} mol/L 时，表面吸附分子已成为较为紧密的直立状态，没有多少活动余地。所以只有无限稀释时的表面活性剂分子才可能"平躺"在表面上。

2.8 胶束的结构、形状和大小

表面活性剂达到一定浓度后就在溶液中形成了胶束。胶束是由许多表面活性剂分子或离子缔合而成的，其大小一般在胶体分散的范围内(1～100 nm)。自 McBain 提出胶束以来，不少科学家对胶束的结构进行了研究。现对胶束结构已有了比较深入的认识，但至今仍未弄清胶束的精确结构。

2.8.1 胶束的结构

对于离子型表面活性剂所构成的胶束基本呈球形，其内核近于液态的碳氢链，内核外部是与极性基相连或相近的亚甲基，周围有渗入形成结构的水分子存在，故与内核的亚甲基不同，不再具有液态烃的性质。紧接此层的是由极性头构成的胶束表面，离子型胶束的表面极性头是离子及与极性头结合的反离子和水合水，共同组成了双电层的束缚层。胶束的表面不是光滑的，因分子热运动变化不定，高低不平，犹如变形虫。在此表面之外还有一个由反离子组成的扩散层，扩散层也是双电层的一个组成部分，但未与胶束极性头离子紧密结合。离子型表面活性剂胶束的示意图如图 2－17 所示。

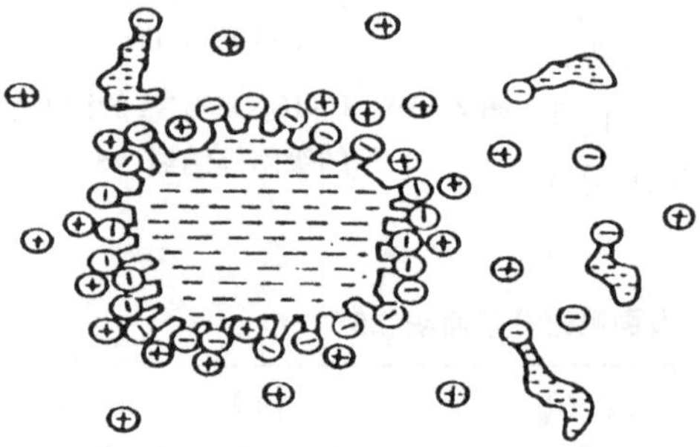

图 2－17 水溶液中离子型表面活性剂胶束的结构示意图

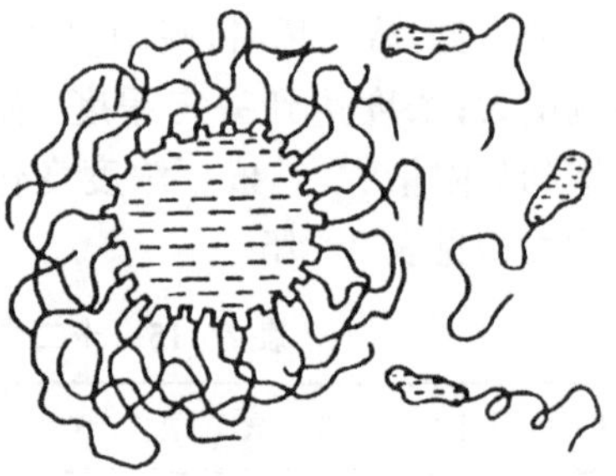

图 2－18 水溶液中聚氧乙烯型非离子型胶束的结构示意图

对于非离子型表面活性剂形成的胶束，其结构不像离子型那么复杂。以聚氧乙烯型非离子型表面活性剂为例，其内核与离子型表面活性剂一样，具有与液烃相似的性质，其表面由聚氧乙烯和醚键氧原子相结合的水构成，没有双电层结构，其表面厚度往往超过内核尺寸，如图 2－18 所示。

在非水的烃类介质中，胶束具有类似的结构，但又恰好相反，即由亲水的极性头构成内核，疏水基与烃构成外层。由于胶束的极性头较少，相应的缔合数也较少。这类与水溶液中形成的胶束结构相反的胶束称为逆胶束，逆胶束的形成一般受两个因素制约：一是胶束核心离子对的偶极子间相互吸引或极性头之间的相互作用，促使活性剂分子聚集成胶束；二是疏水基的烃分子间的空间障碍，限制胶束的形成。事实上这也是逆胶束的聚集数不大的一个原因。

2.8.2 胶束的形状

讲到胶束的形状首先不能认为胶束是刚体，胶束的内核与液烃相似，表面是粗糙不平具有蠕变性的。一般认为，在 *CMC* 以上的一定范围内，胶束是呈对称的球形的，而且聚集数也不变。胶束呈对称球状，是指表面活性剂浓度超过 *CMC* 不多且在没有其他添加剂的溶液中。若在浓度较高或有添加剂的情况下，胶束的形状可以是不对称的扁圆状或盘状。

在十倍于 *CMC* 甚至更浓的溶液中，胶束一般是非球状的。Debye 根据光散射实验结果提出了棒状胶束的模型(见图 2－19)。这种模型的特点是表面活性剂分子的碳氢链与水接触面积大大缩小，由疏水的碳氢链构成内核，亲水的极性头构成棒状胶束的表面，因而具有更高的热力学稳定性。这种棒状胶束在溶液中有相当的柔顺性，可以像蚯蚓那样运动。

表面活性剂浓度继续增大时，棒状聚集成束，如图 2－19 的六角束。浓度再增大就形成更大的层状胶束。水溶液中如有其他物质存在也会影响胶束的形状，例如，在水溶液中加入无机盐，即使表面活性剂在溶液中的浓度不大，胶束的形状已成为不对称棒状。若在表面活性剂的水溶液中加入适量的油或一些助剂(如脂肪醇类)，则可能形成逆胶束，甚至形成微乳状液。图 2－19 显示了表面活性剂在溶液中形成的各种结构状态。

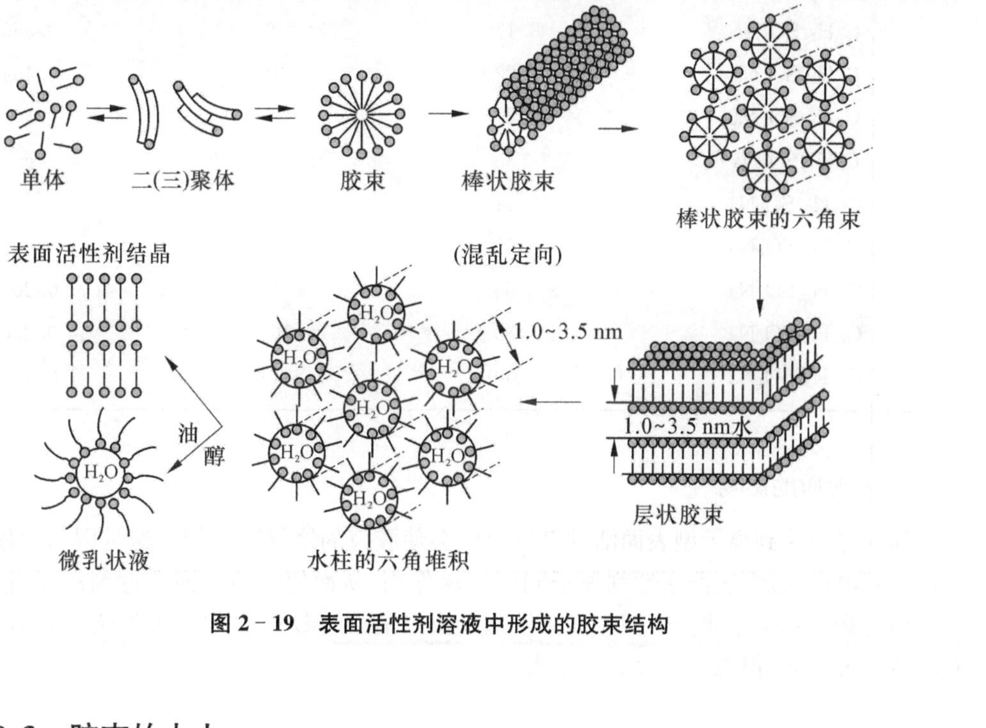

图 2－19 表面活性剂溶液中形成的胶束结构

2.8.3 胶束的大小

胶束的大小可以用两个物理量来描述，一是胶束表观相对分子质量 M_n，另一个是胶束的平均聚集数 n，即平均每个胶束聚集的表面活性剂的分子数。设表面活性剂的相对分子质

量为 M_o，则：

$$n = M_n/M_o \tag{2-17}$$

影响表面活性剂胶束大小的因素有以下几种。

1. 表面活性剂分子结构的影响

表面活性剂分子中含有疏水性的烃链及亲水性基团，其对胶束大小的影响有这样一个普遍规律，即在水溶液中，表面活性剂与溶剂的不相似性越大，则形成胶束的聚集数也越大。例如，在水溶液中，若表面活性剂的烃链增长，即碳原子数增加，则表面活性剂分子与溶剂水分子的不相似性增大，胶团的聚集数 n 增大，特别是非离子型表面活性剂，n 的增加趋势更大。表 2-16 揭示了这种变化规律。同样对聚氧乙烯型非离子型表面活性剂，在相同的烃链长度下，聚氧乙烯链增长，对溶剂水的亲和性增大，聚集数 n 减小。

表 2-16 25℃下烷基硫酸钠同系物的聚集数 n、分布宽度 σ 及 σ/n 值

表面活性剂	聚集数 n	分布宽度 σ	σ/n
$C_6H_{13}SO_4Na$	17	6	0.353
$C_7H_{15}SO_4Na$	22	10	0.454
$C_8H_{17}SO_4Na$	27	—	—
$C_9H_{19}SO_4Na$	33	—	—
$C_{10}H_{21}SO_4Na$	41	—	—
$C_{11}H_{23}SO_4Na$	52	—	—
$C_{12}H_{25}SO_4Na$	64	13	0.203
$C_{14}H_{29}SO_4Na$	80	16.5	0.206
$C_{16}H_{33}SO_4Na$	100	11	0.110

2. 电解质的影响

加入电解质到离子型表面活性剂溶液中会使胶束的聚集数增加。这是因为电解质离子会压缩双电层，减少表面活性剂离子间的排斥作用，从而使更多表面活性剂离子进入胶束。电解质对聚氧乙烯型非离子型表面活性剂胶束聚集数的影响无一定规律，有时增加聚集数，有时减少聚集数，但总的来说影响不大。

3. 有机添加剂的影响

有机物的加入能使表面活性剂水溶液胶束聚集数增加。因为有机物进入胶束内核产生增容现象，从而使胶束胀大，胶束的聚集数也就增加。表 2-17 的数据说明了这一现象。

表 2-17 有机添加剂对胶束大小的影响

表面活性剂	介 质	温度/℃	聚集数
$C_{10}H_{21}O(C_2H_4O)_8CH_3$	H_2O	30	83
$C_{10}H_{21}O(C_2H_4O)_8CH_3$	H_2O+2.3%正癸烷	30	90
$C_{10}H_{21}O(C_2H_4O)_8CH_3$	H_2O+4.9%正癸烷	30	105
$C_{10}H_{21}O(C_2H_4O)_8CH_3$	H_2O+8.5%正癸醇	30	109
$C_{10}H_{21}O(C_2H_4O)_8CH_3$	H_2O+16.6%正癸醇	30	351

4. 温度的影响

在离子型表面活性剂水溶液中，温度升高会导致胶束聚集数降低，但影响不太大。对非离子型表面活性剂，温度升高，聚集数急剧增大，尤其在浊点附近。表 2-18 的数据表明了这一变化。

表 2-18 温度对 $C_7H_{15}COO(CH_2CH_2O)_{7.6}CH_3$ 胶束量及聚集数的影响

温度/℃	胶束量 $M_n \times 10^{-4}$	聚集数 n
10	16	32
25	2.55	52
38	7.10	144
43	18.4	372

注：$C_7H_{15}COO(CH_2CH_2O)_{7.6}CH_3$ 的相对分子质量 M_0=492.4。

最后要指出的是，关于胶束的细致结构，至今尚不清楚，仍是表面科学中一个值得探索的课题。

参考文献

[1] 陈荣圻. 表面活性剂化学与应用. 北京：纺织工业出版社，1990.
[2] 赵国玺. 表面活性剂物理化学. 北京：科学出版社，1989.
[3] 郑忠，胡纪华. 表面活性剂的物理化学原理. 广州：华南理工大学出版社，1995.
[4] 赵国玺，朱埗瑶. 表面活性剂作用原理. 北京：中国轻工业出版社，2003.
[5] 肖进新，赵振国. 表面活性剂应用原理. 北京：化学工业出版社，2003.
[6] 张天胜. 表面活性剂应用技术. 北京：化学工业出版社，2001.
[7] 吴树森，章燕豪. 界面化学——原理和应用. 上海：华东化工学院出版社，1989.
[8] 胡英，陈学让，吴树森. 物理化学(中册). 北京：人民教育出版社，1979.
[9] 陈宗淇，王光信，徐桂英. 胶体与界面化学. 北京：高等教育出版社，2001.

思考题

1. 什么是表面活性剂？表面活性剂的分子结构有什么特点？表面活性剂的浓度对溶液的表面张力有怎样的影响？为什么有这样的影响？

2. 何谓 *HLB* 值？*HLB* 值对表面活性剂的选用有何指导意义？

3. 什么是相转移温度？用 *PIT* 表示表面活性剂的亲水、亲油性较 *HLB* 值有什么优点？

4. 什么是 *CMC* 浓度？试讨论影响 *CMC* 的因素。请设计一种实验测定 *CMC* 的方法。

5. 温度对离子型表面活性剂和非离子型表面活性剂溶解度的影响有什么不同？为什么离子型表面活性剂在 K. P 点以上溶解度迅速增大，而非离子型表面活性剂溶液在 C. P 点变成浑浊？

第3章　高分子材料的表界面

高分子材料是国民经济各行各业广为使用的主要材料之一，其体积产量已超过金属而居材料之首。合成纤维、合成塑料、合成橡胶、涂料、黏结剂等，高分子材料与国计民生密切相关，其重要性越来越受到世界各国的重视。

高分子材料的表界面特性有着极其重要的意义。合成纤维表面的染色，塑料表面的喷金，塑料薄膜的印刷，涂料对金属或木材表面的涂覆，高聚物对其他材料的黏结，橡胶轮胎与其他材料接触时的摩擦和磨损，聚合物合金中不同类聚合物的界面相容性，复合材料中聚合物与其他材料的相界面相互作用，聚合物表面的静电现象，医用高分子材料与生物体的相容性等，无不与高分子材料的表界面特性密切有关。因此研究高分子材料的表界面特性，无论在理论上还是在实际应用上都具有重要的意义。

高分子材料是低表面能材料，由于表面惰性、表面污染以及弱边界层等原因，往往难与其他材料结合。为了扩大高分子材料的用途，提高聚合物与其他材料的结合能力，常常要对聚合物进行表面处理。表面处理的目的是改变表面化学组成，增加表面能，改善结晶形态和表面几何性质，消除杂质或弱边界层，以提高聚合物表面的润湿性和黏结性。聚合物表面改性方法有多种，如电晕、火焰处理、化学改性、等离子改性、射线辐照改性、光化学改性等。一般来说，表面改性只引起表面层的物理、化学性能的改变，不影响材料整体的性能。

本章讨论聚合物的表面张力、聚合物与聚合物的相容性以及聚合物的表面改性技术。

3.1　高分子材料的表面张力

表面张力是材料表界面的最基本性能之一。对于小分子液体，表面张力的测定已由经典物理化学研究建立了各种测试方法。对于黏稠的高分子溶液或熔体，虽然其分子仍具有一定的流动性，但要达到热力学的平衡往往需要很长的时间，这就给表面性能的测试带来了很大的困难。对于固态高分子材料，由于表面分子几乎没有流动性，其表面张力的测试没有直接的方法，只能通过间接的方法或估算的方法来求取。

3.1.1 表面张力与温度的关系

表面张力的本质是分子间的相互作用。因为分子间的相互作用力因温度的上升而变弱，所以表面张力一般随温度的上升而下降。

高聚物液体或熔体的表面张力与小分子液体一样，随温度的升高而降低，表面张力随温度变化也呈线性关系，其$-(\mathrm{d}\sigma/\mathrm{d}T)$值约为0.05 mN/m。因为$-(\mathrm{d}\sigma/\mathrm{d}T)$是表面熵，所以高聚物的$-(\mathrm{d}\sigma/\mathrm{d}T)$值较小的原因是大分子链的构象受阻，一些聚合物的表面张力与温度关系如图3-1所示。

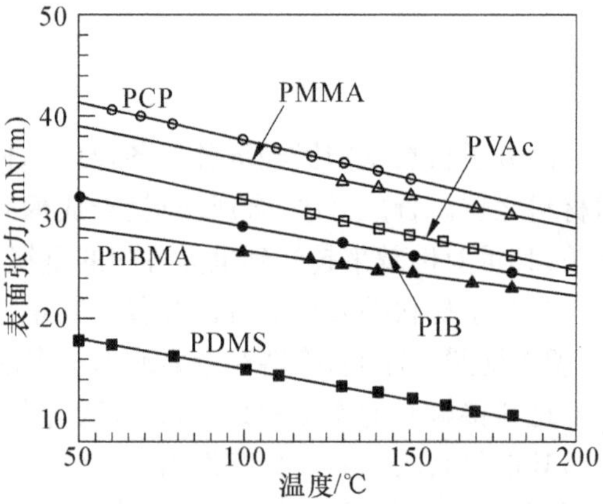

图3-1 熔融高聚物的表面张力与温度的关系

Guggenheim 曾提出表面张力与温度的关系的经验式：

$$\sigma=\sigma_0\left(1-\frac{T}{T_c}\right)^{\frac{11}{9}} \tag{3-1}$$

式中，σ_0为$T=0$ K时的表面张力；T_c为临界温度。虽然此式是由小分子液体导出，但发现它也适用于高聚物体系。

若以σ对T微分，可得：

$$-\frac{\mathrm{d}\sigma}{\mathrm{d}T}=\frac{11}{9}\frac{\sigma_0}{T_c}\left(1-\frac{T}{T_c}\right)^{\frac{2}{9}} \tag{3-2}$$

当温度远低于T_c时，$T/T_c \ll 1$，$-(\mathrm{d}\sigma/\mathrm{d}T)$近似为一常数。这就是说在正常温度范围内，表面张力与温度的关系呈直线关系。表3-1列出了一些聚合物的σ_0和T_c值，可见高聚物的临界温度一般为600～900℃，因此在0～200℃，$-(\mathrm{d}\sigma/\mathrm{d}T)$实际上为常数。

表3-1 一些高聚物的σ_0和T_c值

聚合物	σ_0/(mN/m)	T_c/K	聚合物	σ_0/(mN/m)	T_c/K
聚乙烯(线型)	53.71	1 032(1 028)	聚四氟乙烯	43.96	823(828)
聚乙烯(支链型)	56.38	921	聚氯丁烯	70.95	892
聚丙烯	47.16	914	聚醋酸乙烯酯	57.37	948
聚异丁烯	53.74	918	聚甲基丙烯酸甲酯	65.09	935
聚苯乙烯	63.31	967	聚二甲基硅氧烷	35.31	776

注：括号中的T_c值由气态和液态同系物的值外推得到。

利用表面张力与温度的线性关系，可间接地测试固态聚合物的表面张力。虽然固态聚合物的表面张力不能直接测定，但是熔融聚合物的表面张力还是可以测定的。在高温下使固态聚合物熔融，测定不同温度 T 下熔融聚合物的表面张力 σ，以 σ 对 T 作图可得一直线，外推该直线到室温，即求出固态聚合物的表面张力(见图 3-2)。

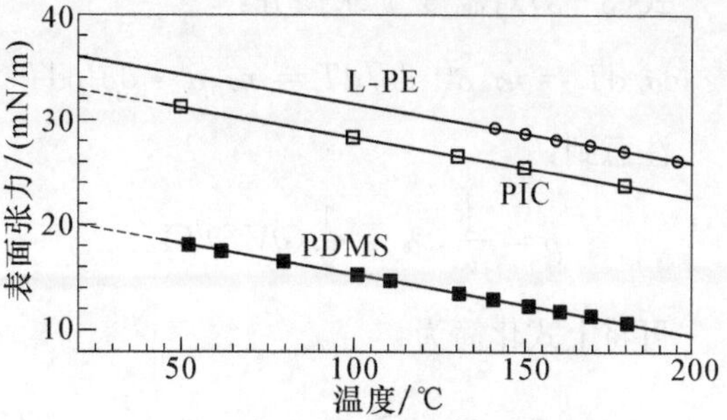

图 3-2　由 σ-T 作图外推求固体聚合物的表面张力

该方法在外推时没有考虑聚合物相变的影响。随着温度的升高，非晶态的聚合物可以从玻璃态转变为高弹态，晶态高聚物可从结晶态转变为熔融态。在相变的过程必然会影响表面张力的变化。晶体的熔化是一级相变，玻璃化转变是二级相变，一般来讲，一级相变可引起表面张力发生突变，而二级相变的玻璃化转变对表面张力的影响较小，可不考虑。

另外，聚合物熔体黏度大，不易达到平衡；聚合物在高温下会发生氧化、热降解、热聚合等反应，即使在惰性气氛中也难以完全避免，这都可能影响测试的结果。所以应尽可能避免在过高的温度下测试，防止热降解的发生。基于高分子熔体表面张力测试技术上的困难，测试的结果肯定不如小分子液体那样可靠，而且不同方法测试的结果可能会有较大差别。

描述表面张力与温度的关系还有 Macleod 方程：

$$\sigma = \sigma_0 \rho^n \tag{3-3}$$

式中，ρ 为密度；σ_0 和 n 均为与温度无关的常数。Macleod 方程虽未出现温度，但温度的影响隐含在密度 ρ 中，因为密度一般随温度升高而下降。Macleod 方程同样表明表面张力随温度升高而下降。

Macleod 方程是从小分子液体导出的，但同样适用于高聚物。对未缔合的小分子液体，Macleod 指数 $n = 4$。对聚合物来说，n 值从 3.0 变化到 4.4，可近似取 4。表 3-2 给出了一些高聚物的 Macleod 指数。图 3-3 是聚乙烯(PE)和聚醋酸乙烯酯(PVAc)的 Macleod 曲线，由图可见，$\lg\sigma$ 与 $\lg\rho$ 呈线性关系。

表 3-2　某些聚合物的 Macleod 指数

高 聚 物	Macleod 指数 n	高 聚 物	Macleod 指数 n
聚氯丁烯	4.2	聚异丁烯	4.1
聚甲基丙烯酸甲酯	4.2	聚丙烯	3.2
聚正丁基丙烯酸甲酯	4.2	聚乙烯(直线型)	3.2
聚苯乙烯	4.4	聚乙烯(支链型)	3.3
聚醋酸乙烯酯	3.4	聚二甲基硅氧烷	3.5
聚氯乙烯	3.0		

式(3-3)对温度 T 求微分：

$$\mathrm{d}\sigma/\mathrm{d}T = n\sigma_0\rho^{n-1}\mathrm{d}\rho/\mathrm{d}T = n\sigma_0\rho^n \cdot \mathrm{d}\rho/\rho\mathrm{d}T$$

注意到：

$$\rho = \frac{1}{V},\ \alpha = \frac{1}{V}(\partial V/\partial T)_p$$

可将上式化简为：

$$-\frac{\mathrm{d}\sigma}{\mathrm{d}T} = n\alpha\sigma \tag{3-4}$$

式中，α 为等压热膨胀系数。

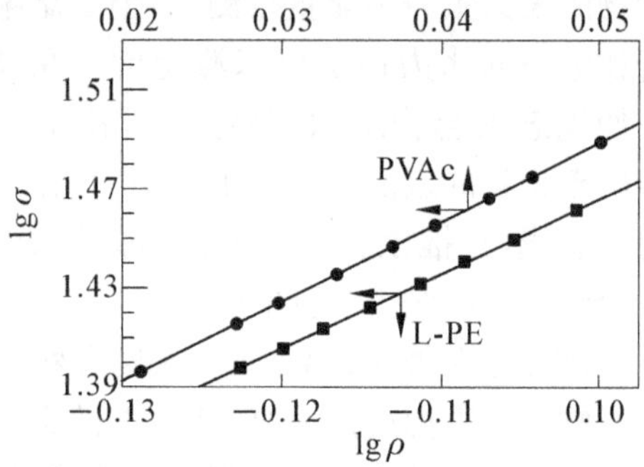

图 3-3　PVAc 和 L-PE 的 Macleod 曲线

3.1.2　表面形态对表面张力的影响

高分子聚合物往往是晶态与非晶态共存的。由于晶态的密度高于非晶态，因此晶态的表面张力高于非晶态，因而非晶态相容易迁移到表面，使得半晶态聚合物表面覆盖上一层非晶态的表面层，以降低体系的能量。

高聚物熔体冷却固化时，通常表面生成非晶态高聚物，本体则富集晶态高聚物。如果使高聚物熔体在具有不同成核活性的表面上冷却，可得到表面结晶度不同的表面，这类表面具有不同的表面张力。如聚乙烯，非晶态时的表面张力为 35.7 mN/m(20℃)，晶态时表面张力为 66.8 mN/m(20℃)。将聚乙烯熔体在不同的成核活性表面上冷却，控制不同的表面结晶度，聚乙烯的表面张力如表 3-3 所示。由表可见，在聚四氟乙烯等低能表面上冷却，聚乙烯的表面结晶度为零，表面全为非晶态聚合物覆盖，表面张力与非晶态聚乙烯相当；而在金属、盐类等表面上冷却时，表面结晶度大大提高，晶态聚合物在表面富集，表面张力也就接近于晶态聚乙烯的表面张力了。

表 3-3　在不同成核活性表面上形成聚乙烯表面的结晶度和表面张力

成核表面	表面结晶度/%	表面张力/(mN/m)	成核表面	表面结晶度/%	表面张力/(mN/m)
氮	0	36.2	铬	66.2	56.1
聚四氟乙烯	0	36.2	汞	86.4	64.8
对苯二甲酸乙二酯	0	36.2	金	96.3	69.6
铜	5.1	37.4	钛	78.5	61.4
镍	53.3	51.3	NaCl	86.4	64.8
锡	60.1	53.8	KBr	86.4	64.8
铝	63.2	54.9	KCl	86.4	64.8
玻璃	63.2	54.9	CaF_2	91.4	67.3

3.1.3 表面张力与相对分子质量的关系

高聚物的性能，如玻璃化转变温度、热容、比热容、热膨胀系数、折射率、拉伸强度等，与相对分子质量之间存在如下的关系：

$$X_b = X_{b\infty} - \frac{K_b}{M_n} \tag{3-5}$$

式中，X_b 表示聚合物的某种性能；$X_{b\infty}$ 是相对分子质量无穷大时的性能；K_b 为常数；M_n 为高聚物的数均相对分子质量。

按式(3-5)，性能 X_b 值随相对分子质量的增长而增大，当相对分子质量达到某一定值 M_c 时，X_b 实际上与相对分子质量无关，达到了恒值。该相对分子质量 M_c 称为临界相对分子质量。

高聚物表面张力与相对分子质量之间是否存在式(3-5)的关系呢？研究表明，同系高聚物的表面张力也随相对分子质量的增加而增加。但是，表面张力 σ 不是与相对分子质量的 M^{-1}，而是与 $M^{-2/3}$ 呈线性关系，即：

$$\sigma = \sigma_\infty - \frac{K_e}{M_n^{2/3}} \tag{3-6}$$

式中，σ_∞ 为相对分子质量无穷大时的表面张力；K_e 为常数。图 3-4 是正烷烃的 σ-$M_n^{-2/3}$ 图。

表面张力与相对分子质量的另一个有用的关系式是：

$$\sigma^{1/4} = \sigma_\infty^{1/4} - \frac{K_s}{M_n} \tag{3-7}$$

式中，K_s 为常数。以 $\sigma^{1/4}$ 对 M_n^{-1} 作图，也应得直线(见图 3-4)。

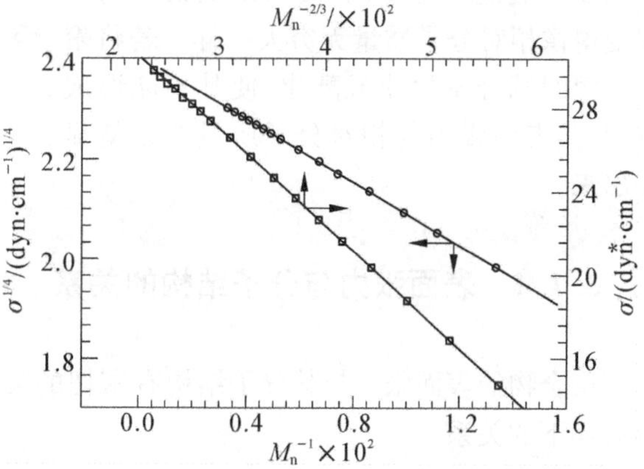

图 3-4 表面张力与相对分子质量的关系图*

用式(3-6)和式(3-7)，可以间接测定固态聚合物的表面张量。虽然固态高聚物的表面张力不能直接测定，但可以测量其一系列液体同系物的表面张力，以 σ-$M_n^{-2/3}$ 或 $\sigma^{1/4}$-M_n^{-1} 作图，并外推到高相对分子质量的区域，即可间接得到固态高聚物的表面张力。一些聚合物的表面张力与相对分子质量的关系常数见表3-4。根据表3-4的 K_e 和 K_s 值，当相对分子质量大于3 000时，σ_∞ 与 σ 之间的差已小于1mN/m。当相对分子质量达到一定数值，表面张力实

* 1 dyn = 10^{-5} N。

际上与相对分子质量无关。如聚醋酸乙烯酯，其相对分子质量为 11 000～120 000，表面张力相同。

表 3-4　相对分子质量与表面张力的关系常数

聚合物	温度/℃	$\sigma^{1/4}-M_n^{-1}$			$\sigma-M_n^{-2/3}$		
		σ_∞/(mN/m)	K_s	标准差/(mN/m)	σ_∞/(mN/m)	K_e	标准差/(mN/m)
正烷烃	20	34.75	30.69	0.04	37.81	385.9	0.03
聚丁二烯	24	34.50	46.15	0.19	35.62	382.7	0.34
聚二甲基硅氧烷	20	20.33	22.22	0.15	21.26	166.1	0.09
全氟烷烃	20	23.94	12.21	0.29	25.85	682.8	0.30
聚苯乙烯	176	29.50	75.42	0.01	29.97	372.7	0.08

已发现聚乙二醇甚至在低聚物范围内，表面张力与相对分子质量已无关，如图 3-5 所示。这是因为聚乙二醇分子端基上的羟基之间发生氢键缔合作用，结果使低聚物的性能变得像相对分子质量无穷大一样。若将聚乙二醇的端羟基醚化或酯化，使其不能形成氢键，其表面张力与相对分子质量关系就显示出来。

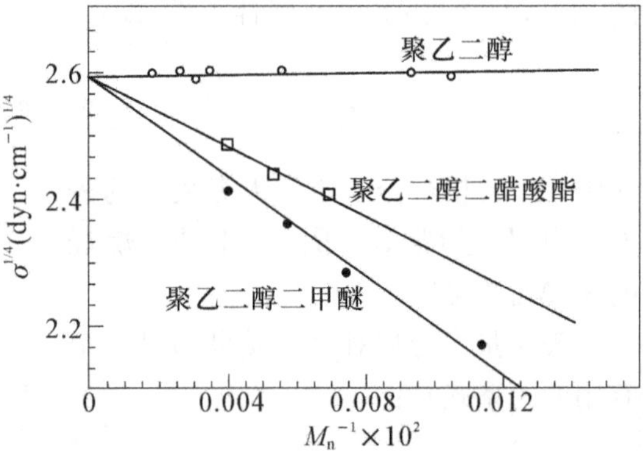

图 3-5　氢键缔合对表面张力的影响

3.1.4　表面张力与分子结构的关系

聚合物的表面张力与其分子结构有密切的关系。对小分子化合物，表面张力与等张比容有如下的关系：

$$\sigma=(P/V)^4 \tag{3-8}$$

式中，V 为摩尔体积；P 为等张比容。

对于高聚物，式(3-8)修正为：

$$\sigma=(P/V)^n \tag{3-9}$$

式中，n 为 Macleod 指数，可近似取 4。

从式(3-8)和式(3-9)可知，表面张力与等张比容和摩尔体积有关。等张比容是与物质的分子结构密切相关的量，摩尔体积与物质的密度有关，因而也与温度有关。因此，影响表面张力的两个重要因素是温度和分子结构。

聚合物的摩尔体积是易测量的物理量，可从有关手册中查到。表 3-5 列出了一些聚合物的摩尔体积。

表 3-5 一些聚合物的摩尔体积（25℃）

聚 合 物	$V/(cm^3/mol)$	聚 合 物	$V/(cm^3/mol)$
聚乙烯	32.9	聚三氟氯乙烯	61.8
聚丙烯	49.1	聚乙烯醇	35.0
聚异丁烯	66.8	聚醋酸乙烯酯	61.8
聚氯乙烯	45.2	聚苯乙烯	98.0
聚偏氯乙烯	58.0	聚甲基丙烯酸甲酯	86.5
聚四氟乙烯	49.5	聚丙烯酸甲酯	70.1

等张比容具有严格的加和性，即物体的等张比容等于组成该物质分子的原子或原子团及结构因素的等张比容(P_i)之和，它的数值几乎不受温度的影响：

$$P = \sum_i P_i \tag{3-10}$$

Sugden 给出的一些原子和原子团的等张比容见表 3-6。若聚合物单元组成明确，则可由等张比容估算其表面张力。

例题：求甲基丙烯酸甲酯(PMMA)的表面张力。

解：查表 3-5，PMMA 的摩尔体积 $V=86.5\ cm^3/mol$，

PMMA 的结构单元为：

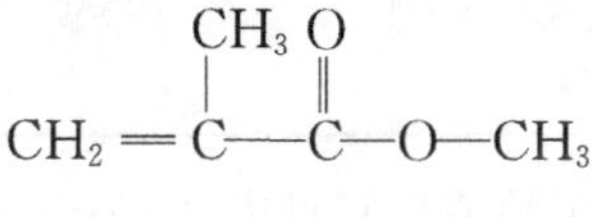

查表 3-6： 2 个—CH_3　　$56.1\times 2 = 112.2$

1 个 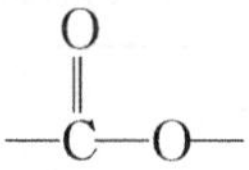　　64.8

1 个 $CH_2=$　　39.0

1 个 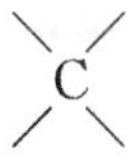　　4.8

$$\sum P_i = 220.8$$

$$\sigma = (P/V)^4 = (220.8/86.5)^4\ mN/m = 42.8\ mN/m$$

实验值为 40.2 mN/m。

表 3-6　一些原子和原子团的等张比容(cm^3/mol)×(mJ/m^2)$^{1/4}$

结　构	P_i	结　构	P_i
$>C<$	4.8	六元环	6.1
—H	17.1	$\rangle$C—H	21.9
—O—	20.0	$-CH_2-$	39.0
$-O_2-$(酯中)	60.0	$-CH_3$	56.1
N	12.5	$-C_2H_5$	95.1
S	48.2	$-CH(CH_3)-$	78.0
F	25.7	$-CH(C_6H_5)-$	211.9
Cl	54.3	$-C(CH_3)_2-$	117.0
Br	68.0	—CH═CH—	67.0
I	91.0	$-CH{=}C(CH_3)-$	106.0
双键	23.2		172.6
叁键	46.4	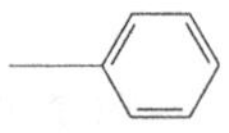	190.0
三元环	16.7	—CN	63.7
四元环	11.6	—CHCl	76.2
五元环	8.5	$-\overset{\overset{O}{\|}}{C}-O$	64.8

一些聚合物的表面张力计算值和实验值比较见表 3-7。

表 3-7　聚合物的等张比容和表面张力(mN/m)

聚合物	重复单元 等张比容(P)	ρ(20℃) /(g/cm^3)	σ(20℃) 计算值	σ(20℃) 熔体外推
聚氧化乙烯	99.8	1.142	44.7	42.8
线性聚乙烯	80.0	0.855	35.4	35.3
无规聚丙烯	116.3	0.861	32.0	29.5
聚二甲基硅氧烷	154.4	0.975	17.0	20.6

3.1.5 表面张力与内聚能密度

内聚能是表征物质分子间相互作用力强弱的一个物理量，摩尔内聚能定义为消除 1 mol 物质全部分子间作用力时其内能的增加，即：

$$E_{coh} = \Delta U = \Delta H - RT \tag{3-11}$$

式中，E_{coh} 为摩尔内聚能；ΔH 为汽化热（液体）或升华热（固体）；R 为气体常数；T 为温度。

单位体积的内聚能定义为内聚能密度，记作 CED，即：

$$CED = E_{coh}/V \tag{3-12}$$

式中，V 为摩尔体积。

内聚能密度的平方根称为溶解度参数 δ，即：

$$\delta = CED^{1/2} = (E_{coh}/V)^{1/2} \tag{3-13}$$

溶解度参数 δ 是确定高聚物与溶剂的溶解性和聚合物之间相容性的重要参数。

表面张力和内聚能密度都是与分子间相互作用密切相关的物理量，它们之间必定存在联系。

对于小分子，Hildebrand 和 Scott 提出了如下的表面张力和内聚能密度间的关系式：

$$\delta^2 = 16.8(\sigma/V^{1/3})^{0.86} \tag{3-14}$$

此式适用于非缔合小分子液体，从内聚能密度计算表面张力与实验测定结果基本一致，对有氢键的液体不太适合。

式(3-14)对高聚物却不适用。Lieng-Huang Lee 对高聚物提出如下关系式：

$$\sigma_c^{0.43} = K\delta\phi V^{0.14} \tag{3-15}$$

式中，K 为常数，对液体和类似液体的高聚物为 0.24；ϕ 为分子相互作用参数。

Wu 利用 Small 色散力，提出了如下的经验式：

$$\sigma_c = 0.327\left[\frac{\left(\sum F\right)_S}{n_S}\right]^{1.85}\left(\frac{n_S}{V}\right)^{1.52} \tag{3-16}$$

式中，n_S 为高聚物重复单元的原子数；V 为重复单元摩尔体积；$\left(\sum F\right)_S$ 为重复单元 Small 色散力的加和。

各种结构单元的 Small 色散力见表 3-8，由表 3-8 可根据聚合物的分子结构计算出表面张力。

表 3－8　结构单元 Small 色散力

结构单元	$F/(4.18\ J/cm^3)$	结构单元	$F/(4.18\ J/cm^3)$
$—CH_3$	214	Cl(平均)	260
$—CH_2—$	133	Cl(单个)	270
$—\underset{\vert}{CH}—$	28	Cl(—CCl)	260
$>C<$ (单键结合)	−93	Br(单个)	340
$CH_2=$	190	I(单个)	425
—CH＝(双键结合)	110	$—CF_2—$	150
$>C=$	19	$—CF_3$	274
—C≡C—	222	—S—(硫醚)	225
苯基	735	—SH(硫醇)	315
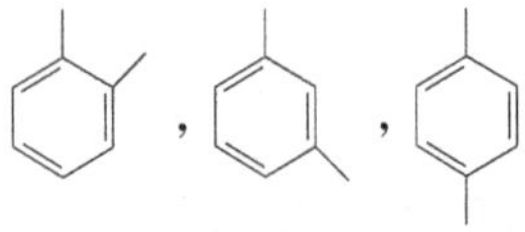	658	$—ONO_2$(硝酸酯)	440
萘基	1 146	$—NO_2$(脂肪系硝化物)	440
五元环	105～115	$—PO_4$(有机磷酸盐)	500
六元环	95～105	$—SO_2—$ (O=S=O)	663
共轭	20～30		
—H(可变的)	80～100		
—O—(醚)	70	$—NH_2$	342
—CO—(酮)	275	$—N<$	122
—COO—(酯)	310	—C(=O)—OH	576
—C≡N	410		

例题:计算聚四氟乙烯(PTFE),已知 $V(PTFE)=45.5\ cm^3/mol$。

解:重复单元结构 $—CF_2CF_2—$

$$2个—CF_2—\qquad \sum F_S = 2\times150\times4.18\ J/cm^3 = 1\ 254\ J/cm^3$$

$$n_S = 6$$

$$\sigma(PTFE) = 0.327\times\left(\frac{300}{6}\right)^{1.85}\times\left(\frac{6}{45.5}\right)^{1.52}\ mN/m$$

$$=21\ mN/m$$

实验值 18.4 mN/m，计算结果比实验值大些。

Wu 用式(3-16)计算了一系列高聚物的表面张力并与实验值作了比较，结果见表3-9。计算结果比较满意。

表 3-9　聚合物的 σ_c 计算值和实验值对比(20℃)

聚　合　物	重复单元摩尔体积 /(cm³/mol)	σ_c/(mN/m)		
		计算值	实验值	偏差
聚四氟乙烯	45.5	21	18.4	+2.5
聚二甲基硅氧烷	65.0	23	24	−1
聚偏二氟乙烯	36.4	26	25	+1
聚 1,2-丁二烯	56.4	29	25	+4
聚 2-甲基丙烯	63.0	24	27	−3
聚氟乙烯	32.0	29	28	+1
聚乙烯基甲基醚	55.6	27	29	−2
聚丙烯	46.2	27	29	−2
聚 4-叔丁基苯乙烯	169	28	29	−1
聚 2-甲基-1,3-丁二烯	72.4	31	30	+1
聚反 2-甲基-1,3-丁二烯	75.0	29	31	−2
聚氯三氟乙烯	56.2	31	31	0
线型聚乙烯	29.5	32	31	+1
支链型聚乙烯	30.8	30	31	−1
聚顺 1,3-丁二烯	58.2	30	31	−1
聚反 1,3-丁二烯	60.1	29	32	−3
聚氧化丙烯	58.6	28	32	−4
聚甲基丙烯酸正丁酯	134	32	32	0
聚甲基丙烯酸乙酯	103	33	33	0
聚苯乙烯	100	36	33	+3
聚丙烯酸乙酯	91.0	35	35	0
聚甲醛	21.0	38	36	+2
聚乙酸乙烯酯	72.4	36	36	0
聚乙烯醇	34.2	37	37	0
聚 2-氯-1,3-丁二烯	72.0	38	38	0
聚甲基丙烯腈	57.3	39	39	0
聚氧乙烯	44.6	43	39	+4
聚甲基丙烯酸甲酯	84.1	36	39	−3

续　表

聚合物	重复单元摩尔体积/(cm^3/mol)	σ_c/(mN/m)		
		计算值	实验值	偏差
聚偏二氯乙烯	58.0	40	40	0
聚甲基丙烯酸甲酯	70.5	40	41	−1
聚碳酸酯(双酚A型)	212	40	42	−2
聚2-氯苯乙烯	111	42	42	0
尼龙6	100	40	42	−2
聚丙烯腈	45.4	44	44	0
尼龙66	182	46	46	0
脲醛树脂	40.5	64	61	+3

3.1.6　共聚和共混对表面张力的影响

共聚和共混使聚合物形成了多元体系。对多元体系，表面张力低的组分优先被吸附在表面，使整个体系表面能有降低的倾向。

1. 无规共聚

无规共聚物的表面张力一般符合线性加和规则：

$$\sigma = \sigma_1 x_1 + \sigma_2 x_2 \qquad (3-17)$$

式中，σ 为无规共聚物的表面张力；σ_1 和 σ_2 分别为组分1和组分2的表面张力；x_1、x_2 分别为组分1、组分2的摩尔分数。

对氧化乙烯-氧化丙烯的无规共聚物的实验结果见图3-6，该体系符合线性加和规则。无规共聚物之所以没有发生表面张力降低现象，是因为分布的短链段受到化学键连接的限制，使低表面能的链段不能优先移动到表面上。

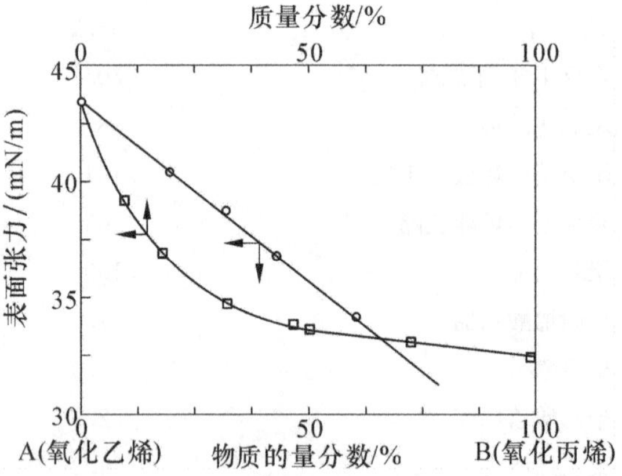

图3-6　氧化乙烯-氧化丙烯共聚物的表面张力

2. 嵌段与接枝共聚

对于嵌段共聚物，若A嵌段有高表面能，B嵌段有低表面能，则在形成共聚物时，B链段有足够的长度和运动能力，可优先移动、富集到共聚物的表面上，使体系的表面张力明显下降。

以氧化乙烯(高表面能)和氧化丙烯(低表面能)的共聚物为例,在ABA嵌段共聚中,随着B嵌段含量的增加,表面张力显著下降。B嵌段的聚合度增加,也能明显地降低表面张力。当聚合度在56以上时,B嵌段达20%(质量分数),体系的表面张力已下降到B嵌段均聚物的水平(见图3-7)。高表面能A嵌段聚醚和低表面能B嵌段的二甲基硅氧烷组成ABA嵌段共聚物。当B嵌段聚合度达20以上时,共聚物的表面张力就下降到聚二甲基硅氧烷的表面张力水平。

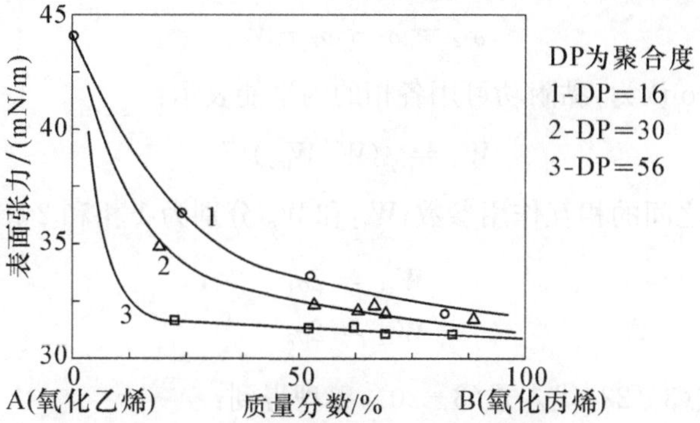

图3-7　嵌段共聚物组成对表面张力的影响

接枝共聚物情况与嵌段共聚物相似,但表面张力减少的程度则轻一些。

3. 共混

在均聚物共混中,低表面能的组分在表面上被优先吸附,使体系表面张力下降。氧化乙烯和氧化丙烯均聚物的共混结果如图3-6所示,随低表面能氧化丙烯均聚物的增加,共混体系的表面能明显下降,而且这种行为随相对分子质量的增加而加剧。

3.1.7　界面张力

界面张力是界面上两相分子间的相互作用而产生的,必然与各相本身的表面张力有一定的关系。许多学者对界面张力进行了研究,试图从各相的表面张力求出两相间的界面张力。但是,由于界面的复杂性,至今尚未能从理论上完全解决这一问题,还只能经验地或半经验地从单一相的表面张力来求取相与相间的界面张力。对界面张力的研究为间接测定固体聚合物的表面张力提供了方法。

1. Antoff规则

Antoff最早提出界面张力与两相表面张力的关系式为:

$$\sigma_{12}=\sigma_2-\sigma_1 \quad (\sigma_2 \gg \sigma_1) \tag{3-18}$$

式中,σ_{12}表示1相和2相间的界面张力;σ_1和σ_2为各相的表面张力。

此式仅适用于 1 相在 2 相上的接触角 $\theta=0$，即铺展的情况，且两相之间处于蒸气吸附平衡的饱和状态。显然，对聚合物而言，此式不太适用。聚合物的界面张力：

$$\sigma_{12}\leqslant\sigma_2-\sigma_1 \tag{3-19}$$

2. Good-Girifalco 理论

两相之间的界面张力与黏附功 W_a 有以下关系：

$$\sigma_{12}=\sigma_1+\sigma_2-W_a \tag{3-20}$$

Good 和 Girifalco 认为，黏附功可用各相的内聚能表示：

$$W_a=\phi(W_{c1}W_{c2})^{1/2} \tag{3-21}$$

式中，ϕ 为两相分子之间的相互作用参数；W_{c1} 和 W_{c2} 分别为 1 相和 2 相的内聚能。由于：

$$\begin{aligned}W_{c1}&=2\sigma_1\\W_{c2}&=2\sigma_2\end{aligned} \tag{3-22}$$

将式(3-21)、式(3-22)代入式(3-20)，整理得到：

$$\sigma_{12}=\sigma_1+\sigma_2-2\phi(\sigma_1\sigma_2)^{1/2} \tag{3-23}$$

上式表明，从已知的 σ_1，σ_2 值和 ϕ 值即可求出两相间的界面张力。

分子间的相互作用参数 ϕ 很难确定。分子结构理论指出，ϕ 可用分子结构参数表示为：

$$\phi=\phi_V\phi_A \tag{3-24}$$

其中：

$$\phi_V=\frac{4V_1^{1/3}V_2^{1/3}}{(V_1^{1/3}+V_2^{1/3})^2} \tag{3-25}$$

$$\phi_A=\frac{\frac{3}{4}\alpha_1\alpha_2\left(\frac{2I_1I_2}{I_1+I_2}\right)+\alpha_1\mu_2^2+\alpha_2\mu_1^2+\frac{2}{3}\left(\frac{\mu_1^2\mu_2^2}{KT}\right)}{\left[\left(\frac{3}{4}\alpha_1^2I_1+2\alpha_1\mu_1^2+\frac{2\mu_1^4}{3KT}\right)\left(\frac{3}{4}\alpha_2^2I_2+2\alpha_2\mu_2^2+\frac{2\mu_2^4}{3KT}\right)\right]^{1/2}} \tag{3-26}$$

式(3-25)中 V 为相互作用单元的摩尔体积，若各相的摩尔体积已知，ϕ_V 可以求得。

在式(3-26)中，α 为极化度，I 为电离势，μ 为永久偶极，K 为玻耳兹曼常数，T 为绝对温度。理论上只要分子结构参数 α，I，μ 已知，即可求出 ϕ_A。显然，对聚合物来说，这些参数不易得到，因此要得到 ϕ_A 值是困难的。可以证明，当两相极性完全相同时，ϕ_A 具有最大值为 1。随着两相间极性差异增大，ϕ_A 值随之减小。若两相均为非极性，则 $\mu_1=\mu_2=0$。

$$\phi_A=\frac{2I_1I_2}{I_1+I_2} \tag{3-27}$$

当 $I_1=I_2$ 时，ϕ_A 达最大值 1。

一些小分子液体间的 ϕ 值见表3-10。一些聚合物对的界面张力见表3-11。对小分子液体，ϕ 值从烷烃与水间的0.55到醇的1.09。对高聚物，其 ϕ 值从聚乙烯和聚醋酸乙烯间的0.80到聚甲基丙烯酸甲酯和聚甲基丙烯酸正丁酯之间的0.97。从表3-11还可看到，ϕ 与温度无关，即：

$$d\phi/dt = 0 \tag{3-28}$$

表3-10 某些液体对在20℃时的相互作用参数 ϕ

液 体 对	σ_1/(mN/m)	σ_{12}/(mN/m)	ϕ
有机液体(标记1)对水(标记2)			
正丁醇	24.6	1.8	1.13
环己醇	32.7	3.9	1.04
油酸	32.5	15.7	0.92
甲基正丁基酮	25.0	9.6	1.03
异戊酸乙酯	23.7	18.4	0.94
丁腈	28.1	10.4	1.00
硝基苯	43.9	25.7	0.81
正己烷	18.4	51.1	0.55
正辛烷	21.8	50.8	0.55
正十四烷	25.6	52.2	0.53
环己烷	25.5	50.2	0.55
十氢化萘	29.9	51.4	0.55
甲苯	28.5	36.1	0.71
四氯化碳	27.0	48.0	0.61
α-溴代萘	44.6	42.1	0.66
二硫化碳	32.3	48.4	0.58
全氟二丁基醚	12.2	51.9	0.55
全氟三丁基胺	16.8	25.6	0.95
碳氟化合物(标记1)对苯(标记2)			
全氟二丁基醚	12.2	5.7	0.96
全氟三丁基胺	16.8	6.4	0.89
碳氟化合物(标记1)对正庚烷(标记2)			
全氟二丁基醚	12.2	3.6	0.95
全氟三丁基胺	16.8	1.6	0.96
各种液体(标记1)对汞(标记2)			
正己烷	18.4	378	0.62

续 表

液 体 对	σ_1/(mN/m)	σ_{12}/(mN/m)	ϕ
甲苯	28.5	361	0.61
四氯化碳	27.0	359	0.64
硝基苯	43.9	350	0.59
乙酸丁酯	25.0	375	0.58
乙醇	22.8	389	0.53
正辛醇	27.5	352	0.70
油酸	32.5	322	0.75
水	72.8	428	0.32

表 3-11 某些聚合物对的相互作用参数 ϕ 值

聚 合 物 对	ϕ 值		
	20℃	140℃	180℃
PVAc/L-PE	0.798	0.804	0.798
PVAc/PIB	0.860	0.864	0.865
PMMA/L-PE	0.845	0.841	0.838
P*n*-BMA/L-PE	0.896	0.903	0.906
PS/L-PE	0.893	0.905	0.907
PMMA/PS	0.962	0.974	0.976
P*n*-BMA/PVAc	0.941	0.950	0.950
PMMA/P*n*-BMA	0.960	0.975	0.982
PCP/B-PE	0.947	0.943	0.942
PCP/PDMS	0.958	0.944	0.937
PVAc/PDMS	0.891	0.880	0.837

已知 Young 方程：

$$\sigma_{SV}=\sigma_{SL}+\sigma_{LV}\cos\theta \tag{3-29}$$

若式(3-23)中，1 相为 S 相，2 相为 L 相，则可改写为：

$$\sigma_{SL}=\sigma_{SV}+\sigma_{LV}-2\phi(\sigma_{SV}\sigma_{LV})^{1/2} \tag{3-30}$$

将式(3-29)与式(3-30)结合，可得：

$$\sigma_{SV}=\sigma_{LV}\frac{(1+\cos\theta)^2}{4\phi^2} \tag{3-31}$$

或

$$\cos\theta = 2\phi\left(\frac{\sigma_{SV}}{\sigma_{LV}}\right)^{1/2} - 1 \tag{3-32}$$

在固液相互作用参数 ϕ 已知的前提下，由式(3-31)，若用已知 σ_{LV} 的液体测出其在固体表面的接触角为 θ，可以间接求出固体的表面张力 σ_{SV}；反之由式(3-32)，若 σ_{SV}，σ_{LV} 已知，可推算出液体对固体的接触角 θ。

3. 几何平均法

如上所述，两相间的界面张力与黏附功之间有如下关系：

$$\sigma_{12} = \sigma_1 + \sigma_2 - W_a$$

假定黏附功可用各相内聚能的几何平均值表示，即：

$$W_a = (W_1 W_2)^{1/2} \tag{3-33}$$

将式(3-22)和式(3-33)代入式(3-20)可以得到：

$$\sigma_{12} = \sigma_1 + \sigma_2 - 2(\sigma_1\sigma_2)^{1/2} \tag{3-34}$$

或

$$\sigma_{12} = (\sigma_1 - \sigma_2)^2 \tag{3-35}$$

上式称为 Fowkes 方程，实质上是 Good-Girifalco 理论在 $\phi=1$ 下的特殊情况。上式仅对没有氢键的物质才是正确的。对于包括氢键和极性力的分子，表面张力可表示为各种分子间力贡献的总和：

$$\sigma = \sigma^d + \sigma^p \tag{3-36}$$

上标 d 表示色散力，p 表示包括氢键的各种极性力。根据这种假设，Owens 和 Wendt 提出了界面张力表达式的一般形式：

$$\sigma_{12} = \sigma_1 + \sigma_2 - 2(\sigma_1^d\sigma_2^d)^{1/2} - 2(\sigma_1^p\sigma_2^p)^{1/2} \tag{3-37}$$

或

$$\sigma_{12} = [(\sigma_1^d)^{1/2} - (\sigma_2^d)^{1/2}]^2 + [(\sigma_1^p)^{1/2} - (\sigma_2^p)^{1/2}]^2 \tag{3-38}$$

由式(3-37)可见，界面张力可由组成界面两相的表面张力的几何平均值来估算。

设1相为S相，2相为L相，将式(3-37)与 Young 方程结合，并将 σ_{SV} 简作 σ_S，σ_{LV} 简作 σ_L，则可得到：

$$1+\cos\theta = 2\left[\frac{(\sigma_S^d)^{\frac{1}{2}}(\sigma_L^d)^{\frac{1}{2}}}{\sigma_L} + \frac{(\sigma_S^p)^{\frac{1}{2}}(\sigma_L^p)^{\frac{1}{2}}}{\sigma_L}\right] \tag{3-39}$$

假如用两种已知 σ_L，σ_L^d 和 σ_L^p 的液体，分别测出其对固体的接触角，则由式(3－39)解联立方程可以求出固体的表面张力 σ_S 及其分量 σ_S^d 和 σ_S^p。

例题：估算 PVC 的 σ_S，已知水对 PVC 的接触角 $\theta_1 = 87°$，二碘甲烷对 PVC 的接触角 $\theta_2 = 36°$。

解：查得表面张力数据为(单位：mN/m)：

水：$\sigma_1 = 72.8$，$\sigma_1^d = 21.8$

二碘甲烷：$\sigma_2 = 50.8$，$\sigma_2^d = 49.5$

$\sigma_1^p = 72.8 - 21.8 = 51.0$　　　$\cos\theta_1 = \cos 87° = 0.052$

$\sigma_2^p = 50.8 - 49.5 = 1.3$　　　$\cos\theta_2 = \cos 36° = 0.809$

代入式(3－39)得：

$$1 + 0.052 = 2\left[\frac{(\sigma_S^d)^{\frac{1}{2}} \times (21.8)^{\frac{1}{2}}}{72.8} + \frac{(\sigma_S^p)^{\frac{1}{2}} \times (51.0)^{\frac{1}{2}}}{72.8}\right]$$

$$1 + 0.809 = 2\left[\frac{(\sigma_S^d)^{\frac{1}{2}} \times (49.5)^{\frac{1}{2}}}{50.8} + \frac{(\sigma_S^p)^{\frac{1}{2}} \times (1.3)^{\frac{1}{2}}}{50.8}\right]$$

解联立方程得：

$$\sigma_S^d = 40.0\ \text{mN/m}, \quad \sigma_S^p = 1.5\ \text{mN/m}$$

$$\sigma_S = \sigma_S^d + \sigma_S^p = 41.5\ \text{mN/m}$$

4. 调和平均法

在上面的讨论中，对界面张力与黏附功的表达式：

$$\sigma_{12} = \sigma_1 + \sigma_2 - W_a = \sigma_1 + \sigma_2 - W_a^d - W_a^p \tag{3-40}$$

对 1 相与 2 相极性相似时，我们还可将黏附功用各相内聚能的调和平均值表示：

$$W_a^d = \frac{2W_{c1}^d W_{c2}^d}{W_{c1}^d + W_{c2}^d} \qquad W_a^p = \frac{2W_{c1}^p W_{c2}^p}{W_{c1}^p + W_{c2}^p}$$

即：

$$W_a^d = \frac{4\sigma_1^d \sigma_2^d}{\sigma_1^d + \sigma_2^d} \qquad W_a^p = \frac{4\sigma_1^p \sigma_2^p}{\sigma_1^p + \sigma_2^p} \tag{3-41}$$

代入式(3－40)得：

$$\sigma_{12} = \sigma_1 + \sigma_2 - \frac{4\sigma_1^d \sigma_2^d}{\sigma_1^d + \sigma_2^d} - \frac{4\sigma_1^p \sigma_2^p}{\sigma_1^p + \sigma_2^p} \tag{3-42}$$

上式即为调和平均方程。

令 1 相为 S 相，2 相为 L 相，将式(3－42)与 Young 方程结合，得：

$$\sigma_L(1+\cos\theta)=\frac{4\sigma_S^d\sigma_L^d}{\sigma_L^d+\sigma_S^d}+\frac{4\sigma_S^p\sigma_L^p}{\sigma_S^p+\sigma_L^p} \tag{3-43}$$

按式(3-43)，若用 σ_L^d 和 σ_L^p 已知的两种液体，分别测定其在固体上的接触角 θ，则可求出固体的表面张力及其分量。

调和平均方程主要适用于低能物质(如聚合物、有机液体、水等)之间的界面张力。而几何平均方程主要适用于低能和高能物质(如汞、硅、金属氧化物等)之间的界面。表 3-12 列出了一些物质的表面张力及其分量，表 3-13 对用调和平均法和几何平均法得到的某些材料的表面张力和极性与熔融法的结果进行了比较。结果表明，调和平均法的结果比较令人满意，几何平均法得到的表面张力和极性分量往往偏低。

虽然几何平均和调和平均法求得的物质表面张力可能有较大的差别，并且它们都是在假定 $\phi=1$ 的条件下展开讨论的。而在实际研究中，往往未必要知道材料表面张力的确切数值，事实上固体材料表面张力的真实值是很难确知的，但是对材料表面张力的相对变化的了解却是十分重要的。譬如对聚乙烯这样的非极性材料进行表面改性，在其表面引进极性基团，此时知道聚乙烯改性前后表面张力的变化就显得非常重要。不管采用什么方法来测定表面张力，只要对改性前后的材料在相同的条件下用同一种方法进行测试，其反映出改性前后表面张力的变化趋势应该是相同的。

表 3-12　物质的表面张力 σ 及其 σ^d, σ^p 值

物　质	温度/℃	σ/(mN/m)	σ^d/(mN/m)	σ^p/(mN/m)
水	20	72.8	21.8	51.0
甘油	20	63.4	37.0	26.4
甲酰胺	20	58.2	39.5	18.7
二碘甲烷	20	50.8	49.5	1.3
α-溴萘	20	44.6	44.6	0
汞	20	484	200	284
乙二醇	20	48.3	29.3	19.0
硅酮	20	19.0	16.3	2.1
己烷	20	18.4	18.4	0
1-甲基萘	20	36.4	36.4	0
磷酸三甲酯	20	40.9	39.2	1.7
聚乙烯	20	33.2	33.2	0
聚偏二氯乙烯	20	45.0	42.0	3.0
聚氟乙烯	20	36.7	31.3	5.4
聚偏二氟乙烯	20	30.3	23.2	7.1
聚三氟乙烯	20	23.9	19.9	40

续 表

物　　质	温度/℃	σ/(mN/m)	σ^d/(mN/m)	σ^p/(mN/m)
聚氯乙烯	20	41.5	40.0	1.5
聚四氟乙烯	20	19.1	18.6	0.5
聚对苯二甲酸乙二醇酯	20	47.3	43.2	4.1
聚甲基丙烯酸甲酯	20	40.2	35.9	4.3
尼龙 66	20	47.0	40.8	6.2
聚苯乙烯	20	42.0	41.4	0.6
石墨	20		123	
聚氯丁烯	140	33.2	29.6	3.6
聚甲基丙烯酸正丁酯	140	24.1	20.3	3.8
聚甲基丙烯酸异丁酯	140	23.7	20.4	3.3
聚甲基丙烯酸叔丁酯	140	23.3	20.5	2.8
聚四氢呋喃	140	24.6	21.1	3.5
聚二甲基硅氧烷	140	14.1	13.5	0.6

表 3-13　界面张力理论计算值和实验值比较(140℃)

聚合物对*	界面张力/(mN/m)		
	测定值	式(3-43)的计算值	式(3-39)的计算值
PEO/PDMS	9.9	10.7	4.8
PTMO/PDMS	6.3	3.8	1.5
PVAc/PDMS	7.4	8.5	3.6
PCP/PDMS	6.5	8.2	4.1
PnBMA/PDMS	3.8	3.7	1.4
PtBMA/PDMS	3.3	2.9	1.2
PCP/PnBMA	1.6	1.7	0.9
PCP/PS	0.5	0.5	0.4
PVAc/PS	3.7	2.3	1.2
PVAc/PnBMA	2.9	2.4	1.2
PMMA/PnBMA	1.9	2.2	1.0
PMMA/PtBMA	2.3	3.4	1.6
PMMA/PS	1.7	1.2	0.5
PEO/PTMO	3.9	3.1	1.4
PVAc/PTMO	4.6	2.8	1.6

续　表

聚合物对*	界面张力/(mN/m)		
	测定值	式(3-43)的计算值	式(3-39)的计算值
PMA/PEA	1.4	0.8	0.4
PMA/PnBA	3.1	2.9	1.6
PMA/PEHA	5.8	6.4	3.3
PEA/PnBA	1.4	0.8	0.5
PEA/PEHA	3.3	3.3	1.5
PnBA/PEHA	1.2	1.2	0.5

* PEO 聚氧乙烯，PDMS 聚二甲基硅氧烷，PTMO 聚四亚甲基氧，PCP 聚氯丁烯，PnBMA 聚甲基丙烯酸正丁酯，PtBMA 聚甲基丙烯酸叔丁酯，PS 聚苯乙烯，PMMA 聚甲基丙烯酸甲酯，PMA 聚丙烯酸甲酯，PEA 聚丙烯酸乙酯，PnBA 聚丙烯酸正丁酯，PEHA 聚 2-乙基己基丙烯酸酯。

3.1.8　临界表面张力

临界表面张力的概念最早是由 Zisman 提出的。实验发现，一系列测试液在某固体表面上 $\cos\theta$ 与 σ_{LV} 之间存在着线性关系。若测试液是同系物，则 $\cos\theta$ 对 σ_{LV} 作图呈直线，此直线与 $\cos\theta=1$ 的交点的横坐标即为临界表面张力 σ_c。若测试液不是同系物，则往往得到一条离散的直带或一条曲线，直带中最低的那根线与 $\cos\theta=1$ 的交点的横坐标定义为临界表面张力。临界表面张力是固体表面性能的一个重要参数。图 3-8 是 $\cos\theta-\sigma_{LV}$ 的 Zisman 图。

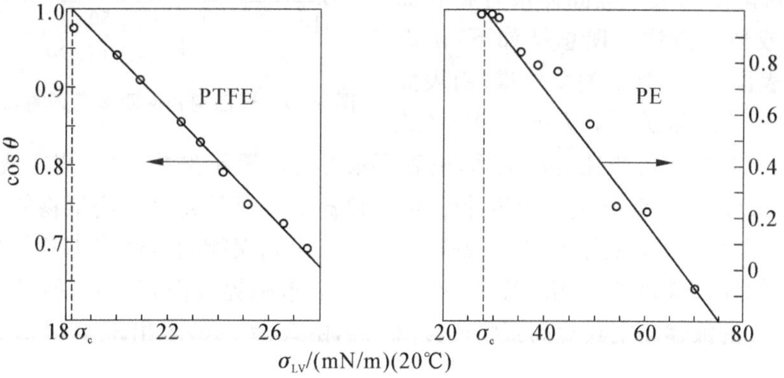

(a) 用正烷烃同系物作测试液，PTFE　　(b) 用非同系物作测试液，PE

图 3-8　临界表面张力 Zisman 图

由临界表面张力的定义可知，固体的临界表面张力等于对该固体接触角恰好为零的液体的表面张力，即：

$$\sigma_c = \lim_{\theta \to 0} \sigma_{LV} = \sigma_{SV} - \sigma_{SL} = \sigma_S - \sigma_{SL} - \pi_e \tag{3-44}$$

由此可见，临界表面张力总是比固体表面张力 σ_S 小 $\sigma_{SL} - \pi_e$。由于界面张力 σ_{SL} 随不同测试液而变化，π_e 也随测试液而变，因此，临界表面张力 σ_c 可能随选用的测试液而变化，在选用 σ_c 时需特别小心。

3.1.9 状态方程

由 Young 方程，Good-Girifalco 方程和 Zisman 的临界表面张力可导出如下的方程：

$$\cos\theta = 2(\sigma_{c,\phi}/\sigma_{LV})^{1/2} - 1 \tag{3-45}$$

此式称为状态方程。式(3－45)中 $\sigma_{c,\phi}$ 为临界表面张力，之所以用下标 ϕ，是强调临界表面张力与相互作用参数 ϕ 有关。上式可改写为：

$$\sigma_{c,\phi} = \frac{1}{4}(1+\cos\theta)^2 \sigma_{LV} \tag{3-46}$$

状态方程提供了一种测试固体表面张力的方法。若选定一系列测试液，测定其在固体表面上的接触角，则由式(3－46)可以计算出一个临界表面张力谱。若以 $\sigma_{c,\phi}$ 对测试液的 σ_{LV} 作图，可得到一条光滑的曲线，该曲线上的 $\sigma_{c,\phi}$ 极大值即为固体的表面张力 σ_S。图 3－9 是聚乙烯和聚四氟乙烯的 $\sigma_{c,\phi}$ 对 σ_{LV} 图。

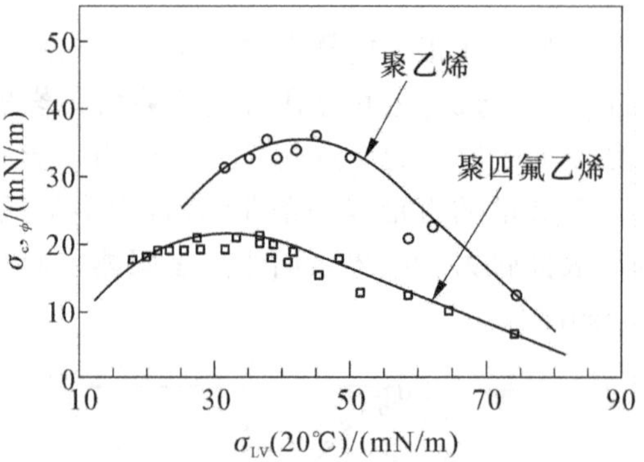

图 3－9 聚乙烯和聚四氟乙烯的 $\sigma_{c,\phi}$ 对 σ_{LV} 图

由上面讨论中知道一些固体聚合物表面张力的测试或估算方法。现总结如下：由熔融聚合物的表面张力-温度关系外推；由表面张力与相对分子质量关系，以 $\sigma^{1/4} - M_n^{-1}$ 或 $\sigma - M_n^{-2/3}$ 作图外推；由等张比容法估算；由表面张力与内聚能关系估算；测定液体对聚合物的接触角，由式(3－31)求取 σ_{SV}；用两种已知 σ^d 和 σ^p 的液体测定其对高聚物的接触角，由几何平均法或调和平均法，按式(3－39)或式(3－43)求出高聚物的表面张力及其分量；用同系列液体测出其对高聚物的接触角，以 $\cos\theta - \sigma_{LV}$ 作图，求临界表面张力 σ_c；按状态方程法，用一系列已知 σ_{LV} 的液体测定其对高聚物的接触角 θ，由式(3－46)求出 $\sigma_{c,\phi}$，以 $\sigma_{c,\phi}$ 对 σ_{LV} 作图，求得 σ_S。

原则上，上面用来测试高聚物表面张力的方法也可用来测定一般固体材料的表面张力及其分量。

3.2　聚合物与聚合物的相容性

聚合物合金，也叫多组分聚合物、多相聚合物、共混聚合物，指的是两种或多种高分子链以化学、物理的形式组合而成的复合体系，是由不同聚合物组成的复合材料。

在聚合物发展过程中，人们最初的研究集中在开发利用尽可能多的单体，寻找合适的聚合方法，来合成新的聚合物，也即着重于均聚物的开发研究。随着高分子的发展，各种聚合物已在工业和生活中大量使用，如聚乙烯、聚苯乙烯、聚氯乙烯、聚丙烯、尼龙、聚酯等。要新开发一种能在工业规模得到广泛应用的聚合物已是事倍功半。人们注意到，与其花大量的人力、物力开发高分子的新品种，不如对现有的聚合物进行改性更为经济有效。于是人们将注意力转移到聚合物的改性上，大品种高分子的发展出现了新的趋势，即通过物理或化学的方法将已有的高分子材料进行裁剪加工，制成两种或多种高分子的复合体系，这已经成为当前高分子材料开发的主要途径之一。一些结合两种或多种聚合物性能的聚合物合金相继问世，如 ABS，SBS，HIPS 等。

聚合物合金的制备方法可用简单的物理共混法，如将不同聚合物在混炼机或挤出机中进行混炼的熔融共混法，将不同聚合物制成溶液或乳液进行共混的溶液共混法或乳液共混法。也可以用化学的方法将两种或多种高分子链段结合在一起，形成共聚物，如嵌段共聚物、接枝共聚物等。使不同的聚合物网络结合在一起（即互穿网络，IPN）也是制备聚合物合金的一种有效的方法。

研制聚合物合金的目的是克服单组分聚合物性能之不足，取长补短，实现性能的优化组合。塑料的性能特点是硬（高模量）、强（高抗张强度）、脆（低抗冲强度）；橡胶的性能特点则是软（低模量，易发生大形变，弹性回复）、韧（高抗冲强度）。若以塑料为主体，橡胶为分散相，得到的聚合物合金为橡胶增韧塑料。这种材料保留了塑料强、硬的特点，同时橡胶粒子有利于吸收能量，克服了塑料的脆性。例如，橡胶增韧 PS，使增韧后的 PS 出现拉伸屈服，其断裂伸长、抗冲强度均提高近 10 倍。若以橡胶为基体，塑料为分散相，得到的聚合物合金为塑料增强橡胶。这种材料保留了橡胶“软”的特点，即模量小，易形变，而塑料相则起到增强作用和物理交联作用，成为热塑性弹性体，如 SBS。

理论上聚合物合金的数量是难以估计的，100 种聚合物两两共混，可得到 4 950 种（$100\times(100-1)\div2$）二元共混合金。事实上工业上的聚合物合金品种有限，原因是聚合物两相间往往相容性差，界面缺少必要的黏结力，甚至两相间可能存在间隙，发生宏观剥离。完全相容的聚合物共混体系是比较少的，大多数有实用价值的聚合物合金都是宏观上均相、微观上分相的部分相容体系。克服的方法是在体系中加入一些共聚物，以提高两相间的相容性。因此聚合物合金界面的研究对于开发共混聚合物新品种，改进高分子材料的性能具有重要的意义。

3.2.1 聚合物-聚合物体系的相容性

相溶性是指两种或多种物质以分子水平相溶的热力学均相体系。事实上聚合物合金很少有达到热力学上相溶的混合水平，所以在聚合物合金中常常使用“相容性”这一术语。相容性指聚合物与聚合物在链段水平上均匀混合，是一种微观上分相、宏观上均相的体系。有时也不严格区分相容性和相溶性的差别。

如上所述，聚合物两两相混，可得到无数种共混体系，事实上有实际应用价值的聚合物合金体系只有几种。其原因是大部分聚合物之间是互不相容的，简单共混会发生严重的相分离，相与相之间界面剥离。为什么聚合物与聚合物之间的相容性很差呢？这可从热力学上加以说明。

1. 相分离的热力学和临界条件

我们从热力学角度来讨论聚合物共混体系的相容性。设 A，B 两种高分子互相混合，其混合自由能可表示为：

$$\Delta G = \Delta H - T\Delta S \tag{3-47}$$

这里 ΔH 和 ΔS 分别为混合热和混合熵。按照热力学原理，要实现均匀混合，必须 $\Delta G < 0$。对高分子共混体系，如异种分子间没有特殊的相互作用(如氢键等)，那么 ΔH 总是大于零，即溶解吸热，混合焓项总不利于两者混合，能否均匀混合要看混合熵 ΔS 项的贡献。事实上对两种高分子来说，混合熵的增加非常有限，这可由图 3-10 的格子模型来说明。

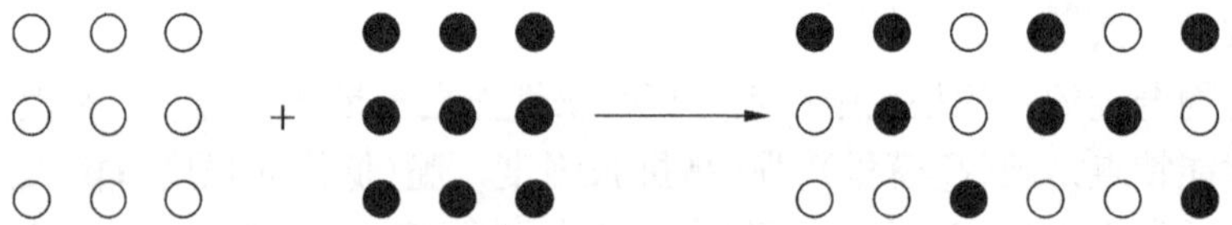

(a) 两种小分子混合

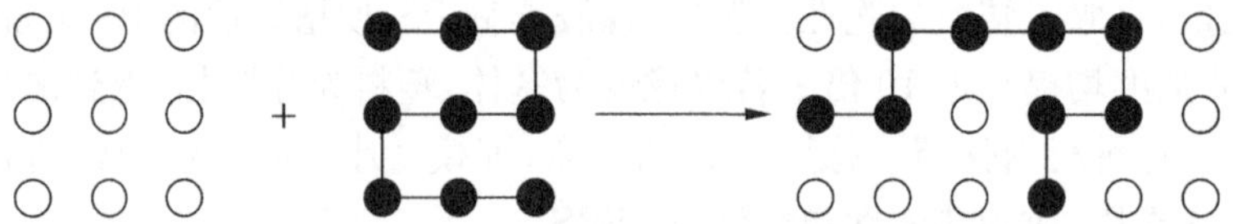

(b) 小分子和高分子混合

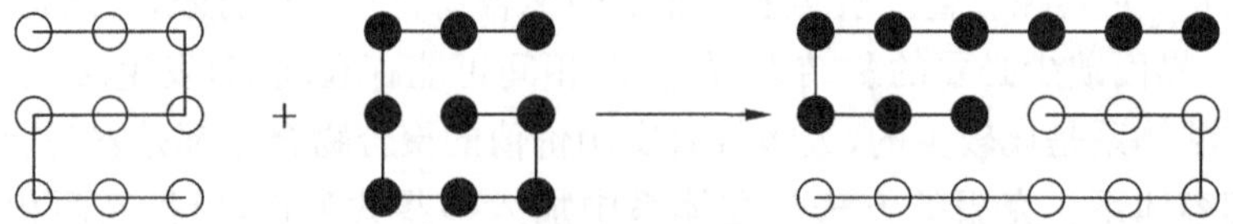

(c) 两种高分子混合

图 3-10 混合熵示意图

图 3－10(a)表示两种小分子混合，每个小分子占据一个格子。设 N_A 个 A 分子和 N_B 个 B 分子混合，因为在格子模型中任何一个 A 和 B 的互换都是一种新的排列，所以可能采取的排列数为$(N_A+N_B)!/(N_A!N_B!)$。宏观上 N_A 和 N_B 都是很大的数目，所以小分子的溶解导致熵的较大增加。图 3－10(b)表示小分子 A 和大分子 B 混合，每个小分子占据一个格子，大分子每个链段占据一个格子。由于大分子的链节必须相互连接在一起，不能分开，即大分子的链节不能随意与小分子互换，因此混合后的 ΔS 要小得多。图 3－10(c)表示大分子 A 与大分子 B 的混合，由于同一 A 分子上的链节和同一 B 分子上的链节必须各自连接在一起，互换位置构成新的排列方式的可能性很小，因此其 ΔS 很小。很小的 ΔS 在大多数情况下不足以克服 ΔH 的贡献，故总是形成多相体系，这就是聚合物-聚合物体系常常不相容的原因。

按 Flory-Huggins 的高分子溶液统计热力学理论，应用前述的格子模型，可得到 n_A 溶剂分子和 n_B 高分子混合时的排列数，求得混合熵为：

$$\Delta S = -R[n_A \ln \phi_A + n_B \ln \phi_B] \tag{3-48}$$

式中，ϕ_A，ϕ_B 分别是 A，B 的体积分数。由于 ϕ_A，ϕ_B 均小于 1，其对数为负，所以熵对 ΔG 的贡献恒为负，有利于相溶。

溶解过程可表示为如下的"化学"过程：

$$1/2[A-A] + 1/2[B-B] \longrightarrow [A-B] \tag{3-49}$$

设此过程的能量变化为 W，则溶解过程的热焓变化为[A－B]对的总数与 W 的积。即：

$$\Delta H = ZWN_A\phi_B \tag{3-50}$$

式中，N_A 为溶剂分子数；Z 为每个格子的近邻数。引入 Flory-Huggins"相互作用参数"χ：

$$\chi = ZW/kT \tag{3-51}$$

则式(3－50)可改写为：

$$\Delta H = RT\chi n_A\phi_B \tag{3-52}$$

因此混合自由焓为：

$$\Delta G = RT[n_A \ln \phi_A + n_B \ln \phi_B + \chi n_A \phi_B] \tag{3-53}$$

以上是小分子-高分子体系的结果。Scott 将 Flory-Huggins 的结果扩展到高分子-高分子体系，即 n_A A 分子与 n_B B 分子混合，每个 A 分子有 x_A 个链节，每个 B 分子有 x_B 个链节。此时，混合熵项不变：

$$\Delta S = -R[n_A \ln \phi_A + n_B \ln \phi_B]$$

混合焓项应考虑 A 也是高分子，故有：

$$\Delta H = ZWN_{\mathrm{A}}x_{\mathrm{A}}\phi_{\mathrm{B}} = RT\chi n_{\mathrm{A}}x_{\mathrm{A}}\phi_{\mathrm{B}} \tag{3-54}$$

混合自由能为：

$$\Delta G = RT[n_{\mathrm{A}}\ln\phi_{\mathrm{A}} + n_{\mathrm{B}}\ln\phi_{\mathrm{B}} + \chi n_{\mathrm{A}}x_{\mathrm{A}}\phi_{\mathrm{B}}] \tag{3-55}$$

为进一步讨论相对分子质量(正比于链节数 x)的影响，设每摩尔链节的体积为 V_{R}(称为参比体积)，体系总体积为 V，则有：

$$\phi_{\mathrm{A}} = \frac{n_{\mathrm{A}}x_{\mathrm{A}}V_{\mathrm{R}}}{V} \quad \phi_{\mathrm{B}} = \frac{n_{\mathrm{B}}x_{\mathrm{B}}V_{\mathrm{R}}}{V} \tag{3-56}$$

可将式(3-55)改写成：

$$\begin{aligned}\frac{\Delta G}{RT} &= \frac{V}{V_{\mathrm{R}}}\left[\frac{V_{\mathrm{R}}}{V}n_{\mathrm{A}}\ln\phi_{\mathrm{A}} + \frac{V_{\mathrm{R}}}{V}n_{\mathrm{B}}\ln\phi_{\mathrm{B}} + \frac{V_{\mathrm{R}}}{V}\chi n_{\mathrm{A}}x_{\mathrm{A}}\phi_{\mathrm{B}}\right] \\ &= \frac{V}{V_{\mathrm{R}}}\left[\frac{\phi_{\mathrm{A}}}{x_{\mathrm{A}}}\ln\phi_{\mathrm{A}} + \frac{\phi_{\mathrm{B}}}{x_{\mathrm{B}}}\ln\phi_{\mathrm{B}} + \chi\phi_{\mathrm{A}}\phi_{\mathrm{B}}\right]\end{aligned} \tag{3-57}$$

括号内前两项是熵的贡献，末项是焓的贡献。对熵项，x_{A}，x_{B} 越大，其值越小，越不利于相混；对焓相，χ 越大，其值越大，所以体系能否互溶，决定于 χ，x_{A}，x_{B} 的数值。现设 $x_{\mathrm{A}} = x_{\mathrm{B}} = 100$，看看 ΔG 如何随 ϕ_{A} 和 ϕ_{B} 变化(见图3-11)。

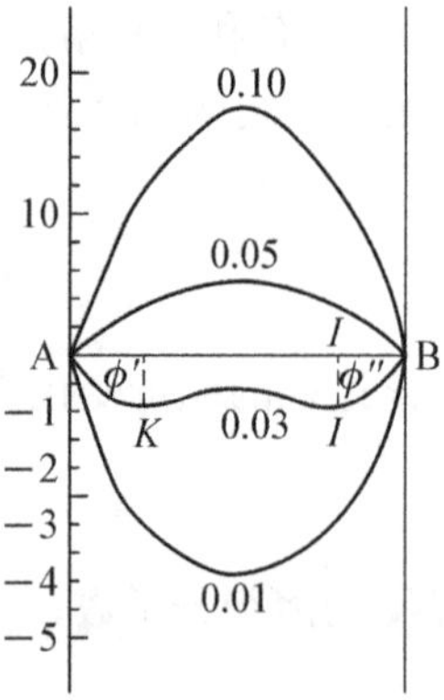

图3-11　A、B共混体系的混合自由能对组成的变化

(曲线旁的数值是相应的作用参数 χ 值)

首先，当 χ 很小(为0.01)，焓项贡献很小，ΔG 在整个组成范围小于零，曲线有一个极小值，此时在整个范围体系都是均相的。

当 χ 较大(为0.1)，熵项较焓项小，ΔG 恒大于零，曲线有极大值，在任何组成两相都不相溶。

当 χ 取中间值，情况复杂。当 $\chi=0.03$ 时，ΔG 仍小于零，但曲线有两个极小值，即有两个具有极小自由能的组成(ϕ'和 ϕ'')。如果体系总组成在 ϕ'与 ϕ''之间，就会相分离，形成组成分别为 ϕ'和 ϕ''的两相，以得到更小的自由能。也就是说体系不再是在整个组成范围内为均相的了。这一讨论也适合 x_{A} 不等于 x_{B} 的情况，不过此时 ΔG 对组成的曲线不再对称了。

具有两个极小值的曲线必有两个拐点(K 和 I)，在拐点处有：

$$\frac{\partial^2\Delta G}{\partial^2\phi_{\mathrm{A}}} = 0 \quad \frac{\partial^2\Delta G}{\partial^2\phi_{\mathrm{B}}} = 0 \tag{3-58}$$

我们所希望知道的临界条件，即两相开始出现的条件，也就是拐点出现的条件，即二阶、三阶导数均为零，应用这一条件，对式(3-55)求三阶导数，得到临界条件下：

$$\chi_c = \frac{1}{2}\left[\frac{1}{x_A^{1/2}} + \frac{1}{x_B^{1/2}}\right]^2 \tag{3-59}$$

若体系中 A、B 的链节数分别为 x_A 和 x_B，相互作用参数 $\chi > \chi_c$，则体系便不能在整个浓度范围内保持均相，即 A、B 不相容，只有当 $\chi < \chi_c$ 时，体系才为均相。为简化，设 $x = x_A = x_B$ 的特殊情况，则：

$$\chi_c = \frac{2}{x} \tag{3-60}$$

对于 $x_A = x_B = 100$ 的条件，$\chi_c = 0.02$。这一条件是很苛刻的，对一般聚合物，χ 都高于此临界值，故大多数高相对分子质量聚合物均不能形成均相体系。

由式(3－60)也可考察从均相过渡到多相的相对分子质量，此时式(3－60)为：

$$x_c = \frac{2}{\chi} \tag{3-61}$$

这里 x_c 为临界链节数，其意义为当 A、B 的聚合度大于 x_c 时，为多相；小于 x_c 时，则为均相。

2. 溶度参数与相容性

上面讨论了判别聚合物相容性的临界条件，但是相互作用参数 χ 不易直接测定。我们可用另一物理量溶度参数 δ 来判断聚合物之间的相容性。

Hildebrand 注意到物质间的相互溶解能力与它们的内聚能有关，因此他引入了溶度参数的概念，其定义为内聚能密度的平方根：

$$\delta = \sqrt{E/V} = \sqrt{(\Delta H - RT)/V} \tag{3-62}$$

式中，E，V，ΔH 分别为内聚能，体积和蒸发热。

聚合物 A、B 在溶解过程中由作用对 A－A 和 B－B 转变为 A－B，这一过程的能量变化 W 为：

$$W = \varepsilon_{AB} - 1/2\varepsilon_{AA} - 1/2\varepsilon_{BB} \tag{3-63}$$

式中，ε_{AB}，ε_{AA}，ε_{BB} 分别表示 A－B，A－A，B－B 对的作用能，因均为负值，上式可改写为：

$$W = \frac{1}{2}\mid \varepsilon_{AA} \mid + \frac{1}{2}\mid \varepsilon_{BB} \mid - \mid \varepsilon_{AB} \mid \tag{3-64}$$

如 A、B 之间无特殊相互作用(如氢键等)，可采用几何平均的假设：

$$\mid \varepsilon_{AB} \mid = \sqrt{\varepsilon_{AA}\varepsilon_{BB}} \tag{3-65}$$

所以：

$$W = \frac{1}{2}(\mid \varepsilon_{AA} \mid^{1/2} - \mid \varepsilon_{BB} \mid^{1/2})^2 \tag{3-66}$$

前面已经得到聚合物-聚合物溶解过程的混合热：

$$\Delta H = ZWN_A x_A \phi_B \tag{3-67}$$

将式(3－65)及式(3－56)代入式(3－67)，并记链节体积为 V_R，得：

$$\frac{\Delta H}{V} = \frac{WZ}{V_R}\phi_A\phi_B = \frac{Z}{2V_R}(|\varepsilon_{AA}|^{1/2} - |\varepsilon_{BB}|^{1/2})^2\phi_A\phi_B$$

$$= \left(\sqrt{\frac{Z|\varepsilon_{AA}|}{2V_R}} - \sqrt{\frac{Z|\varepsilon_{BB}|}{2V_R}}\right)^2\phi_A\phi_B \tag{3-68}$$

不难看出，根号内的数即为内聚能密度，因此：

$$\frac{\Delta H}{V} = (\delta_A - \delta_B)^2\phi_A\phi_B \tag{3-69}$$

上式给出了混合过程中焓变与聚合物溶解度参数之间的关系，将式(3－69)与式(3－67)比较，可得：

$$\chi = \frac{V_R}{RT}(\delta_A - \delta_B)^2 \tag{3-70}$$

前面已指出，当 $M_A = M_B$ 时，临界作用参数 χ 与链节数 x 有简单的关系，即 $x_c = 2/\chi$，式(3－70)可改成：

$$x_c = \frac{2RT}{V_R}/(\delta_A - \delta_B)^2 \tag{3-71}$$

由于相对分子质量 $M = xV_R\rho$(ρ 为密度)，则上式改写成：

$$M_c = 2RT\rho/(\delta_A - \delta_B)^2 \tag{3-72}$$

式中，M_c 为临界相对分子质量。现作一具体计算，取 $R = 8.31$ J/(℃·mol)，$T = 298$ K，$\rho = 1$ g/cm³，则 M_c 与($\delta_A - \delta_B$)的关系见表 3－14。

表 3－14　M_c 与($\delta_A - \delta_B$)的关系

M_c	$(\delta_A-\delta_B)/(J/cm^3)$	M_c	$(\delta_A-\delta_B)/(J/cm^3)$
1 000	2.22	100 000	0.224
5 000	1.00	500 000	0.100
10 000	0.69	1 000 000	0.069
50 000	0.336	5 000 000	0.031

由上表可对聚合物相容性作粗略估计，相对分子质量为 10^5 的 A，B 两聚合物，两者完全相容的条件是 $\delta_A - \delta_B = 0.224\ (J/cm^3)^{1/2}$。这是很苛刻的条件，大多数聚合物不能满足这一条件，即使化学结构相近也很难满足。例如，PMMA 和 PMME，δ 为 $19.0(J/cm^3)^{1/2}$ 和 $18.5(J/cm^3)^{1/2}$；聚丁二烯和聚异戊二烯，δ 为 $16.9(J/cm^3)^{1/2}$ 和 $16.5(J/cm^3)^{1/2}$。实际上，现在发现的完全相容的高分子合金体系，绝大多数具有特殊的相互作用。

溶度参数的测定，小分子易从蒸发热测得，大分子可用一系列不同溶度参数的溶剂溶胀，以溶胀值对溶度参数作图，与曲线的峰值相对应的溶度参数即为聚合物的 δ 值。也可比较聚合物在一系列溶剂中的特性黏度来测定溶度参数，误差均较大。基团加和法也是常用的求取溶度参数的方法。

利用溶度参数法来估计相容性，很难得到完全满意的结果。一般来说，分子间力包括色散力、偶极力和氢键，内聚力可写成：

$$E = E_d + E_p + E_h \tag{3-73}$$

若在混合过程中，三种相互作用力单独发生作用，相应的溶度参数应为：

$$\delta^2 = \delta_d^2 + \delta_p^2 + \delta_h^2 \tag{3-74}$$

式(5－22)相应改写成：

$$\frac{\Delta H}{V} = \phi_A \phi_B [(\delta_{dA} - \delta_{dB})^2 + (\delta_{pA} - \delta_{pB})^2 + (\delta_{hA} - \delta_{hB})^2] \tag{3-75}$$

也即当 $\delta_{dA} \to \delta_{dB}$，$\delta_{pA} \to \delta_{pB}$，$\delta_{hA} \to \delta_{hB}$ 时，聚合物相容。遗憾的是，δ_d，δ_p，δ_h 的数据不易由实验获得，其应用还有困难。

3.2.2　改善聚合物间相容性的方法

1. 引入氢键改善聚合物间相容性

氢键是指两种高分子间形成如下的相互作用：

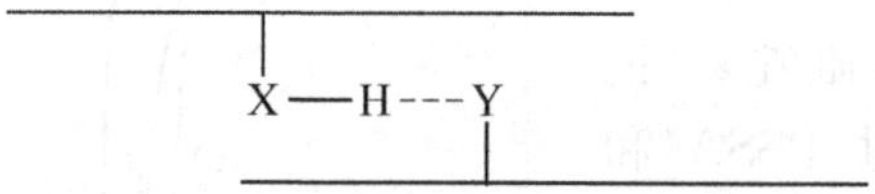

这里两种高分子分别为质子给予体和质子接受体，如氯化的聚合物与聚酯之间，由于 α-氢与羰基的氢键作用，两者具有较好的相容性。

PS 与聚甲基丙烯酸乙酯(PEMA)是完全不相容的，但若在 PS 的结构中引入如下的含羟基单元：

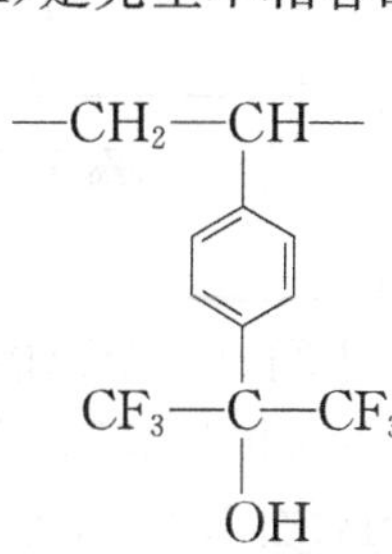

由于 CF_3 是强吸电子基，使得羟基有形成氢键的良好条件。引入氢键组分最好的方法是共聚，即使只引入 0.01 mol 的含羟基组分的改性 PS，就能使 PS/PEMA 体系完全相容。

对聚甲基丙烯酸丙酯(PBMA),只要引入摩尔分数为1.5%的改性PS也就能使之相容。用如此少的含羟基单体就能使原来不相容的体系变得相容,这是十分引人注目的。

2. 引入离子基团增加相容性

具有相反离子电荷的高分子之间可形成盐或配合物,导致两者间的相容。典型的例子是PS的磺酸盐与聚三甲苄胺苯乙烯的相互作用:

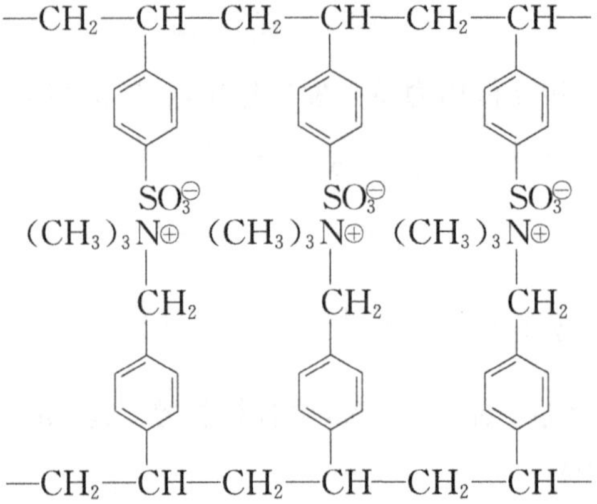

PS与聚丙烯酸乙酯(PEA)是典型的不相容体系,通过磺化反应可方便地在PS链上有控制地引入磺酸基,使之成为苯乙烯与苯乙烯磺酸的共聚物(PSSA);另外,通过乙烯基吡啶与丙烯酸乙酯共聚向PEA中引入吡啶基(记为PEAVP)。这样,通过PSSA和PEAVP之间的强相互作用可促使两者相容,随着引入的磺酸基和吡啶基含量的增加,PS/PEA体系由不相容转变为部分相容直至完全相容体系。这可由图3-12的动态力学测定结果得到证明。

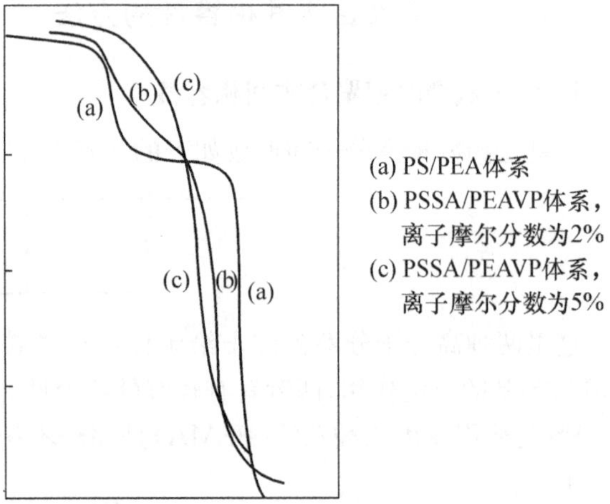

图3-12 PS/PEA(W/W=50/50)的动态力学曲线

图3-12(a)是未经改性的PS/PEA体系的曲线,呈现两个玻璃化转变温度,中间有一个跨幅约100℃的平台区,其模量几乎不变;经摩尔分数为2%的磺酸基及吡啶基改性的共混体系的曲线为图3-12(b),虽仍有两个玻璃化转变区,但转变温度已相互接近,两转变区之间的模量平台区变小,模量逐渐变化,显示了两聚合物间有强烈的相容倾向。当磺酸基及吡啶基的摩尔分数达到5%时的图3-12中曲线(c),共混物只有一个玻璃化转变区,表明两种聚合物在动态力学的观察标尺上已经完全相容了。

在共混物的两组分中,若一种是极性聚合物,并向另一种高分子引入少量的离子基团,可在两者之间建立起强的离子-偶极作用，增加两者的相容性。例如，PS和聚碳酸酯(PC)是不相容体系，若将少量丙烯酸与苯乙烯共聚，再与 LiOH 作用，使 PS 链成为带有少量的-COOLi侧基改性的 PS(记为 PSMAA-Li)，结果发现，含 7%两者基团的 PSMAA-Li 能与 PC 形成均相共混物。PSMAALi 与聚氧化乙烯(PEO)、聚 ω-已内酯(PCL)、聚对苯二甲酸亚乙酯(PET)、聚丁二酸二乙酯虽未能形成均相体系，但共混物中的玻璃化温度出现明显的移动，表明相容性得到了改善。实验证明，玻璃化温度的改变幅度与离子基团的含量有关，如对 PSMAA-Li/PEO 体系，当离子基团的摩尔分数各为 2.3%、6.6%、9.5%时，PS 的玻璃化温度分别降低了 9℃、32℃和 46℃。

3. 酯交换反应改进相容性

酯交换反应是改进聚合物-聚合物相容性的方法之一。PC 与聚对苯二甲酸丁二醇酯(PBT)是部分相容的体系，研究发现，PC 与 PBT 在熔融共混的加工条件下，有可能产生分子间的酯交换反应，形成完全相容的体系。

在 PC/PBT 体系中，存在四种结构单元：

A_1 $—(CH_2)_4—$

B_1 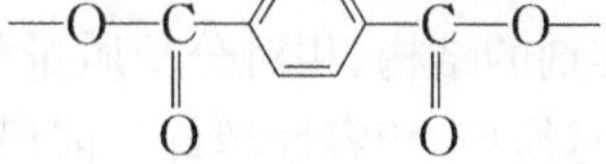

A_2 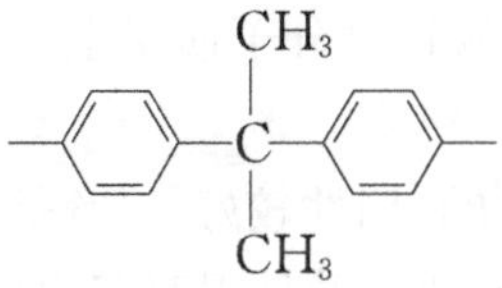

B_2 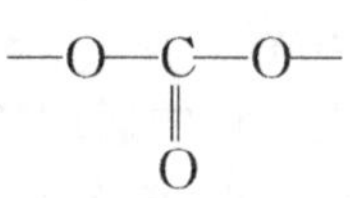

未发生酯交换，体系中只有 A_1B_1 和 A_2B_2 两种连接方式。若发生酯交换，便生成 A_1B_2 和 A_2B_1 两种新的连接方式。这种两素组结合方式可用^{13}C 核磁共振法测定，PC 和 PBT 在 245℃下共混中各两素组含量随共混时间的变化如图 3-13所示。

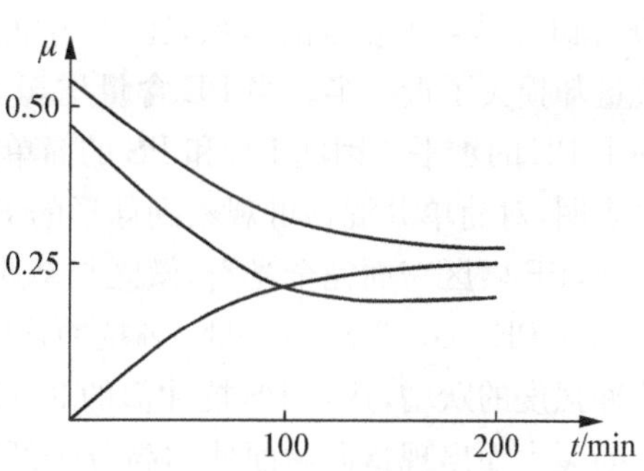

图 3-13 PC/PBT 体系四种两素组相对含量随共混时间的变化

由图 3-13 可见，A_1B_1 和 A_2B_2 单元随时间的增加而减少，而由酯交换反应产生的 A_1B_2 和 A_2B_1 单元则随共混时间的增加而增加，100 min 后，各单元含量的变化缓慢，最后都接近无规共聚所要求的值 0.25。

4. 用嵌段共聚物增容

大多数聚合物是互不相容的或相容性很小的。为使 A，B 两种聚合物相容，有效的方法是加入共聚物 A-co-B，这种共聚物一般是 A，B 的嵌段共聚物或接枝共聚物，称为增容剂。

共聚物 A－co－B 在均聚物 A 和 B 共混体系中的作用是很容易理解的，因为均聚物 A，B 不相容，所以 A 和 B 分别形成了 A 相和 B 相，共聚物中的 A 链段与均聚物 A 在化学结构上一致，因此主要结合在 A 相。同样，共聚物中的 B 链段化学结构上与均聚物 B 一致，所以处在 B 相之中。这样，A，B 链段的交接处就只能处在 A，B 两相的界面上，形成了如图 3－14所示的结构。

增容剂的存在降低了相与相之间的界面能，从而增强了两相间的黏结力。从形态上看，相区的尺寸较之无共聚物存在时有明显的、甚至数量级的减小，即两种均聚物混合得更均匀、更好。增容剂的存在还对微区起着稳定的作用，使微区不致在共混过程中发生聚集而分相。由此可见，增容剂的作用与界面活性剂的作用很相似，从这个意义上说，增容剂也可叫做界面活性剂。

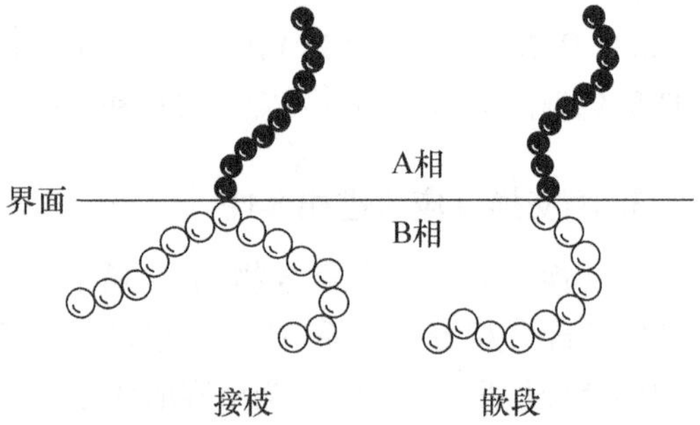

图 3－14　增容剂作用原理示意图

增容剂的结构、相对分子质量等对增容效果有影响。增容剂的结构越复杂，相容性越差；结构越简单，相容性越好。嵌段共聚物的增容效果优于接枝共聚物，二嵌段共聚物的增容效果又比三嵌段共聚物好，这都是符合这一原则的。从相对分子质量上看，共聚物的相对分子质量高，有利于增容。

PE 和 PS 都是大品种的通用塑料。PE 是部分结晶的，韧性较好。PS 是脆性的，具有较高的模量。若能用廉价的 PE 增韧 PS 而不显著损失 PS 的模量是很有实用价值的课题。但 PE 和 PS 是互不相容的体系，在 PS 中混入 30％的 PE，材料的抗冲性能几乎没有什么改善，模量却损失了近一半。当 PE 含量增至 50％时虽然抗冲强度明显提高，但体系的模量也降到了 PE 的水平。因此 PE 和 PS 的简单共混没有实用价值。从微观结构看，用扫描电镜观察表明，对简单共混物可观察到球形的 PE 微区分散在 PS 基质中，断面光滑，呈脆性断裂的特征，PE 微区表面完全光滑，微区与基质之间存在孔隙，表明界面结合不良。若在 PS 和 PE 中加入 PE－co－PS，加入量 5％抗冲强度就有上升，若 PE 含量增至 10％～15％，则会出现抗冲强度的跃增，达到 PS 抗冲值的 3～4 倍，而模量也未显著下降。用电镜观察表明，材料的断裂表面出现指向断面外的高分子纤维束，表现出韧性断裂的特征。微区表面存在尺寸很小的粒状物，这被认为是共聚物聚集于两相界面处的证明。由此可见，以 PE－co－PS 为增容剂显著改进了 PE 与 PS 的相容性。

需要指出的是，由乙烯和苯乙烯直接制备嵌段共聚物是很不容易的，一般采用间接合成的方法，先用阴离子聚合法制得 SB 两嵌段共聚物，再进行氢化，得到苯乙烯和乙烯的嵌段共聚物。

增容剂不一定是事先制备好的，也可在均聚物共混过程中就地产生。以 PE 与聚酰胺(PA)共混为例，先用 PE 在引发剂存在下与马来酸酐(MAH)作用，使 MAH 接枝在 PE 烃链上,再与PA熔融共混,由于酸酐与PA的胺端基的相互作用形成了PE与PA的接枝共聚物,该共聚物可在PE和PA共混体系中起增容剂的作用。

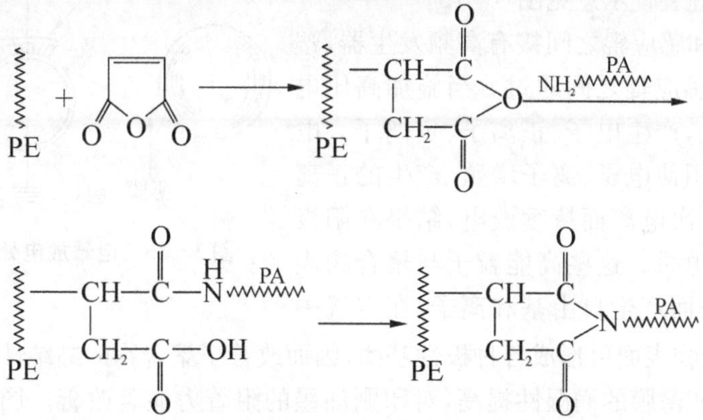

对于A,B共混物来说,嵌段共聚物A-co-B是最有效的增容剂。但若没有合适的A-co-B共聚物,也可考虑用A-co-C共聚物,其中C嵌段与均聚物B相容。

3.3 聚合物的表面改性

高聚物表面因表面能低、化学惰性、表面污染及存在弱边界层等原因,往往难以润湿和黏合,因此,常常要对高聚物进行表面改性。表面改性的目的是:改变表面化学组成,引进具有反应性的功能团;清除杂质或弱边界层等;改变界面的物理形态,增大比表面积;提高表面能,改进高聚合物表面的润湿性和黏结性;通过表面接枝反应,设计界面过渡层。

高聚物的表面改性方法有多种,如电晕、火焰、化学改性,等离子改性,辐照、光化学改性等。这些方法一般只引起 $10^{-8}\sim10^{-4}$ m 厚的表面层的物理或化学变化,不影响其整体性质。

经表面处理后,高聚物表面层的化学组成、物理结构发生了变化,但是由于表面层很薄,对表面层变化的表征往往比较困难。表面物理性能一般通过接触角和表面能的测试进行表征,表面的形貌可用电镜进行观察,表面化学组成可由光电子能谱(XPS)表征。表面处理的效果往往由材料使用的性能直接评估,如黏结强度的提高、印刷性能的改进、染色性的改善等。

本节简述高聚物的各种表面处理方法。

3.3.1 电晕放电处理

聚乙烯、聚丙烯等聚烯烃是非极性材料,有高度的结晶性,其表面的印刷、黏结、涂层非常困难。电晕放电因简便易行，处理效果较好，是聚烯烃薄膜中最常用的表面处理方法。

电晕放电处理装置示意见图 3-15。

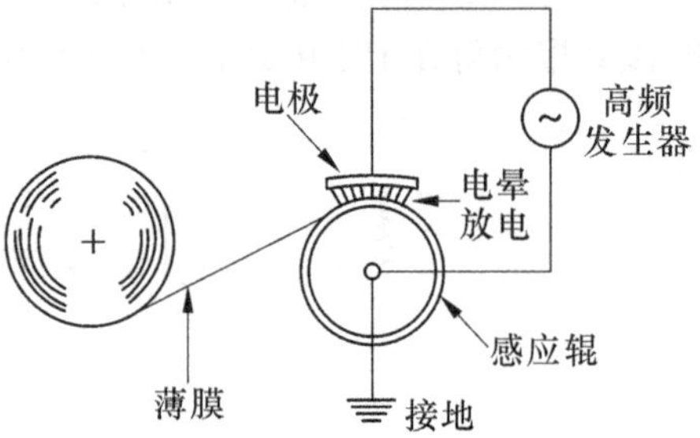

图 3-15　电晕放电处理装置示意图

在绝缘电极和感应辊之间接有高频发生器，塑料薄膜在电极和感应辊之间通过。当施加高压电时，局部发光放电，产生电子、正离子、负离子。电子的冲突电离作用使电子、离子增殖，产生的正离子、光子又发生二次电离而持续放电，结果在阳极和阴极之间产生电晕。这些高能粒子与聚合物表面作用，使聚合表面产生自由基和离子，在空气中氧的作用下，聚合物表面可形成各种极性基团，因而改善了聚合物的黏结性和润湿性。

电晕处理可使薄膜的润湿性提高，对印刷油墨的附着力显著改善。图 3-16 是电晕处理后低密度聚乙烯(LDPE)表面张力的变化，可见一开始表面张力随电晕处理的电流增大而显著提高，但电流超过 100 mA 后，表面张力的增大趋缓。

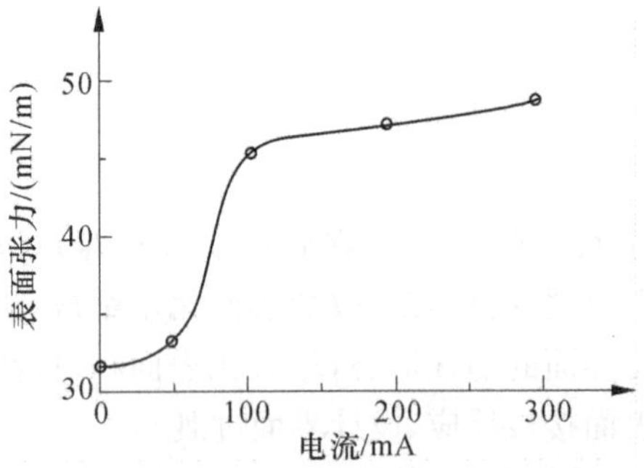

图 3-16　电晕放电对表面张力的影响
(薄膜 LDPE，厚度 70 μm)

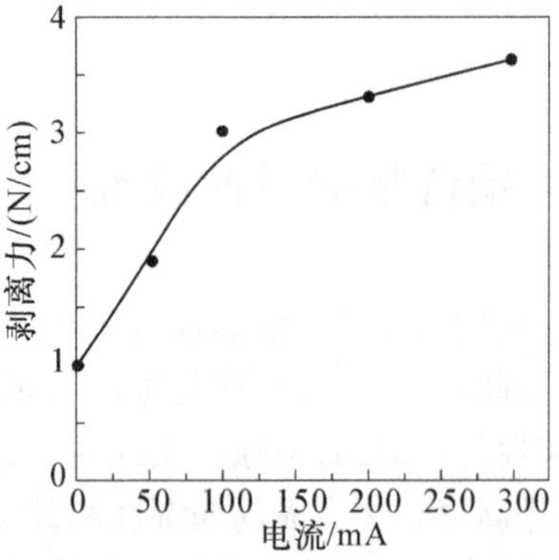

图 3-17　电晕放电对剥离力的影响
(薄膜 LDPE，厚度 70 μm)

图 3-17 是电晕处理对 LDPE 剥离力的影响。由图可见，经电晕处理后，LDPE 剥离力随电流的变化与表面张力相似，即一开始剥离力明显增加，当电流超过 100 mA 后，剥离力的增加速度趋缓。

用 XPS 检测 LDPE 经电晕处理后表面元素的变化如图 3-18 所示，图中虚线表示未处理 LDPE 薄膜，实线表示经电晕处理的 LDPE 薄膜。未处理薄膜的 O_{1s}峰很小，而 C_{1s}峰很高。经电晕处理后，O_{1s}峰明显增高，C_{1s}峰相应减小，表明经电晕处理后，LDPE 薄膜表面的含氧量增加，含碳量减少。

若以 XPS 图谱中 O_{1s}和 C_{1s}峰的相对面积计算表面 O/C 元素含量比，结果见图 3-19。有趣的是 O/C 比与电流的关系与上述表面张力和剥离力类似，可见 LDPE 表面张力的增大和剥离力的提高与表面含氧量的增加有密切的关系。

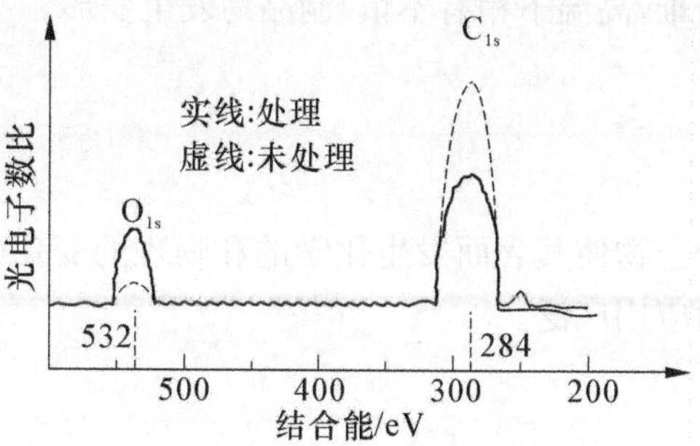

图 3-18　电晕放电引起 O_{1s} 的变化

（薄膜 LDPE,厚度 70 μm）

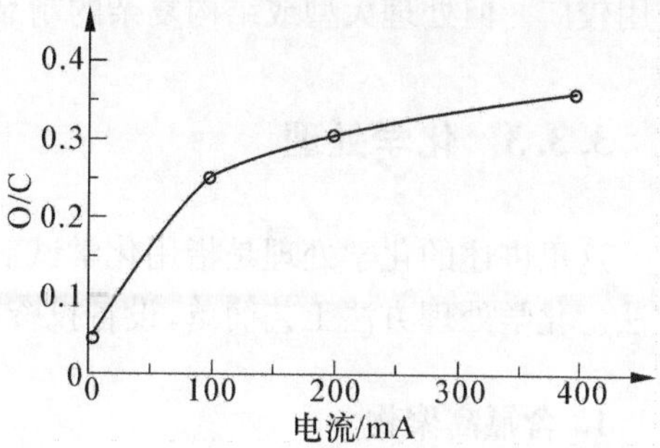

图 3-19　电晕放电引起 O/C 比的变化

3.3.2　火焰处理和热处理

火焰处理是用可燃性气体的热氧化焰对聚合物表面进行瞬时高温燃烧,使其表面发生氧化反应而达到处理的目的。可燃性气体通常采用焦炉煤气或甲烷、丙烷、丁烷、天然气和一定比例的空气或氧气。聚乙烯、聚丙烯的薄膜、薄片,吹塑的瓶、罐、桶等常用火焰处理来提高其表面的印刷性和黏结性。例如,聚丙烯制作的汽车保险杠,用火焰处理来提高其表面的可漆性。

火焰燃烧的温度可达 1 000～2 700℃,因此火焰处理的时间极短,在 0.01～0.1 s,以避免工件受高温影响而发生变形、软化甚至熔化。火焰中含有许多激活的自由基、离子、电子和中子,如激发态的 O, NO, OH 和 NH 等,可夺取聚合物表面的氢,随后按自由基机理进行表面氧化反应,使聚合物表面生成羰基、羧基、羟基等含氧活性基团和不饱和双键,从而提高聚合物的表面活性。

研究表明,聚乙烯表面经火焰处理后,表面的含氧量可达 16.6%,且表面含氧量随火焰强度的增加而增多。火焰的氧化深度大于 12 nm,火焰处理后表面出现 C—O、 C═O 、COO—等基团,表面能增大,与水的接触角减小,与环氧树脂的黏结强度从 4.2 MPa 提高到 14.9 MPa。

热处理是把聚合物暴露在热空气中进行氧化反应,使其表面引进羰基、羧基以及某些胺基和过氧化物,从而获得可润湿性和黏结性。热处理的温度只有几百摄氏度,远低于火焰处理的温度,因而处理时间较长。

需要指出的是,聚合物中常常加有抗氧剂,抗氧剂对火焰氧化没有影响,对热氧化却有很大的影响。热氧化是按自由基机理进行的,引发阶段是通过热活化慢速产生高聚物自由基:

$$\mathrm{RH} \xrightarrow{\text{热活化}} \mathrm{R}\cdot + \mathrm{H}\cdot (\text{或}\ \mathrm{R_1}\cdot + \mathrm{R_2}\cdot)$$

热氧化时自由基的产生速度是决定步骤。抗氧剂可消除热氧化产生的大分子自由基而使整个氧化反应淬灭,因而阻止热氧化的进行。火焰氧化是由存在于火焰中的自由基引发的,虽然抗氧剂也能消除高聚物自由基,但由于火焰中的自由基快速产生,大量存在,聚合物自由基的产生已不是速度决定步骤,所以抗氧剂对火焰氧化没有影响。

火焰处理和热处理的优点是设备要求不高,工艺简单,处理成本低,处理效果好,工业上应用较广。但处理大型或结构复杂的制品比较困难,高温下稍有不慎,制品易发生变形。

3.3.3 化学处理

这里讲述的化学处理是指用化学试剂浸洗聚合物使其表面发生化学的和物理的变化的方法。化学处理方法工艺简单,设备投资小,因而应用广泛。

1. 含氟高聚物

含氟聚合物,如聚四氟乙烯(PTFE),氟化乙烯-丙烯共聚物(FEP)和聚三氟氯乙烯(PCTFE)等,具有优良的化学稳定性、电性能、自润滑性以及耐高、低温性能,并有较高的机械强度,在化学、电子工业和医学方面有广泛应用。但是含氟聚合物的表面能很低,是润湿性最差、黏结最难的聚合物,使其应用受到限制,因此必须进行表面改性。

化学改性的方法是用钠氨或钠萘溶液处理含氟聚合物。以钠萘溶液为例,处理液的配置是将 23 g 金属钠加到含 128 g 萘的 1 L 四氢呋喃中,搅拌反应 2 h,至溶液完全变成暗棕色。将含氟聚合物浸泡在钠萘溶液中 1～5 min,使聚合物表面变黑,取出用丙酮洗,继之用蒸馏水洗,烘干即可。处理后含氟聚合物的表面张力、极化度、可润湿性都显著提高。表 3-15显示,FEP 经钠萘溶液处理后,其表面张力从 20.0 mN/m 增大到 50 mN/m 左右,黏附功和断裂能也显著增加。

表 3-15 钠-萘处理 FEP 的表面性能*

	表面张力/(mN/m)			黏附功 /($\times10^{-7}$ J/cm^2)	特征断裂能 /($\times10^{-7}$ J/cm^2)
	σ^d	σ^p	σ		
FEP(未处理)	19.6	0.4	20.0	48.4	21.9
经钠-萘处理	—	—	—	—	—
10 s	35.4	5.3	40.7	68.0	851
20 s	36.6	7.7	44.3	70.2	1 170
60 s	33.8	13.4	47.2	69.8	1 290
90 s	34.9	14.5	49.4	71.1	1 620
120 s	34.4	15.9	50.3	71.1	1 780
500 s	34.2	15.7	49.9	72.2	2 420
1 000 s	35.4	15.1	50.5	71.8	1 990

* 黏合剂为 SB 橡胶黏合剂,苯乙烯-丁二烯以 40∶60 的质量比的共聚物。

表 3-16 和图 3-20 则表明,FEP 经 Na/NH_3 溶液处理,对水的接触角变小,光电子能谱显示的 F_{1s}峰已完全消失,出现了一个强 O_{1s}峰,而 C_{1s}峰向低能方向移动。这说明表面处理的深度达到 5～10 nm,在此范围内氟已完全被除去并发生碳化作用,还引进了大量的

C═C 双键以及羰基和羧基。溴水实验表明，每平方厘米表面有 2×10^{-6} mol C═C 双键，为乙烯基单体的接枝提供了活性点。

表 3－16　表面处理后 FEP 的表面性能及表面元素组成

FEP 膜	剥离强度* /(N/cm)	水接触角/度		光电子能谱结合能(eV)及强度(数目/秒)			
		θ_a	θ_r	295 eV C(F)	629 eV F	286 eV C(H, O)	532 eV O
未处理	0	109	93	17 000	140 000	0	0
Na/NH_3 浸蚀	14.9	52	16	0	3 000	17 500	17 500
200℃老化 96 h	4.37	101	74	10 000	120 000	10 000	6 500
紫外光照 100 h	0	91	36	12 500	102 000	5 000	5 500
沸水中放 16 天	8.75	54	0	0	2 000	28 000	130 000

* 剥离强度实验的试样是用丙烯酸黏结剂将 FEP 薄膜粘在两块铝板之间。

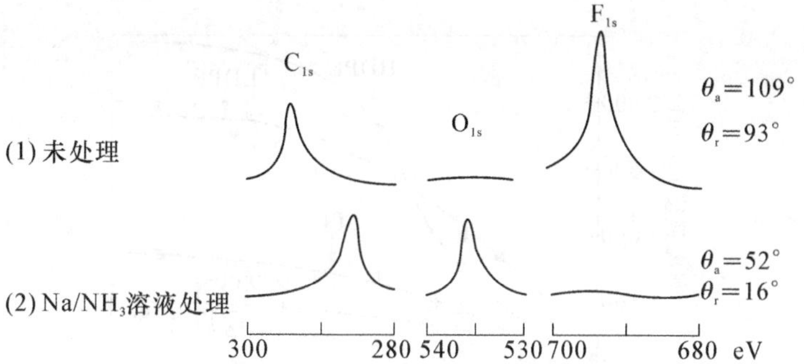

图 3－20　FEP 的光电子能谱

2. 聚烯烃的液态氧化处理

聚乙烯和聚丙烯是大品种通用高分子材料，但它们的表面能低，如聚乙烯的表面能只有 31 mJ/m²。为提高聚烯烃的表面活性，通常需要对它们进行表面改性。液态氧化是聚烯烃的表面改性方法之一。

酸氧化法是聚烯烃最常用的表面处理方法之一。常用的氧化液体系有重铬酸盐/硫酸、硫酸铵/硫酸银溶液、铬酸/醋酸、高锰酸钾/硝酸、双氧水、氯磺酸、王水等，其中重铬酸盐/硫酸是最重要的液态氧化体系，处理液的参考配方为：重铬酸钠(钾)5 份、蒸馏水 8 份、浓硫酸 100 份。将聚烯烃在处理液中浸泡，室温下浸泡 1～1.5 h，66～71℃条件下浸泡 1～5 min，80～85℃浸泡几秒钟。

光电子能谱、紫外光谱和红外光谱的研究表明，在铬酸酸蚀过的聚烯烃表面上检测出了羟基、羧基、磺酸基和不饱和双键，这些极性基团是氧化的产物。经酸蚀后聚烯烃的表面张力增加，如铬酸处理后的支链聚乙烯表面张力从 34.2 mN/m 增加到 52.3 mN/m，其与各种液体的接触角也明显减少(见表 3－17),黏结性能大大提高(见图 3－21)。聚烯烃表面的弱边界层被酸处理液溶解破坏,表面形成密密麻麻的凹穴,表面粗糙度增加。

表 3－17　铬酸处理前后支链聚乙烯的表面性能

试　液	σ_{LV} /(mN/m)	接触角/度	
		未处理	铬酸处理(71℃,15 min)
水	72.8	94	46
甘油	63.4	79	52
甲酰胺	58.2	77	33
液态环氧乙烷	48.3	61	29
聚乙二醇	44.5	49	20
亚磷酸三甲苯酯	40.9	34	8
σ_S/(mN/m)	—	34.2	52.3

* 表面张力用状态方程法求得。

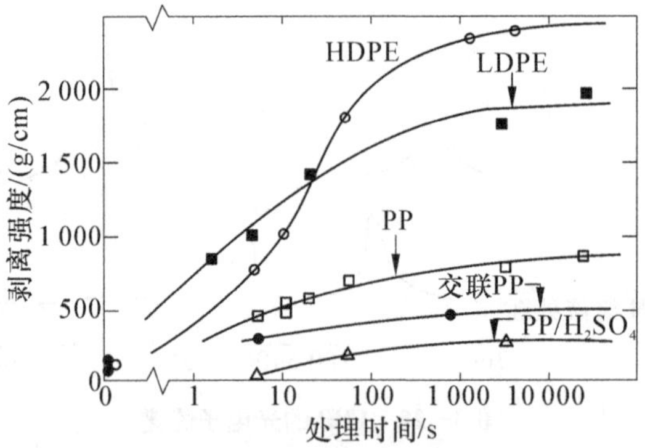

图 3－21　剥离强度与铬酸酸蚀时间的关系

虽然液态氧化处理有较好的结果,但有大量酸废液产生,污染严重,限制了其广泛使用。

3.3.4　臭氧氧化

臭氧有很强的氧化能力。臭氧氧化工艺简单,臭氧发生器的价格低廉,因而用臭氧氧化法对聚合物进行表面改性引起了人们广泛的注意。

臭氧氧化法对聚丙烯及其共聚物的表面处理取得了良好的效果。其氧化过程的原理如下。

叔碳原子上的 H 被臭氧氧化,生成大分子自由基:

$$H_3C—\overset{|}{\underset{|}{C}}—H + O_3 \longrightarrow H_3C—\overset{|}{\underset{|}{C}}\cdot + \cdot OH + O_2$$

大分子自由基与氧反应，生成过氧化自由基：

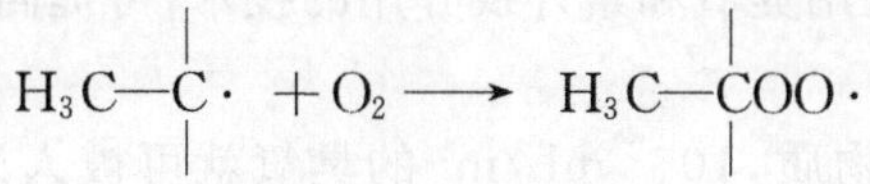

大分子自由基与 OH 反应，生成羟基或碳碳双键：

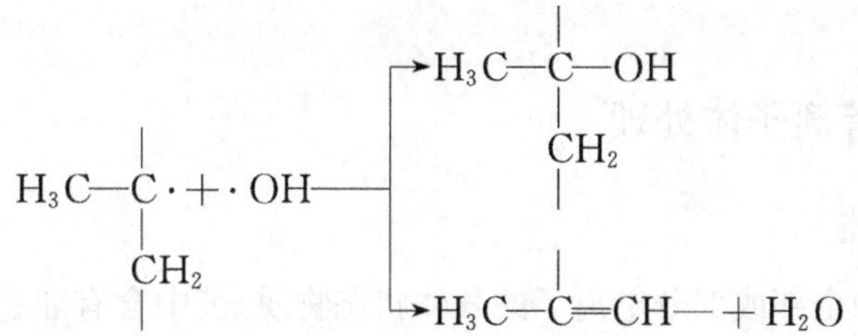

双键被臭氧氧化，生成羰基、羧基、醛基或酯键等含氧极性基团：

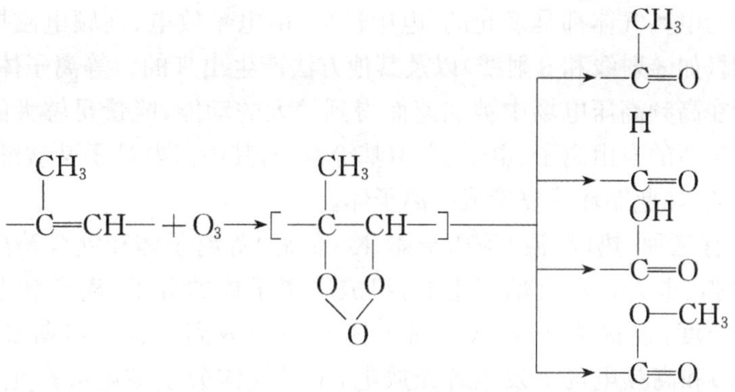

通过以上反应，聚丙烯表面引入了各种含氧极性基团，表面的物理性能和化学性能发生了很大变化，如表 3-18 所示。

表 3-18　臭氧氧化前后聚丙烯表面性能的变化

性　能	未处理	臭氧处理后
ATR-IR		
$3\,400\ cm^{-1}$ 羟基峰	无	有
$1\,710\ cm^{-1}$ 羰基峰	无	有
$1\,648\ cm^{-1}$ —C═C— 双键峰	无	有，臭氧浓度高时消失
与水接触角/度	97	67
临界表面张力/$(mN \cdot m^{-1})$	29.5	36.0
剥离强度/$(N \cdot m^{-1})$	20	36.7～520
		1 000～1 255(进一步用溶剂处理)

臭氧可以扩散到狭窄的间隙和细小的空穴中,用来处理形状复杂的试样特别有效。臭氧受紫外线照射会分解。若用臭氧和紫外线并用的技术,可提高聚丙烯薄膜与金属的黏结强度,取得更好的效果。

臭氧是对人体有害的物质,10^{-2} mL/m^3 的臭氧就可被人感知。美国劳动环境法规定臭氧的许可浓度是 0.1 mL/m^3 以下。因此,采用臭氧处理时,必须采用严格措施防止臭氧泄漏。

3.3.5 低温等离子体处理

1. 等离子体概述

等离子体是一种全部或部分电离了的气体状态物质,其中含有亚稳态和激发态的原子、分子、离子和电子,而正电荷类物质与负电荷类物质的含量大致相等,所以称为等离子体。等离子态被称为“物质的第四态”。

等离子体中的电离气体都是发光的,电中性的,由电晕放电、高频电磁振荡、激光、射频或微波、高能辐射(如 α 射线和 β 射线)以及其他方法产生出来的。等离子体产生的过程是:少数离子或电子在高频高压电场中被加速而得到较大的动能,能量足够大的粒子碰到其他分子使其电离产生新的自由离子、电子、自由基等粒子,其中荷电粒子又被继续加速,再碰撞其他分子使之电离,如此循环反复形成等离子体。

等离子体共有三种:热(高温)等离子体、冷(低温)等离子体和混合等离子体。热等离子体是由大气电弧、电火花和火焰产生的,组成等离子体的分子、离子和电子都处于热平衡,温度高达几千度,也称为平衡态等离子体和高温等离子体。冷等离子体是在减压(1.33~1 330 Pa)和高频电场下发生辉光放电,少量气体分子被电离产生高温的电子,穿梭在常温或接近常温的气体中并发生碰撞,此时电子温度高达 10^4~10^5 K,而气体的离子和分子的温度与环境相同,一般约为 10^2 K,远远低于电子的温度,是一种非平衡体系,也称为非平衡等离子体或低温等离子体。混合等离子体是在常压或略低于常压下,使用5~50 kV 直流或交流高阻抗的电源,在电极间发生电晕放电或臭氧发生器产生的等离子体,一般也将其归入低温等离子体范畴。在聚合物表面改性中使用的一般是冷等离子体或低温等离子体。

低温等离子体中基本粒子的能量范围为:

电子	0~20 eV
离子	0~2 eV
亚稳态粒子	0~20 eV
紫外光/可见光	3~40 eV

一些聚合物中化学键的键能为:

C—H	4.3 eV	C═O	8.0 eV	C—N	2.9 eV

C—C	3.4 eV	C—Cl	3.4 eV	C═C	6.1 eV
C—F	4.4 eV	C≡C	8.4 eV		

由此可见，冷等离子体中粒子的能量均略高于这些化学键的能量，足以引起聚合物内化学键的断裂或重新组合，使大分子降解，或使材料表面和外来的气体或单体在等离子体的作用下发生反应。

低温等离子体对聚合物的表面改性在反应性气体或非反应性气体的气氛中都能进行。反应性气体如氧、氮等。聚合物表面与氧等离子体发生的反应如下：

$$O_2 \xrightarrow{E} 2O\cdot$$

$$O\cdot + R—H \longrightarrow R\cdot + HO$$

$$O\cdot + R'—R'' \longrightarrow R' + R''—O\cdot$$

$$R_1—R_2 \xrightarrow{h\nu} R_1\cdot + R_2\cdot$$

$$R\cdot + O_2 \longrightarrow ROO\cdot$$

$$ROO\cdot + R'H \longrightarrow ROOH + R'\cdot$$

$$ROOH \longrightarrow RO\cdot + HO\cdot$$

可见，等离子体表面氧化反应是自由基连锁反应，反应不仅引入了大量的含氧基团，如羰基、羧基及羟基，而且对材料表面有刻蚀作用。

此外，CO_2，CO，H_2O 及其他含氧的气体在等离子状态下也可分解为原子氧，也具有氧等离子作用。

氮等离子体中有 N，N^+，N^-，N^*，N_2^*，N^M（亚稳态）等活性粒子，可与材料表面形成自由基，或与不饱和键反应，从而结合到大分子链上，使聚合物表面引入含氮的活性基团。

非反应性气体有 Ar，He 等。这些惰性气体的原子不直接与聚合物表面反应，结合到大分子链中，但是这些非反应性气体等离子体中的高能粒子轰击聚合物表面，可使材料表面产生大量自由基，使表面形成致密的交联结构。此外，若被处理聚合物结构中含有氧，则等离子体轰击使大分子链断裂分解产生活性氧，其效果可类似于氧等离子处理。如果材料本身不含氧，则惰性等离子处理后的新生自由基，其半衰期可达 2～3 天，因此能与空气中氧作用，导致氧结合到大分子链上。因此，非活性等离子体处理也对聚合物表面有明显的改性效果。

2. 等离子体处理对聚合物的表面的改性效果

(1) 表面交联

等离子体轰击聚合物表面，可使聚合物表面产生自由基，表面交联是由聚合物自由基之间的重新组合引起的。例如，聚乙烯、聚丙烯在 Ar 或 He 等离子处理中，发生如下交联反应：

$$—CH_2—CH_2— + He^+ \longrightarrow —CH_2—\dot{C}H— + H\cdot + He$$

$$2(—CH_2—\dot{C}H—) \longrightarrow \begin{array}{c} —CH_2—CH— \\ | \\ —CH_2—CH— \end{array}$$

$$—CH_2—\dot{C}H— + H\cdot \longrightarrow —CH_2{=}CH— + H_2$$

可见，表面除发生交联结构外，还可能形成不饱和键。

用实验可证明交联层的存在：把一块用等离子处理过的聚乙烯和一块未处理的聚乙烯加热到熔点以上，未处理的试样熔融并流动，而处理过的试样仍保持方方正正的形状。研究还表明，聚乙烯经等离子处理后，其交联表面层厚度随处理时间的平方根而增长。

(2) 极性基因的引入

等离子体处理可在聚合物表面引进各种极性基团。如 NH_3 等离子体或 N_2 与 O_2 混合的等离子体处理可在高分子表面引入胺基、亚胺基或腈基等；氩等离子由于产生长寿命的自由基，可与氧反应形成羰基、羧基和羟基等；空气和氧的等离子体可引起较大范围的表面氧化，引入丰富的极性基团。若表面极性基团的浓度足够高，则可用红外光谱检测出来。如图 3－22 所示，聚乙烯经氧等离子处理，红外光谱检测出羰基的特征吸收峰。

氩或氮等离子处理的聚乙烯和聚四氟乙烯表面的光电子能谱揭示，处理后 C_{1s}峰或 F_{1s}峰减弱，O_{1s}峰和 N_{1s}峰增强，表明表面含氧基团或含氮基团的增加（见图 3－23 和图 3－24）。

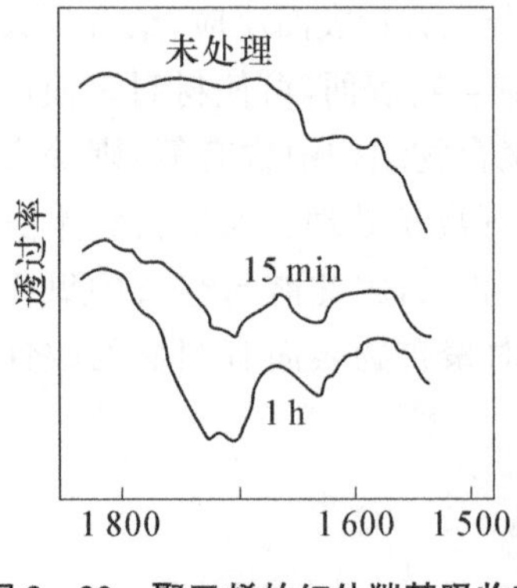

图 3－22 聚乙烯的红外羰基吸收带（O_2 等离子体处理）

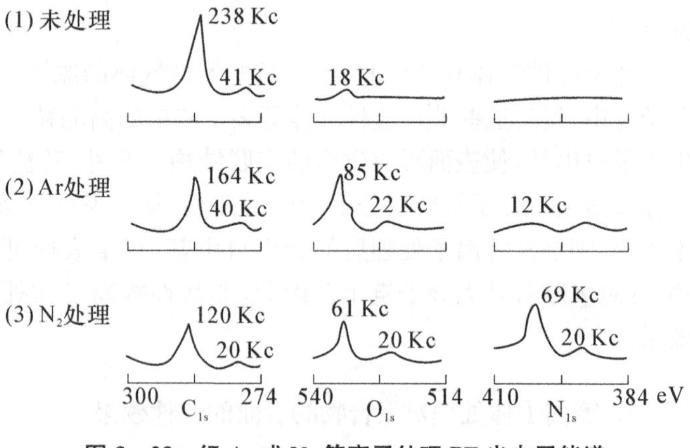

图 3－23 经 Ar 或 N_2 等离子处理 PE 光电子能谱

利用等离子体处理在聚合物表面引入的各种官能基进行化学反应，可使聚合物表面引

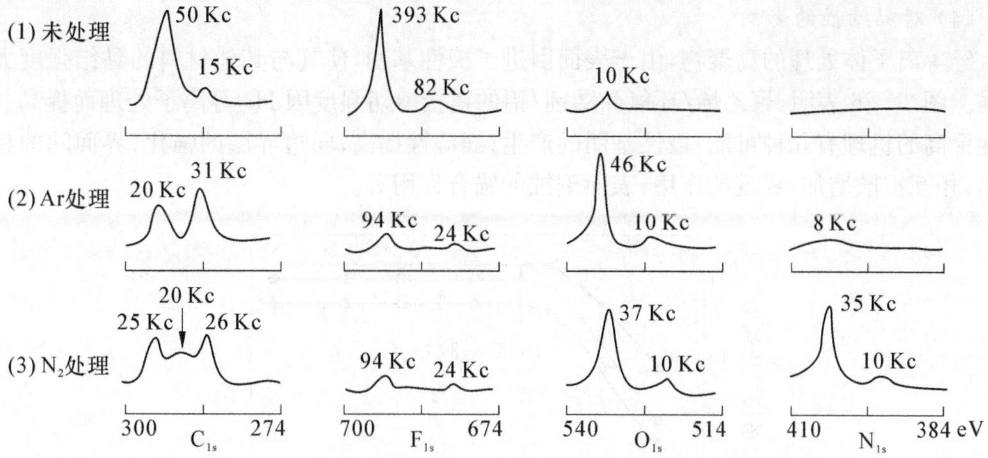

图 3-24　经 Ar 或 N_2 等离子处理的聚四氟乙烯光电子能谱

入其他的基团，如

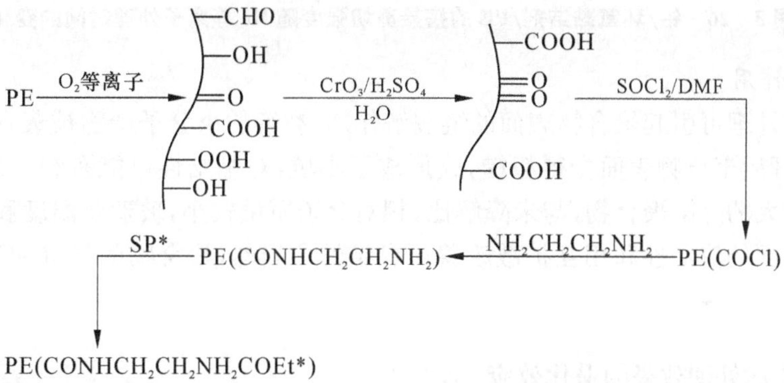

(3) 对润湿性的影响

由于等离子体处理引入极性基团结合到聚合物表面上，因此改善了表面的润湿性，使聚合物的表面张力增大，接触角变小。例如，经氩等离子处理，聚乙烯的表面张力从 34.2 mN/m增加到 68.9 mN/m；聚二甲基硅氧烷的表面张力从 20.9 mN/m增加到 71.6 mN/m。图 3-25 是一些聚合物经氧等离子处理后对水的接触角的变化，经等离子处理，聚合物表面对水的接触角减小，亲水性提高。

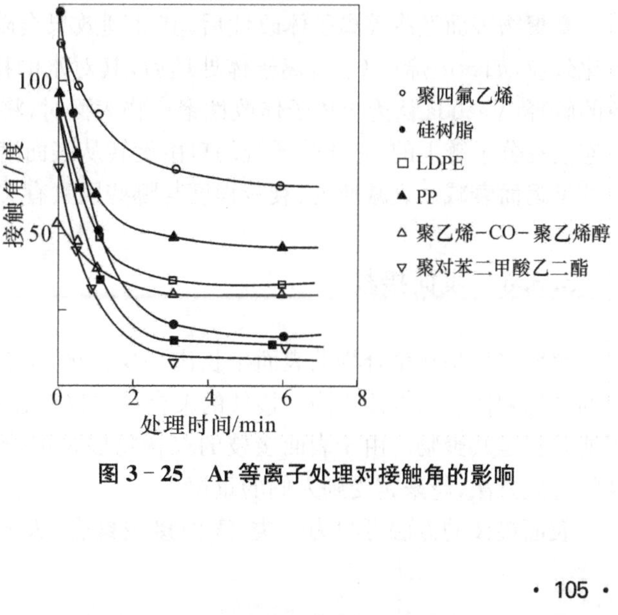

图 3-25　Ar 等离子处理对接触角的影响

(4) 对黏结性的影响

经等离子体处理的高聚物,由于表面引进了极性基团,使其与其他材料的黏结强度大大增强。图 3-26 表明,聚乙烯/环氧黏结剂/铝的搭接剪切强度因 He 等离子处理而提高。黏结性提高的机理有几种可能:极性基团的产生;润湿性提高;弱边界层的强化;界面间的相互作用,相互扩散增加;氢键的作用;表面刻蚀的锚合作用等。

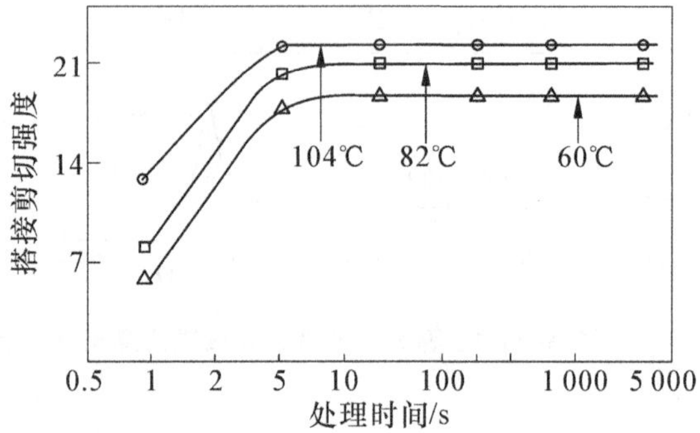

图 3-26 铝/环氧黏结剂/PE 的搭接剪切强度随 He 等离子处理时间的变化

(5) 其他作用

等离子体处理可引起聚合物表面的链裂解作用,裂解的小分子产物被蒸发除去,引起聚合物失重,处理后聚合物表面变得粗糙,或形成了小坑,对黏结性可能有利。裂解产物中相对分子质量较大的降解聚合物,与未降解比,相对分子质量较小,玻璃化温度和黏度也较低,因此可通过界面的流动性和相互扩散改善可黏结性。当然,聚合物的降解和失重会使其强度有所下降。

3. 等离子体处理效果的退化效应

高聚物表面经冷等离子体改性后,其处理效果会随时间的推迟而减退。这一现象称为退化效应,如聚丙烯经 O_2 等离子体处理后,其对水的接触角随存放时间而变大。对这种现象的解释,Vasuda 认为等离子体改性聚合物表面时,将极性基团引入表面,而这些极性基团是连接在分子链上的,它随分子链的自由旋转从表面潜入本体,因此表现出表面润湿性随时间的推迟而衰减。衰减速度、衰减程度与哪些因素有关目前尚不清楚,有待深入研究。

3.3.6 表面接枝

表面接枝是在聚合物的表面生长出一层新的具有特殊性能的其他聚合物,从而使表面层的结构和性能与本体不同。接枝的聚合物层仅在表面,本体仍然保持原来的聚合物,所以不能看作是共聚物。由于表面接枝的聚合物层是可设计的,所以表面接枝是聚合物表面改性的有效方法,越来越受到人们的重视。

表面接枝的方法可归为三类:表面接枝聚合、大分子偶合反应以及添加嵌段或接枝共聚物。

1. 表面接枝聚合法

表面接枝聚合是通过某种特殊技术，使聚合物表面产生活性种，用该表面大分子活性种引发乙烯基单体在聚合物表面接枝聚合，如图 3－27 所示。通过表面接枝，聚合物表面生长出一层新的具有特殊性能的接枝聚合物层，从而达到显著的表面改性效果，而基质聚合物的本体性能不受影响。

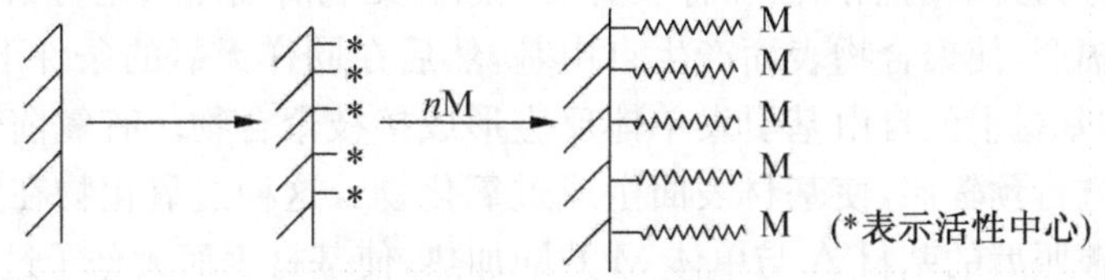

图 3－27　表面接枝聚合

表面接枝聚合所用单体一般是乙烯基单体，活性中心绝大多数是自由基，通过自由基引发单体聚合。引入活性点的方法有光化学法、射线辐照法、紫外线法、等离子体法、化学接枝法等。

(1) 射线辐照法

一般所说的放射线指的是 α 射线、β 射线、γ 射线、加速电子束、X 射线等高能电离性射线，其中在表面接枝聚合中使用的放射线是 γ 射线和加速电子线。^{60}Co 作为放射线源的 γ 射线应用最广。这些放射线的能量非常大，在几十电子伏特到 100 电子伏特，较之低温等离子或光能(从几电子伏特到几十电子伏特)要大得多。因此用放射线照射高分子材料，可使材料中许多原子激发到高能态或离子化。

辐照接枝法按辐射与接枝程序的不同可分为同时照射法和前照射法。

① 同时照射法。同时照射法是将接枝聚合物 A 和乙烯基单体 M 充分接触，在辐照源中同时接受辐照，因此也称为共同辐照法或直接辐照法。单体 M 可以是气态、液态或溶液态，以便与聚合物 A 保持良好的接触。

辐照接枝的原理是聚合物 A 在射线辐照下，表面分子链产生自由基，大分子自由基引发单体 M，按自由基聚合原理进行聚合反应，把分子链 M 接枝到基材 A 的表面上，其过程如图 3－28 所示。

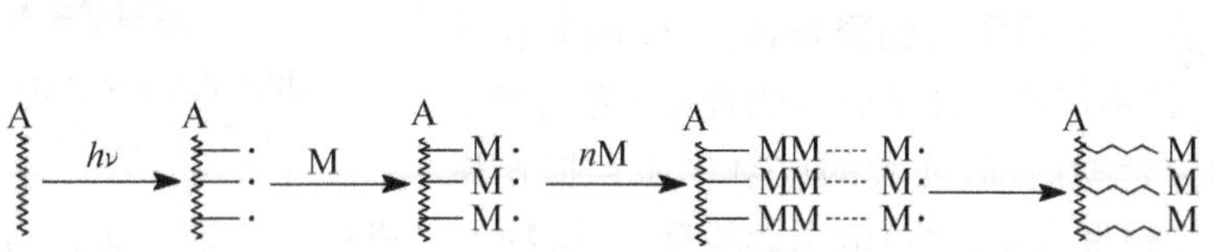

图 3－28　辐照接枝原理

辐照接枝常用的单体有苯乙烯类、(甲基)丙烯酸酯类、丙烯腈类、丙烯酰胺、乙烯吡啶等，影响接枝的因素有单体对辐照的敏感度、单体浓度、辐照剂量、溶剂、温度等。氧容易与活性自由基反应生成过氧化物，因而阻碍接枝聚合，降低接枝效率，所以接枝体系在辐照前应抽真空或通氮气除氧。

同时辐照的优点是辐照与接枝过程同时进行，操作比较简便。缺点是体系在发生接枝聚合的同时也会发生单体的均聚反应，降低了接枝效率，而且生成的均聚物黏附在聚合物基材上，去除困难。因此如何抑制均聚物，提高接枝效率是同时辐照法的重要研究课题。

② 前辐照法。前辐照法是先将聚合物A进行预辐照，使其表面产生活性中心，然后将其放入单体M中进行接枝聚合。由于辐照和接枝是分步进行的，因而大大减少了均聚物的生成。其缺点是由于产生的活性中心寿命不长，接枝效率较低。

前辐照法可分为无氧前辐照法和有氧前辐照法。无氧前辐照法是将聚合物在真空或惰性气氛中进行预辐照，使聚合物表面产生自由基，然后在同样无氧的条件下引入单体，在适当温度下，聚合物基材上的自由基引发单体反应形成接枝聚合物。有氧前辐照法是将聚合物基材在空气中进行预辐照，使基材表面生成过氧化物。这种过氧化物在室温下能保存几个月的时间。将辐照后的基材A与单体M共同加热，使基材表面大分子过氧化物的过氧键均裂，形成自由基，引发单体接枝聚合。其过程示意如图3-29所示：

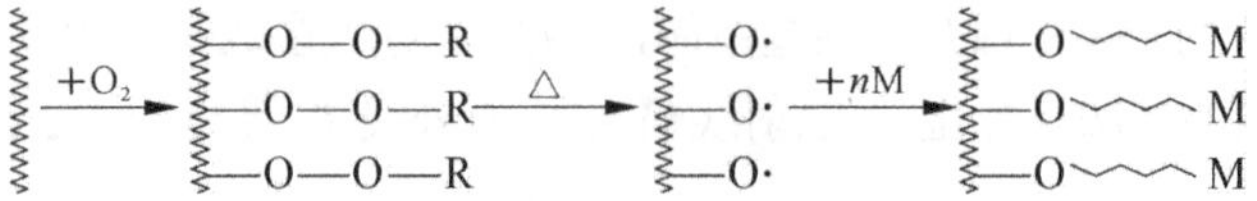

(R=H或大分子链)

图3-29　有氧前辐照法接枝原理

以高密度聚乙烯和低密度聚乙烯膜的接枝聚合为例，接枝单体为丙烯酰胺，用空气中前照射法。^{60}Co的辐照强度为1.8×10^{-4} rad·h^{-1}，丙烯酰胺浓度为25%(质量分数)水溶液，结果如图3-30所示。图中纵坐标是对水的接触角。未处理聚丙烯对水的接触角是90°，随辐照量的增加，接触角减小，由此可推知，薄膜上接枝的聚丙烯酰胺量增多。因接枝量少，接枝率很难测定，因此用接触角表示。由接触角的变化可知，经接枝后，聚乙烯的疏水性表面渐变成亲水性表面。

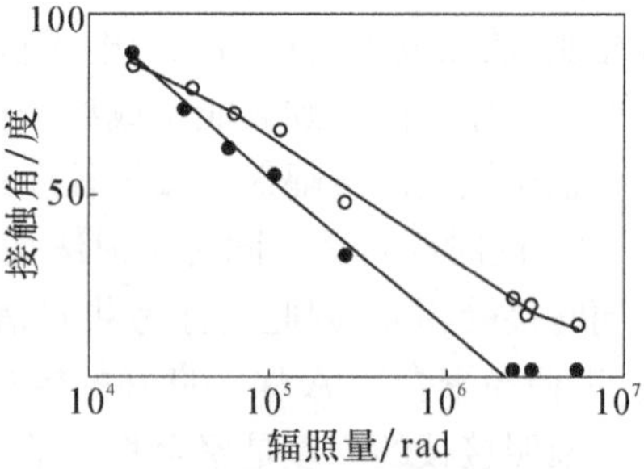

图3-30　聚乙烯表面丙烯酰胺的放射线接枝聚合

(用接触角变化表示表面接枝化程度　◦LDPE，•HDPE)

放射线因能量大，可深入到聚合物内部，因而在接枝聚合中，活性种不仅产生在聚合物表面，也可能产生在表面附近的聚合物内部，强大的放射线还会损伤聚合物。在表面接枝聚合中，也可能引起均聚，均聚物的生成和去除是常遇到的问题。一般用Cu^{2+}，Fe^{2+}等阻聚剂可抑制均聚反应。

(2) 低温等离子法

如前所述，低温等离子流中存在着激发态或亚稳态的原子、分子、离子以及电子，这些粒子作用在聚合物基材表面上，足以使化学键断裂，使聚合物表面产生自由基。

$$P \rightarrow P\cdot + H\cdot$$
$$P \rightarrow P_1\cdot + P_2\cdot$$

若在惰性等离子处理中引入乙烯基单体，基材表面的自由基就会引发单体进行接枝聚合反应：

$$P\cdot + nM \longrightarrow P\text{~~~}M$$

若在有氧等离子处理中，大分子自由基与氧作用，生成过氧化物：

$$P\cdot + O_2 \longrightarrow POO\cdot$$
$$POO\cdot + PH \longrightarrow POOH + P\cdot$$
$$POO\cdot + P\cdot \longrightarrow POOP$$

在乙烯基单体存在下，过氧化物分解产生的自由基就会引发单体发生接枝聚合反应：

热分解：　$POOR \xrightarrow{\triangle} PO\cdot$

热聚合：　$PO\cdot + nM \longrightarrow P-O\text{~~~}M$

Banfood 对 HDPE 进行低温等离子处理，用顺磁共振（ESR）法证明放电处理聚合物表面上有自由基生成。在保持真空状态下通入丙烯腈，在 80℃进行聚合反应，结果如图 3-31 所示，等离子体处理后的聚乙烯表面接枝上了聚丙烯腈。

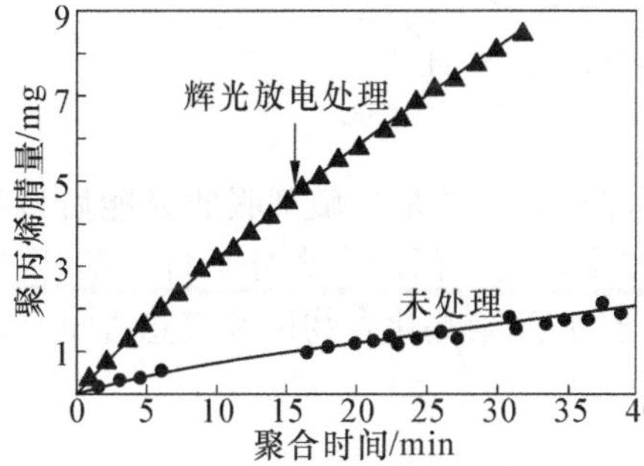

图 3-31　等离子处理后 HDPE 的丙烯腈接枝聚合

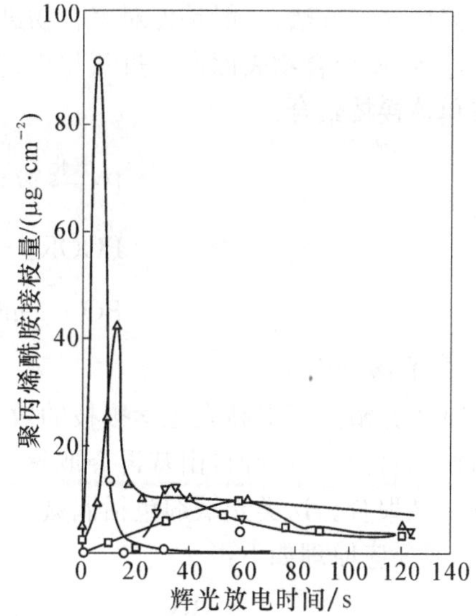

图 3-32　聚丙烯表面聚丙烯酰胺接枝量与辉光放电时间的关系

处理电压：○：24 W，△：1.5 W，▽：4.4 W，□：2.2 W

接枝率与等离子体处理的放电时间很有关系。铃木等对 HDPE 用氩等离子进行放电处理，压力为 5.33 Pa，放电后使聚合物与丙烯酰胺溶液反应，进行接枝聚合，结果发现接枝率与放电时间的图上出现一个极大值(见图 3－32)。

对聚合活性种的测量结果如图 3－33 所示。活性种浓度与放电时间曲线上也出现一个极大值。这一极大值的出现被认为是等离子体处理时自由基生成速度与生成自由基的消失速度平衡的结果。

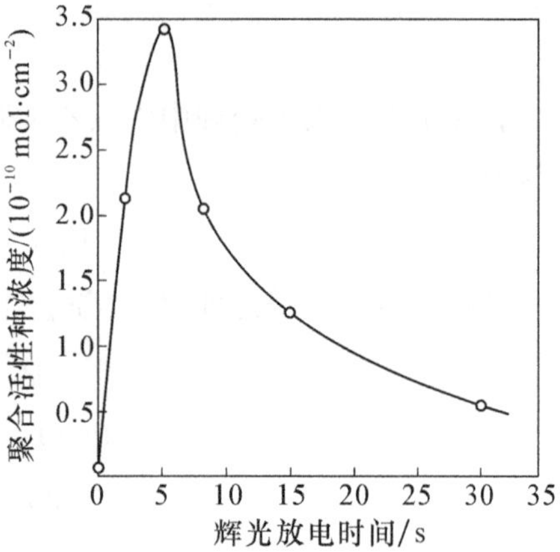

图 3－33　辉光放电时间与聚合活性种浓度的关系

(3) 光化学接枝法

用紫外光照射聚合物表面，可引起聚合物发生链裂解、交联、氧化等反应，从而改进聚合物表面的润湿性和黏结性。例如，用 184 nm 的紫外光照射聚乙烯，可使聚乙烯表面发生交联，其搭接强度从原来的 1.75 MPa 提高到 15.4 MPa，而用 253.7 nm 波长的光照射则效果不佳。

用紫外光也可对聚合物表面进行光化学接枝改性。光化学接枝可在紫外光直接照射下引发接枝聚合，也可加入光敏剂再进行紫外接枝，以提高接枝效率。

① 直接光引发

用紫外光照射聚合物，可使聚合物表面吸收紫外光后直接产生自由基，引发单体接枝聚合。

采用这一方法，一般是先对聚合物进行预氧化处理，氧化方法可用低温等离子、臭氧、电晕放电等，使聚合物表面产生过氧化物，在紫外光照射下，过氧化物分解产生大分子自由基，引发单体接枝聚合：

$$\mathrm{P} \xrightarrow{\text{氧化}} \mathrm{POOR} \quad (\mathrm{R}=\mathrm{P}\ \text{或}\ \mathrm{H})$$

$$\mathrm{POOR} \xrightarrow{h\nu} \mathrm{PO}\cdot + \cdot\mathrm{OR}$$

$$\mathrm{PO}\cdot + n\mathrm{M} \longrightarrow \mathrm{P{-}O}\wedge\!\!\wedge\!\!\wedge\!\!\wedge\ \mathrm{M}$$

② 光敏剂引发

加入光敏剂可提高光化学接枝的效率。光敏剂有两类，一类是光敏剂吸收光能后自身可分解为自由基，这种自由基再夺取聚合物中的氢，在聚合物表面产生大分子自由基，引发单体接枝聚合。这类光敏剂包括偶氮类化合物、过氧化物、亚硝基化合物以及安息香醚类化合物，其反应原理如下：

$$\mathrm{G} \xrightarrow{\mathrm{UV}} \mathrm{G}\cdot \quad (\mathrm{G}\ \text{表示光敏剂},\mathrm{G}\cdot\ \text{表示光敏剂自由基})$$

$$\mathrm{G}\cdot + \mathrm{PH} \longrightarrow \mathrm{P}\cdot + \mathrm{GH}$$

$$\mathrm{P} + n\mathrm{M} \longrightarrow \mathrm{P}\vee\!\!\wedge\!\!\vee\!\!\wedge\ \mathrm{M}$$

另一种光敏剂吸收光能后，本身不直接形成自由基，而是产生激发态分子，激发态分子再和聚合物反应，在表面形成大分子自由基。这类光敏剂包括二苯甲酮、醌类及稠环化合物等。以二苯甲酮(B)为例，在紫外光照射下，迅速通过单线态 B^1 转变成三线态 B^3，B^3 夺取大分子中的氢，产生大分子自由基，引发单体 M 进行表面接枝聚合。在接枝聚合的同时也存在竞争的均聚反应。反应的原理如下：

引发反应：

$$B \xrightarrow{UV} B^1 \longrightarrow B^3$$
$$B^3 + PH \longrightarrow P\cdot + \cdot BH$$
$$B^3 + MH \longrightarrow M\cdot + \cdot BH$$

链增长：

接枝聚合　$P + nM \longrightarrow PM_n\cdot$

均聚　$M\cdot + nM \longrightarrow M_nM\cdot$

链终止：

$PM_n\cdot + R\cdot \longrightarrow PM_nR$ (R·表示反应体系中的各种自由基)

$M_nM\cdot + R\cdot \longrightarrow M_nMR$

$2R\cdot \longrightarrow R—R$

在表面接枝过程中常伴有均聚反应，均聚和接枝共聚是相互竞争的过程。为有效地抑制均聚过程，应合理选择溶剂，并加入能抑制均聚反应的阻聚剂。例如，对表面氢过氧化物引发接枝聚合的场合，接枝和均聚分别按下式进行：

$$POOH \xrightarrow{h\nu} PO\cdot + \cdot OH$$

$PO\cdot \xrightarrow{M} POM_n$　接枝共聚

$HO\cdot \xrightarrow{M} HOM_n$　均聚

为了抑制均聚反应，必须阻止·OH自由基的生成，很多还原剂起这种作用，如 $FeSO_4 \cdot 7H_2O$，其阻聚机理如下：

$$POOH + Fe^{2+} \xrightarrow{K_1} PO\cdot + OH^- + Fe^{3+}$$
$$PO\cdot + Fe^{2+} \xrightarrow{K_2} PO^- + Fe^{3+}$$

Fe^{2+} 把 POOH 还原成不能引发聚合的 OH^-，因而阻止了均聚物的生成。同时 Fe^{2+} 也能将引发接枝聚合反应的 PO·还原成 PO^-，只是 $K_2 < K_1$，总的结果是抑制了均聚反应。在实验中可观察到，接枝速率与 Fe^{2+} 的浓度关系有一个极大值，达到极大值后，增大 Fe^{2+} 浓度，接枝速率反而下降。其他可作抑制均聚的阻聚剂还有 Ce^{3+}，Fe^{2+}，Cu^+，Cr^{2+}，

Co^{2+}等。

2. 偶合接枝法

偶合接枝法是利用聚合物基材表面的官能团 A 与带有活性官能团 B 的接枝聚合物反应，把聚合链 B 接枝到基材表面上，从而实现聚合物的表面改性。大分子偶合接枝见图 3－34。

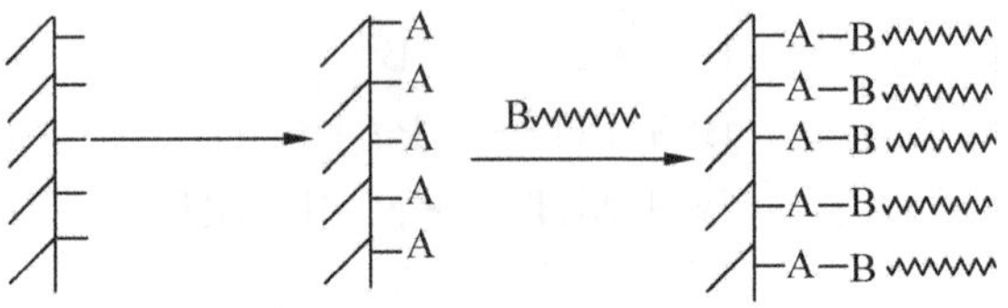

图 3－34　大分子偶合接枝

以聚氨酯表面接枝肝磷脂为例，为赋予聚氨酯以血液亲和性，可利用

$$—COOH + —NH_2 \longrightarrow —CONH—$$

这一反应接枝具有抗凝血功能的多糖类肝磷脂，如图 3－35 所示。

图 3－35　肝磷脂接枝聚氨酯反应流程

聚氨酯表面原来是不存在可与肝磷脂反应的官能团的，先使聚氨酯表面的氨基甲酸酯键部分水解，产生胺基和羟基，再与光气反应，转换成有高反应活性的异氰酸酯基，然后与过

量的脂肪族二胺反应，在聚氨酯表面引入了有间隔的胺基，再与肝磷脂中的羧基反应，就接枝上了以共价键结合的肝磷脂。

除生理活性物质的偶合接枝外，通常的聚合物表面也可用偶联接枝改性。将乙烯-乙烯醇共聚薄膜表面的羟基与过量的六次甲基二异氰酸酯反应，在膜表面引入异氰酸酯基后，再与水溶性多糖葡聚糖偶合，以改善薄膜的亲水性。其对水接触角的变化见图 3-36。由图可见，未接枝膜的接触角大，且接触角有明显滞后现象。用葡聚糖接枝后，接枝角减小，接触角的滞后也几乎消失。

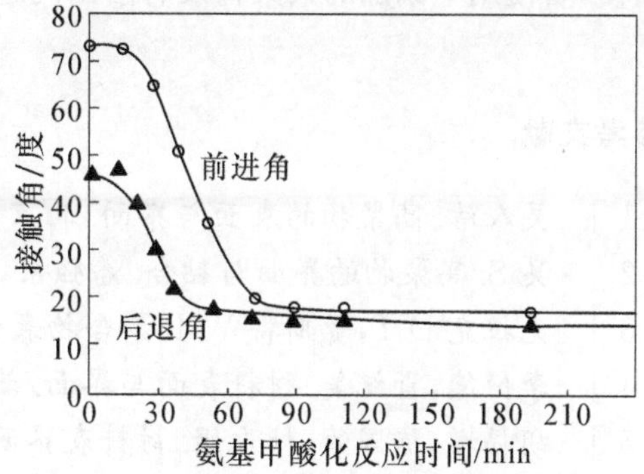

图 3-36　乙烯-乙烯醇共聚物的接触角随氨基甲酸化反应时间的变化

（共聚物与六次甲基二异氰酸酯（HMDI）反应不同时间后，与葡聚糖反应 4 min 偶合接枝，测接触角变化。HMDI：10%甲苯溶液；葡聚糖：10%水溶液）

聚乙烯、聚丙烯等聚烯烃是非极性材料，其表面没有活性官能团，可采用某种技术使聚烯烃表面接枝上反应性功能团，然后再偶合接枝。例如，用过氧化物夺取聚丙烯分子链上的叔氢原子形成自由基，再与马来酸酐反应，就在聚丙烯分子链上接枝了具有反应活性的酸酐基团，利用酸酐与带羟基或胺基的聚合物反应，就可再聚丙烯表面实现偶合接枝。

3. 添加接枝共聚物法

用由 A，B 两种链段组成的嵌段或接枝的共聚物加入到聚合物基材 A 中，由于聚合物中的 A 链段与基材 A 的结构组成相同，有很强的亲和性，聚合物的 A 链段就结合到基材 A 中。聚合物中的 B 链段与基材 A 的结构组成不同，两者之间有强烈的排斥性，B 链段就被排斥到基材 A 的表面，其效果相当于 B 链段被接枝到基材 A 的表面上。其原理示意如图 3-37所示。

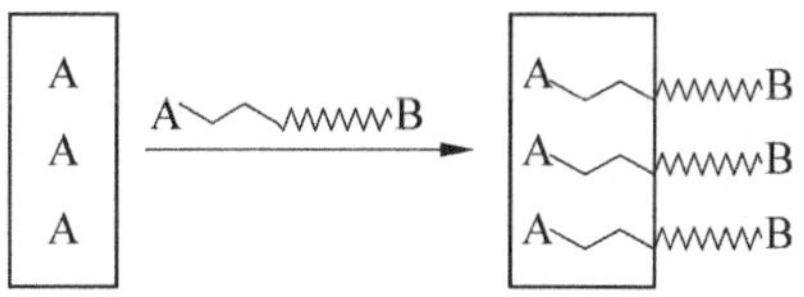

图 3-37　添加嵌段或接枝共聚物

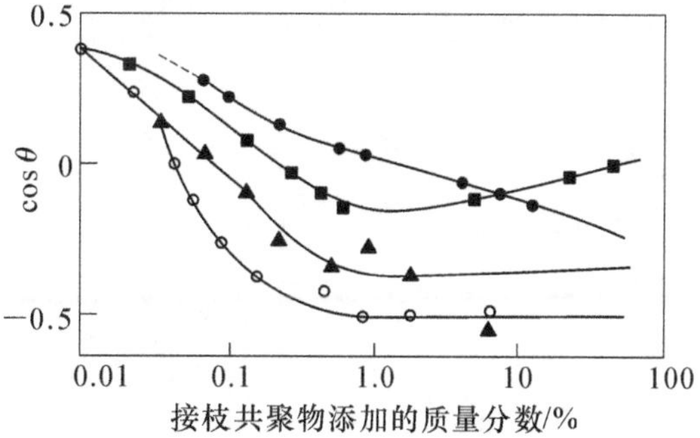

图 3-38　PMMA 中接枝共聚物的添加量对接触角的影响

接枝共聚物的干是聚甲基丙烯酸甲酯（PMMA），枝为丙烯酸全氟代烷基酯（FA）。将不同 FA 含量的 4 种接枝共聚物添加到 PMMA 中，测得接触角与添加量的关系如图 3-38 所示。由图可见，接枝共聚物的添加量即使在1.0%以下，就有改性效果。这种接枝方法极其简便，若使用中添加的共聚物没有溶出问题，则可成为工业上很有价值的改性方法。

参考文献

[1] 吴人洁. 高聚物的表面与界面. 北京：科学出版社，1998.
[2] 吴S. 高聚物的界面与黏合. 潘强余，吴敦汉，译. 北京：纺织工业出版社，1987.
[3] 克拉克DT，费斯特WJ. 聚合物表面. 北京：化学工业出版社，1985.
[4] 李恒德，肖纪美. 材料表面与界面. 北京：清华大学出版社，1990.
[5] 胡福增，陈国荣，杜永娟. 材料表界面. 上海：华东理工大学出版社，2001.
[6] 黄玉东. 聚合物表面与界面技术. 北京：化学工业出版社，2003.
[7] 张开. 高分子界面科学. 北京：中国石化出版社，1997.

思考题

1. 有人将二甲基硅氧烷低聚物接枝到聚苯乙烯大分子链上，发现接枝聚合物的表面张力随接枝率的增高而下降，当接枝率达到一定值后，高聚物的表面张力接近于聚二甲基硅氧烷，试分析其原因。

2. 总结固体聚合物表面张力的测试方法。

3. 嵌段、接枝、共混对聚合物合金的表面张力有怎样的影响？

4. 为什么聚合物与聚合物的相容性较差？如何提高聚合物与聚合物的相容性？

5. 对聚合物进行表面处理的目的是什么？聚烯烃薄膜经电晕处理后表面性能可能发生怎样的变化？

6. 低温等离子处理对聚合物的表面改性能产生哪些效果？

7. 聚合物表面接枝有哪些方法？其原理各是什么？

第4章　无机非金属材料表界面

无机非金属材料的性质主要取决于材料整体的化学组成和微观结构。然而，应用现代研究方法已经证明，无机非金属材料的表界面区的化学组成和微观结构都与总体有较大的差异，并具有一些总体没有的特殊性。正是这种差异对材料的表观性质产生了显著的影响，因此了解无机非金属材料表界面的结构、组成与其物理、化学性质的关系，对设计新材料、赋予材料新的功能等具有重要的意义。

4.1　陶瓷表界面

陶瓷材料为无机非金属粉末晶体在一定条件下形成的多晶聚集体。多晶聚集体集合方式是依靠单个晶粒表面态的聚集和晶界，因此晶体的表面和晶界的结构特征对陶瓷材料的性质有着重要的影响，甚至是决定性的。

4.1.1　晶体的表面与界面

通常把凝聚相和气相之间的分界面称为表面，把凝聚相之间的分界面称为界面。不同凝聚相之间的分界面称为相界面，同一相的晶粒之间的分界面称为晶粒间界，简称晶界。

1. 理想表面

假设除了确定一套边界条件外，系统不发生任何变化，即半无限晶体中的原子位置和电子密度都和原来的无限晶体一样，这种理想的表面实际上不可能存在。在 z 方向上原子排列呈周期性的变化，使表面附近的电子波函数发生畸变。动能高的电子，能够穿透表面势垒，形成表面过剩电子，并和表面下未补偿的正电荷构成表面偶极层(亦称双电层)。电子穿透到表面外的深度，可以用测不准关系式来估计：

$$\Delta z \cdot \Delta P \sim h \tag{4-1}$$

式中，Δz 和 ΔP 分别表示坐标和动量的不定量；h 为表面外深度。则有：

$$\Delta z \sim \frac{h}{\Delta P} = \frac{h}{\sqrt{2m_e E}} \tag{4-2}$$

对于金属，$E \approx 5\ \text{eV}$，得到 $\Delta z \approx 0.1\ \text{nm}$。

除了电子弛豫外，表面区原子位置也会发生弛豫，如在 NaCl 晶体中，半径较大的 Cl^- 形成面心立方密堆积，而半径较小的 Na^+ 分布在八面体的空隙中。由于 Cl^- 之间的排斥作用，表面的 Cl^- 被推向体外，而 Na^+ 则被拉向体内，形成表面偶极层。在许多金属氧化物中，也都存在双电层，这对其吸附、润湿、腐蚀和烧结都有影响。

2. 清洁表面

清洁表面是指表面经过特殊处理后，保持在 $10^{-10} \sim 10^{-9}$ Pa 超高真空下的状态。特殊处理的方法很多，有离子轰击、退火热处理、解理、热蚀、场效应蒸发等，其中离子轰击加退火热处理是目前最普遍采用的方法。

由于表面处原子周期性排列突然中断，形成了附加表面能，表面原子的排列与内部有明显的差别。为减少表面能，原子排列必须作相应的调整，调整有两种方式：一种是自行调整，经过 4～6 层后，原子的排列与体内非常接近，晶格常数差小于约 0.01 nm；另一种是靠外来因素调整，表面能减少，系统稳定，图 4 - 1 表示了几种清洁表面的结构。

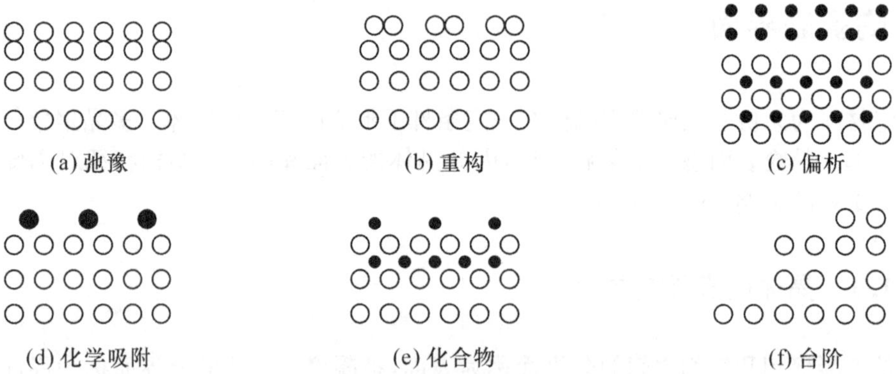

图 4 - 1　几种清洁表面的结构

(1) 弛豫

弛豫是指表面区原子或离子间的距离偏离体内的晶格常数，但晶胞结构基本不变，如图 4 - 1(a)所示。

离子晶体的主要作用力是库仑静电力，是一种长程作用，因此表面容易发生弛豫，弛豫的结果产生表面电矩。例如，NaCl 晶体的弛豫，如图 4 - 2 所示，在表面处离子排列发生中断，体积大的负离子间的排斥作用使 Cl^- 向外移动，体积小的 Na^+ 则被拉向内部，同时负离子易被极化，屏蔽正离子电场外露外移，结果原处于同一层的 Na^+ 和 Cl^- 分成相距为 0.02 nm的两个亚层，但晶胞结构基本没有变化，形成了弛豫。

弛豫主要发生在垂直表面方向，又称为纵向弛豫，弛豫时的晶格常数变化将取决于材料的特征和晶向。弛豫不仅在表面一层，而且会延伸到一定范围，如 NaCl(100)面的离子极化是发生在距表面 5 层的范围。弛豫过程保留了平行于表面的原子排列对称性。

许多金属氧化物的表面都容易发生弛豫，并使表面带负电，产生表面电矩。当金属氧化物以粉体形式存在时，颗粒尺寸为亚微米级超细粉，则表面非常大，弛豫产生的表面电矩使粉体难以紧密接触，给成型工艺带来困难。

对于大多数粉体来说，表面原子都有不同程度的弛豫，ⅤA族元素原子向外移动，ⅢA族元素原子向内移动，弛豫使键能发生旋转，并对表面态产生影响。

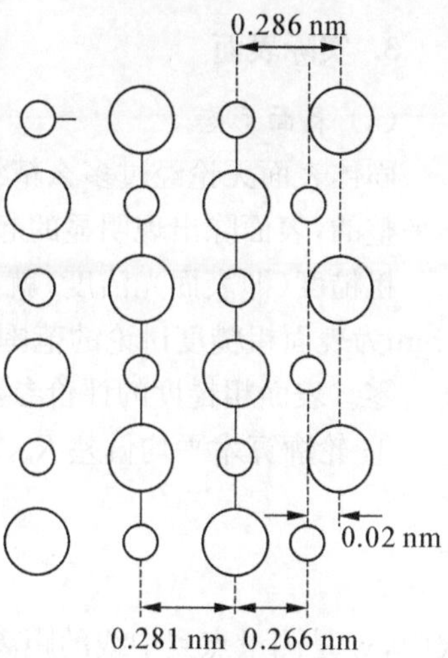

图4-2　NaCl晶体的表面弛豫

(2) 重构

包括化合物半导体材料在内，许多半导体、少数金属的表面，原子排列都比较复杂。在平行衬底的表面上，原子平移的对称性与体内显著不同，原子作了较大幅度调整，这种表面结构称为重构。重构有两种，一种是表面的晶面与体内完全不同，称为超晶格或超结构。另一种是表面晶格常数增大，即表面的原尺寸大于体内。发生重构是由于价键发生了畸变，如发生退杂化等，情况比较复杂。例如，Si(111)2×1重构就是价键在表面处发生退杂化引起的。Si(111) 2×1是平行衬底的表面上原子排列的伍德标记。当表面晶格的矢量与衬底的矢量平行时，表面晶格可表示为：R(hkl) $p\times q$－－D，R表示为衬底材料，(hkl)为衬底平面的密勒指数，$p\times q$表示表面原子排列的晶格常数是体内的倍数，D是表面覆盖层或沉积物质，这里表面覆盖层和衬底相同，可略去。因此Si(111)2×1表示Si单晶表面上原子排列的晶格常数是体内的两倍。在体内，Si原子间由sp^3杂化而键合，原子以四面体型连接，形成金刚石结构。在理想的(111)面上，硅有一根悬挂键，即一根没有电子配对的sp^3键。但是，由于周期势场发生中断，原子接近孤立原子，该处原子具有的悬挂键恢复成纯p键或纯s键，称之为近杂化。如果表面的悬挂键近杂化为纯p键，则硅的下面三根键为sp^2杂化：s^2+p^2，sp^2+p^1键角120°；另一种悬挂键近杂化为s键，则形成s^2+p^2，p^2+s^1键角90°；体内硅间的键合是sp^3杂化键，s^2+p^2键角109°，sp^2键角比sp^3键角大，会把表面原子往下拉，p^3键角比sp^3键角小，使表面原子上升，这样硅表面就有两组原子sp^2p和p^3s，晶胞尺寸在z方向必然比原来大两倍，即形成Si(111)2×1重构。

(3) 偏析

偏析是指当有其他原子进入表面时，出现体内不存在的表面结构，也称覆盖结构。表面的外来原子可以来自外部，如周围的环境气氛，也可以来自内部杂质的偏析。它们有序或无序地吸附在晶体表面的顶层上，也可以外延生长在晶体的表面顶层上，形成重构或超结构，甚至可以进入表面，与表面原子发生键合，形成表面金属或化合物。如果表面原子是范德瓦尔斯力引起的物理吸附，则吸附层可能是多层也可能是单层的。化学吸附一般是单层的，并有固定位置。

表面偏析与化学吸附、物理吸附、重构、外延生长、氧化、固相反应、催化等现象关系非常密切，受到广泛重视。

3. 实际表面

(1) 表面形态

固体表面无论经过多么精细的研磨、抛光处理，在电子显微镜下观察，其表面都是相当不平整的，表面除出现明显的起伏，还可能伴有裂纹和空洞。

粗糙度(即表面光洁度)就是用来描述表面不平整程度的。通常表面起伏的波形小于1 mm为表面粗糙度讨论的范围。测量表面粗糙度时要选用一条轮廓中线，在此线上，粗糙度为零。表面粗糙度的评价参数有以下三种。

① 轮廓算术平均偏差 R_a，其近似表达式为：

$$R_a = \sum_{i}^{n} \frac{|y_i|}{n} \tag{4-3}$$

式中，y_i 是测量点到中线的距离；n 是测量点数。

② 微观不平整十点高度 R_z

这是测量轮廓的 5 个最高峰和 5 个最低谷平均值之和

$$R_z = \frac{\sum_{i=1}^{5} y_{pi} + \sum_{j=1}^{5} y_{vj}}{5} \tag{4-4}$$

③ 轮廓最大高度 R_y

除去个别明显偏离值之后，通过最高峰和最低谷分别作平行于中线的平行线，其间距为轮廓最大高度 R_y。

根据 R_a 和 R_z 的数值大小，将粗糙度分为▽1～▽14 级。

对于多晶材料、薄膜材料以及有孔材料，通常用粗糙系数 R 来表示：

$$R = A_r/A_g \tag{4-5}$$

式中，A_g 为几何表面；A_r 为实际表面，一般是通过吸附实验，按照吸附公式计算出来的。如果表面不平整，而且有孔，A_r 就大，R 也就随之变大。

表面的不平整性，对光刻、细微加工、磁记录、电位器噪声都有很大的影响，而且与材料的润湿、摩擦、抗蚀等密切相关。

(2) 表面组织

金属经抛光后，其表面组织与体内不同。一个经过严格研磨抛光的金属，在距表面1 μm内，晶粒尺寸与体内明显不同，特别在距表面 0.1 μm 的范围，晶粒尺寸很细，表面层上有非晶态存在，这是由于研磨抛光过程引起局部升温，使该区局部熔化，强烈变形和再结晶，晶粒变细。有非晶态存在的表面层称为贝尔比层，它是一个薄层，厚度为 5～100 nm，其成分是金属和它的氧化物的混合物，与体内性质有明显差别。贝尔比认为抛光是一种表面张力效应，表面层原子被抛光剂撕去，下面一层在瞬时保持它的流动性，并且在凝固之前，由于表面张力的作用变得平滑。非晶态是不稳定的，表面层在放置过程中有可能重新结晶。

(3) 高温下的固体表面结构

对高温下固体表面的研究,可以更好地了解热处理、烧结、熔体冷凝时的缺陷。固体表面原子的振幅比体内大得多,表面热传导系数及热膨胀系数明显升高,在低于熔点的高温下,表面附近的原子发生了强烈的热振动,表面及表面附近感生出许多表面位错、滑移带、空位群,即在高温下表面区产生了高度变形。而且也可能感生出微裂纹,使表面区分裂,出现小晶块。这些现象表明,高温时固体表面原子由于热起伏,使振幅大的原子离开平整表面,形成台阶,并留下许多空位,为了降低自由能,分散空位冷却凝聚、崩塌,从而形成空洞团或微观空洞。这时如果周围晶格上的原子跃迁到这些微观空洞上,则形成了充满非晶态的微观空洞,交界处产生张应力。这一畸变区会进一步感生位错、滑移带和微裂纹,从而增大了表面和晶界的畸变活动。

4. 界面

界面是指两个或数个凝聚相的交界面,通常是指两种不同相间的规则界面。从工艺角度来说,界面有由氧化、腐蚀、粘连等化学作用生成的界面,有由真空沉积(PVD)、化学气相沉积(CVD)、热压、界面扩散等形成的固态结合界面,有液相沉积和凝固共生的分解面,有熔焊或黏结的界面等。

在界面结构的研究中,晶界占有重要位置。晶界是晶粒之间界面的简称,亦称晶粒间界,是固体材料界面的一种特殊情况。由于实际应用的材料多数为多晶体,晶界问题对于材料研究便具有了极大的普遍性。就其本意而言,晶界是同材质同结构不同取向的晶粒之间的界面,这就使得其处理比相界面大大简化。在这种简化处理得到的模型的基础上,再推广到一般的相界上,就容易多了。而实际的晶界远比上述设想复杂。材料本身经常就是多相的,而且在晶界上还会有各种杂质相析出,这就使得晶界不再是同种材料之间的界面,而成为多相界面。

(1) 晶界结构

晶界相对于其两侧晶体的空间几何位置由九个变量决定,或者说晶界具有九个自由度。其中五个是宏观自由度:三个决定了一个晶体相对于另一个晶体坐标轴的取向,另外两个变量决定了界面对于晶体坐标轴的取向(平面围绕其垂线的旋转没有意义)。为了完整地描述界面,还需要有四个平移变量:其中三个相互垂直的平移变量描述两个晶体的相对位置,第四个平移变量用来描述界面,这四个平移变量是微观变量,是确定体系自由能所必需的。

按其晶体学特点,晶界可分为孪晶界、小角度晶界和大角度晶角三种。所谓孪晶,是说晶界两侧的晶体的原子点阵具有镜面对称(见图 4-3),此镜面即为孪生面。从几何学观点看,孪生晶体可以通过围绕一轴旋转 180°而和原始晶体重合,此轴称为孪生轴(或孪生方向),孪生面和孪生方向合称为孪生要素。当晶界两侧晶体的取向差角很小时,则称为小角度晶界,小角度晶界有倾转和扭转两种基本类型。当晶界两侧晶体的取向差角大到一定程度后，晶界特性发生明显的变化，一般将这种晶界称为大角度晶界。

如果两相邻晶体在其界面的原子位置都十分接近，即两者有很好的匹配，则此界面称为共格界面。如果孪晶界正好是孪生面，则它是共格界面，其特点是界面能很低。反之，若晶界和孪生面不重合，则孪晶界是非共格的，其界面能高得多。小角度晶界和大角度晶界也都可以有共格和非共格的情况。

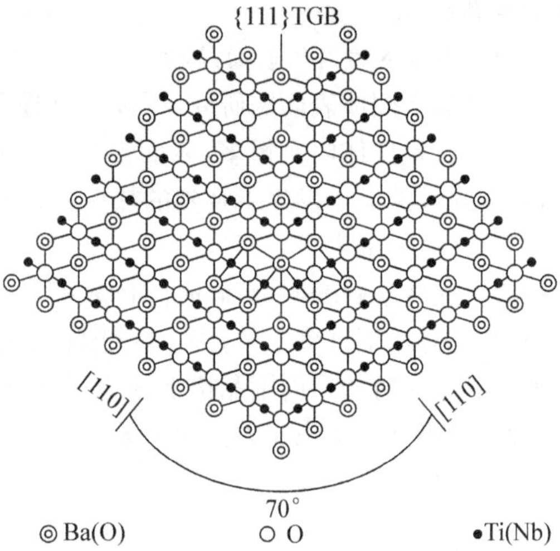

图 4-3　$BaTiO_3$ 孪晶界示意图

① 小角度晶界

我们设想在一单晶体内设置一界面，并使界面一侧的晶体围绕一个位于界面内的轴旋转 θ 角。这样形成的晶界称为倾转晶界。倾转晶界的特点是当将晶界一侧晶体绕倾转轴反向旋转 θ 角时，其点阵和晶界另一侧晶体的点阵完全重合。

② 大角度晶界

大角度晶界的界面能与相邻晶粒的取向差无关，但是也发现某些特殊取向差的大角度晶界的能量低，为了解释这些特殊晶界的性质，提出了大角度晶界的重合位置点阵模型。

(2) 晶界能

晶界区一般多为固溶体。晶粒一般为有序区，而晶界区有序结构受干扰，构造混乱无序，有局部晶格畸变，因此也是高能量区，其中原子的能量比晶粒内的高。晶粒内部原子各方向有键结合，而界面及表面原子则无键结合，有键结合时，可减少原子的能量。晶界原子能量又常低于表面原子。例如，NaCl 表面能为 $0.3\ J \cdot m^{-2}$，而 NaCl - NaCl 界面能为 $0.27\ J \cdot m^{-2}$。

在高温下由于原子活动性的增强，因而晶体内存在的杂质离子常自动扩散进入晶界区。由于环绕杂质原子有较强的弹性应变场使它具有较高的化学势，而在晶界处由于其开放结构及低应变场，使该处有较低的化学势。这种势差促使杂质扩散进入晶界区形成偏析。晶界区有位错，它使原子产生疏区和密区，密区会吸引溶剂原子半径小的杂质原子，以减少应力畸变；疏区则吸引大半径的杂质离子。当溶剂和溶质原子半径差别大时，则晶界的杂质吸引作用愈大。晶界能吸引空格点，原来分离的空格点聚合形成小空穴，冷却到一定温度时，过剩的空穴会移至晶界，这比迁移到表面所需能量要小，距离也近。

(3) 晶界应力

陶瓷多晶材料常经过烧结冷却而制成，但各个晶粒的光轴取向不同、收缩不同，造成室温时各晶粒处于应力或夹持状态。这种状态是陶瓷材料中某些物理现象或过程的根源。例如，晶界应力逐渐变化形成老化，扩散相变受应变影响，为了使应变能下降在一定温度时形成晶界偏析，应力使某些两相共存，有畴材料的矫顽场常受晶界显微应力的影响，应力促使畴壁运动，还影响极化的有关性质等。

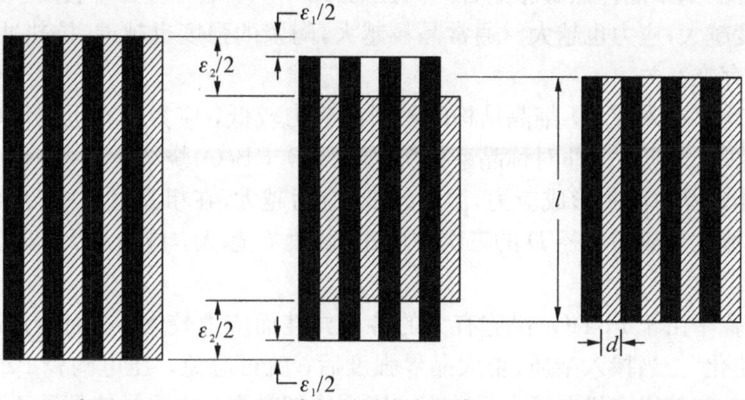

(a) 高温下 (b) 冷却后无应力状态 (c) 冷却后层与层依然结合在一起

图 4-4 层状复合体中晶界应力形成示意图

图 4-4(a)表示材料在高温下的一种状态，两个相长短相同，并结合在一起。假设这种情况是一种无应力状态，冷却后有两种情况：图 4-4(b)表示在低于 T_0 的某一个温度下，两个相自由收缩各自的平衡状态。因为是一个无应力状态，这种状态相当于晶界发生完全分离。图 4-4(c)表示同样在低于 T_0 的 T 温度下，两个相都发生收缩，但晶界应力不足以使晶界发生分离，处于有应力的平衡状态。当温度从 T_0 变到 T_1，温度差为 $T_1 - T_0 = \Delta T$，第一种材料要发生膨胀变形，其值 $\varepsilon_1 = \alpha_1 \Delta T$。同时第二种材料要膨胀，其值为 $\varepsilon_2 = \alpha_2 \Delta T$，而 $\varepsilon_1 \neq \varepsilon_2$。因此，如果不发生分离，即处于图 4-4(c)状态，集合体必须取一个中间膨胀的数值。在复合体中一种材料的净压力等于另一种材料的净拉力，两者平衡。设 σ_1 和 σ_2 为两个相的线膨胀引起的应力，V_1 和 V_2 为体积分数(等于截面积分数)，如果两种材料弹性模量 E 和泊松比 μ 相同，即 $E_1 = E_2$，$\mu_1 = \mu_2$，$\alpha_1 - \alpha_2 = \Delta\alpha$，则两种相的热应变差为：

$$\varepsilon_2 - \varepsilon_1 = \Delta\alpha\Delta T \tag{4-6}$$

第一相的应力：

$$\sigma_1 = \left(\frac{E}{1-\mu}\right) V_2 \Delta\alpha\Delta T \tag{4-7}$$

这种力经过晶界传给一个单层的力为 $\sigma_1 A_1 = -\sigma_2 A_2$，$A_1$ 和 A_2 分别为第一、第二相的晶界面积，合力 $\sigma_1 A_1 + \sigma_2 A_2$ 产生一个平均晶界剪切力 $\tau_{平均}$。

$$\tau_{平均} = (\sigma_1 A_1)_{平均} / 局部的晶界面积 \tag{4-8}$$

对于层状复合体的晶界面积与 V/D 成正比，D 为箔片的厚度，V 为箔片的体积，层状复合体的剪应力为：

$$\tau = K\Delta\alpha\Delta T \frac{D}{L} \tag{4-9}$$

K是一个与E，μ，V有关的常数。从上式可以看到，晶界应力与热膨胀系数差、温度变化以及厚度成正比。如果晶体热膨胀是各向同性的，$\Delta\alpha = 0$，晶界应力不会发生。如果产生晶界应力，则厚度越大，应力也越大。通常晶粒越大，陶瓷的强度也越差，抗热冲击性也差，这也与晶界应力存在有关。

陶瓷材料均存在内应力，细晶结构的材料内应力较低，应力分布也较均匀。而粗晶则内应力高，局部有大应力。非对称晶系材料（如 Al_2O_3，BeO）烧结冷却中，由于不同晶轴方向收缩不同、相邻晶粒间将形成应力，温度越低、应力越大，在粗晶材料中会导致自发开裂，这类弹性应变能的形成与粒径 D 的三次方成比例，故 D 越大，应力越大，砂岩就可用急冷（水淬）粗碎。

钛酸铅陶瓷中由于 $PbTiO_3$ 晶胞有大的各向异性而应力较大，有时会沿晶界断裂，形成所谓“放置粉化”。当掺入杂质、增大晶界强度后，就可避免。压电陶瓷 PZT 极化时，强电场长时间不一定获得高机电偶合系数 K_P，因为冷却时产生应力易使晶界开裂。

(4) 晶界电位和空间电荷

夫伦克耳及列霍维克首先指出，在热力学平衡时离子晶体的表面和晶界由于有过剩的同号离子而带有一种电荷。这种电荷正好被晶界邻近的异号空间电荷所抵消。对于纯的材料来说，若在晶界上形成阳离子和阴离子的空位或填隙离子的能量不同，就会产生这种电荷；如果有不等价溶质存在，它就会改变晶体的点阵缺陷浓度，那么晶界电荷的数量和符号也会改变。对于 NaCl 来说，形成阳离子空位所需的能量大概是形成阴离子空位所需能量的三分之二。可以把这一结果看成一种倾向，就是当加热时在晶界或其他空位源的地方（表面、位错）会产生带有有效负电荷的过剩阳离子空位；所产生的空间电荷会减缓阳离子空位的进一步发生而加速阴离子空位的发生。平衡时（与设想的过程无关）在晶体内是电中性的，但在晶界上带有正电荷，这些电荷被电量相同而符号相反的空间负电荷云平衡，后者渗入到晶体内某个深度。

在像 NaCl 这样的晶体中，对于晶格离子和晶界相互作用而形成的空位可写成：

$$\mathrm{Na_{Na}} = \mathrm{Na^{\bullet}_{晶界}} + V'_{\mathrm{Na}} \tag{4-10}$$

$$\mathrm{Cl_{Cl}} = \mathrm{Cl^{\bullet}_{晶界}} + V'_{\mathrm{Cl}} \tag{4-11}$$

在晶体的任一点阵位置的阳离子空位与阴离子空位数由生成内能（gV'_{M}，$gV^{\bullet}_{\mathrm{X}}$）、有效电荷 z_e 及静电势 ϕ 决定，即：

$$[V'_{\mathrm{M}}] = \exp\left(-\frac{gV'_{\mathrm{M}} - z_e\phi}{KT}\right) \tag{4-12}$$

$$[V^{\bullet}_{\mathrm{X}}] = \exp\left(-\frac{gV^{\bullet}_{\mathrm{X}} + z_e\phi}{KT}\right) \tag{4-13}$$

在远离表面的地方，电中性要求 $[V'_{\mathrm{M}}]_\infty = [V^{\bullet}_{\mathrm{X}}]_\infty$，而空位浓度由总的生成能决定：

$$[V'_{\mathrm{M}}] = [V^{\bullet}_{\mathrm{X}}] = \exp\left[-\frac{gV'_{\mathrm{M}} - z_e\phi_\infty}{2KT}\right] \tag{4-14}$$

$$[V'_M]_\infty = \exp\left[-\frac{(gV'_M - z_e\phi_\infty)}{KT}\right] \tag{4-15}$$

$$[V^{\cdot}_X] = \exp\left[-\frac{(gV^{\cdot}_X + z_e\phi_\infty)}{KT}\right] \tag{4-16}$$

因而晶体内的静电势为：

$$z_e\phi_\infty = \frac{1}{2}(gV'_M - gV^{\cdot}_X) \tag{4-17}$$

而空间电荷的扩展深度取决于介电常数，从晶界起这个深度的典型值为 2～10 nm。对于 NaCl，估计 $gV'_M = 0.65$ eV，$gV^{\cdot}_X = 1.21$ eV，则得 $\phi_\infty = -0.28$ V；对 MgO 相应的（可能是不正确）的估计值 $\phi_\infty = -0.7$ V。可见，所讨论的静电势并不是无关紧要的。从物理意义上来说，这相当于（对 NaCl，$gV'_M < gV^{\cdot}_X$）在晶界上有过剩的正离子，使晶界带正电，同时在空间电荷区有过剩的阳离子空位而缺少阴离子空位，如图 4-5 所示。因此，甚至在最纯的材料中，平衡晶界也需要内部空位或间隙离子的平衡。当有浓度为 c_0 的不等价溶质存在时，如 $CaCl_2$ 在 NaCl 中或 Al_2O_3 在 MgO 中，就形成附加的阳离子空位。在附加空位相对于热释空位具有高值的情况下，有下式成立：

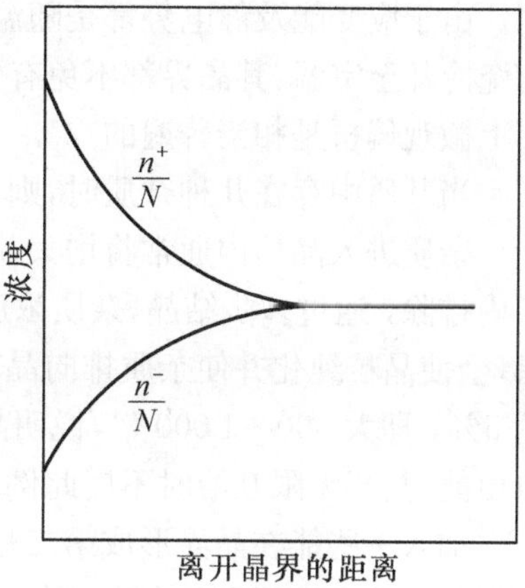

图 4-5　晶界空间电荷及带电缺陷浓度

$$\ln c_0 \approx \ln[V'_M]_\infty = -\frac{gV'_M}{KT} + \frac{z_e\phi_\infty}{KT} \tag{4-18}$$

由上式可知，晶界静电势的符号和数值由溶质的浓度和温度所决定。

对在 NaCl 中 $CaCl_2$ 这个典型例子来说，由不等价溶质产生的空位浓度：

$$CaCl_2 \longrightarrow Ca_{Na} + V'_{Na} + 2Cl_{Cl} \tag{4-19}$$

结合肖特基平衡：

$$\text{无缺陷态} \sim V'_{Na} + V^{\cdot}_{Cl} \tag{4-20}$$

由上式可知，添加钙使 $[V'_{Na}]$ 增加时，就使 $[V^{\cdot}_{Cl}]$ 减少，结果产生负的晶界电势（正的 ϕ_∞）。由于氧化物体系的热释点阵缺陷浓度低，晶界电势及有关空间电荷由不等价溶质浓度决定（含 MgO 溶质的 Al_2O_3 晶界带正电，含 Al_2O_3 或 SiO_2 溶质的 MgO 晶界带负电）。

从晶界开始扩展延伸到一定距离的区域内（几纳米到数十纳米）。诱导出与晶界电荷相反符号的空间电荷层（类似溶液中的双电层），列霍维克曾计算出离子晶体空间电荷层进入晶粒的深度，如 NaCl 为 2.2×10^{-13} m（600 K 时）。

(5) 晶界偏析

晶粒内部总是存在或多或少的杂质离子，但是环绕杂质的弹性应变场较强，而晶界区由于开放结构及弱弹性应变场，因此在适当的高温下杂质将从晶粒内部向晶界扩散，导致偏析以降低应变能。第二个原因是晶界电荷的作用，如 MgO 饱和的 Al_2O_3，晶界电荷符号为正，引起化合价比 Al^{3+} 低的 Mg^{2+} 的偏析，以降低静电势。第三个原因是固溶界限，当温度降低时，溶质在晶格中的固溶度降低，偏析量也随之增加，一般氧化物固溶体中固溶热(固溶时所需能量)都较大，固溶界限就较低，易引起溶质偏析。

上述应变能、静电势和固溶界限是引起偏析的原因，不同情况下起主要作用的因素不同。由于应变能及静电势都是随温度的下降而增大，固溶限随温度的下降而变小，因此烧成陶瓷冷却至室温，其晶界都不免有偏析。慢冷则偏析多，淬冷则偏析少。可以认为陶瓷的晶界上微观偏析是相当普遍的。

当基质中存在几种杂质时，则那些离子半径与基质相差大的元素将先偏析。

杂质进入晶格内通常将增大晶体的自由能，因此在重结晶时这类杂质离子将从晶体颗粒内排除，通过多步结晶，杂质浓度可大为降低。陶瓷在烧结过程中，伴随晶粒生长和重结晶，会使晶粒纯化并使杂质排向晶界区，有时晶粒内部杂质为 $5\times10^{-5}\sim10^{-4}$，而晶界杂质达 5%，即大 500～1 000 倍，说明晶界的吸杂作用。但如果有些杂质进入晶粒，将大量降低自由能，甚至无限互溶时不属此例。

加入一些能在晶界形成第二相的液相加入物，可使某些元素在晶界富集。例如，用工业原料制造 $BaTiO_3$PTC 材料，则由于 Fe，K 等杂质不利于晶粒半导化。如加入 Si，Al 形成液相，使晶粒内有害半导化的杂质富集于晶界，则材料可半导化。如单独掺锰，则 Mn 进入粒内，而加入 SiO_2 及 Mn，则由于 SiO_2 形成液相，Mn 将进入晶界。

晶界区的偏析或沉积存在两种实验事实和观点，一是认为晶界区有连续分布环绕晶粒的第二相，有时则存在于三晶粒交点或四晶粒交点处，通过选择性化学腐蚀，把晶粒蚀掉而残留下晶界的骨架，利用 SEM 可清楚地观察到。二是利用现代化工具(AES，ESCA，SIMS，FEM 等)研究晶界表明，并不如早先想象的存在包围晶粒的第二相，而是有一个含杂质厚度仅为几毫米的薄层，其结构和晶粒相同，通常沿用金属中的术语称之为偏析，而非第二相。

4.1.2 晶界对无机非金属陶瓷性能的影响

陶瓷材料是多晶聚集体，晶界会影响其许多性质和在其中所发生的某些过程。无机非金属电子陶瓷就是利用晶界的性质使其获得特定的性能或功能。例如，铁氧体的晶界区如果偏析出 Ca，Si，将形成0.1 μm的高阻层而使材料损耗比原来减少 10 倍，掺入 CaO，GeO_2 的锰锌铁氧体中也会产生相同效果。PTC 材料烧成冷却过程中在晶界处形成高势垒电阻层，但当低于相变温 T_c 时，由于出现自发极化或应力诱导极化使晶界势垒被抵消，因而使电阻突降，这使得 T_1 前后电阻变化达 $10^3\sim10^5$，从而构成有用的自控发热体材料。在高介电常数电容器中，利用高温下晶界区的高离子扩散使 Cu，Bi，Mn 等在该区形成化合价补偿，成为高绝缘层(厚 0.1～1 μm)，而获得高介电常数 ε 的电容器(ε 为几万)，尽管材料本身本征 ε 仅 1 000 左右。又如 ZnO 变阻器瓷，利用晶界层特殊的电流、电压关系，发展了许多应用。这类陶瓷在烧结温度条件下有相当高的电荷载流子浓度，而在降温冷却中离子活动度很低，使晶界电荷载流子浓度保持下来。晶界区具有空间电荷层这一特点，是 ZnO 变阻器的主要应用机制。又如使过剩的铜离子沿 CdS n 型半导瓷晶界扩散，在晶界处形成 p 型半导体，可构成太阳能电池的光电元件。

晶界的存在还会对陶瓷中所发生的一些过程产生影响。通常刚玉瓷是不透明的，但当掺入少量 MgO，就可显著地促进烧结致密化。Y_2O_3 中加入 ThO_2，ThO_2 中加入 CaO 等都可减慢晶界的迁移，使气孔几乎全部消除，获得光学用透明瓷。这是调节晶界迁移而调节烧结过程的例子。其他晶界对扩散、相变、成畴、内场、老化、断裂等行为或过程，都有较大的作用。下面通过两种典型电子陶瓷材料(ZnO_2 压敏陶瓷和 $BaTiO_3$ 热敏陶瓷)来了解晶界对性能的影响。

1. ZnO_2 压敏陶瓷

氧化锌压敏陶瓷是一类电阻随加于其上的电压而灵敏变化的电阻器，其工作原理基于所用压敏电阻材料特殊的非线性伏安特性。具有这种特性的材料包括硅、锗等单晶半导体及 SiC，TiO_2，$BaTiO_3$，$SrTiO_3$，ZnO 半导体陶瓷等，其中以 ZnO 半导体陶瓷特性最佳。由氧化锌半导体陶瓷制成的压敏电阻器，由于其制造成本低、非线性系数大、响应时间快、残压低、电压温度系数小、泄露电流小等独特性能，能起到过压保护、抗雷击、抑制瞬间脉冲的作用，广泛应用于电力(交流、直流输配电)、交通、通讯、工业保护、电子、军事等领域。

氧化锌压敏陶瓷特性是对电压变化敏感的非线性电阻，其工作电压是基于所用压敏电阻特殊的非线性电流-电压($I-V$)特征。电流-电压的非线性主要表现在：当电压低于某一临界值之前，变阻器阻值非常高，其作用接近于绝缘体(其 $I-V$ 关系服从欧姆定律)；当电压超过临界值时，电阻就会急剧减少，其作用又相当于导体(其 $I-V$ 关系为非线性)，其 $I-V$ 关系可用下式表示：

$$I=\left(\frac{V}{C}\right)^{\alpha} \tag{4-21}$$

式中，I 为通过压敏电阻的电流；V 为加在变阻器两端的电压；α 为非线性系数，表示电阻值随电压增加而下降程度的指数；C 为非线性电阻。α 越大，则电压增量所引起的电流相对变化越大，压敏性越好。

ZnO 压敏电阻器的性能参数与 ZnO 半导体陶瓷的配方有密切关系。下式是目前生产使用的典型组分之一：

$$(100\sim X)ZnO+\left(\frac{X}{6}\right)(Bi_2O_3+2Sb_2O_3+Co_2O_3+MnO_2+Cr_2O_3)$$

当工艺条件不变时，改变 X 值，则产品 C 值随 X 的增加而增加，但当 $X=3$ 时 α 出现最大值。除改变 X 值外，还可以改变添加物的成分或添加微量其他氧化物来改变产品的性能参数。多年来的研究认为 Bi_2O_3，Sb_2O_3，Co_2O_3，MnO_2，Cr_2O_3 等构成 ZnO 压敏陶瓷的基本晶界结构。

肖特基势垒的形成是使 ZnO 压敏电阻产生伏安非线性的关键，晶界处的受主态对施主载流子的俘获是伏安非线性的微观起源。目前形成的共识是施主来源于 ZnO 晶粒，而受主来源于锌离子空位和富铋层，界面态俘获的电子在粒界层聚集，从而使中性的晶粒表面失去电子而带正电。晶粒内部的自由电子因热运动而传输至表面以满足表面的电中性，又因热激发而进入晶界为受主态所俘获，使表面进一步正电化。这个过程一直进行到晶粒表层的自由电子耗尽，形成一个几乎由纯正电离子构成的厚约为 10～100 nm 的耗尽层，这使得 n-ZnO能带向上弯曲，构成肖特基势垒。ZnO 压敏电阻的非线性特性正是由多晶陶瓷烧结体的这种晶界静电势垒所控制。

ZnO 压敏电阻的老化通常是指在 AC 或 DC 电场或机械应力作用之下的漏电流增加、非线性特性减弱的现象，它是 ZnO 压敏陶瓷稳定性能的重要指标。有关老化机理的研究指出，老化是一种晶界现象，一般认为它是由于 ZnO 电阻片的肖特基势垒的畸变引起的，而肖特基势垒的畸变又是由晶界区域的离子迁移造成的。根据分析，迁移离子主要是填隙锌离子。通过热处理将耗尽层中的间隙锌离子扩散出去，ZnO 压敏电阻器的稳定性将得到很大的改善。

ZnO 压敏陶瓷微观结构中的晶界形成于烧结过程，烧结参数（如温度、时间以及掺杂的种类）对其性质具有决定性的影响，同时晶界性质形成又确定了 ZnO 压敏陶瓷的性能。

ZnO 压敏电阻中一般都以碱土金属氧化物为添加剂。在烧结过程中，碱土金属离子半径大于 Zn 离子的半径，在 ZnO 晶粒晶界处形成偏析层。离子的晶界吸收和晶界偏析必然会产生相应的晶界电荷。由于电中性的要求，晶界电荷必定伴随着相应的空间电荷。晶界偏析层和晶界空间电荷区的存在对 ZnO 压敏电阻的性能有重要的作用。

2. $BaTiO_3$ 热敏陶瓷

热敏陶瓷是一类电阻率随温度发生明显变化的材料，用于制作温度传感器、线路温度补偿及温频等的元件——热敏电阻。其优点是品种繁多，灵敏度高，稳定性好，容易制造，价格便宜。按照阻稳特性，可把热敏陶瓷分为负温度系数 NTC，正温度系数 PTC，临界温度 CRT 热敏电阻及线性阻温特性热敏陶瓷四大类。这里主要介绍正温度系数 PTC 陶瓷（$BaTiO_3$）与晶界结构的关系。

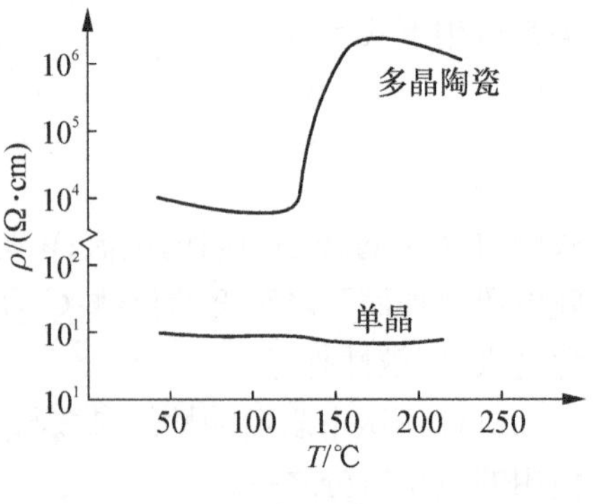

图 4-6　$BaTiO_3$ 单晶和陶瓷的 $\rho-T$ 关系

1963 年，Goodman 对半导掺杂的单晶片及相同化学组成的多晶陶瓷，测定了 $\rho-T$ 关系，发现单晶无 PTC 效应，而多晶陶瓷则有 PTC 效应（见图 4-6）。此后国际上就多认为 PTC 效应是晶界现象。

Hayashi 利用异常生长的大晶粒，测定其晶界的 PTC 效应，发现相干程度高的晶界（小角度晶界、双晶晶界）PTC 效应极微或没有，而混乱或无序晶界则有 PTC 效应或较大，他认为无序晶界区有利于氧（O^{2-}）的扩散进入或吸附或杂质偏析，促进 PTC 效应的产生（因为晶界氧化是形成势垒的必要条件）。由于晶界无序，对于受主杂质偏析、氧吸附、氧扩散和生成复合缺陷等过程均有利，这类过程大多于烧成冷却阶段时产生，从而形成势垒和 PTC 效应。如果烧成工艺中急冷，不发生这类过程，就无 PTC 效应。相干晶界有序程度高，杂质或氧不易在该处偏析或吸附，因而不易形成 PTC 效应。有时采用过于纯净的原料，PTC 效应常较低，这是由于适量受主杂质偏析于晶界，会增强 PTC 效应之故。

$BaTiO_3$ 陶瓷是否具有 PTC 效应，完全是由其晶粒和晶界的电性能决定的，没有晶界的单晶不具有 PTC 效应。晶粒和晶界都充分半导化及晶粒半导化而晶界或边界层充分绝缘化的 $BaTiO_3$ 陶瓷都不具有 PTC 效应，而只有晶粒充分半导化、晶界适当绝缘化的 $BaTiO_3$ 陶瓷才具有显著的 PTC 效应。

$BaTiO_3$ 陶瓷产生 PTC 效应以下有两种途径。

第一种途径是掺杂。La^{3+}，Ce^{4+}，Sm^{3+}，Dy^{3+}，Y^{3+}，Sb^{3+}，Bi^{3+} 替代 Ba^{2+}，替代的原则是半径相近、电价高于 Ba^{2+} 的 Nb^{5+}，Ta^{5+}，W^{6+} 置换 Ti^{4+}，使 $BaTiO_3$ 中分别出现 Me^{3+} 和 Me^{5+}，由于电荷中性的要求，$BaTiO_3$ 中易变价的 Ti^{4+} 一部分变成 Ti^{3+}，因被 Ti^{4+} 俘获的电子处于亚稳态，在受热和电场激励时，如同半导体的施主起到载流子的作用，因而使 $BaTiO_3$ 具有半导性。

第二种途径是强制还原。强制还原是为了 $BaTiO_3$ 偏离化学计量，但是容易使得晶粒半导体化，同时晶界也要半导化。

$BaTiO_3$ 热敏陶瓷的制作工艺的关键是原料配方和烧成工艺，如掌握不当，就不可能得到理想的材料。原料配方要求非常精确，掺杂量以克为单位需精确到小数点后 3～4 位数。烧成温度也需要精确到±1℃，升降温速度也有严格要求。图 4-7、图 4-8 为 $BaTiO_3$ 陶瓷烧成温度和冷却制度对其电阻率的影响。

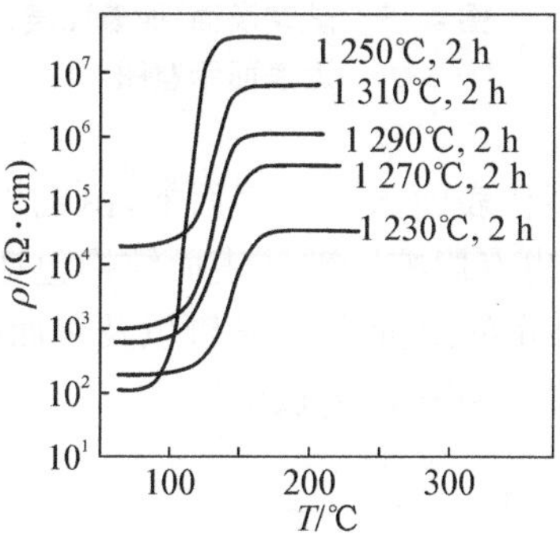

图 4-7　$BaTiO_3$ 烧成温度对电阻率 ρ 的影响

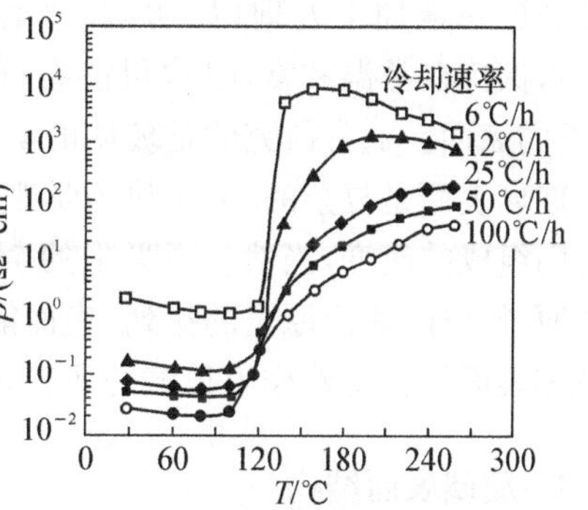

图 4-8　$BaTiO_3$ 冷却速率对电阻率 ρ 的影响

从图 4－7 中可以看到，随着烧成温度的提高，陶瓷的室温电阻率上升；而温度过低时，居里温度阻值突变的范围少，即 PTC 效应弱。可见选择正确的烧成温度对制作 PTC 热敏陶瓷是至关重要的。而由于配方不同，烧成温度要通过多次实验才能确定。图 4－8 表明了冷却速率对 PTC 效应的影响是非常显著的。因为在冷却过程中，对于一定的冷却速率，平衡状态会随温度的下降而延续到某一特定的温度，经过这一温度后，平衡的建立将跟不上温度的变化，就会有某种类型的缺陷（如金属缺位）被冻结下来，其他的缺陷（如氧缺位）直到另一较低温度才被冻结下来。这种不同类型缺陷的分级冻结过程是发展到接近室温时，才将全部原子缺陷冻结起来。所以在室温下，缺陷的分布情况是非常复杂的。同样的原料配方、升温速度和烧成温度，仅冷却速率不同，室温电阻率甚至有数量级的差别。冷却速率越慢，高阻层间内部渗透的深度就越大，材料的电阻率就越高；反之，冷却速率越快，室温电阻率就越低。虽然冷却速率对材料室温电阻率影响极大，但材料的高温状态和室温特性还是有联系的，冷却速率可视为两者间的纽带，所以对某一配方的 $BaTiO_3$ 材料应有一个最合理的冷却速率。

4.2 玻璃表界面

4.2.1 玻璃表界面与性质

玻璃常温下是固态，所以玻璃表面的概念习惯上指固态玻璃与气体的界面而言，示意图见图 4－9。界面下 100 nm 为亚表面层，再深些就称为近表层。

玻璃表面分为清洁表面和实际表面两种类型。清洁表面是经过电子束轰击、离子溅射等特殊处理并保持在 10^{-9}～10^{-4} Pa 超真空下，沾污少得不能用一般表面分析探测的表面。实际表面是暴露在未加控制的大气环境中的玻璃表面，或者经过一定加工处理（如切割、研磨、抛光、清洗等），保持在常温和常压（也可能在低真空和高温）下的表面。通常研究的是玻璃的实际表面。

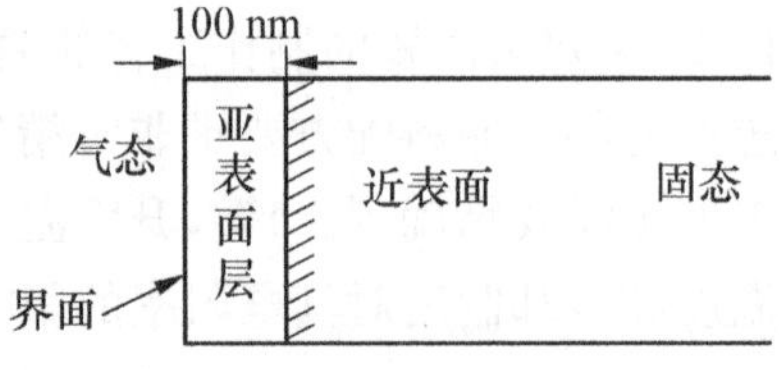

图 4－9　玻璃表面、亚表面层、近表面示意图

玻璃表面是复杂的，但从热力学观点来看，表面存在表面张力和表面能，由偏析作用引起表面组成的改变，当然表面吸附的杂质对表面组成也有影响。玻璃表面结构包括表面以何种原子存在、表面原子的排列、表面能级分布和空间分布、表面的化学键以及表面的吸附，对玻璃表面结构虽然作了很多的研究，但目前还很难有一明确的公认结论。

1. 玻璃表面结构

当玻璃从高温成型冷却到室温，或断裂出现新表面时，表面就会存在不饱和键，或称断键。Weyl等人假定二氧化硅和石英玻璃断裂或二氧化硅凝胶脱水时，形成D单元和E单元，如图4-10所示。E中心(过剩氧单元)，即Si^{4+}仅由三个氧离子键合，还与一个未与其他阳离子键合的阳离子相连，因而造成此基团氧过剩，带负电荷，即：

$$[Si^{4+}(O^{2-}/2)_3O^{2-}]^- \text{ 或 } (Si^{4+}O^{2-}_{2.5})^-$$

D中心(不足氧单元)，即Si^{4+}仅与四面体中三个氧离子键合，造成氧不足(缺氧)，此基团带正电荷，即：

$$[Si^{4+}(O^{2-}/2)_3]^+ \text{ 或 } (Si^{4+}O^{2-}_{1.5})^+$$

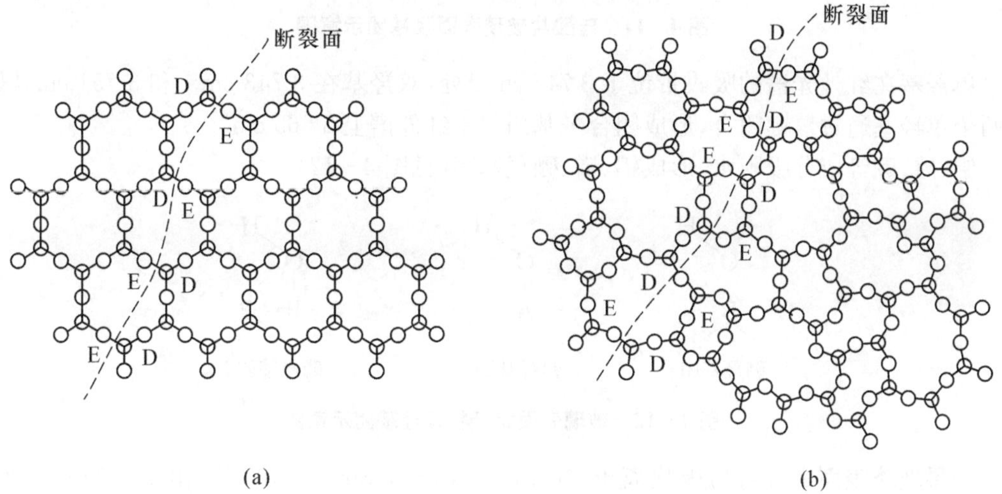

图4-10 石英晶体断裂表面结构(a)和石英玻璃断裂表面结构(b)

为保持表面中性和化学计量组成，破碎的二氧化硅玻璃新鲜表面保持相等数量的E单元和D单元(基团)。

当石英玻璃在氧存在的情况下断裂时，表面通过离子感应偶极吸引氧分子，其中伴随电子转移。通常认为缺氧的带正电的D基团吸附中性O_2分子，负电荷由E基团迁移到D基团吸附的氧分子上形成$(O_2)^-$。$(O_2)^-$在自由态是不稳定的，需要阳离子平衡稳定。但Weyl认为二氧化硅表面不稳定的$(O_2)^-$不是由两个阳离子来平衡的。为了说明二氧化硅表面是中性的、整体的，是非化学计量组成(氧过剩)，Weyl等提出断裂的和脱水胶体的二氧化硅表面存在着$(Si^{4+}O^{2-}_3)$O基团。他们还认为有氧存在时，二氧化硅断裂的表面在反应时有高的氧化势。

当没有活性分子存在时，断裂的二氧化硅新鲜表面排列着E基团和D基团，分别具有过剩的正电荷和负电荷。电子能否从E基团转移到D基团，使新生的表面有较低的表面能，Weyl认为这种转移是不可能的，因为这将导致形成Si^{3+}外层有(8+1)的电子构型，这种电子构型是不稳定的，所以未必通过这种途径来降低表面能。一般认为通过吸附大气中活性分子的途径来降低表面能是比较合理的。

大气中最普遍的活性介质是水，玻璃表面的不饱和键，能够快速吸附大气中的水。并且和吸附的水分子反应，形成各种羟基团。根据红外光谱测定，硅酸盐玻璃表面存在如图4－11所示几种类型的羟基团。

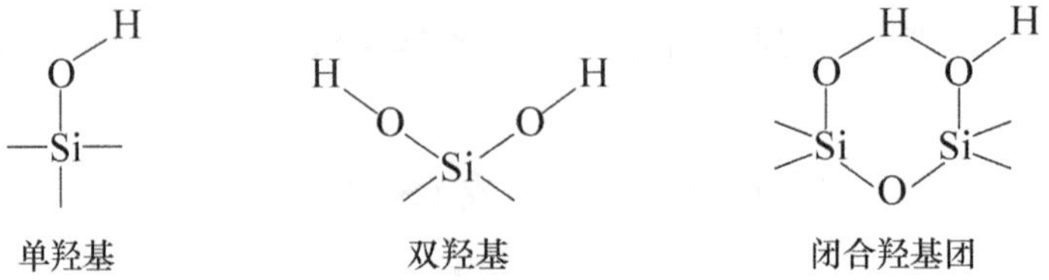

图 4－11　硅酸盐玻璃表面羟基团示意图

单羟基在红外光谱的吸收带位于 3 747 cm^{-1}处，双羟基在 3 743 cm^{-1}和 3 751 cm^{-1}处，由两个单羟基通过氢键闭合，形成闭合羟基团位于红外谱上 3 665 cm^{-1}。

铝、磷、硼等成分吸附水，形成铝、磷、硼羟基团（见图 4－12）。

图 4－12　玻璃表面铝、磷、硼羟基团示意图

如果玻璃表面中含有易极化离子，如 Pb^{2+}，Cd^{2+}，Sn^{2+}，Sb^{3+}等，由于它们的表面能低，可能出现中性表面层或接近中性表面层。

作花济夫绘制的玻璃表面结构模型如图 4－13 所示，它表示了玻璃垂直断面结构。玻璃表面的断键吸附 H^+，形成羟基团，并有一些 H^+ 与玻璃中的 Na^+ 交换，扩散到玻璃结构中去。

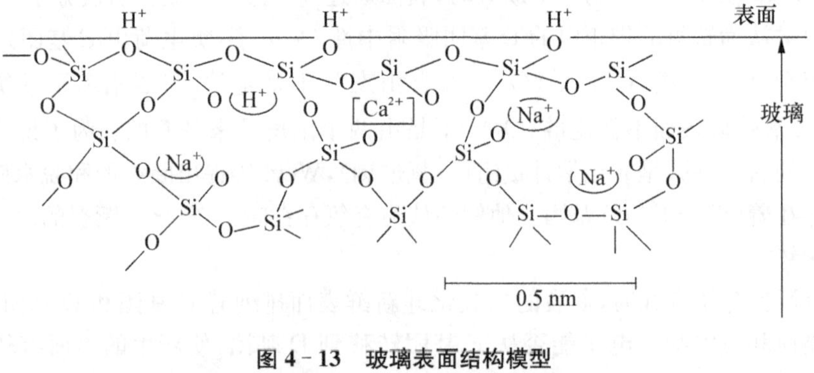

图 4－13　玻璃表面结构模型

Hand 等在 Greaves 改进的无序网络结构模型碱硅酸盐玻璃整体结构二维示意图（见图

4－14)基础上,得出了碱硅酸盐玻璃表面结构二维示意图(见图4－15)。在图4－14中可以看出结构中存在网络调整物、碱离子的通道。在图4－15所示的玻璃表面结构中,此通道发生中断。在调整物通道中,一部分碱离子被水蒸气中的氢离子所取代,氧和氢键合,形成Si—OH基团。由于Si—OH基团的形成,表面的通道由氢键连接,但氢键比离子键要弱,因而使表面区域键强降低,易形成表面缺陷,同时此通道也有利于表面的互扩散。这些缺陷有可能构成表面的格列菲斯(Griffith)微裂纹。

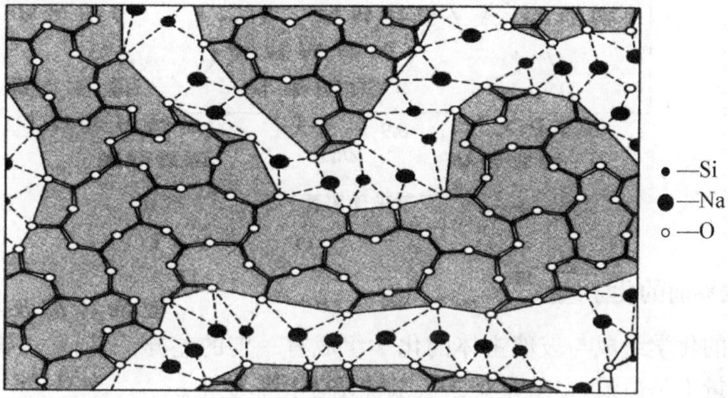

图4－14　Greaves碱硅酸盐玻璃整体结构二维模型

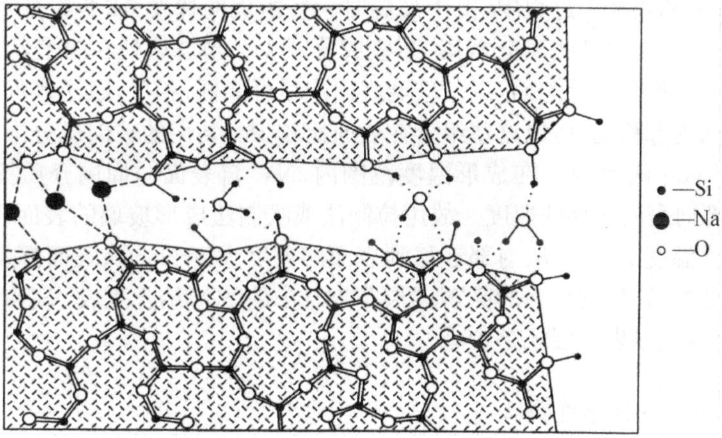

图4－15　Hand碱硅酸盐玻璃表面结构二维模型

分子动力学(MD)模拟法是以原子之间的相互作用来计算多原子系统的结构和性质,与静态模拟法(如硬球逐步沉积法)相比,分子动力学模拟考虑到最邻近原子之间的相互作用,原子之间的位置和运动速度,用计算机不断迭代计算出系统的总动能以及位形的变化,能探讨温度、压力、体积、密度等参数的影响,更为直观,比较合理。20世纪80年代学者就开始使用计算机,用分子动力学方法研究玻璃结构和玻璃表面结构,Garofalini用分子动力学计算机模拟计算石英玻璃表面迁移的氧原子密度与硅原子密度，如图 4－16 所示。

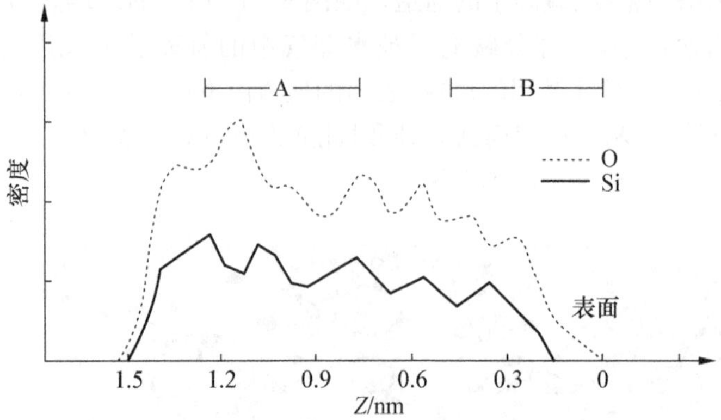

图 4－16　石英玻璃表面原子密度分布

2. 玻璃表界面的化学组成

玻璃表面的化学组成与玻璃主体的化学组成有一定的差异，即沿着玻璃表面的垂直方向的各组成含量不是恒值，也就是说组成随深度变化而变化。

造成玻璃表面与主体组成上的差异，主要是由熔制、成形、热加工以及玻璃表面受大气、水和其他溶液侵蚀等不同原因造成的。

在熔制、成形和热加工过程中，由于高温时一些组成的挥发，或各组分对表面能的贡献大小不同，而造成表面中某些成分富集，某些成分减少。当玻璃处在黏滞状态下，使表面能减少的组分就会富集到玻璃表面，以使玻璃表面能尽可能低；相反，赋予表面能高的组分，就会迁离玻璃表面内部移动，所以这些组分在表面比较少。常用的玻璃成分中的 Na^+，B^{3+} 是容易挥发的。Lyon 认为 Na^+ 在成形温度范围内，Na^+ 自表面向周围介质挥发的速度大于 Na^+ 从玻璃内部向表面迁移的速度。故用拉制法或吹制法成形玻璃的表面还是少碱的。他认为只有在退火温度下，Na^+ 从内部迁移到表面的速度大于 Na^+ 从表面挥发的速度。但实际生产中，退火时对迁移到表面的高 Na^+ 层与炉气中的 SO_2 结合生成 Na_2SO_4 白霜，而这层白霜和容易洗去，结果表面层还是少碱。

3. 玻璃表界面的化学性质

玻璃表面的化学反应是指表面和近表面与气体和液体的反应，如反应仅涉及表面几个分子层直到深度 10 nm 左右，为化学吸附；在 10 nm 以上的为化学反应，包括玻璃表面与水、酸、碱以及气体的反应。

玻璃表面的化学反应除了与试剂的性质和反应条件有关，还与玻璃表面的状态有很大的关系。Hench 将硅酸盐玻璃表面受水或溶液侵蚀后的表面结构状态分为五种类型，如图 4－17 所示，虚线表示最原始玻璃表面，实线表示主体玻璃，罗马数字表示玻璃表面类型。各类型表面的特点分别叙述如下。

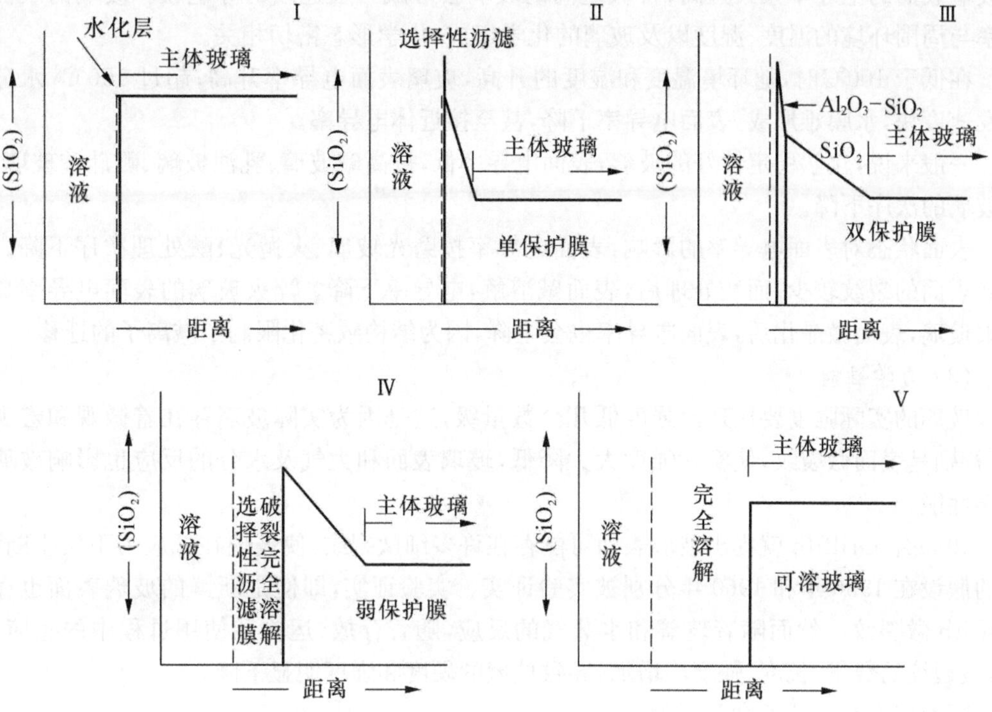

4-17 硅酸盐玻璃受溶液侵蚀后的五种类型表面

Ⅰ型(不溶型)表面是不溶的,成分难以变化,只生成小于 5 nm 的水化层,如石英玻璃表面在中性溶液中。Ⅱ型(单保护膜型)在溶液中产生选择性溶出,如 R^+ 的溶出,表面脱碱,形成比主体 SiO_2 含量高的富硅保护膜。Ⅲ型(双层保护膜型)玻璃中含 Al_2O_3 或 ZrO_2 或 CaO, P_2O_5,在溶液中生成的富硅膜上还有硅酸铝、硅酸锆或磷酸钙保护膜,此类保护膜溶解度小,在酸性和碱性溶液中比较耐久。Ⅳ型(无保护膜型)玻璃表面的 R_2O 选择性溶解,虽然也生成表面膜,但由于玻璃中的 SiO_2 也低,无保护作用。Ⅴ型(可溶型)玻璃中的 SiO_2 由于 OH^- 的作用而使网络断裂,玻璃表面缓慢地一层层溶解。例如,硅酸盐玻璃在 pH 大于 9 的碱性溶液中,侵蚀后的表面一般无光泽,因玻璃在溶液中溶解度有差异,表面侵蚀不均匀。

4. 玻璃表界面的物理性质

(1) 光学性质

玻璃表面凹凸不平将导致光的漫反射。从物理学得知,要获得镜面反射,表面不平整引起的光程差不得超过光波长的八分之一,即不平整度不要超过光波长的十六分之一。经过分析,Brand 认为透射时,要得到清晰的像,粗糙引起的光程差不得超过光波长的十五分之四,大于反射时的八分之一,光透过玻璃对表面粗糙度要求宽些。

(2) 电学性质

玻璃表面吸附水,水膜中的 H^+ 与玻璃表面的碱离子进行离子交换,碱离子进入水膜,使玻璃表面的电导率大大升高，含碱量高的玻璃会形成一层连续的导电膜。玻璃的表面电导率与周围环境的温度、湿度以及玻璃的化学组成、化学形态密切相关。

在低于100℃时，随环境温度和湿度的升高，玻璃表面电导率升高；超过100℃，水分子蒸发速度快，水膜难形成，表面电导率下降，甚至接近体电导率。

一般来说，化学稳定性好的玻璃，表面电导率低，按高碱玻璃、乳浊玻璃、硼硅酸玻璃、石英玻璃的次序下降。

表面状态对表面电导率的影响：表面电导率按磨光玻璃、火抛光、酸处理次序下降。火抛光表面的裂纹较少，而酸处理后，表面碱溶解，电导率下降。淬火玻璃的表面电导率高于退火玻璃，表面微晶化后，表面电导率也会下降，因为结构致密化限制了碱离子的迁移。

（3）力学性能

玻璃的实际强度要比理论强度低几个数量级，这是因为实际玻璃存在着微观和宏观缺陷，特别是表面微裂纹，使实际强度大大降低，玻璃表面和大气及水分的反应也影响玻璃的力学性能。

1920年Griffith就提出玻璃表面可能存在许多细微裂纹，使玻璃在低应力下发生断裂。他的假设在1936年和1960年分别被实验证实。实验证实，即使是新鲜的玻璃表面也存在Griffith微裂纹。然而随着玻璃和水蒸气的反应，随着存放、运输和使用过程中的碰撞、擦伤，微裂纹的数量、长度、强度均增加，导致玻璃的硬度和强度明显下降。

断裂应力与裂纹长度关系为：

$$\sigma = \sqrt{2E\gamma/\pi C} \tag{4-22}$$

式中，σ 为断裂应力；E 为弹性模量；γ 为表面能；C 为裂纹长度的一半。

由上式可知，表面裂纹越长，越易断裂。弹性模量和表面能越大，扩展裂纹所需要能量越大，断裂越困难。

玻璃的静疲劳是指在强度与活性介质作用下，表面裂纹扩展，导致荷重时间越长，玻璃强度越小。

活性介质与裂纹作用包括两方面，第一作用活性介质渗透入裂纹，降低表面张力，使裂纹扩展；第二作用是在裂纹尖端由于应力集中，加快了活性介质与玻璃的反应速率，玻璃被它溶解，裂纹扩张。故真空中玻璃不会疲劳，低温时疲劳不明显。

4.2.2 玻璃表面处理

玻璃表面处理是采用物理、化学、机械等方法改变玻璃表面形态、化学组成、结构或应力状态，获得所要求的性质与功能。

玻璃表面处理技术按作用原理可分为：微观微粒沉积、介观或微观粒子沉积、整体覆盖、表面改性。

微观微粒沉积为沉积物以原子、离子和粒子团簇形态在玻璃表面形成薄膜。例如，物理气相沉积、化学气相沉积镀膜。

介观或微观粒子沉积是沉积物以介观(毫米级)或微观(微米级)尺寸的颗粒形态在玻璃表面形成覆盖层,如热喷涂、描金。

整体覆盖是覆盖材料在同一时间施加在玻璃表面上,如贴铁甲防爆膜、夹金膜。

表面改性,如离子扩散、离子注入。

玻璃表面处理具有下列优点:提高玻璃的物理、化学性质,如表面有机硅涂层提高玻璃的强度和化学稳定性;获得玻璃基片所不能具有的特性,如玻璃基片上镀 TbFeCo 磁光薄膜后,可用作信息记录的磁光盘,又如在平板玻璃上贴光栅膜后,经光线照射后呈虹彩效果;同一玻璃基片采用不同表面处理方法,可以获得不同的性质和功能,如浮法玻璃基片,采用化学蒙砂可以形成半透明的毛面,镀反射膜后,可以反射 67% 的太阳能起遮阳作用,贴变色膜后,能在不同光强或不同方向电场下改变玻璃颜色;原料消耗少,污染程度低,成本低廉,以整体着色平板玻璃为例,所需着色剂多,熔化时着色剂常常挥发,污染环境,而表面着色所需着色剂少,成本低,又如离子注入,所用靶材料很少,注入过程对环境基本上无污染,符合可持续发展要求;设备简单,产品附加值高,如冰花玻璃,以平板玻璃为原片,用简单的设备即可加工,而售价要比平板玻璃高得多。

1. 玻璃表面镀膜

玻璃表面镀膜是处理玻璃表面常用的方法,通过镀不同的膜,以改善玻璃的光学、热学、电学、力学、化学等性能,有些膜也能起装饰作用,所以膜层既有功能性的,也有装饰性的。

根据玻璃表面镀膜的方法,可分为化学镀膜和物理镀膜两种。

(1) 化学镀膜

① 化学还原法

化学还原法是很古老的,但至今仍在应用的镀膜方法,可用来镀银、铜、镍。

化学镀银起源于银镜反应。将含有可溶性银配合物 $Ag(NH_3)_2OH$ 的溶液,加入醛或还原糖,发生氧化还原反应时,会有金属银沉淀。即:

$$RCHO + 2Ag(NH_3)_2OH \longrightarrow 2Ag\downarrow + RCOONH_4 + 3NH_3 + H_2O \quad (4-23)$$

氢氧化二氨合银是托伦最先发现的,称为托伦试剂,此反应称为托伦实验,也可用于检验醛和还原糖。镀银时,将托伦试剂与还原剂混合后,置于玻璃表面,银即沉积在玻璃表面,从而达到镀银的目的。也可以用两个喷嘴分别将两种试剂同时喷射到玻璃表面上,产生还原反应而镀银。

由于镀银所用原料硝酸银价格比较昂贵,膜层和玻璃表面之间也不牢固,大部分平面装饰镜已用真空蒸发镀铝代替,但对于一些质量要求高的装饰镜以及形状复杂的玻璃器皿、艺术品、小口玻璃瓶罐以及保温瓶夹层仍沿用此法。

化学还原法也可以用于镀铜。室内装饰也有采用茶色玻璃镜,一般将茶色玻璃表面镀铝,但铝的反射率比银小,色调灰暗。化学还原法镀金膜能透过可见光,反射红外线和无线电波,具有化学稳定性高、耐腐蚀、耐磨损、导电性好等特性,并且呈华丽的金色光泽,既可用作导电膜、红外反射膜、无限电波发射膜，还可以用作为装饰膜。

② 化学气相沉积法

化学气相沉积法是指利用流经衬底表面的气态物料的化学反应，生成固态物质，在衬底表面形成薄膜的方法。

薄膜材料的蒸气相经过化学反应后，在玻璃表面上形成固体薄膜，此反应要求接近或就在玻璃表面发生，生成的固相应直接凝结在玻璃表面，而不希望在气相下发生，以免形成粉末状沉积物。为了使反应活化，可采用加热、高频电场、光辐射、电弧、电子轰击、等离子体增强等方法。

化学气相沉积法中有五种类型：

分解反应，$AB(g) \longrightarrow A(s) + B(g)$

氧化还原反应，$AB(g) + C(g) \longrightarrow A(s) + BC(g)$，

$AB(g) + 2D(g) \longrightarrow AD(s) + BD(s)$

水解反应，$AB_2(g) + HOH(g) \longrightarrow AO(s) + 2BH(g)$

聚合反应，$xA(g) \longrightarrow A_x(s)$

输运反应（$T_2 > T_1$），$A(s) + B(g) \longrightarrow AB(g)$

上述反应中，A，B 为化学元素，C 为氢或金属，D 为氧或氮；(g)指气体，(s)指固体。根据反应压力、温度以及其他条件不同，又可分为大气压、低压、高温、低温、等离子辅助、光电子增强化学气相沉积法，一般玻璃上镀膜均在大气压下进行，温度在 300～600℃，属于低温大气压(或低压)化学气相沉积法。

③ 热喷涂法

热喷涂法又称热解法，它是将金属盐类或金属有机化合物溶解，喷涂于热的玻璃表面，金属类或金属有机化合物受热分解，经过一系列反应，在玻璃表面形成金属氧化物薄膜：

$$MX_2 + \frac{1}{2}O_2 \longrightarrow MO + X_2$$

$$MX_2 + H_2O \longrightarrow MO + 2HX$$

$$MR + O_2 \longrightarrow MO + xCO_2 + yH_2O$$

其中，MX_2 为金属盐类，MR 为金属有机化合物，MO 为在玻璃表面形成的金属氧化物。由于金属离子的种类不同，光谱特性存在差异，所以呈现不同的颜色。

热喷涂过程中，金属盐类溶液会雾化形成气溶胶，与玻璃表面接触时分解为气体，再进行反应，可以归在气相合成中，但因送入喷枪时，使用的是液体或固体粉末，不是气体，而气相合成进入喷枪的就是气体，所以用热喷涂法更为确切。

④ 溶胶-凝胶法

将金属盐、溶剂、水和催化剂均匀混合后，金属醇盐水解，形成溶胶，涂在经清洁处理的玻璃表面上，再经陈化、干燥和热处理，醇和有机化合物分解、挥发，最终在玻璃表面上形成氧化物薄膜。

以常用的二氧化硅为例，采用醇盐为正硅酸甲酯（TMOS）或正硅酸乙酯（TEOS）。正硅酸甲酯的水解反应为：

$$Si(OCH_3)_4 + 4H_2O \longrightarrow Si(OH)_4 + 4CH_3OH$$

水解生成物为溶胶，就可涂在玻璃表面上，水解产物相互接触，发生缩聚反应：

$$\equiv Si—OH + HO—Si\equiv \longrightarrow \equiv Si—O—Si\equiv + H_2O$$

$$\equiv Si—OH + H_3CO—Si\equiv \longrightarrow \equiv Si—O—Si\equiv + CH_3OH$$

正硅酸乙酯的水解为：

$$Si(OC_2H_5)_4 + 4H_2O \longrightarrow Si(OH)_4 + 4C_2H_5OH$$

水解产物为硅酸 $Si(OH)_4$，但实际反应中水解产物为$(OH)_nSi(OC_2H_5)_{4-n}$，$n = 1, 2, 3, 4$。

正硅酸乙酯水解反应常加入酸为催化剂，在酸催化作用下，溶胶中的粒子在互相碰撞中形成粒子簇再互相联结，使整个溶胶体系形成三维网络，这时溶胶失去流动性而变为有弹性的固体，成为凝胶。凝胶再进行加热处理，根据玻璃基片和凝胶的性质，热处理温度波动于400～600℃，烧结成致密透明的涂层。

(2) 物理镀膜

① 真空蒸发沉积法

真空蒸发沉积法也称真空蒸镀法、真空蒸发法、真空沉积法，它是在真空条件下，用各种加热方法，使膜材料蒸发或升华为气态，原子或分子从蒸发源转移并沉积在玻璃基片上，同时在基片表面上重新排列或键合。

真空镀膜的主要设备见图4-18，它是由密封良好的镀膜室2和真空设备6组成，两者用管道连通，通过真空设备抽真空，使镀膜室保持一定的真空度。镀膜时一般要求 10^{-2} Pa 真空度，高真空时要求 10^{-6}～10^{-4} Pa。在镀膜室下部安装膜层材料的蒸发源3，上部安装玻璃基片1或玻璃制品，膜层材料蒸发后，即沉积在玻璃基片或玻璃制品上，4、5、7为真空阀门，8为扩散泵。

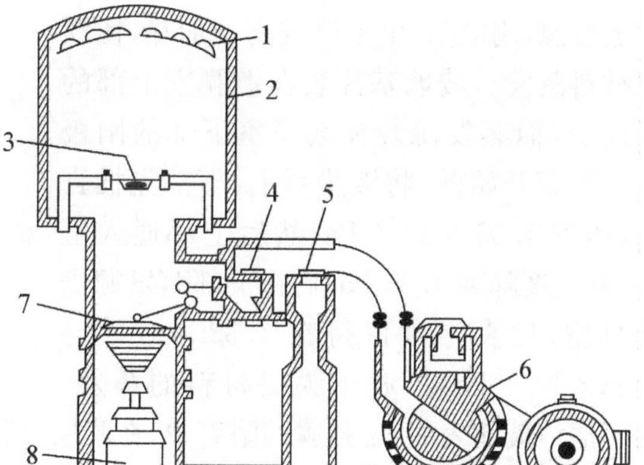

图4-18　真空蒸发沉积设备示意图

1-玻璃基片；2-镀膜室；3-蒸发源；4，5，7-真空阀；6-真空设备；8-扩散泵

根据膜材料的加热方式不同，有不同的真空蒸发镀膜方法。加热方式有电阻加热、电子束加热等几种。

电阻加热是指将蒸发源作为电阻，在有电流通过的情况下产生热，以此加热并蒸发膜材料的方式。再进行分类，还有直接加热蒸发源和间接加热蒸发源两种，前者的蒸发源材料自身是电阻材料，也是膜材料，而后者膜材料不导电，必须由蒸发源来加热。

电阻加热的蒸发源材料主要有 Al，W，Mo，Nb，Ta 及石墨等，其优点是设备简单、操作方便；缺点是不能蒸发高熔点的薄膜材料，薄膜中存在蒸发源材料的污染。

电子束加热是指在电阻加热方法中，膜原料与电阻蒸发源材料是直接接触的，由于蒸发源材料的温度高于薄膜材料，在某些情况下可能导致蒸发源材料污染膜材料。采用电子束加热法，可克服此缺点。通过电子枪产生电子束，轰击膜材料使之受热蒸发。通常阳极材料轰击法是电子束加热法中比较简单的一种。

② 溅射法

利用固体表面溅射出来的物质沉积成膜的过程，称为溅射法镀膜。溅射法镀膜是利用气体放电产生的正离子，在电场作用下加速成为高能粒子，撞击固体膜层材料的表面，进行能量和动量交换后，膜层材料的原子或分子在轰击下离开表面并沉积在玻璃基片上。它与真空镀膜的区别是一个以动量交换为主，另一个是能量交换为主。溅射法镀膜基于高能粒子轰击靶材时的溅射效应，而整个溅射过程都是建立在辉光放电的基础上。不同的溅射技术采用不同的辉光放电方式。溅射镀膜的装置根据辉光放电方式不同，主要有以直流辉光放电的直流溅射仪，以射频辉光放电的射频溅射仪，以环状磁场控制下辉光放电的磁控溅射仪。

③ 离子镀法

离子镀法是蒸发法与溅射法相结合的方法，其装置见图 4－19。

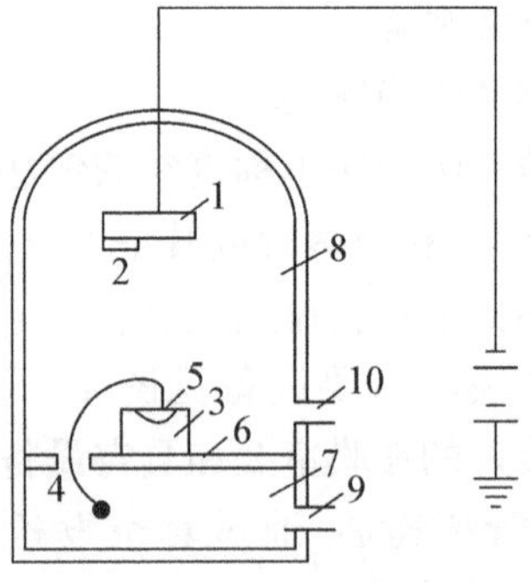

图 4－19　离子镀装置示意图

1－阴极；2－玻璃基片；3－坩埚；4－电子枪；5－膜层材料；6－压力保持挡板；7－真空室；8－镀膜室；9－真空道；10－氩气管道

在一密封的真空充氩气的镀膜室中，将膜层材料 5 放在下部水冷的铜坩埚 3 中作为蒸发源，用电阻、电子枪或高频加热，使膜层材料蒸发。玻璃基片装在镀膜室上部的阴极上，而蒸发源装在镀膜室下部的阳极上。镀膜开始前，将镀膜室上、下部先抽真空，达到 1.33×10^{-3} Pa，然后上部通入氩气，真空度降到 1.33 Pa，而在下部蒸发源仍抽真空，使真空度保持在 $1.33\times10^{-3}\sim1.33\times10^{-2}$ Pa，以利于膜层材料的蒸发。为了清洁玻璃表面，增强膜的附着力，在膜层材料蒸发前，先在阴极通负电压，使电离的氩离子轰击玻璃表面，进行溅射清洗，然后再镀膜。镀膜时给阴极加负高压（$-(1\sim5)$ kV），产生辉光放电，氩气电离为 Ar^+，蒸发的膜材料原子进入等离子场，受到 Ar^+ 的撞击而电离为离子，此离子在电场中被加速，根据所加电压的不同，离子加速的能量为 1～1 000 eV，然后沉积在安装于阴极的玻璃基片上，形成表面膜。

离子镀可用于镀金属（金、银、铜等）、氧化物（二氧化硅、二氧化钛等）、氟化物（氟化镁、氟化铝等）、硫化物（硫化锌等）、氮化钛、硼化物等及其混合物膜。此法既可镀单层膜，也可镀多层膜系。通常离子镀在玻璃制品和艺术品上镀铜、氮化钛膜，起到仿金膜的作用。

2. 镀膜玻璃的应用

(1) 自清洁玻璃

自清洁玻璃是指普通玻璃在经过通过特殊的物理或化学方法处理后，使其表面产生独特的物理特性，从而使玻璃无需通过传统的人工擦洗方法而达到清洁效果的玻璃。目前，从方法上区分自清洁玻璃有两类：超亲水自清洁玻璃、超疏水自清洁玻璃。

① 超亲水自清洁玻璃

超亲水自清洁玻璃在玻璃表面制备出超亲水性光催化 TiO_2 薄膜。该光催化薄膜具有超亲水性能和光催化分解有机物能力两大特性。超亲水性能是指玻璃表面对水具有超亲和作用，使水的液滴在玻璃表面上的接触角趋近于零。因此，当水接触到玻璃表面时，迅速在其表面铺展，形成均匀的水膜，表现出超亲水的性质，通过均匀水膜的重力下落带走污渍，通过该方式将可以去除大部分有机或无机污渍。光催化分解有机物能力是指通过光催化反应，纳米 TiO_2 薄膜将有能力分解各类有机物，通过该特性可以有效去除残余的顽固有机污渍并可杀灭黏附于表面的细菌。

② 超疏水自清洁玻璃

超疏水自清洁玻璃是利用超疏水技术使得玻璃表面产生超疏水和超疏油的特殊表面，从而使得亲水性污渍和亲油性污渍无法黏附于玻璃表面，保证了玻璃的自清洁。该方法的特点是效果明显，但是由于目前该方法的时效性差，无法保证玻璃产品作为耐用消费品的长期使用寿命，从而无法保证真正意义上的自清洁效果。

目前利用纳米 TiO_2 镀膜方式已经成为自清洁玻璃的开发和生产的主流。TiO_2 是一种 n 型氧化物半导体，对锐钛矿结构的 TiO_2，其禁带宽度约为 3.2 eV，相应的截止波长约为 380 nm。它在波长短于 380 nm 的紫外线照射下，表面产生氧空穴和电子，对应的 Ti^{4+} 转化为 Ti^{3+} 。当表面有水分子时，空穴与水反应生成 · OH 自由基，这种 · OH 自由基使表面与极性水分子的相互作用变强，这样在氧空穴处形成了亲水区域。也就是说，在紫外光的照射下，H_2O 在 TiO_2 表面的吸附由物理吸附转变为化学吸附，宏观上表现为水在其表面的接触角变小。TiO_2 表面的氧与氢氧基(化学吸附水)的置换，形成二维毛细管现象。当 TiO_2 表面不再受到紫外线照射时，氧空穴有可能捕获电子或者活泼的氢氧基与其他气体发生化学反应而逐渐失去活性，宏观表现为水的接触角逐渐变大，即紫外线照射后的 TiO_2 薄膜表面的亲水性能具有一定的寿命。因此，测量水在 TiO_2 薄膜表面的接触角可以研究 TiO_2 薄膜的亲水性能。研究表明，接触角小于 7°时有防雾效果。

从超亲水型 TiO_2 光催化材料研究中发现，TiO_2 光催化材料在通常状态下有三种晶型形态：锐钛矿晶型(四方晶系)、金红石晶型(四方晶系)和板钛矿晶型(斜方晶系)，其中锐钛矿晶型有最强的超亲水特性和光催化活性；金红石晶型也具有超亲水特性和光催化活性，而大多数的 TiO_2 材料以该状态存在；板钛矿晶型基本没有超亲水特性和光催化活性。研究中还发现 TiO_2 光催化材料的超亲水特性和光催化活性与该材料的比表面积成正比。

目前超亲水自清洁玻璃制备方法主要有化学气相沉积、磁控溅射等几种。

通过化学气相沉积方法将 TiO_2 沉积到洁净玻璃的表面，沉积结果往往为三种 TiO_2 晶型共同存在沉积在一起。该自清洁玻璃具有以下特点：锐钛矿型 TiO_2 晶型的含量极低，仅仅具有很有限的超亲水和光催化功能；生产成本很高；玻璃本身的透射率大大降低(约降低10%)；为非纳米材料，比表面积很小，使得性能和效率较低；为弥补性能低下的缺陷，将通过增加膜厚度方式来提高性能。由于有效成分锐钛 TiO_2 晶型的含量极低，亲水性和光催化性难以保证。

使用磁控溅射镀膜设备，通过将金属钛溅射到玻璃表面，在玻璃表面自然氧化生成 TiO_2 的薄膜，使得玻璃表面具有一定的亲水性，来达到自清洁效果。由于磁控溅射技术的限制，玻璃表面生成的 TiO_2 薄膜为无定型的 TiO_2 薄膜。它的特点是：玻璃表面的亲水性及自清洁性能极其有限；磁控溅射的成本高昂。

另外，可以通过溶胶提拉结合高温烧结技术制备自清洁玻璃。首先将 TiO_2 制成溶胶，再将玻璃放入该溶胶中浸润提拉，再将该玻璃在500℃下热处理 3～4 h，得到锐钛矿型 TiO_2 的表面薄膜。该方法存在缺陷：成本高，不利于规模化生产；有彩虹现象；玻璃的透光率降低15%～20%。

(2) ITO 导电玻璃

铟锡氧化物(简称 ITO)薄膜具有较低的电阻率(约为 10 Ω · cm)，可见光透过率可达85%以上，紫外线吸收率大于 85%，红外线反射率大于 80%，微波衰减率大于 85%，加工性能良好，便于刻蚀，膜层硬度高，既耐磨又耐化学腐蚀等特点，ITO 镀膜玻璃主要用于 LCD(液晶显示器)。它是制作 LCD 的三大主要材料之一(另两个为液晶和偏光片)。利用 ITO 薄膜的透明和导电功能，将这种镀膜玻璃作为机车的挡风玻璃、飞机和飞船的舷窗、坦克激光测距仪、机载光学侦察仪、潜艇潜望镜等的观察窗，不仅可起到隔热降温作用，而且薄膜通电加热后还可作为透明电极用于除雾除霜；利用 ITO 薄膜的透明和红外反射功能，用镀膜玻璃装配门窗或作高级建筑物的幕墙，具有良好的隔热节能效果；利用 ITO 薄膜的折射率(介于 1.8～1.9)和导电性，可将它用于硅太阳电池的减反射涂层和光生电流的收集；利用 ITO 薄膜对微波的衰减性，可防止因外界电磁波的侵入使电子设备产生误差和保密信息的泄露；ITO 薄膜可屏蔽电磁波，在需要屏蔽电磁波的场所如计算机操作房、雷达的保护区甚至隐形飞机上，可用其作为防电磁干扰的透明屏窗或屏蔽层。

ITO 膜玻璃的制备方法是用物理或化学的方法在基体表面上沉积得到的，基体材料一般采用超薄玻璃，故称之为 ITO 膜透明导电玻璃。

① 物理气相沉积法

采用物理气相沉积(PVD)法制备 ITO 透明导电膜的方法有电子束(EB)蒸发、高密度等离子体增强(HDPE)蒸发和低压直流(DCSP)溅射等技术。EB 蒸发技术是在物理相沉积时电子束聚焦于材料上而被加热，使原材料蒸发并沉积于衬底上，从而生成 ITO 薄膜，这种方法的沉积温度(衬底温度)低于 350℃时沉积出的 ITO 薄膜电阻率太大，以至于不能作为透明导电材料使用，故这种方法一般被选作 ITO 膜沉积的参照工艺；HDPE 蒸发沉积低阻

ITO薄膜是在氧气和氩气(总压力为0.1 Pa)的混合气体中,在衬底温度为200℃的条件下生产的。原材料用弧光放电法蒸发以提供等离子体,生成高能粒子入射到生长面上,从而生长ITO薄膜;DCSP溅射法即直流磁控溅射法是利用Ar-O混合气氛中的等离子体在电场和交变磁场的作用下,对In-Sn合金靶或In_2O_3-SnO_2氧化物靶或陶瓷靶进行轰击,被加速的高能粒子轰击靶材表面,能量交换后靶材表面的原子脱离原晶格而逸出,并转移到基体表面而成膜。制备工艺条件中靶浓度、沉积速率、氧分压、衬底温度、溅射功率以及后退火处理对ITO薄膜的方阻和透光率有极大的影响,优化这些参数可获得具有较高电导率和可见光透过率的ITO膜。该方法工艺控制性好,可在大面积基体上均匀成膜,因而DCSP溅射法是应用最广的,而且工业生产ITO薄膜时大多采用此方法。

② 化学气相沉积法

化学气相沉积(CVD)法是气态反应物(包括易蒸发的凝聚态物质蒸发后变成的气态反应物)在基体表面发生化学反应而沉积成膜的工艺。基体表面的这种化学反应通常包括铟锡源物质的热分解和原位氧化。CVD法所选的反应体系必须满足:在沉积温度下,反应物必须有足够的蒸气压;化学反应产物除了所需的沉积物为固态外,其余必须为气态;沉积物的蒸气压应足够低,以保证能较好地吸附在具有一定温度的基体上,但此法因必须制备具有高蒸发速率的铟锡前驱物而使生产成本较高。

③ 溶胶-凝胶法

溶胶-凝胶法制备ITO导电薄膜是以$InCl_3$、$SnCl_4$为前驱物、乙醇为溶剂配制溶液,在温度为20℃左右静置形成溶胶,镀膜后,在450℃下进行热处理,得到透明导电膜方阻。得到的ITO膜玻璃的方阻约为300～400 Ω/口,可见光平均透过率为80%,经X射线衍射及扫描电镜分析,生成物为多晶形态的铟锡氧化物。

(3) LOW-E玻璃

LOW-E玻璃就是低辐射玻璃,是在高质量的浮法玻璃基片表面上涂覆特殊的金属氧化物薄膜,使它对远红外光具有双向反射作用,既可以阻止室外热辐射进入室内,又可以将室内物体产生的热能反射回来,从而降低玻璃的传热系数。它的特点是:具有较高的可见光透射比和较低的可见光反射比,低辐射玻璃的可见光透射比一般为60%～80%,有的达85%以上;具有很小的辐射率和较大的红外光反射比,普通透明玻璃的辐射率E值为0.84,而低辐射玻璃的E值一般小于0.15,有的甚至低于0.05;具有中性色彩或接近中性色彩,可使低辐射玻璃尽量少地吸收入射的太阳能。

LOW-E玻璃膜的结构由功能膜、介质膜组成。

功能膜控制整个膜系的表面电阻,决定膜系的辐射率,并直接影响膜系的透射比和反射比。一般采用正电性金属元素(如金、银、铜等)作为该层膜的材料,从生产成本考虑,用银和铜更经济些。但铜容易被氧化而出现铜斑,相比之下银的抗氧化性比铜略好些。因此,通常用银作为该层功能膜的材料。但由于银质软,不耐磨,而且与玻璃的结合力差,因此银膜两侧需加介质膜。

第一层介质膜一般是金属氧化物膜(TiO_2, SnO_2, ZnO等)或类似的绝缘膜,用来提高银与玻璃表面的附着力，同时兼有调节膜系光学性能和颜色的作用。

外层介质膜也是金属氧化物膜或类似的绝缘膜，它既是减反射膜也是保护膜。在可见光和近红外太阳能光谱中起减反射作用，以提高此波长范围内的太阳能透射比，同时保护银膜，提高膜系的物化性能。另外，在银膜与外层介质膜之间通常加入很薄的一层金属或合金膜（如 Ti 或 NiCr 等）作为遮蔽层，其作用是防止银膜被氧化。

根据膜系结构和性能的不同，低辐射玻璃分为单银低辐射玻璃、双银低辐射玻璃和阳光控制低辐射玻璃。单银指的是膜系中只有一层银功能膜，双银膜系中有两层银膜，阳光控制低辐射指的是在低辐射玻璃性能的基础上加入阳光控制性能，使其既具有低辐射玻璃的性能又具有热反射玻璃的性能。下面对典型的单银、双银及阳光控制低辐射玻璃的膜系结构以及特性加以分析和阐述。

① 单银低辐射玻璃

它由一层银功能膜和各种介质膜组成（见图 4－20）。许多低辐射膜系采用氧化锌（ZnO）作为介质膜，因为锌的溅射率高，而且价格最便宜。但氧化锌膜层的牢固度不理想，因此一般情况下在其外层再沉积一层薄的氧化钛（TiO_2）作为保护膜。用二氧化锡（SnO_2）作为介质膜的膜系是最早的低辐射玻璃产品，它同样存在牢固度差的问题。因此，低辐射膜系具有软膜之称，较难加工处理且不能单片使用。为了改善和提高膜的牢固性能，采用更硬的抗氧化材料（如氮化硅和氧化钛）作介质膜得到了明显的效果。但随之而来的是对膜的生产条件和工艺技术提出了更高的要求。

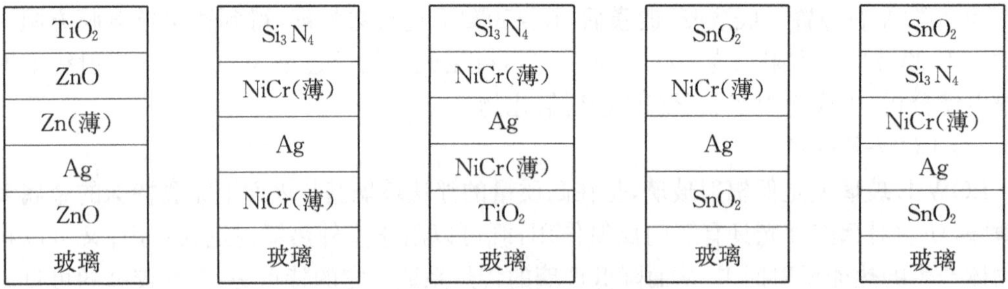

图 4－20　单银低辐射膜系结构

② 阳光控制低辐射玻璃

典型的阳光控制低辐射膜系结构如图 4－21 所示，采用二氧化锡（SnO_2）作介质膜，在单银膜系基础上，增加银膜层的厚度或者是增加银膜外起遮蔽作用的金属膜层的厚度，来达到降低可见光透射比、增加阳光控制功能的目的。与单银产品相比，可见光透射比明显降低。与热反射玻璃相比，具有较高的可见光透射比，利于建筑物采光。它不但具有低的辐射率，而且还可以有一定的颜色，丰富了建筑物的色彩，是一种既具有低辐射玻璃性能又具有热反射性能的产品，适用于冬季凉爽而夏季非常

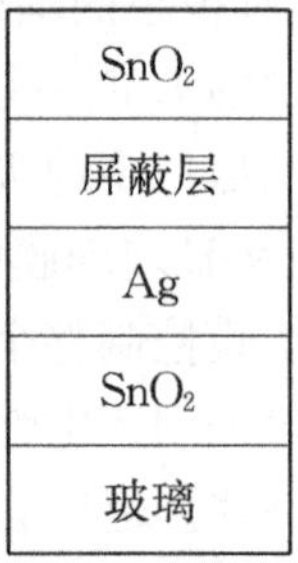

图 4－21　阳光控制低辐射膜系结构

炎热的地区。

③ 双银低辐射玻璃

双银膜系是在单银膜系基础上的进一步发展。任一单银膜系均可扩展为双银膜系，其典型结构如图4-22所示。双银膜系至步包含5层(一般是5～7层)功能不同的氧化物和金属膜层。在生产中每一层的控制要求非常严格。与单银膜系相比，每层膜的厚度及均匀性对整个膜系性能影响的灵敏度要高得多。这就对生产条件和工艺技术水平提出了更高的要求。另外，双银膜系的牢固度较差，尽管采用较硬的氧化物膜层来改善和提高，但仍无根本改观，因而，双银低辐射玻璃较难加工处理。但双银低辐射玻璃的性能优越，它具有低的辐射率，可使整个膜系的辐射降低至银理论极限值；同时具有较高的可见光透射比和较低的 u 值，较低的太阳光透射比和非常低的遮蔽系数。氧化锌双银低辐射玻璃的可见光透射比可达75%～80%，辐射率为0.035～0.045，遮蔽系数可与阳光控制低辐射玻璃相比。因此，双银低辐射玻璃在冬季具有很好的保温效果，在夏季又有良好的太阳能遮蔽作用，可以广泛适用于中、高纬度地区。

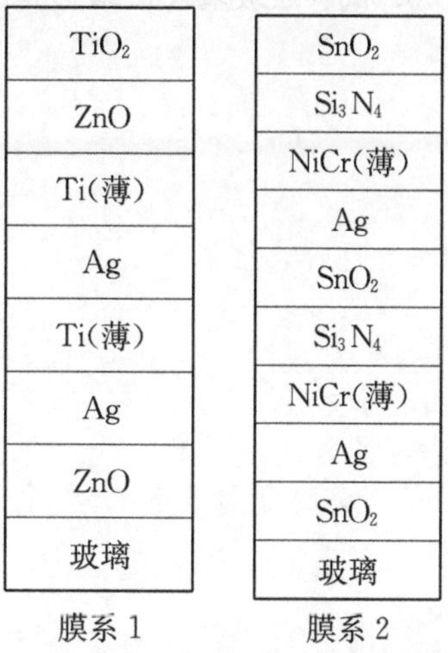

图4-22　双银低辐射膜系结构

参考文献

[1] 胡福增，陈国荣，杜永娟. 材料表界面. 上海：华东理工大学出版社，2007.

[2] 王承遇，陶瑛. 玻璃表面处理技术. 北京：化学工业出版社，2004.

[3] 赵宏生，陈炜，翁端，等. 玻璃表面功能膜的研究进展. 材料导报，2004，18(6)：1-4.

[4] 刘志海，李超. 低辐射玻璃及其应用. 北京：化学工业出版社，2006.

[5] 刘桂香，徐光亮，马建军，等. ZnO压敏陶瓷的晶界行为. 陶瓷学报，2004，25(2)：128-132.

思考题

1. 简述无机固体的理想表面、清洁表面和真实表面。
2. 叙述固体表面的弛豫现象、表面弛豫与无机超细粉体性能之间的关系。
3. 何谓多晶的晶界？晶界的结构特征如何？
4. 影响晶界电荷的因素有哪些？
5. 讨论晶界应力与材料的物理性能的关系。
6. 何谓晶界偏析？举例说明晶界偏析对PTC陶瓷性能的影响。

7. 试叙述表面组成与实际组成(内部)组成差异的原因。
8. 试叙述玻璃表面结构与玻璃力学性质的关系。
9. 试叙述玻璃表面结构和组成与化学稳定性之间的关系。

第5章　复合材料的界面

5.1　复合材料概述

复合材料是以两种或两种以上不同材料通过一定的工艺复合而成的多相材料，不同材料互相取长补短，不仅可以克服单一材料的缺点，而且通过协同作用可产生原来单一材料所没有的新性能。

复合材料一般由基体、增强剂两相组成，相与相之间存在界面。以纤维增强塑料为例，纤维是增强剂，是分散相，分散在塑料之中，其作用犹如混凝土中的“钢筋”，是载荷的主要承担者。增强纤维可以是连续的长纤维，也可以是短切纤维，或者纤维的各种织物。增强相除纤维外，还可以是颗粒状填料、晶须等。塑料是基体相，其作用犹如混凝土中的“水泥”，把增强纤维粘接在一起，使纤维的强度能充分发挥。基体与增强剂之间存在界面，界面对复合材料的性能起着重要的作用。

复合材料按基体可分类如下：

- 复合材料
  - 聚合物基
    - 热固性树脂基(不饱和聚酯、环氧、酚醛等)
    - 热塑性树脂基(PP, PE, 尼龙等)
  - 金属基
  - 无机非金属基
    - 陶瓷基
    - 水泥基
    - 其他

虽然金属基复合材料和无机非金属基复合材料因高性能领域对新材料的需求，近年来得到了迅速发展，但应用最广、产量最大的仍是聚合物基复合材料。

聚合物基复合材料一般的特性是：轻质高强、电性能好、耐腐蚀性能好、热性能好、性能的可设计性以及材料结构的统一性。

轻质高强。聚合物基复合材料的相对密度低，为1.4～2.0，约为钢的1/5、铝的1/2。因而其比强度(抗张强度与密度的比)、比模量(弹性模量与密度的比)比钢、铝合金高，如高模量碳纤维/环氧复合材料的比强度为钢的5倍、铝合金的4倍，其比模量是钢、铝、钛的4

倍。轻质高强是复合材料适宜用作航空、航天材料的宝贵性能。

电性能好。聚合物基复合材料的电绝缘性、高频介电性能、微波透过性好，适宜用作电机仪表零件、雷达罩等。

耐腐蚀性能好。聚合物基复合材料耐海水，耐酸、碱、盐和有机溶剂，适宜用作化工机械零部件、管道、贮槽、渔船等。

热性能好。聚合物基复合材料的导热系数低，是优良的绝热材料。聚合物基复合材料的耐烧蚀性能优良，能保护飞行器重返大气层免受2 000℃以上的高温、高速气流的损害。碳纤维等增强的复合材料可设计成热膨胀系数为零、能在高低温的交替中保持良好的尺寸稳定性材料。

性能的可设计性及材料与结构的统一性。聚合物基复合材料的一个突出特点是各向异性，因而性能具有可设计性。复合材料的性能除由纤维、树脂的种类及含量决定外，还与纤维的排列方向、铺层次序和层数有关，因此可以优化设计，做到安全可靠，经济合理。在制造复合材料的同时，也就得到了制品，可一次成型。这一特点使得复合材料制品的零部件数目可明显减少，避免了接头过多，降低了应力集中。同时，也相应减轻了零部件的质量，减少了制造工序和加工量，缩短加工周期，降低生产成本。

聚合物基复合材料也存在一些缺点，如材料工艺的稳定性差、材料性能分散性大、耐高温和环境老化性不好等。此外，由于复合材料是由性能完全不同的两种材料构成的，因而界面的相容性和结合力差，使得复合材料的层间剪切强度、横向强度和抗冲击能力都不够理想。因此，常常要对复合材料进行界面改性来提高复合材料的性能，也正是对复合材料存在的问题的研究，推动着复合材料科学的发展。

5.1.1 聚合物基复合材料基体

聚合物可分为热固性树脂和热塑性树脂，聚合物基复合材料也可分为热固性树脂基复合材料和热塑性树脂基复合材料。

用作复合材料基体的热固性树脂最主要的是不饱和聚酯树脂、环氧树脂和酚醛树脂，其他还有脲醛树脂、呋喃树脂、有机硅树脂等。

用作复合材料基体的热塑性树脂有聚乙烯、聚丙烯、尼龙、聚酰亚胺等热塑性高分子材料。由于在有关高分子材料的专著中对热塑性聚合物都有详述，本节仅对热固性树脂作简单介绍。

热固性树脂是复合材料传统使用的基体树脂，其中应用最广泛的是不饱和聚酯、环氧和酚醛三大热固性树脂。

1. 不饱和聚酯

不饱和聚酯树脂是由饱和二元酸（或酸酐）、不饱和二元酸（或酸酐）与多元醇缩聚而成的聚酯在乙烯基单体（如苯乙烯）中形成的溶液。

工业上使用的饱和二元酸主要是邻苯二甲酸酐（简称苯酐）、间苯二甲酸等：

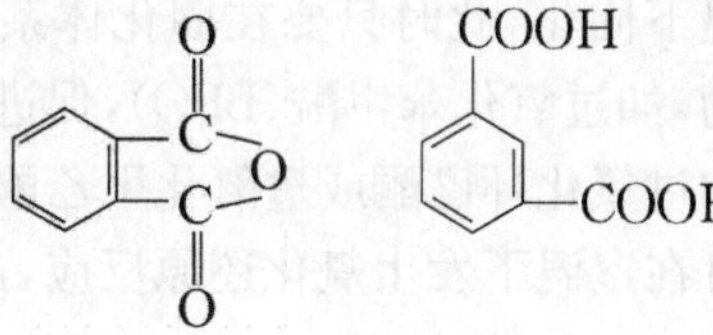

不饱和二元酸主要是顺丁烯二酸酐(简称顺酐)、反丁烯二酸(简称反酸)：

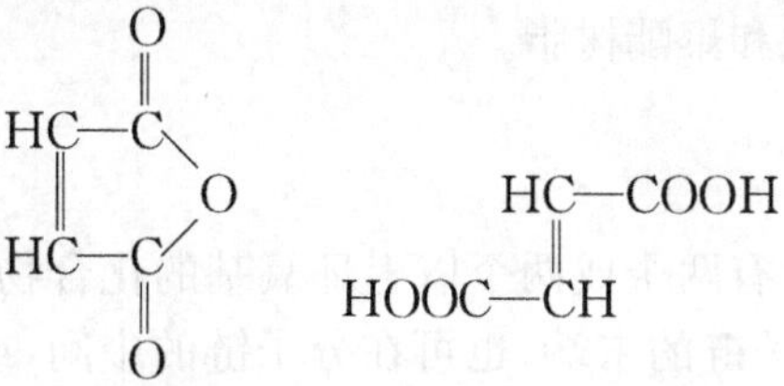

二元醇则为1,2-丙二醇、乙二醇等：

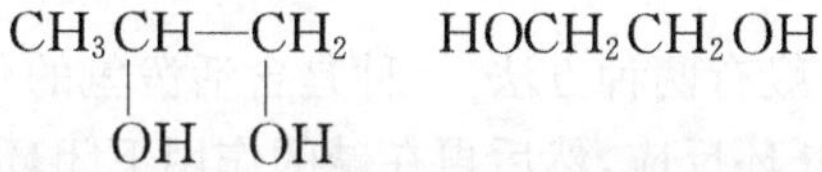

二元醇与二元酸通过羟基和羧基间的缩聚反应,失去水而逐步聚合,形成相对分子质量不是很大的聚酯。由于在原料中采用了不饱和酸,所以生成的聚酯分子结构中,含有不饱和双键。

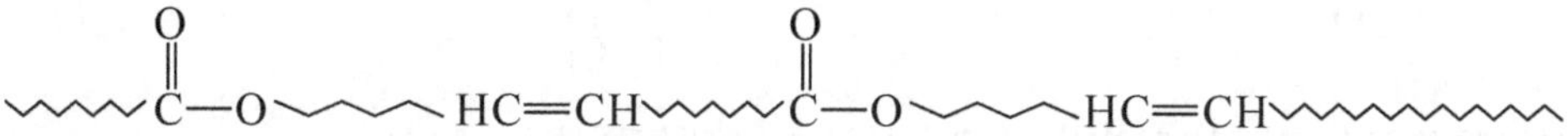

调节饱和二元酸和不饱和二元酸的比例,可以控制不饱和聚酯中双键的含量。

将不饱和聚酯溶解在乙烯基单体(如苯乙烯)中,形成溶液,就成为市售的不饱和聚酯产品,这里的乙烯基单体称为交联剂。在不饱和聚酯/交联剂体系中,存在两种双键,一种是来自顺酐或反酸的双键,另一种是来自交联剂的双键,这两种双键在一定的条件下可以发生自由基共聚反应。

在不饱和聚酯/交联剂溶液中加入引发剂,如过氧化物,在加热条件下,引发剂均裂产生自由基,就会发生共聚反应。由于不饱和聚酯分子链中含有多个双键,一旦发生双键打开的聚合反应,就会交联成三维的不熔不溶的网状结构,这个过程称为固化。固化前的树脂溶液黏度不大,可用来浸渍增强纤维,使浸透了树脂溶液的纤维形成制品所需的形状,固化后就成了复合材料制品。

固化后的不饱和聚酯结构如下：

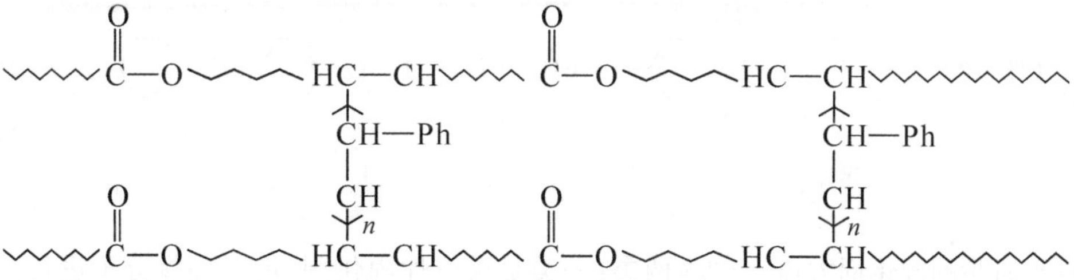

不饱和聚酯常常需要在常温下固化，此时只要在固化体系中除引发剂外再加入一些促进剂。若所用引发剂为过氧化物，如过氧化苯甲酰(BPO)，促进剂可用 N,N-二甲基苯胺等叔胺；若引发剂用氢过氧化物，如过氧化环己酮或过氧化甲乙酮，则促进剂用变价金属皂，如环烷酸钴等。促进剂和引发剂可在室温下发生氧化还原反应，产生自由基，从而使不饱和聚酯固化。

不饱和聚酯树脂是复合材料中用量最大的基体树脂，玻璃纤维增强塑料（俗称玻璃钢）制品所用的树脂主要是不饱和聚酯树脂。

2. 环氧树脂

环氧树脂是指分子中含有两个或两个以上环氧基的化合物，一般它们的相对分子质量都不大，环氧基可以位于分子链的末端，也可在分子链的中间，或成环状结构。环氧基非常活泼，可以与多种类型的固化剂发生交联反应，形成不溶不熔的具有三维网状结构的聚合物。

分子链中引入环氧基一般有两种方法，一种是含活泼氢的化合物（如酚类、有机酸类、有机胺类）与环氧氯丙烷发生开环反应，然后再在碱的作用下闭环，引入环氧基。例如，酚类或醇类等含羟基化合物与环氧氯丙烷反应，生成缩水甘油醚型环氧树脂：

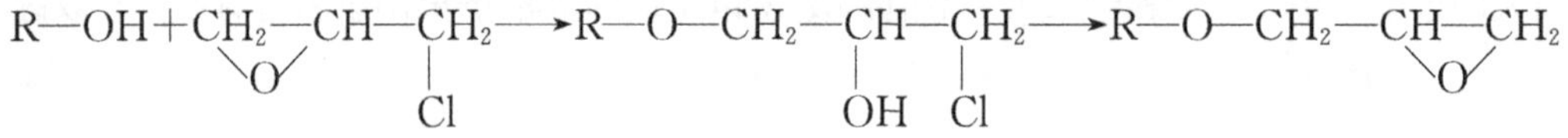

有机胺与环氧氯丙烷反应生成缩水甘油胺型环氧树脂：

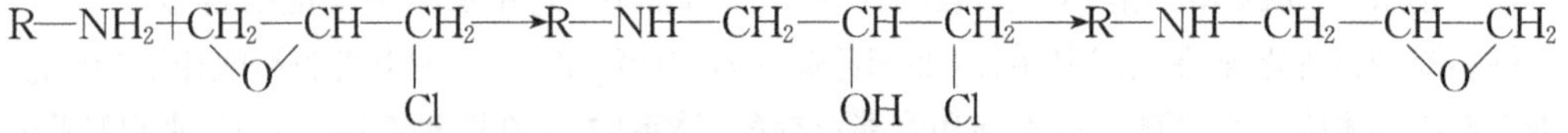

有机酸与环氧氯丙烷反应生成缩水甘油酯型环氧树脂：

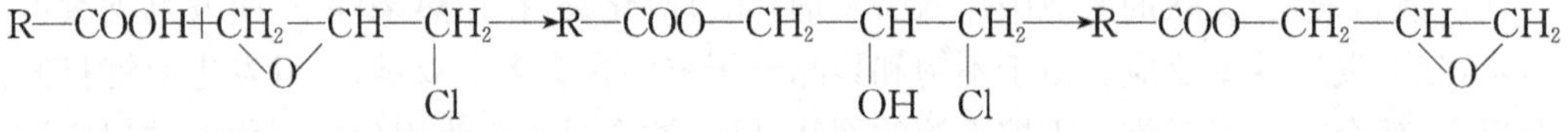

工业上大量使用的是缩水甘油醚型环氧树脂，其中，又以二酚基丙烷（双酚 A）与环氧氯丙烷合成的双酚 A 型环氧树脂最为重要，如最通用的 E-44 和 E-51 环氧树脂都是双酚 A 型。双酚 A 型缩水甘油醚环氧树脂的结构如下：

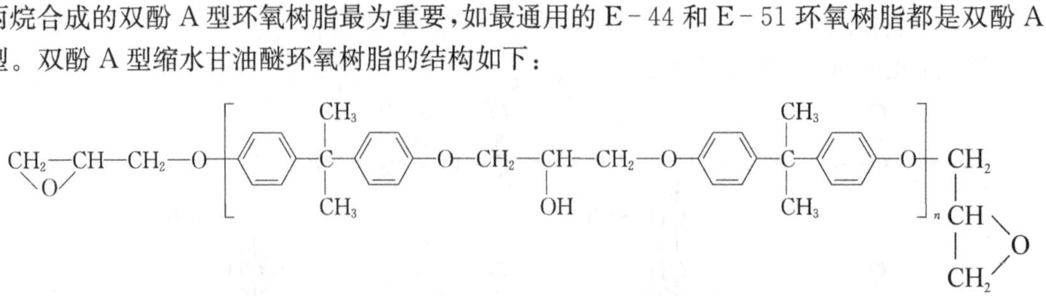

环氧树脂的固化剂大体上分为两类：一类是反应性固化剂，可与环氧分子进行加成反

应，并通过逐步反应历程交联成体型网状结构；另一类是催化性固化剂，它可引发环氧基按阳离子或阴离子聚合的历程进行固化反应。反应性固化剂如多元伯胺、多元羧酸等；催化性固化剂有叔胺、三氟化硼等。

以多元脂肪族伯胺为例来说明环氧树脂的固化原理。胺基上的活泼氢可与环氧基发生如下的反应：

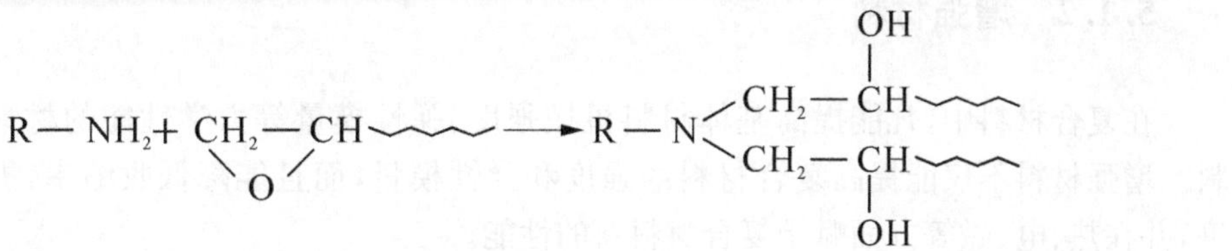

常用的脂肪胺固化剂都带有多个活泼氢，如：

$H_2NCH_2CH_2NHCH_2CH_2NH_2$　　二乙烯三胺

$H_2NCH_2CH_2NHCH_2CH_2NHCH_2CH_2NH_2$　　三乙烯四胺

$H_2NCH_2CH_2NHCH_2CH_2NHCH_2CH_2NHCH_2CH_2NH_2$　　四乙烯五胺

$H_2N(CH_2CH_2NH)_nCH_2CH_2NH_2$　　多乙烯多胺

环氧树脂分子中则带有两个以上的环氧基，所以，多元胺与环氧树脂的反应是多官能度与二官能度的反应，结果导致环氧树脂固化，交联成三维网状结构。

3. 酚醛树脂

酚醛树脂是由酚类和醛类反应而成的一类聚合物，是最早合成的热固性树脂。常用酚类是苯酚，醛类则是甲醛。

苯酚的酚羟基邻对位上有三个活泼氢，其官能度为三，甲醛的官能度为二，苯酚与甲醛的反应是三官能度与二官能度的反应，只要有足够量的甲醛，就能交联形成网状结构。

酚醛树脂可分为热固性酚醛和热塑性酚醛两类。在酚醛树脂合成过程中，酚与醛的物质的量之比、催化剂的类型、反应体系的 pH 对酚醛树脂的性能有很大的影响。

热固性酚醛树脂的合成中，甲醛与苯酚的物质的量之比大于 1，催化剂为碱，如氢氧化钠、氨水或氢氧化钡等。由于甲醛与苯酚的物质的量之比大于 1，平均每个苯酚分子有 2 个以上的活泼氢可发生反应，所以反应继续到一定程度，就会发生交联。但在碱性条件下反应比较温和，可控制反应到某一程度将反应温度降低下来，使反应停止。但是，体系中仍存在可进一步反应的活性功能团，在一定条件下还可以继续反应，所以，热固性酚醛树脂只要加热或加酸，就能够固化。

热塑性酚醛树脂的合成中，甲醛与苯酚的物质的量之比小于 1，一般以酸为催化剂，如盐酸、草酸等。在酸性条件下，甲醛与苯酚的缩聚反应非常剧烈，放出大量的热。但是，因为配比中甲醛的量不足，当甲醛消耗完时，反应也就停止，形成可溶可熔的线型分子链结构。固化时，在热塑性酚醛树脂中加入固化剂，如六亚甲基四胺或三聚甲醛等，可进一步反应，直至形成不溶不熔的网状结构。

无论是热固性酚醛还是热塑性酚醛树脂，固化时都有小分子放出，因此热固性酚醛树脂在固化时，除了要加热或加酸外，还必须加压；热塑性酚醛树脂固化时除要加固化剂以外，也必须加压。加压可以排除小分子释放形成的气泡和空穴，提高制品的性能。

5.1.2 增强材料

在复合材料中，凡能提高基体材料机械强度、弹性模量等力学性能的材料称为增强材料。增强材料不仅能提高复合材料的强度和弹性模量，而且能降低收缩率，提高热变形温度，并在热、电、磁等方面赋予复合材料新的性能。

增强材料从物理形态上可分为纤维增强材料、片状增强材料、颗粒状增强材料等。

纤维增强材料是应用最广泛的增强材料，如玻璃纤维、碳纤维、有机纤维等。玻璃纤维具有很高的抗拉强度，但是模量不足；碳纤维有很高的强度和模量，是用作高性能复合材料的主要增强纤维之一；有机纤维如 Kevlar 纤维、超高相对分子质量聚乙烯纤维等密度低却有很高的强度和模量，其比强度和比模量特别引人注目。

纤维增强材料除以连续的长纤维状使用外，也可切断后以短切纤维的形式使用，或者编织成织物（如方格布、斜纹布等形式）使用。

硼纤维、碳化硅纤维等是高性能的新型无机纤维。硼纤维具有较低的密度、较高的强度、很高的弹性模量和熔化温度以及良好的高温强度保留率。硼纤维在航空、航天工业中用作结构材料，还可以作为中子的减速剂使用。碳化硅纤维有优异的力学性能、耐热氧化性能和化学稳定性能，并具有很好的耐辐照性能和吸波性能，在军工、原子能、化工、冶金等行业有广阔的应用前景。

颗粒状材料也称为填料。填料的主要功能不仅能使复合材料制品的价格降低，而且能显著改善制品的机械性能、耐摩擦性能、热性能、耐老化性能等。常用的填料有碳酸钙、石墨、炭黑、云母、高岭土、二氧化硅、滑石粉等。当前，超细粉碎的纳米材料引人注目，纳米复合材料也成为复合材料科学研究的一个新领域。

大多数增强材料与基体树脂在结构上有很大的差异，在化学上和物理上不甚相容，因此在形成复合材料时，两者的界面结合力差，影响复合材料的性能。为提高复合材料的性能，增强基体树脂和增强材料的界面结合力，常常要对增强材料进行表面处理。

5.1.3 复合材料的界面

复合材料的性能除与基体和增强剂密切有关外，界面也起着至关重要的作用。复合材料的性能并不是其组分材料的简单加和，而是产生了“$1+1>2$”的协同效应。例如，纤维材料纵向是不能承压的，而复合后纤维的压缩强度得到了充分的发挥。又如，玻璃纤维的断裂能约为 $10\ J/m^2$，聚酯的断裂能约为 $100\ J/m^2$，而复合后的玻璃纤维增强塑料的断裂能达$10^5\ J/m^2$。

复合材料为什么会产生协同效应呢？性能上的特点应从结构上寻找原因。比较纤维增强塑料复合前后的结构，如图 5-1 所示，未复合基体与纤维各自分散，未结合在一起，复合后基体与纤维粘接在一起，产生了界面。复合后的基体还是原来的基体，纤维还是原来的纤维，两者的差别仅在于复合后基体与纤维之间存在界面，因此界面是复合材料产生协同效应的根本原因。

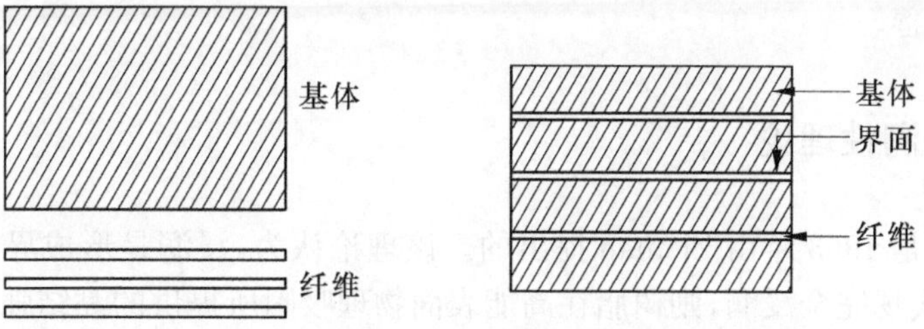

图 5-1 纤维增强塑料复合前后的结构示意图

为什么复合材料的断裂能比其组成材料树脂和纤维要大很多倍呢？且看如图 5-2 所示的复合材料破坏过程。

裂纹在基体中发展，遇到纤维，可能产生界面脱黏、基体和纤维的断裂、纤维拔出等过程，吸收了大量能量，并且裂纹发展未必在一个平面上，可沿着材料中不同的平面发生以上的界面脱黏、基体和纤维的断裂、纤维拔出等过程，直到裂纹贯穿了某一平面材料才破坏，这就使得复合材料的断裂能大大高于各组分材料的断裂能的加和，充分体现出复合材料的协同效应。

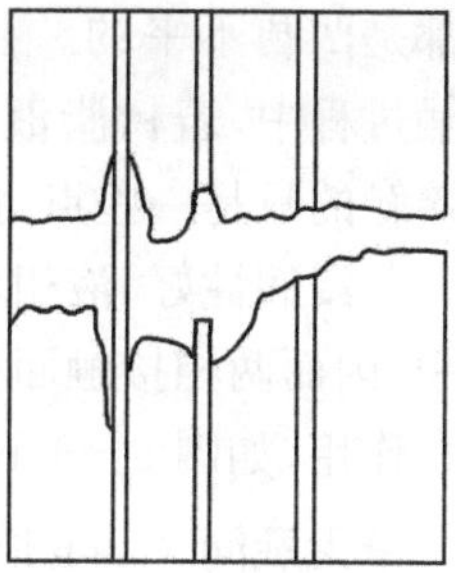

图 5-2 复合材料破坏过程中的能量吸收

复合材料的界面并不是简单的几何平面，而是包含着两相之间的过渡区域的三维界面相，界面相内的化学组分、分子排列、热性能、力学性能呈现连续梯度性变化。界面相很薄，是准微观的，却有极其复杂的结构。在两相复合过程中，会出现热应力（导热系数、膨胀系数的不同）、界面化学效应（官能团之间的作用或反应）和界面结晶效应（成核诱发结晶、横晶），这些效应引起的界面微观结构和性能特征，对复合材料的宏观性能产生直接的影响。因此，界面不是简单的面。有人主张应使用界面相或界面层这一术语。

正因为界面对复合材料性能起着重要作用，所以科学家对复合材料的界面进行了深入、持久的研究，取得了许多重大成果，推动了复合材料科学的发展。但由于界面的复杂性，至今复合材料界面还有许多问题尚未得到解决，有待于进一步的研究。

5.2 复合材料界面理论

在组成复合材料的两相中，一般总有一相以溶液或熔融的流动状态与另一相接触，然后经固化反应使两相结合在一起，形成复合材料。在这个过程中，两相间是以怎样的机理互相作用的一直是人们所关心的问题。对复合材料的深入研究已提出了多种复合材料界面理论，每种理论都有一定的实验依据，能解释部分实验现象。但是，由于复合材料界面的复杂性，至今人们对界面的认识还很肤浅，还没有一种理论能完善地解释各种界面现象。随着科学的发展和界面表征技术的进步，人们必将更全面、更深入地认识界面现象，界面理论也将进一步发展和完善。

5.2.1 浸润性理论

浸润性理论是 1963 年由 Zisman 提出的。该理论认为，浸润是形成界面的基本条件之一，两组分如能实现完全浸润，则树脂在高能表面物理吸附所提供的黏结强度可超过基体的内聚能。

浸润理论认为，两相间的结合模式属于机械黏结与润湿吸附。表面无论多么光滑平整，从微观上看都是凹凸不平的。在形成复合材料的两相相互接触过程中，若树脂液对增强材料的浸润性差，两相接触的只是一些点，接触面有限，如图 5－3(a)所示。若浸润性好，液相可扩展到另一相表面的坑凹之中，因而两相接触面积大，结合紧密，产生了机械锚合作用，如图 5－3(b)所示。

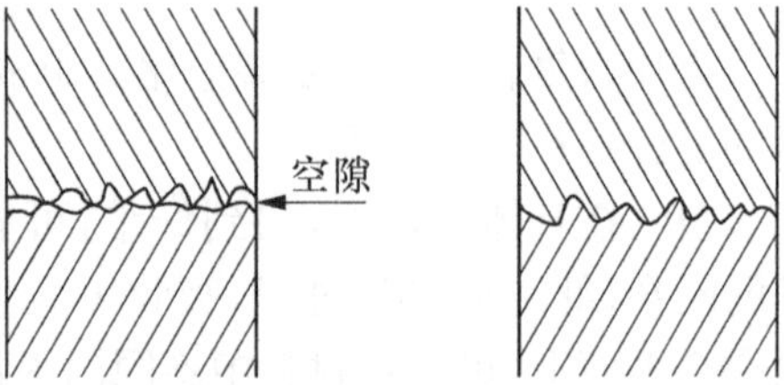

图 5－3　浸润和不浸润的界面

毫无疑问，浸润性好有利于两相的界面接触，但浸润性不是界面黏结的唯一条件。例如，氯丙基硅烷的表面张力为 48.8 mN/m，溴苯基硅烷的表面张力为 49.4 mN/m，它们的表面张力大，但却对不饱和聚酯无效；而乙烯基硅烷的表面张力只有 33.4 mN/m，却是不饱和聚酯有效的偶联剂；乙基硅烷的表面张力与乙烯基硅烷相似，对不饱和聚酯却是无效的。环氧树脂对新鲜的 E 玻璃纤维表面浸润性好，但黏结性却不好，界面耐水老化性也差，但若用胺丙基硅烷处理 E 玻璃纤维，对环氧的浸润性下降，但界面的黏结性却提高。因此，浸润性理论虽然对复合材料界面有一定的指导意义，但是许多界面现象单凭浸润理论是难以解释的，因此人们提出了其他理论。

5.2.2 化学键理论

化学键理论认为要使两相之间实现有效的黏结，两相的表面应含有能相互发生化学反应的活性基团，通过官能团的反应以化学键结合形成界面。若两相之间不能直接进行化学反应，也可通过偶联剂的媒介作用以化学键互相结合，如图 5－4 所示。

化学键理论是应用最广，也是最成功的理论。硅烷偶联剂就是在化学键理论基础上发展起来的用来提高基体与玻璃纤维间界面结合的有效试剂。硅烷偶联剂一头可与玻璃纤维

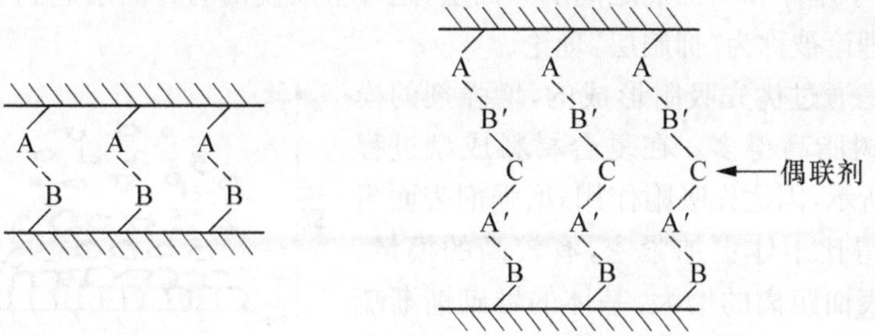

(a) 两相界面间发生化学反应　　(b) 两相界面通过偶联剂以化学键结合

图 5-4　界面的化学反应

表面以硅氧键结合,另一端可参与基体树脂的固化反应。通过硅烷偶联剂的媒介作用,基体与增强纤维实现了界面的化学键结合,有效地提高了复合材料的性能。

碳纤维、有机纤维的表面处理也是化学键理论的应用实例,在表面氧化或等离子、辐照等处理过程中,纤维的表面产生了—COOH、—OH 等含氧活性基团,提高了与环氧等基体树脂的反应能力,使界面形成化学键,大大提高了黏结强度。

但是,化学键理论也不是十全十美的,有些现象难用化学键理论作出令人满意的解释。例如,有些偶联剂不含有与基体树脂起反应的活性基团,却有较好的处理效果。按化学键理论,基体与增强剂之间的偶联剂只要单分子层就行,但实际上偶联剂在增强纤维表面不是单分子层结构,而有多层结构。研究表明,基体树脂从固化放热冷却到 50℃,可产生 11.5 MPa 的径向压力、5.8 MPa 的横向压力。这种热应力是如何松弛的呢? 化学键理论也难以作出合理的解释。

5.2.3　过渡层理论

考虑到在复合材料成型时基体和增强剂的热膨胀系数相差较大,因此在固化过程中,纤维与基体界面上就会产生附加应力,导致复合材料性能下降。此外,成型时固化收缩产生的内应力也可能产生不利因素。为了消除这种内应力,基体和增强剂的界面区应存在一个过渡层,过渡层起到了应力松弛的作用。

对于过渡层的形态,有不同的看法。一种理论认为,过渡层应是塑性层,塑性层的形变能起到松弛应力的作用。这种理论称为"变形层"理论。

但难以解释的是,用传统的处理方法界面上的偶联剂数量不足以满足应力松弛的要求,因此在此理论基础上又提出了"优先吸附"理论和"柔性层"理论。即认为塑性层不是由偶联剂,而是由偶联剂和优先吸附形成的柔性层组成的,柔性层厚度与偶联剂本身在界面区的数量无关。根据变形层理论,有人在增强纤维表面接枝上柔性的橡胶分子,以在形成复合材料中,通过橡胶分子的形变松弛内应力,抑制裂纹的发展,提高界面黏结。

另一种理论认为在基体和增强剂之间存在的松弛应力的过渡层的结构不是柔性的变形

层，而是模量介于基体和增强剂之间的界面层，这种中间模量的界面层起到了均匀传递应力的作用。这一理论被称为“抑制层”理论。

抑制层也是通过优先吸附形成的，增强剂的模量一般比基体树脂高得多。在复合材料成型过程中，如图 5－5 所示，因优先吸附作用，增强剂表面附近的基体堆砌得比本体更加紧密，有较高的模量。随着离增强剂表面距离的增大，基体的堆砌渐渐疏松，模量也逐渐减小。这样在增强剂和基体本体之间，形成了一个模量从高到低的梯度减小的过渡区。

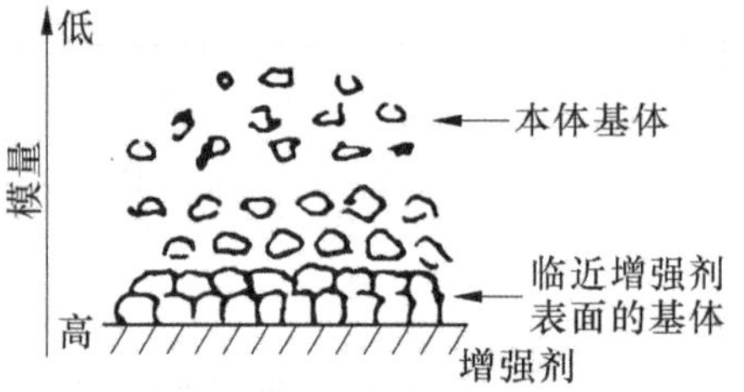

图 5－5　界面区的优先吸附

5.2.4　可逆水解理论

1970 年 Plueddmann 提出了可逆水解理论，用来解释硅烷偶联剂的偶联作用机理，同时来说明松弛应力的效应以及抗水和保护界面的作用。

硅烷偶联剂的 R 基团与基体作用后，会生成稳定的膜，这种膜可以是刚性膜或柔性膜，构成了基体的一部分。偶联剂在与玻璃表面作用时，与吸附在增强材料表面的水争夺增强材料的表面，在增强材料表面之间形成了氢键。当刚性聚合物膜与增强材料黏结时，如图5－6 所示。

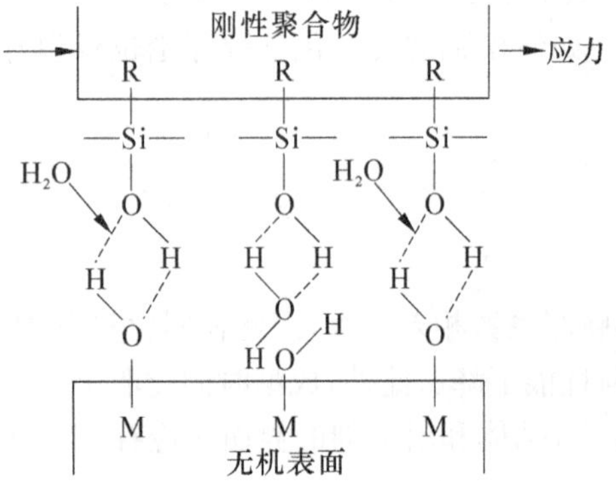

图 5－6　硅烷在无机表面上的可逆平衡吸附层

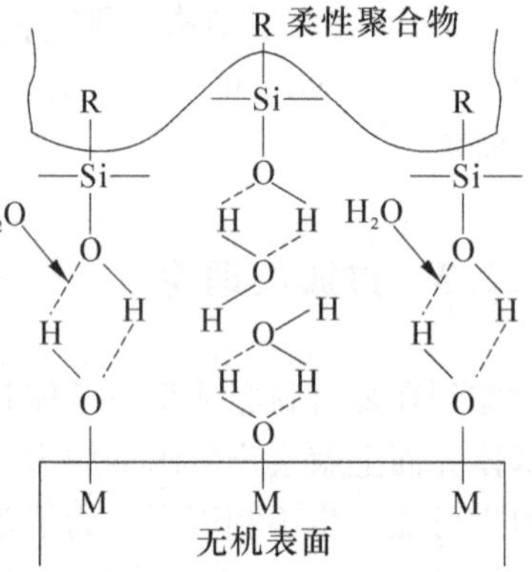

图5－7　硅烷在无机表面上的非可逆平衡吸附层

在水的存在下，处理剂与增强材料表面形成的键被水解，生成的游离硅醇保留在界面上。当刚性聚合物膜与增强材料表面做相对运动时，氢键水解产生的硅醇又马上与邻近的羟基重新形成氢键，所以处理剂与增强材料表面的氢键破坏和形成处于可逆的动态平衡状态，动态平衡的总效果是使基体与增强材料之间保持一定量的化学结合，使界面黏结保持完好，同时在键的破坏和形成的过程中，松弛了界面应力。

当生成柔性聚合物膜时，上述的可逆平衡不能成立，处理剂与增强材料间的键水解后产生的硅醇会随着柔性高聚物表面收缩，不能与邻近的羟基重新成键。因此不能形成动态可逆的平衡吸附层。另外，柔性聚合物收缩后，界面上就留下了空隙，水就可能趁机攻击树脂和界面，导致界面脱黏(见图5-7)。

5.2.5　摩擦理论

摩擦理论认为，基体与增强材料界面的形成完全是由于摩擦作用，基体与增强材料间的摩擦系数决定了复合材料的强度。处理剂的作用在于增加了基体与增强材料间的摩擦系数，从而使复合材料的强度提高。该理论可较好地解释复合材料界面受水等小分子物质浸入后强度下降，干燥后强度又能部分恢复的现象。水等小分子浸入界面使基体与增强材料间的摩擦因数减小，界面传递应力的能力减弱，故强度降低。干燥后界面水分减少，基体与增强材料间的摩擦因数增大，传递应力的能力增加，故强度部分恢复。

5.2.6　扩散理论

此理论是Borozncui等首先提出来的。该理论认为高聚物的相互间黏结是由表面上的大分子相互扩散所致。如图5-8所示，两相的分子链互相扩散、渗透、缠结，形成了界面层。扩散过程与分子链的相对分子质量、柔性、温度、溶剂、增塑剂等因素有关。相互扩散实质上是界面中发生互溶、黏结的两相之间界面消失，变成了一个过渡区域，因此对黏结强度提高有利。当两种高聚物的溶解度参数接近时，便容易发生互溶和扩散，得到比较高的黏结强度。

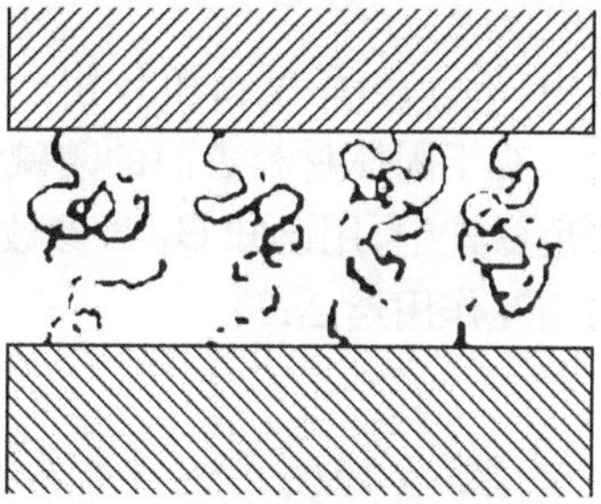

图5-8　分子链的相互扩散

必须指出，扩散理论有很大的局限性，高聚物黏结剂与无机物之间显然不会发生界面扩散问题，扩散理论不能用来解释此类黏结现象。

5.2.7　静电理论

该理论认为，两相表面若带有不同的电荷，则相互接触时会发生电子转移而互相黏结。有人认为这种静电力是黏结强度的主要贡献者。

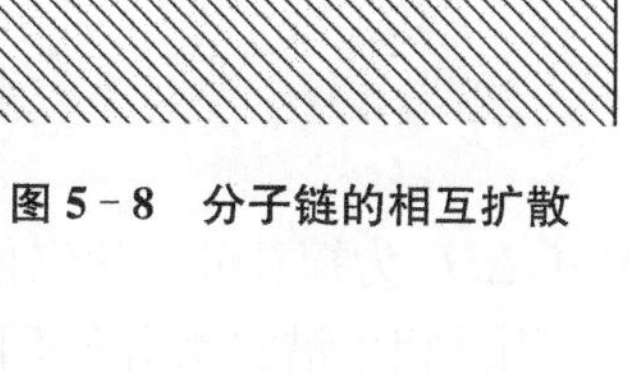

图5-9　界面的静电相互作用

图5-9是界面静电作用示意图。电子理论虽有一定道理，但是没有严格证明。有人认为，只有当电荷密度达到10^{21}个电子/cm^3时静电引力才有显著作用。但是实验测得的电荷密度只有10^{19}个电子/cm^3。因此，即使有界面静电作用存在，它对强度的贡献也是有限的。此外，静电理论也不能解释温度，湿度及其他各种因素对黏结

强度的影响。

5.2.8 酸碱作用理论

该理论认为,酸性表面可与碱性表面通过酸碱相互作用结合。这里所说的酸碱是指广义的酸碱。物质的酸碱性可用酸性参数 E 和碱性参数 C 来表示。一些溶剂 C, E 参数如表 5-1 所示。氯仿和特丁醇碱性参数 C 值较小,酸性参数 E 值较大,因而是偏酸性的。四氢呋喃和二氧六环的 C 值大,E 值小,因而是偏碱性的。

表 5-1 一些溶剂的 C, E 参数

溶剂	氯仿	特丁醇	四氢呋喃	二氧六环
C	0.308	0.615	8.75	4.88
E	6.79	4.18	2.00	2.33

当两相发生酸碱相互作用时,酸碱相互作用焓 ΔH 为:

$$\Delta H = E_A E_B + C_A C_B \tag{5-1}$$

式中,下标表示 A 相和 B 相。

对于固体材料表面的酸碱性,可用反相色谱法进行测定,即将欲测材料作为固定相,装在色谱柱中,用已知 C, E 参数值的溶剂作探针分子,为流动相,测出探针分子与固定相之间的相互作用焓 ΔH:

$$\frac{\partial(\ln V_g^\circ)}{\partial\left(\frac{1}{T}\right)} = \frac{-(\Delta H - \Delta H_v)}{R} \tag{5-2}$$

式中,ΔH_v 为探针分子的汽化热;R 为气体常数;T 为测试温度;V_g° 为比保留体积。

用反相色谱法测出在不同温度下的比保留体积 V_g°,即可由式(5-2)求出酸碱相互作用焓 ΔH。若用两种已知 C, E 值的探针分子实验,测出其对固定相的 ΔH 值,则由式(5-1)解联立方程组,即可求出固定相表面的酸碱参数 C, E 值,从而判定该材料表面的酸碱性。

表面偏酸性的无机填料宜与偏碱性的基体结合,表面偏碱性的填料则宜与偏酸性的基体结合。若偏酸性的填料与偏酸性的基体结合,则应对填料进行表面处理,改变其表面的酸碱性,使其从偏酸性的表面变成偏碱性的表面,从而有利于与偏酸性的基体结合。反之,欲使偏碱性的填料与偏碱性的基体结合,则应对填料进行表面处理,使其从偏碱性的表面变成偏酸性,从而有利于与偏碱性的基体结合。

有关复合材料界面作用的理论,除了上面几种外,还有其他一些理论。复合材料基体与增强材料间界面的形成和破坏是一个极其复杂的物理和化学过程,尚有许多问题还在研究之中。复合材料界面理论还很不完善,但随着人们对复合材料界面认识的不断深入,界面理论也在不断地发展、完善。

5.3　偶联剂

聚合物基复合材料的基体是有机高分子材料，增强剂则主要是无机材料，如玻璃纤维、无机填料等。由于有机高分子材料和无机材料在结构性能上存在很大的差异，相互亲和力差，因此难以实现良好的界面结合。

为提高玻璃纤维或其他无机填料与基体树脂的界面结合力，常使用偶联剂。所谓偶联剂是分子中含有两种不同性质基团的化合物，其中一种基团可与增强材料发生化学或物理的作用，另一种基团可与基体发生化学或物理作用。通过偶联剂的偶联作用，使基体与增强材料实现良好的界面结合，从而显著提高复合材料的性能。

偶联剂主要分为有机硅烷偶联剂、有机铬偶联剂、钛酸酯类偶联剂等。

5.3.1　有机硅烷偶联剂

1. 硅烷偶联剂的作用机理

有机硅烷偶联剂是一类品种多、效果好的表面处理剂，其通式为：R_nSiX_{4-n}，其中 R 为有机基团，带有反应性官能团；X 为可水解基团；$n = 1 \sim 4$。在复合材料中使用的硅烷偶联剂大多 $n = 1$，即通式简化为 $RSiX_3$。

硅烷偶联剂的作用机理如下：

X 基团水解，形成硅醇

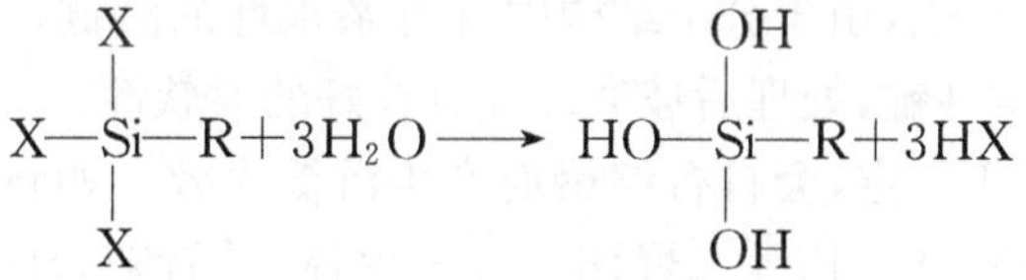

硅醇的硅羟基之间以及硅醇硅羟基与玻璃纤维表面硅羟基之间形成氢键：

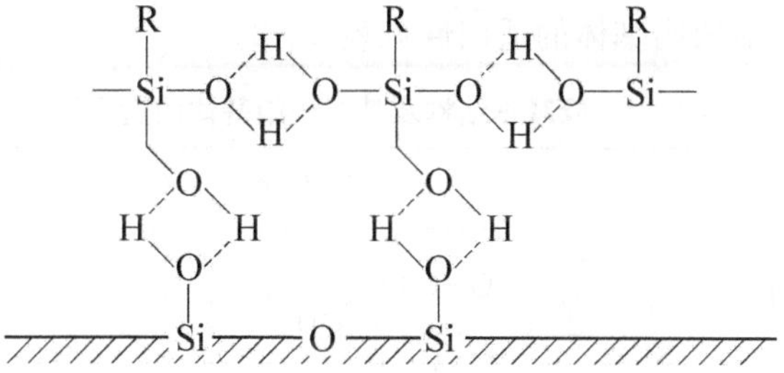

硅羟基之间脱水形成—Si—O—Si—键：

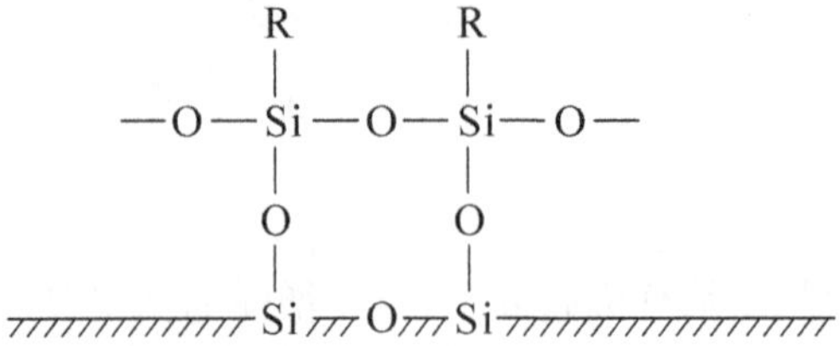

这样，硅烷偶联剂与玻璃纤维表面以—Si—O—Si—化学键结合，同时在玻璃纤维表面缩聚成膜，形成了有机基团 R 朝外的结构，如图 5-10 所示。

有机基团 R 中可含有—C ═ C—，$—NH_2$，$—\underbrace{CH—CH_2}_{O}$，—SH 等反应性基团，可参与基体树脂的固化反应。例如，—C ═C—可参与不饱和聚酯的固化反应，$—NH_2$ 和$—\underbrace{CH—CH_2}_{O}$可参与环氧树脂的固化反应。通过 R 基团中的活性官能团与基体树脂的反应，偶联剂与基体以化学键结合起来。

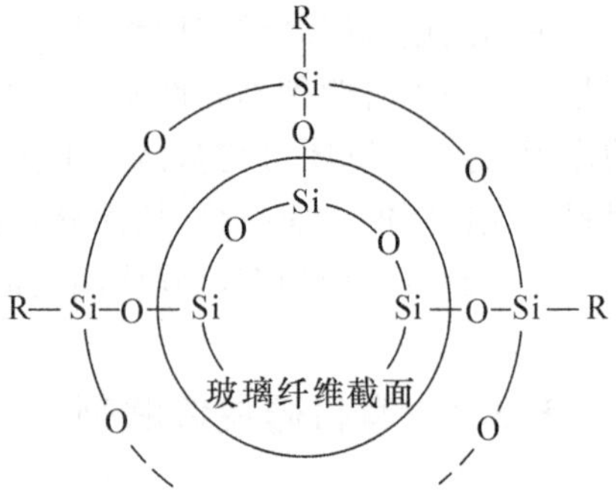

图 5-10　玻璃纤维表面的有机硅单分子层示意图

可水解基团 X 的性质如下：

X=—Cl，水解产物 HCl 对进一步水解有促进作用，且能催化硅醇间的缩合，因而水解、缩聚速度快，水解后的硅醇不稳定，易聚合成聚硅氧烷，使得硅烷偶联剂失去与玻璃纤维表面的结合能力，且产生的 HCl 有腐蚀性，现已很少使用。

X=$—OCH_3$ 或$—OC_2H_5$，水解速度慢，水解产物比较稳定。由于$—OC_2H_5$ 的基团比$—OCH_3$ 大，降低了其在水中的溶解性，因此目前制成的硅烷偶联剂含有的可水解基团以$—OCH_3$ 居多。

X=$—OCH_2CH_2OCH_3$，由于分子结构中含有亲水性的醚键，可与水分子形成氢键，因而水溶性好，且醚键是柔性键，处理后玻璃纤维有较好的柔软性。

硅烷偶联剂水解后不稳定，会自行缩聚而产生沉淀失效。如新配制的乙烯基三乙氧基硅烷水溶液含有 82%的单体、15%二聚体、3%三聚体，放置较长时间后，则含有 34%的单体、23%的二聚体、30%三聚体和 13%的四聚体。从溶液中沉淀出的聚硅氧烷其偶联作用已很小或不起偶联作用，因此硅烷偶联剂水溶液配制后应在 12 h 内使用，放置过久将会失效。

常用的偶联剂及其对树脂基体的适用性见表 5-2。

表 5-2　偶联剂结构及其对树脂基体的适用性

商品名	化学名	结构式	适用树脂基体
沃兰 (Volan)	甲基丙烯酸氯化铬盐	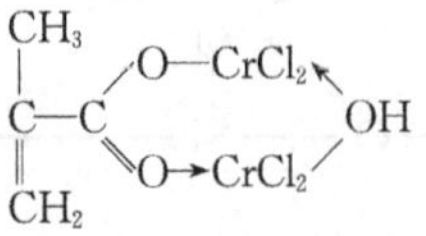	聚酯，环氧，酚醛，PE，PP，PMMA

续　表

商品名	化学名	结构式	适用树脂基体
A－151	乙烯基三乙氧基硅烷	$CH_2{=}CHSi(OC_2H_5)_3$	聚酯，1，2－聚丁二烯，热固性丁苯，PE，PP，PVC
A－172 (Z－6075)	乙烯基三(β－甲氧乙氧基)硅烷	$CH_2{=}CHSi(OCH_2CH_2OCH_3)_3$	不饱和聚酯，PP，PE
A－174 (KH－570)	γ-甲基丙烯酸丙酯基三甲氧基硅烷	$CH_2{=}C(CH_3){-}C({=}O){-}O{-}(CH_2)_3Si(OCH_3)_3$	不饱和聚酯，PE，PP，PS，PMMA
A－1100 (KH－550)	γ-胺丙基三乙氧基硅烷	$H_2N(CH_2)_3Si(OC_2H_5)_3$	环氧，酚醛，三聚氰胺，聚酰亚胺，PVC
A－1120 (KH－843)	氨胺乙基胺丙基三甲氧基硅烷	$H_2N(CH_2)_2NH(CH_2)_3Si(OCH_3)_3$	环氧，酚醛，聚酰亚胺，PVC
A－187 (KH560)	γ-缩水甘油醚丙基三甲氧基硅烷	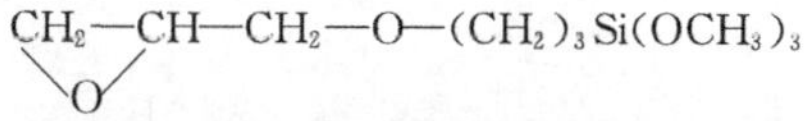	环氧，尼龙
A－186	β-(3，4－环氧环己基)乙基三甲氧基硅烷	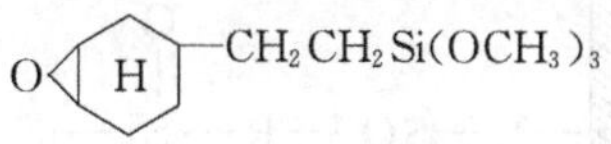	环氧，PE，PP，PVC
KH－580	γ-巯基丙基三乙氧基硅烷	$HS(CH_2)_3Si(OC_2H_5)_3$	环氧，酚醛，PVC，聚氨酯，PS
A－189 (KH－590)	γ-巯基丙基三甲氧基硅烷	$HS(CH_2)_3Si(OCH_3)_3$	环氧，酚醛，PS，聚氨酯，PVC，合成橡胶
ND－42	苯胺甲基三乙氧基硅烷	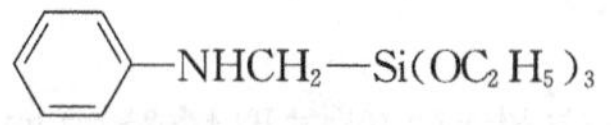	环氧，酚醛，尼龙，聚酰亚胺
B201 A－5162	γ-二乙烯三胺基丙基三乙氧基硅烷	$H_2N(CH_2)_2NH(CH_2)_2NH(CH_2)_3Si(OC_2H_5)_3$	环氧，酚醛，尼龙
B202	γ-乙二胺基丙基三乙氧基硅烷	$H_2N(CH_2)_2NH(CH_2)_3Si(OC_2H_5)_3$	环氧，酚醛，尼龙
ND－24	己二胺基甲基三乙氧基硅烷	$H_2N(CH_2)_6NHCH_2Si(OC_2H_5)_3$	环氧，酚醛
盖化－520	氰丙基三甲氧基硅烷	$CN(CH_2)_3Si(OCH_3)_3$	PP，PE
AF－CA－31	对氰基苯基三甲氧基硅烷	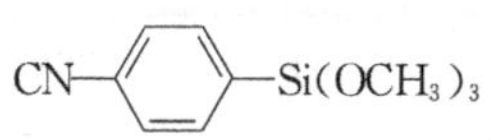	聚酰亚胺
AF－CA－102	对-羧基苯基二甲氧基氟硅烷	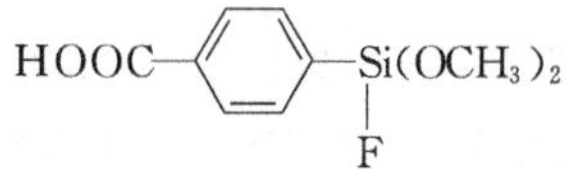	聚苯并咪唑

2. 新型硅烷偶联剂

除表 5-2 中所示的偶联剂外，为满足特殊性能的需要，近年来又开发了许多新型的硅烷偶联剂。

(1) 叠氮硅烷偶联剂

该偶联剂由美国联碳公司开发，其通式为：$N_3SO_2—RSi(OR')_3$。

叠氮基的特点是可以与碳氢键发生反应：

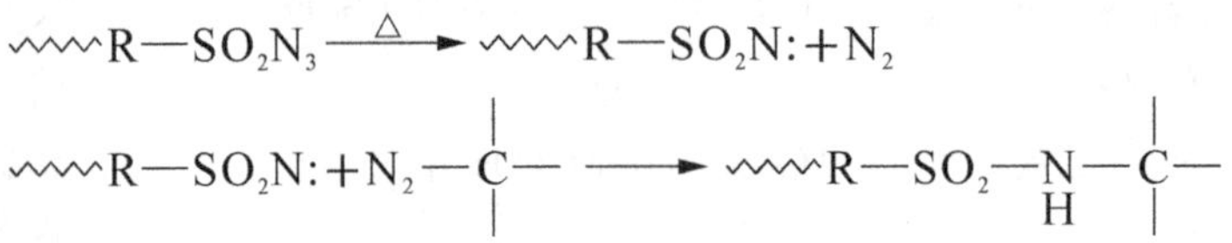

其烷氧基端同样可发生水解、缩合反应，因此叠氮硅烷偶联剂可在聚合物与无机填料之间形成如下结构：

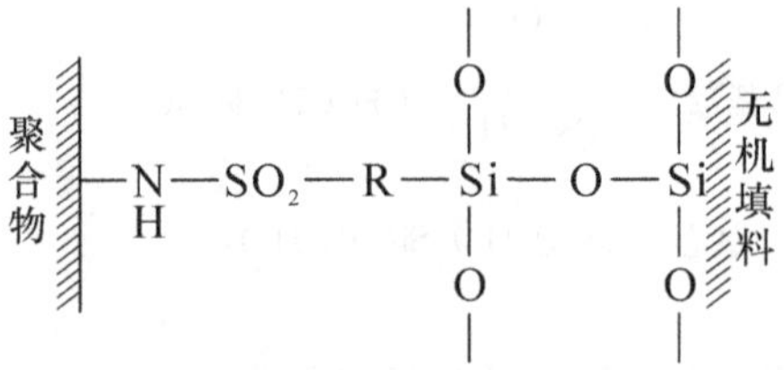

由于碳氢键普遍存在，故叠氮硅烷偶联剂的通用性强，适用于尼龙、聚乙烯、聚丙烯、聚苯乙烯等热塑性复合材料。

叠氮硅烷偶联剂的室温稳定性好，但在聚烯烃的加工温度下，95%以上可分解发生反应，发挥其偶联效果。叠氮硅烷偶联剂的处理效果如表 5-3 所示。

表 5-3　叠氮硅烷偶联剂的处理效果

性　能	PP	填充云母		填充硅酸铝		填充陶土	
		未处理	处理	未处理	处理	未处理	处理
抗张强度/kPa	206	209	344	190	238	156	207
抗张模量/MPa	6.75	27.8	30.2	22.5	23.0	12.3	15.3
弯曲强度/kPa	278	346	613	369	455	302	386
弯曲模量/MPa	8.62	37.3	49.3	29.7	33.5	16.7	22.0
冲击强度/(J/m²)	1.03	1.03	0.93	1.28	1.01	<0.42	0.93
热变形温度/℃	130	221	261	200	222	157	167
密度/(g/cm³)	0.902	1.225	1.238	1.238	1.245	1.224	1.242

(2) 耐高温硅烷偶联剂

随着耐高温树脂的出现,对硅烷偶联剂也提出了新的耐高温的要求。在硅原子上直接带有芳香环的硅烷偶联剂,其热老化效果显著提高。Pluedemann 指出,含有下列直接带芳香结构的硅烷偶联剂都是耐高温型硅烷偶联剂:

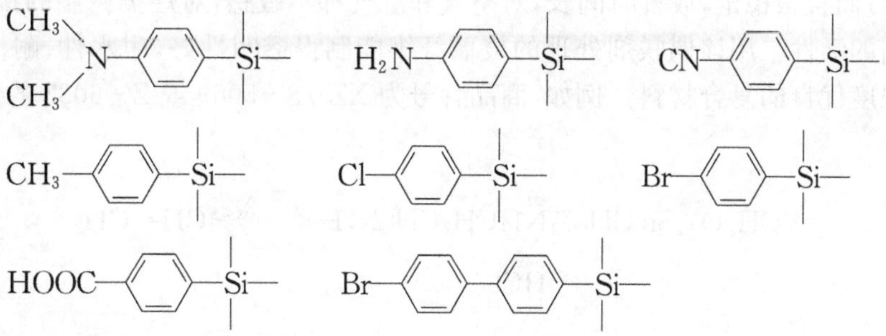

(3) 过氧化型硅烷偶联剂

这类偶联剂的特点是含有过氧基,如商品牌号为 ND－75 的乙烯基三过氧化叔丁基硅烷,其结构式为:

$$CH_2{=}CH{-}Si{-}\left(O{-}O{-}\underset{CH_3}{\overset{CH_3}{\underset{|}{\overset{|}{C}}}}{-}CH_3\right)_3$$

这类偶联剂的特点是它与无机端的反应不是通过水解而是通过氧化物的热裂解进行的。该偶联剂也是引发剂和增黏剂,可通过过氧键裂解产生的自由基与有机或无机物质发生反应。

过氧化偶联剂也可设计成如下结构:$R{-}O{-}O{-}R'{-}SiX_3$。

通过 X 基团的水解,可在增强材料表面引入过氧基:

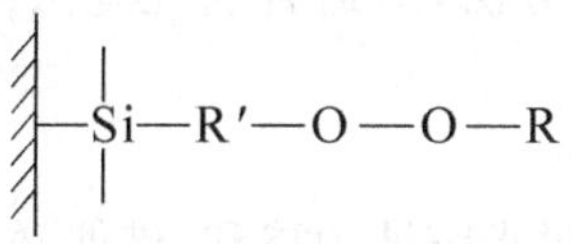

通过过氧基的热裂解,在增强剂表面产生自由基,引发乙烯基单体聚合,在增强剂表面接枝上聚合物:

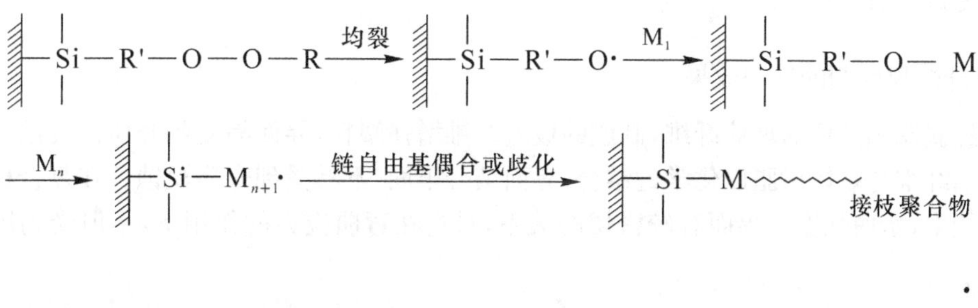

若对接枝聚合物的链结构、相对分子质量进行控制，可对复合材料界面层进行设计。

(4) 阳离子型硅烷偶联剂

美国道·康宁公司开发了一类阳离子型硅烷偶联剂，这类偶联剂适用范围广，对许多热固性和热塑性树脂都有效果，对许多无机硅酸盐材料或金属也有活性作用。它可溶于水和有机溶液中，而且很稳定，放置时间长，对空气和湿气都不敏感，对烃类树脂的接枝作用也会表现出很高的活性。用该偶联剂处理的玻璃纤维能制得透明性好，耐水性、耐湿性、耐腐蚀性和机械强度优良的复合材料。例如，商品牌号为 XZ－8－5069 或 Z－6032 的偶联剂，其化学结构为：

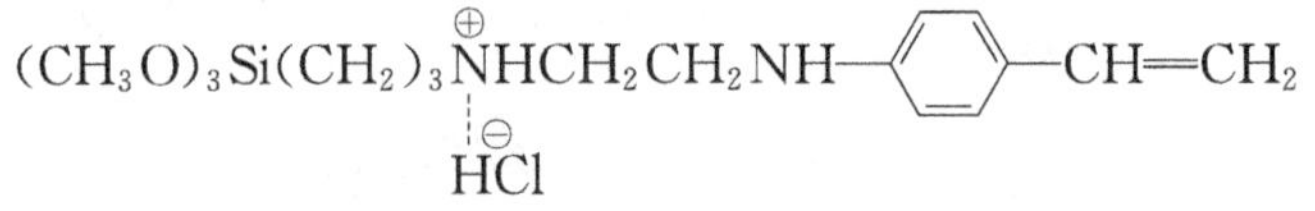

3. 用硅烷偶联剂进行表面处理的方法

玻璃纤维的表面处理方法主要有下面三种：后处理法、前处理法、迁移法。

(1) 后处理法

这是目前国内外普遍采用的一种方法，凡使用纺织型浸润剂，如用石蜡乳剂制备的玻璃纤维制品，都必须用后处理法处理才能制作玻璃钢。

此法分两步进行。先用洗涤或灼烧法除去玻璃纤维制品表面的纺织型浸润剂，然后用偶联剂溶液浸渍，水洗，干燥，使玻璃纤维表面覆盖一层偶联剂。

(2) 前处理法

这种方法是改变玻璃纤维制备中浸润剂的配方，将偶联剂作为一个组分加到浸润剂中，使浸润剂既能满足玻璃纤维拉丝、纺织和各道工序的要求，同时在拉丝过程中就使玻璃纤维表面覆盖一层偶联剂。用前处理法制备的玻璃纤维制品可直接用来制玻璃钢，省去了洗涤或灼烧再后处理的复杂工艺，避免了玻璃纤维在灼烧中的强度损失。因此前处理法是先进的玻璃纤维表面处理方法，对适合前处理法的浸润剂配方研究已成为一个重要的课题。

(3) 迁移法

迁移法是将偶联剂直接加到树脂胶液中掺和，借偶联剂从树脂胶液中向玻璃纤维表面的迁移作用与玻璃纤维表面发生反应，产生偶联作用。

迁移法的优点是工艺操作简便，不需要庞大复杂的处理设备，也不消耗能量。但迁移法的效果要差于前两种方法。

4. 硅烷偶联剂的处理效果

未经偶联剂处理的玻璃纤维，制成的玻璃纤维增强塑料，界面易受到介质的浸蚀。偶联剂使玻璃纤维与基体树脂以化学键结合，界面结合牢固，不易受到介质浸蚀。在复合材料的力学性能中，弯曲强度与界面有较密切的关系，材料在弯曲应力的作用下，不但受到压缩和拉伸应力的作用，而且还受到切应力的作用。因此弯曲强度可反映出材料界面结合的情况。表 5－4 的实验结果表明了偶联剂的处理效果。

表 5－4　聚酯玻璃钢的水煮强度

水煮时间/h	弯曲强度保留率/%				
	未处理	A－151	沃兰	KH－560	KH－570
0	100	100	100	100	100
2	69.9	96.0	84.3	106.1	93.3
8	53.9	92.4	70.9	94.4	98.6
24	54.0	82.2	55.8	78.8	85.4
48	50.6	69.6	52.3	63.9	67.2

由表 5－4 可见，未处理玻璃纤维复合材料不耐水煮，水煮 2 h 强度就损失约 30%。而经偶联剂特别是硅烷偶联剂处理的玻璃纤维复合材料，水煮 8 h 弯曲强度保留率仍在 90% 以上。水煮 24 h 保留率还在 80%左右。

5.3.2　有机铬偶联剂

有机铬偶联剂的通式如下：

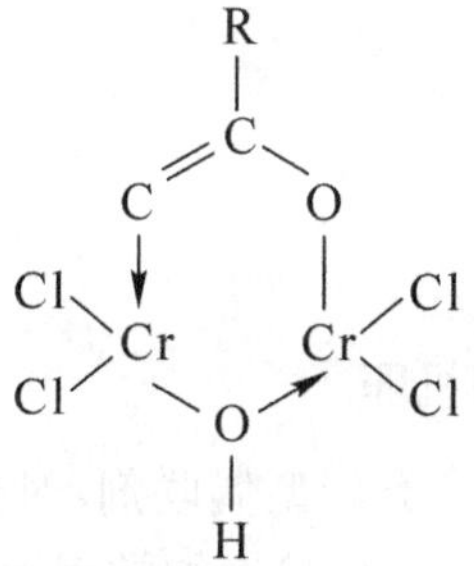

最常用的 R：$CH_3—C=CH_2$ ，称作“沃兰”。

有机铬偶联剂的作用机理与有机硅烷类似，可表示如下：

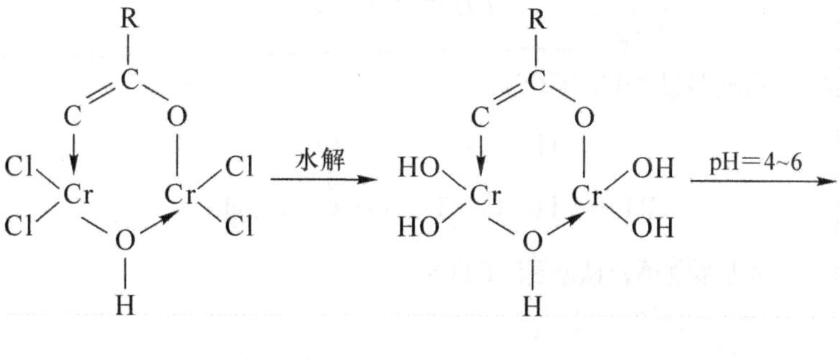

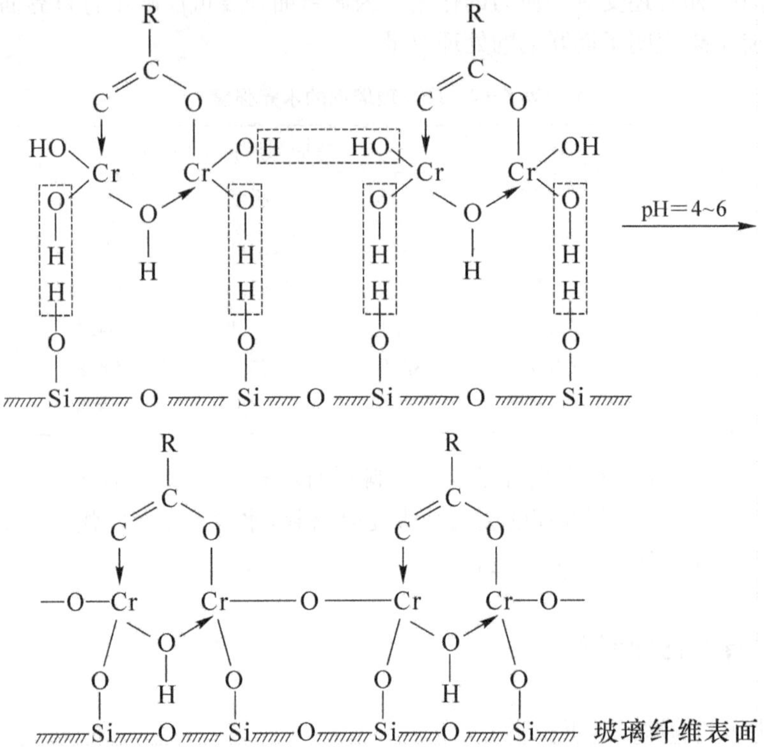

5.3.3 钛酸酯类偶联剂

1. 钛酸酯偶联剂的类别和作用机理

钛酸酯类偶联剂是发展较快的一类新型偶联剂，对热固性或热塑性树脂基复合材料都有一定效果，尤其用在热塑性塑料中，可成倍增加常用无机填料的用量而不降低制品的物理性能，同时可明显降低体系的黏度，改善加工性能。目前使用的主要结构类型有以下几种。

(1) 单烷氧基类钛酸酯

通式为：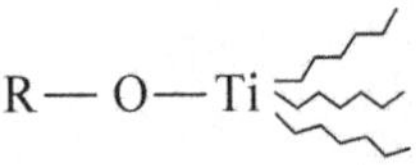。R一般为异丙基，如：

异丙基三异硬酯酰基钛酸酯(TTS)：

$$CH_3-\underset{\displaystyle CH_3}{\overset{|}{CH}}-O-Ti\!\left[O-\overset{\displaystyle O}{\overset{\|}{C}}-C_{17}H_{35}\right]_3$$

异丙基三-(二辛基膦酸酯)钛酸酯(TTOP-12)：

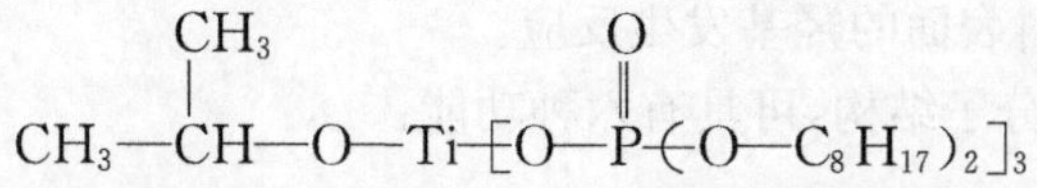

单烷氧基焦膦酸酯型钛酸酯，如异丙基三-(二辛基焦膦酸酯)钛酸酯(TTOPP－38)：

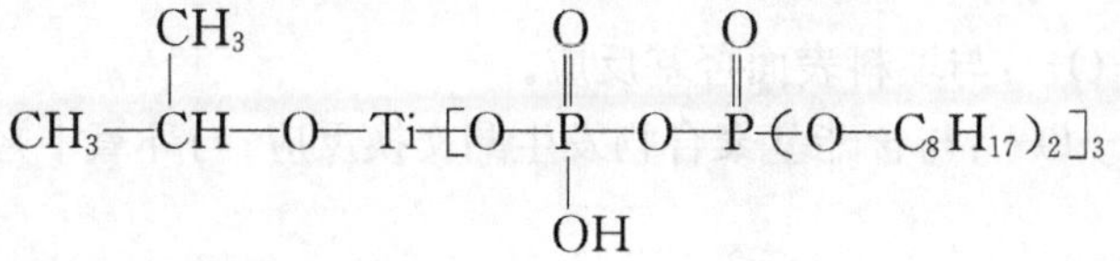

单烷氧基钛酸酯与填料表面的反应原理为：

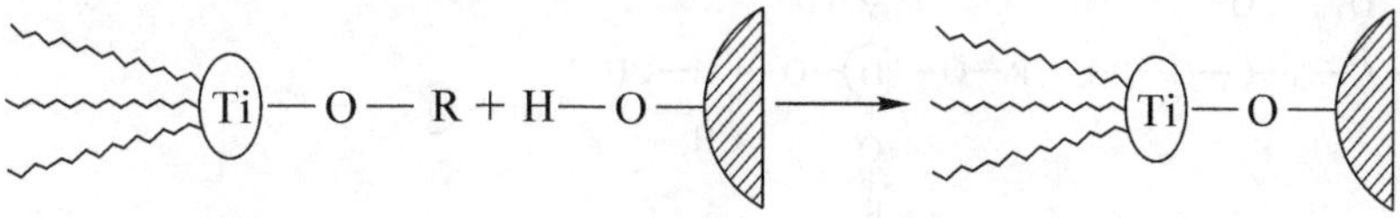

(2) 螯合型钛酸酯

如双(二辛基焦膦酸酯)氧乙酸酯钛酸酯(138S)：

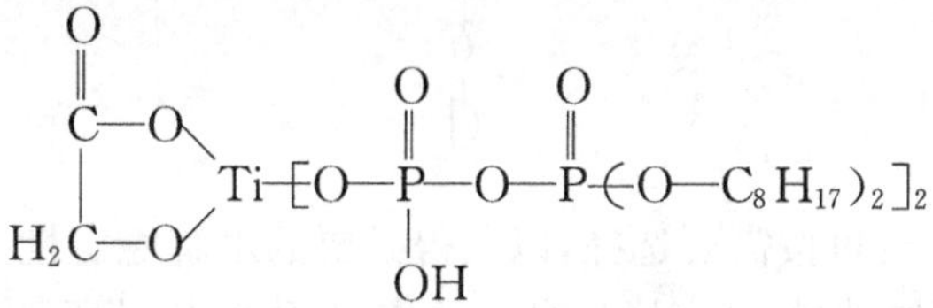

其对填料表面作用机理为：

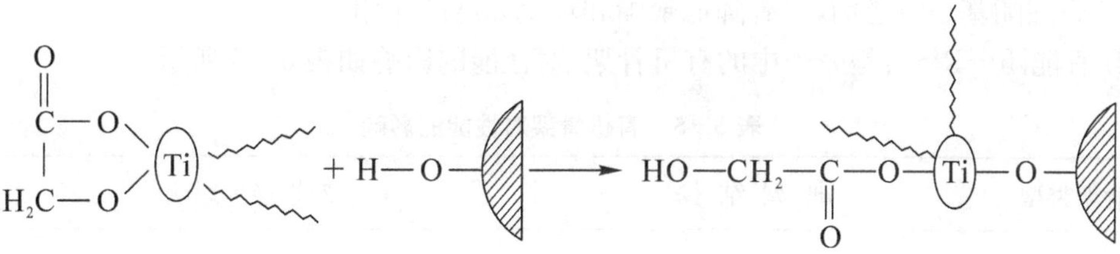

(3) 配位型钛酸酯

如：$(RO)_4Ti(O-X-R')_2$

或写成配位式：

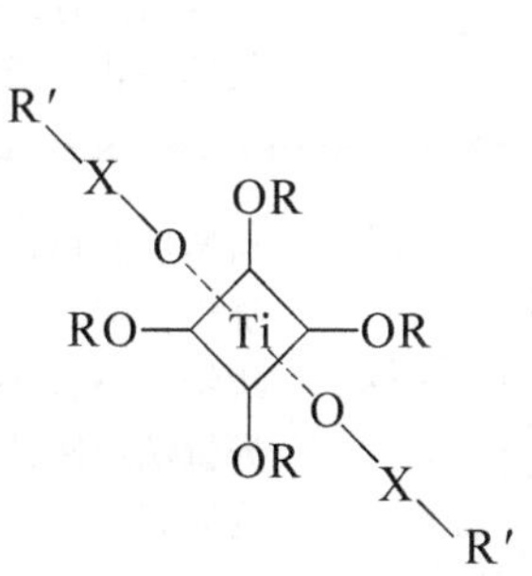

其中—OR 可与填料表面的羟基发生反应。

钛酸酯偶联剂按其分子结构，可具有六种功能：

$$\overset{①}{R^1}—O—\overset{②}{Ti}(\overset{③}{O—X}—\overset{④}{R^2}—\overset{⑤}{Y}—)_n ⑥$$

① 官能团 R^1—O—：与填料表面羟基反应。

② 官能团—Ti—O—：与含酯基聚合物发生酯交换反应；与环氧中羟基发生反应。反应使体系黏度升高。

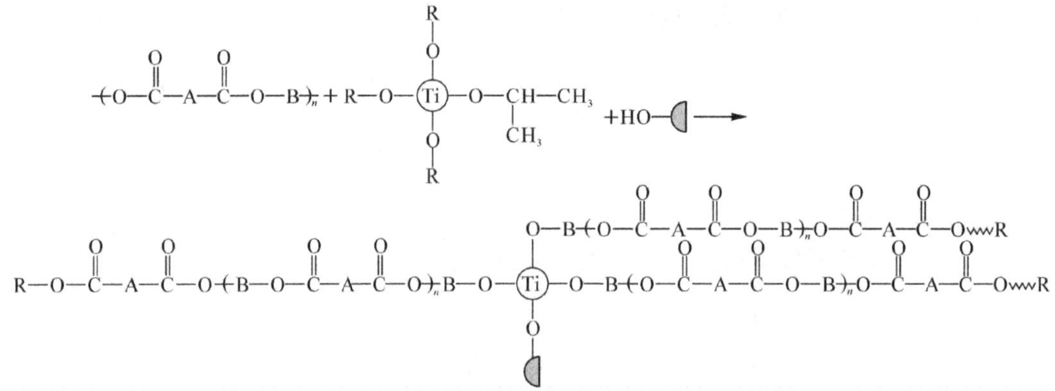

③ 官能团—O—X—：可按需要选择，以获得必要的水解稳定性、热稳定性、酯交换反应性及其他特殊性能。例如，烷氧基有增加黏度的作用；磺酰基对环氧、聚酯有触变性；磷酸酯基有阻燃性，可赋予 PVC 柔性，降低环氧的黏度，增加聚酯黏度；焦磷酸酯基可改善 PVC 冲击性；亚磷酸酯基是防老剂，并有降低聚酯和环氧黏度的作用。

④ 官能团—R^2—：是分子中的有机骨架，对性能的影响如表 5-5 所示。

表 5-5　有机骨架对性能的影响

有机骨架类型	典型结构	对性能的影响
任何一种烃	—R^2—	当有大量烃基存在时，能对填料表面产生改性作用，导致材料黏度下降； 长链结构有助提高抗撕裂强度； 使填料获得亲有机性和疏水性
脂肪烃	$-(CH_2)_n-H$ $-(CH_2)_n-\underset{\mid \atop CH_3}{CH}-CH_3$	对烯烃的相容性； 提供长链，以产生范德瓦尔斯力，形成聚合物分子的缠结，有利于应力-应变传递，改进抗冲性能； 异链烷烃使钛酸酯变成液体，否则钛酸酯在纯净时为固态

续　表

有机骨架类型	典型结构	对性能的影响
芳　烃		提供对芳烃的相容性； 潜在的可交联点

⑤ 官能基—Y—：能与热固性树脂反应，实现填料与聚合物的偶联。

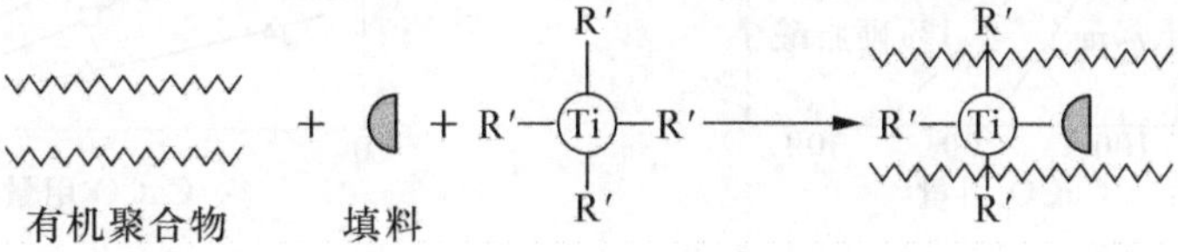

官能基—Y—的效果如表5-6所示。

表5-6　官能基—Y—的效果

官能基类型	典型结构	对性能影响
不饱和型	—C═C— $-\underset{CH_3}{C}=CH-$	可进行过氧化物引发自由基交联反应； 改进物理性能
胺	$-NH_2$	供与硫交联； 利用卤素对氨基的取代反应，产生黏结效果； 与酯形成交联； 使含填料的环氧交联
羟基氢	—OH —H	产生典型的羟基官能团效果； 非活性端基

⑥ n：代表官能度，$n = 1 \sim 3$。可根据需要调节，使它对有机相产生多种不同效果。

2. 钛酸酯偶联剂的效果

用钛酸酯偶联剂处理的填料具有疏水和亲有机基团的性质，将该填料加入到聚合物基体中可提高材料的抗冲击强度而不会发脆，用作增强热塑性塑料的填料表面处理非常有效。用钛酸酯偶联剂处理过的填料加入环氧树脂中，用量增加三倍也不会增加黏度，已在工业上得到广泛应用。

用钛酸酯TTS处理聚丙烯(PP)，能显著增大填充PP的熔融指数，改善其加工性能。如在规定条件下，测试某种PP的熔融指数为4.0，加入40%石棉填充后，PP的流动性变差，熔融指数只有0.77。如果用1%的TTS处理石棉，则熔融指数提高到5.90，填充PP的流动性大为改善。TTS对$CaCO_3$或陶土填充的PP，也有类似的效果。

由图 5－11 可见，钛酸酯偶联剂使高密度 PE－重质碳酸钙体系的流动性能改善。

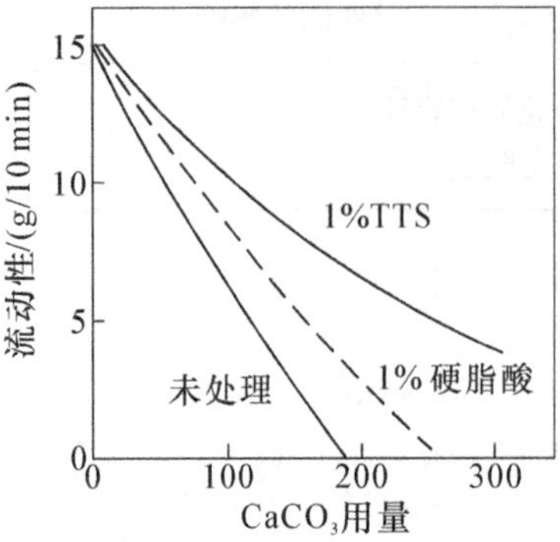

图 5－11　钛酸酯在高密度 PE－重质 $CaCO_3$ 中的效果

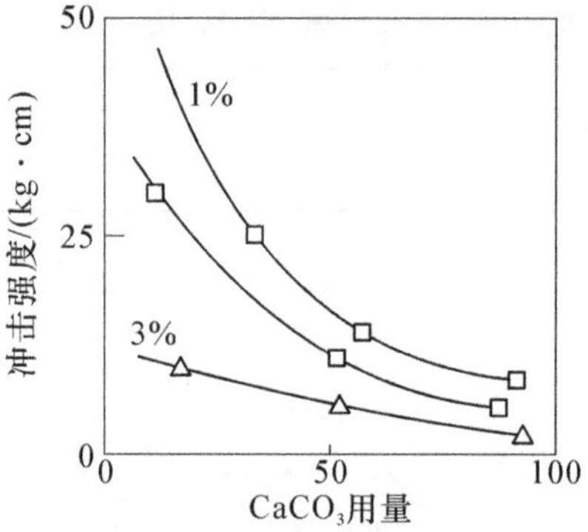

图 5－12　用钛酸酯 238S 后硬质 PVC 冲击强度的改善

由图 5－12 可见，1％的钛酸酯使硬质 PVC 冲击强度提高，而 3％的钛酸酯反而使冲击强度下降。

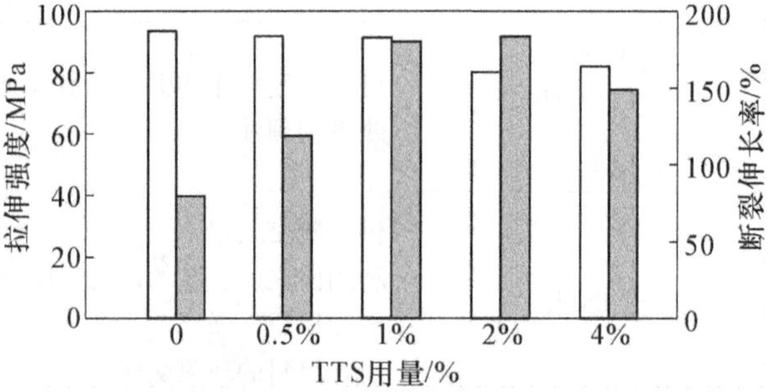

图 5－13　钛酸酯对 PE－$CaCO_3$ 体系断裂伸长率的影响

图 5－13 表明，TTS 使低密度 PE－碳酸钙体系的断裂伸长率显著提高，但拉伸强度基本不变。TTS 用量过多反而有害。

5.3.4　铝酸酯类偶联剂

铝酸酯偶联剂的化学通式为：$(RO)_x$—Al(Du)—$(OCOR')_m$。

同其他偶联剂一样，铝酸酯偶联剂也具有两种不同的活性基团，其中 RO—基团能与无机物表面的化学基团反应生成化学键，另一基团—OCOR′则可与有机基体亲和或反应生成化学键，从而把性质各异的无机材料和有机聚合物基体结合在一起，提高复合材料的性能。铝酸酯偶联剂与无机填料表面反应活性大，色浅，无毒，气味小，热分解温度高，适用范围广。

5.4 玻璃纤维增强塑料的界面

玻璃纤维增强塑料俗称玻璃钢，是由玻璃纤维和基体树脂组成的复合材料。玻璃纤维赋予复合材料强度和刚度，基体树脂则对复合材料的压缩强度、弯曲强度、剪切强度，耐腐蚀、阻燃、耐辐射、电性能等有密切关系。

玻璃纤维的外观为光滑的圆柱体，横截面几乎呈完整的圆形。由于玻璃纤维外表面光滑，纤维的抱合力小，不利于与树脂黏结，因此需要对玻璃纤维进行表面处理，以提高复合材料的界面性能。

硅烷偶联剂是最有效的玻璃纤维表面处理剂。科学家们环绕着偶联剂对玻璃纤维的作用机理及玻璃纤维增强塑料的界面层结构进行了长期的研究，推动了复合材料界面科学的发展，也为复合材料性能的提高做出了很大的贡献。

5.4.1 玻璃纤维概述

1. 玻璃纤维的结构和组成

玻璃纤维是复合材料中使用量最大的一种增强纤维。玻璃纤维与基体树脂结合在一起制成的材料即为玻璃纤维增强塑料，在我国俗称为玻璃钢。玻璃钢产品的产量在复合材料中占绝对的优势。复合材料常用的基体树脂是不饱和聚酯树脂、环氧树脂、酚醛树脂等热固性树脂，也有聚丙烯、尼龙等热塑性树脂。

我国使用的玻璃纤维主要有无碱E玻璃纤维和中碱A玻璃纤维，E玻璃纤维的碱金属氧化物含量不大于0.5%，A玻璃纤维的碱金属氧化物含量为11.5%～12.5%。其他还有高强S玻璃纤维、高硅氧玻璃纤维、石英玻璃纤维等特种玻璃纤维。

根据玻璃结构的网络学说，玻璃是由硅、氧原子为主构成的不规则网络体，网络间存在着孔穴，孔穴中充填着 Na^+，K^+，Ca^{2+}，Mg^{2+} 等金属离子。依玻璃的网络结构学说，玻璃具有如图5-14所示的结构。

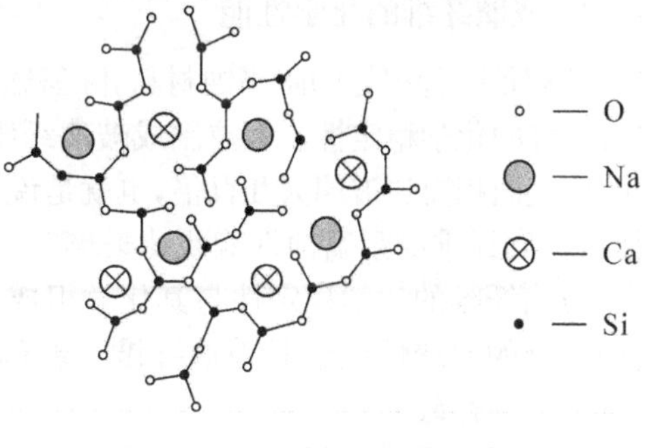

图5-14 玻璃纤维结构示意图

玻璃纤维的化学组成主要是二氧化硅或三氧化二硼，前者称为硅酸盐玻璃，后者称为硼酸盐玻璃。为改进玻璃性能，可加上氧化钙，三氧化二铝等改性氧化物。加入氧化钠等可降低玻璃熔化温度和黏度，这类氧化物称为助熔氧化物。中碱玻璃中含有百分之十几的氧化钠。

表5-7展示了E玻璃纤维的组成。由表可见玻璃纤维的表面组成与内部本体不尽

相同。

表 5-7　E 玻璃纤维的组成(百分含量)

	Si	Al	Mg	Ca	B	F	O
表　面	24.1	8.1	0.7	1.8	3.0	1.8	61.1
本　体	18.6	6.1	2.2	6.3	4.1	0.4	61.8

2. 玻璃纤维的物理性能

玻璃是各向同性的,无固定熔点,处于近程有序、远程无序的介稳态,或者说是"冻结的液体"。

玻璃纤维的外观是光滑的圆柱体,它的横截面呈圆形,表面光滑。玻璃纤维的直径为5～20 μm,密度为 2.4～2.7 g/cm^3。

玻璃纤维力学性能的最大特点是拉伸强度高,可达 1 500～4 000 MPa。表 5-8 说明玻璃纤维的强度与直径有关,直径越细,玻璃纤维的强度越大。

表 5-8　玻璃纤维直径与拉伸强度的关系

直径/μm	4	5	7	9	11
拉伸强度/MPa	3 000～3 800	2 400～2 900	1 750～2 150	1 250～1 700	1 050～1 250

在贮存中,由于空气中水分的影响,玻璃纤维的强度会有下降现象。特别是有碱纤维,这种贮存老化现象尤为严重,存放两年强度可下降 33%。

玻璃纤维的弹性模量只有 7×10^4 MPa,是普通钢铁的 1/3,弹性模量不足是玻璃纤维增强塑料的主要缺点。

玻璃纤维的断裂延伸率在 3%左右。

3. 玻璃纤维的化学性能

玻璃是一种很好的耐腐蚀材料,除氢氟酸、浓碱、浓磷酸外,对一般的化学药品和有机溶剂都有良好的化学稳定性。但拉制成玻璃纤维后,其耐腐蚀性能远不如玻璃。这是因为玻璃纤维的比表面积要比玻璃大几百倍,也就是说,玻璃纤维受介质浸蚀的面积要比玻璃大几百倍,因此,玻璃纤维的耐腐蚀性能要比玻璃差得多,且玻璃纤维的直径越小,其化学稳定性越差。

玻璃纤维的化学稳定性与其化学组成有关,如 E 玻璃纤维的耐水性优于 A 玻璃纤维,A 玻璃纤维的耐酸性优于 E 玻璃纤维。玻璃纤维的网络骨架—Si—O—键不耐碱,因此,玻璃纤维的耐碱性较差。

玻璃纤维表面有很强的吸水性:

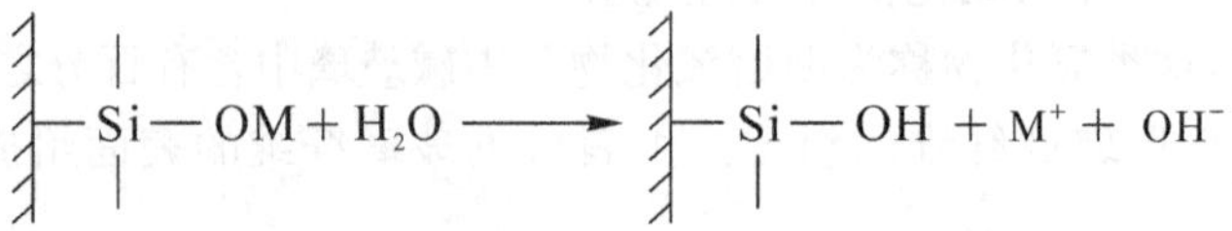

吸附的水可以是多分子层的：

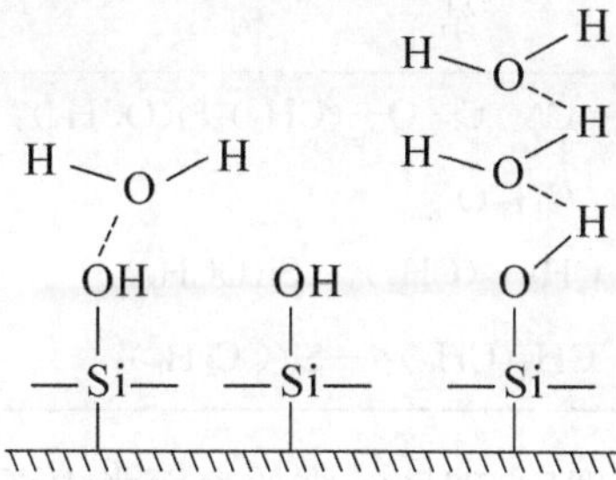

在碱性条件下，玻璃纤维骨架可因如下反应破坏：

$$-\overset{|}{\underset{|}{Si}}-O-\overset{|}{\underset{|}{Si}}- + OH^- \longrightarrow -\overset{|}{\underset{|}{Si}}-OH + -\overset{|}{\underset{|}{Si}}-O^-$$

$$-\overset{|}{\underset{|}{Si}}-O^- + H_2O \longrightarrow -\overset{|}{\underset{|}{Si}}-OH + OH^-$$

该反应产生的 OH^- 离子可再侵蚀玻璃骨架。

由于玻璃纤维的化学稳定性不是太好，所以玻璃纤维增强塑料的耐腐蚀性能很大程度上决定于基体树脂和复合材料的界面状态。

5.4.2　玻璃纤维增强塑料界面的研究

为改善玻璃纤维与基体树脂的界面结合状态，常常用偶联剂对玻璃纤维进行表面处理。经偶联剂处理后，玻璃纤维表面的结构和性能发生了怎样的变化呢？有什么证据表明偶联剂与玻璃纤维表面确实发生了化学反应呢？偶联剂在玻璃纤维表面的结构层次怎样？围绕这些问题，研究者对玻璃纤维增强塑料的界面展开了系统的研究。

1. 偶联剂处理后玻璃纤维的表面张力

用不同结构的硅烷偶联剂对玻璃纤维作表面处理，用电子天平法测定玻璃纤维的表面张力，结果如表 5-9 所示。

表 5-9　各种偶联剂处理玻璃纤维的表面张力

处理剂	结　　构	$\sigma/(mJ/m^2)$
未处理	—	68.7
APS-E	$H_2N(CH_2)_3Si(OC_2H_5)_3$	58.8
GPS-M	$\underbrace{CH_2-CH}_{O}-CH_2-O-(CH_2)_3Si(OCH_3)_3$	52.7
VTS-E	$CH_2=CH-Si-(OC_2H_5)_3$	49.7

续　表

处理剂	结　　　构	$\sigma/(\mathrm{mJ/m^2})$
MOPS-M	$CH_2{=}C(CH_3){-}C(=O){-}O{-}(CH_2)_3Si(OCH_3)_3$	46.6
BS-M	$CH_3{-}(CH_2)_3{-}Si(OCH_3)_3$	23.8
ODS—E	$CH_3(CH_2)_{17}{-}Si(OC_2H_5)_3$	32.4

由表可见，一般经偶联剂处理后，玻璃纤维的表面张力下降，即不利于基体树脂对玻璃纤维的润湿。偶联剂处理后玻璃纤维的表面张力与偶联剂的结构有密切关系。R基中带极性基团的偶联剂，如$-NH_2$，环氧基处理后的玻璃纤维，表面张力较高，带双键的偶联剂因双键易极化，处理后玻璃纤维的表面张力居中，而R为饱和烃链的偶联剂，处理后玻璃纤维的表面张力最低，且饱和烃链长的偶联剂表面张力大于烃链短的偶联剂。

2. 偶联剂在玻璃纤维表面的结构

Ishida用气相二氧化硅（比表面积$(390\pm40)\mathrm{m^2/g}$）作为玻璃纤维的模拟物，以乙烯基三乙氧基硅烷(VTES)为偶联剂，用红外光谱研究了偶联剂在SiO_2表面上的结构。

图5-15中A是VTES处理SiO_2的红外光谱图，B是未用VTES处理SiO_2的红外光谱图，应用差谱技术，得到SiO_2表面上的VTES谱图C为差谱A—B。

图5-15的C谱究竟代表了什么结构呢？为此作了各种状态下VTES的红外光谱（如图5-16所示）。图5-16中A是VTES红外光谱图，B是VTES水解物乙烯基硅三醇的红外光谱图，C是聚乙烯基硅氧烷低聚物的红外光谱图，D则为聚乙烯基硅氧烷聚合物固体的红外光谱图。将图5-15的差谱C与图5-16中各谱相比可以发现，差谱C与图5-16中的D谱最为接近。因此，从红外光谱的研究可以知道，SiO_2表面上VTES是缩聚形成的聚乙烯基硅氧烷。

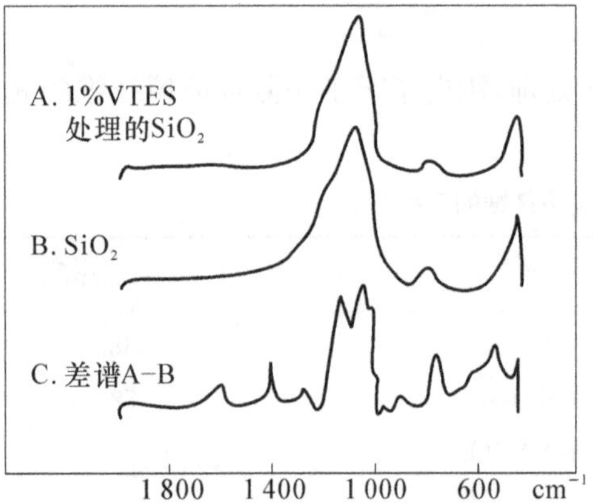

图5-15　SiO_2表面上的VTES红外光谱

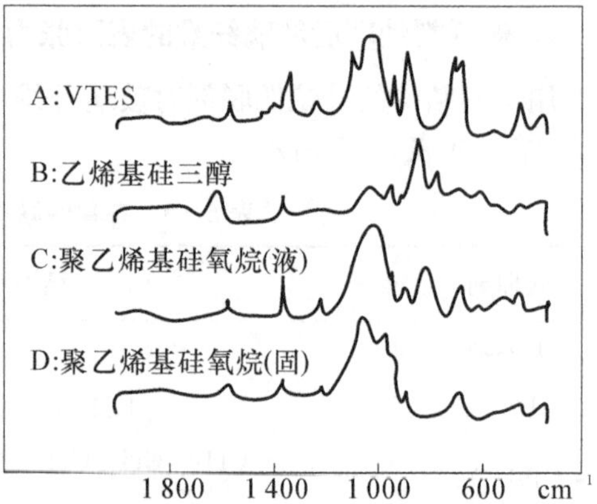

图5-16　各种状态VTES的红外光谱

随着红外技术的进步，Ishida采用多次扫描技术加强信号，直接用玻璃纤维进行了红外光谱实验，得到VTES在E玻璃纤维上的红外光谱，如图5-17所示。将图5-17的C谱(A—B)与图5-16各谱比较可知，E玻璃纤维上的VTES结构相当于聚乙烯基硅氧烷(固)。

由此可得出这样的结论：玻璃纤维用偶联剂处理后，表面上覆盖了一层硅烷偶联剂水解后的缩聚物，即聚硅氧烷。

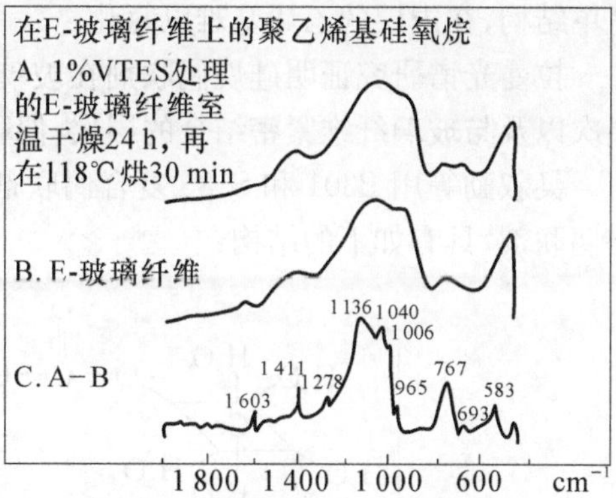

图5-17 E玻璃纤维上VTES的红外光谱

3. 偶联剂在玻璃纤维表面的结构层次

偶联剂在玻璃纤维表面是否就是简单的单分子层结构呢？科学家用各种现代化手段对偶联剂在玻璃纤维表面上的结构层次进行了研究。

Schrader等用α位带有^{14}C标记的KH-550的1%苯溶液处理玻璃纤维后，先用冷水清洗玻璃纤维，测定^{14}C放射线强度随清洗时间的变化，如图5-18所示，放射线强度因水洗迅速减弱，渐趋恒定。随后用沸水萃取，放射线强度又减弱，随后渐趋恒定。但玻璃纤维上总残留有不能被沸水清除掉的偶联剂层。

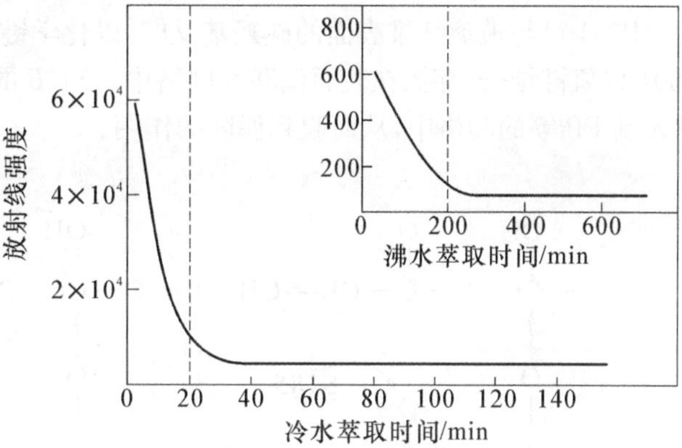

图5-18 放射线强度随萃取时间的变化

根据以上的实验结果，Schrader认为偶联剂在玻璃纤维表面上形成了三个结构层次：第一层为弱吸附层，约占偶联剂总吸附量的98%，这一层与玻璃纤维表面结合力弱，可用冷水清除；第二层为强吸附层，约10个单分子层厚，这一层与玻璃纤维表面有较强的结合力，需用沸水萃取才能清除；第三层为化学键结合层，与玻璃纤维表面牢固结合，长时间用沸水萃取也不能清除。

因此，偶联剂在玻璃纤维表面并非单分子层简单结构，而有多层吸附的复杂结构，硅烷偶联剂与玻璃纤维表面形成了化学键。

Koening等用乙烯基三乙氧基硅烷(2%～3%溶液)处理玻璃纤维后，分别用甲苯萃取24 h，用沸水煮洗2 h。拉曼光谱研究发现，玻璃纤维经偶联剂处理后，光谱出现1 600 cm^{-1}、1 410 cm^{-1}、1 276 cm^{-1}、967 cm^{-1}的乙烯基特征吸收峰，经甲苯和沸水清洗后，这些谱线的强度下降，证明表面的偶联剂有可洗去层。但不管怎样清洗，这些谱线均不能完全消除，表明偶联剂与玻璃纤维表面有紧密结合的化学键存在。

将偶联剂处理的玻璃纤维氯化，725 cm^{-1} C—Cl谱线随氯化程度而增强。1 600 cm^{-1}的乙烯基特征谱线因氯化而变弱，但不能完全消失，表明偶联剂在玻璃纤维表面不是单分子层简单结构，在内层的乙烯基难以氯化。

拉曼光谱研究证明硅烷偶联剂在玻璃纤维表面有多层结构，即可被甲苯和沸水洗去的层次以及与玻璃纤维紧密结合的层次，偶联剂与玻璃纤维之间形成了化学键。

吴叙勤等用 B301 和 S185 复合偶联剂对玻璃纤维进行了表面处理。B301 是一种有机铬偶联剂，具有如下的结构：

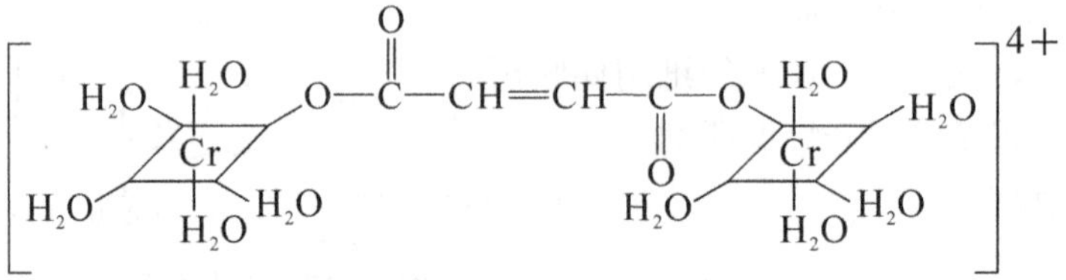

S185 是一种表面活性剂，其结构为：$HO[C_2H_4O]_5C_{15}H_{31}$。

B301 可与玻璃纤维表面的硅羟基反应，以化学键结合在玻璃纤维的表面上。S185 可与 B301 以氢键结合，穿插在表面偶联剂网络中。S185 的长链亲油，可与 PP 等聚烯烃链缠结，进入到 PP 等的晶格中，从而起到偶联的作用。

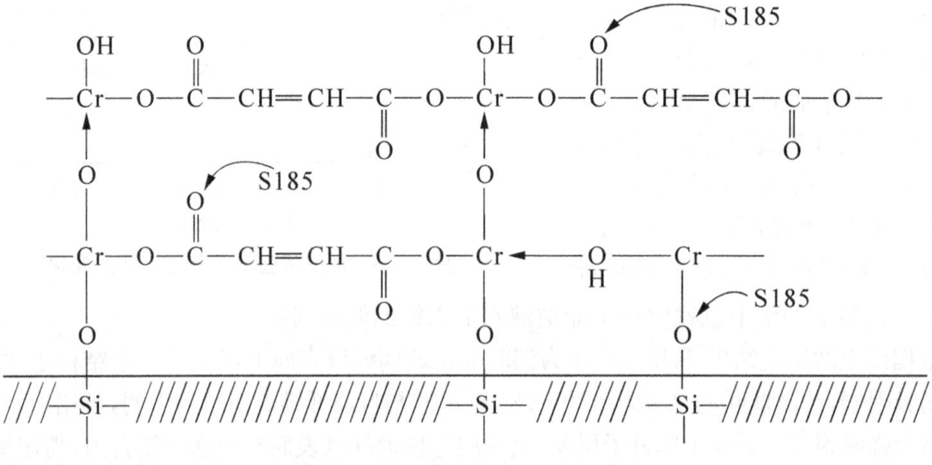

考虑到铬是金属元素，对原子发射光谱极其敏感，因此可用原子发射光谱来研究 B301 在玻璃纤维表面上的结构。首先用已知铬离子浓度的各种硝酸溶液测试其铬离子的原子发射光谱，得到发射光谱峰强度和铬离子浓度的标准曲线。用定量的 3 mol/L 硝酸将经偶联剂处理的玻璃纤维浸泡 12 h，可将玻璃纤维上的偶联剂（无论是化学键结合的还是吸附的）全面浸洗下来。然后测试浸出液的原子发射光谱，由检出的铬离子峰的强度按标准曲线可求出硝酸液中 Cr^{3+} 的浓度，从而求得玻璃纤维表面偶联剂的含量，实验的结果如

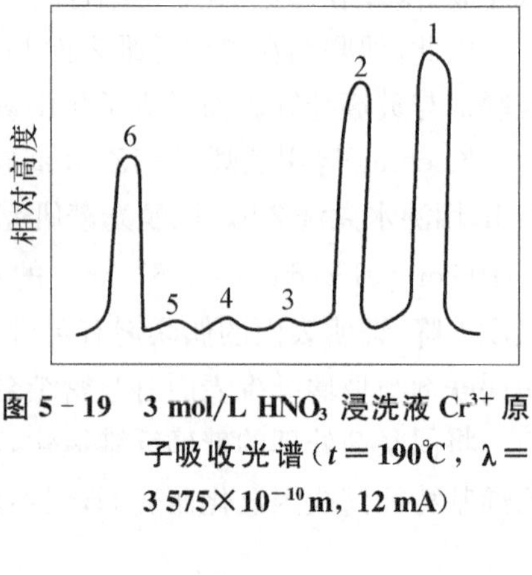

图 5－19　3 mol/L HNO_3 浸洗液 Cr^{3+} 原子吸收光谱（$t=190$℃，$\lambda=3\,575\times10^{-10}$ m，12 mA）

图 5-19 所示。

图中1峰是4%B301处理玻璃纤维浸洗液的Cr^{3+}原子吸收光谱峰，2峰则是(4%B301+0.09%S185)处理玻璃纤维浸洗液的Cr^{3+}峰，3峰为未处理玻璃纤维浸洗液的Cr^{3+}峰（可作为空白对照），4、5峰为1和2玻璃纤维的第二次浸洗液峰，与3峰相比可知，用3 mol/L硝酸液一次可将玻璃纤维表面的Cr^{3+}全部浸洗掉，不必进行第二次浸洗，6峰则是标准液的浓度为6×10^{-6}的Cr^{3+}原子吸收光谱峰。

将经偶联剂处理的玻璃纤维100℃烘干后，分别用冷水、沸水清洗，然后再用3 mol/L硝酸浸洗，测Cr^{3+}浓度，结果如表5-10所示。由表可见，含铬偶联剂在玻璃纤维表面上形成多层结构，即冷水洗去层、沸水洗去层及牢固结合层。B301处理后玻璃纤维表面的Cr^{3+}含量为360×10^{-6} g/g玻璃纤维，冷水清洗后残存量为302×10^{-6} g/g玻璃纤维，热水解析后残存量则为239×10^{-6} g/g玻璃纤维。至于表中B列的数据低于A列，那是因为含有S185，降低了Cr^{3+}的浓度。

表5-10 玻璃纤维表面Cr^{3+}含量/（$\times10^{-6}$ g/g玻璃纤维）

清洗条件	峰高/mm		Cr^{3+}含量		Cr^{3+}减少量	
	A	B	A	B	A	B
未洗	43.0	37.0	360	319	0	0
冷水洗4次	37.0	36.0	302	294	58	25
沸水洗4 h	28.0	28.0	239	231	63	63

注：A列是4%B301处理，B列是（4%B301+0.09%S185）处理。

苯环是紫外敏感基团，对含苯环的偶联剂可用紫外光谱进行研究。吴叙勤等用苯胺甲基三乙氧基硅烷(BMES)处理玻璃纤维后，将玻璃纤维在定量的5%NaOH溶液中沸腾回流2 h，用紫外光谱测定洗出液中BMES含量。实验得到的谱图如图5-20所示。图中A为已知偶联剂浓度标准溶液的谱图，若用一系列已知浓度溶液作紫外光谱，以峰的强度对浓度作图，可以得到标准曲线。B为偶联剂处理后玻璃纤维浸洗液的紫外光谱图，由谱中峰的强度，查标准曲线可知道溶液中偶联剂的浓度，从而求得玻璃纤维表面偶联剂的量。若对偶联

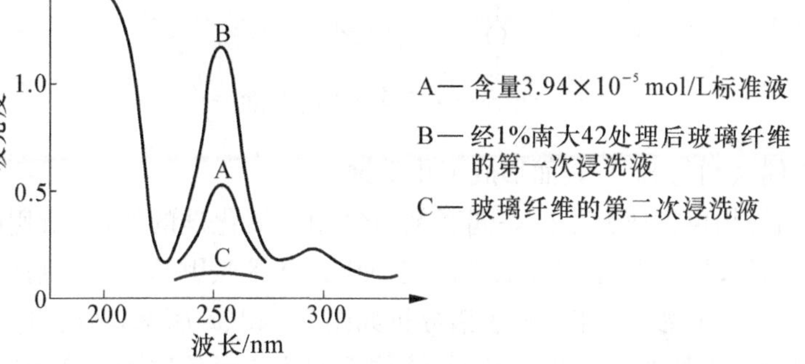

图5-20 南大42(BMES)的紫外光谱图(5.0%NaOH水溶液)

剂处理后的玻璃纤维分别进行冷水清洗、沸水回流，再用 5%NaOH 溶液浸洗，对浸洗液作紫外光谱，如果玻璃纤维表面的偶联剂被冷水和沸水浸洗掉，则偶联剂紫外光谱峰的强度应该减弱。

对经 BMES 处理的玻璃纤维，分别用冷水清洗，沸水回流 4 h，再用 5%NaOH 溶液浸洗，作紫外测试。结果表明，冷水可解析 20%BMES，沸水解析 60%的 BMES，约有 20%的偶联剂残留在玻璃纤维表面，不能被冷、热水洗掉。由此同样证明偶联剂在玻璃纤维表面有三个结构层次，即冷水洗去层、沸水洗去层和牢固结合层。

4. 偶联剂与玻璃纤维表面的化学反应

偶联剂在玻璃纤维表面有三个结构层次，即冷水洗去层、沸水洗去层和牢固结合层，并把不能被沸水或溶剂洗去的牢固结合层的存在作为偶联剂与玻璃纤维表面以化学键结合的证据。这样的证明虽然有一定的道理，但仍缺乏直接的依据。能否用实验充分地证明偶联剂与玻璃纤维表面确实发生了化学反应，以化学键结合呢？

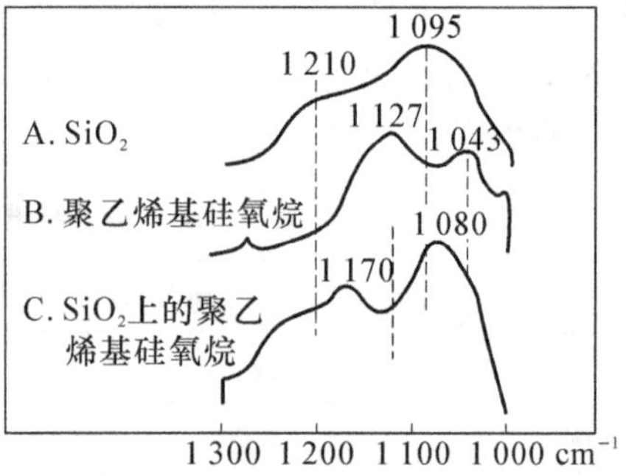

图 5-21 红外光谱的 Si—O—Si 反对称振动区

Ishida 等分别对气相二氧化硅、聚乙烯基硅氧烷以及二氧化硅上的聚乙烯基硅氧烷的红外光谱作了对比，得到如图 5-21 所示的谱图。由图可见，纯 SiO_2 的 Si—O—Si 峰出现在 1 210 cm^{-1} 和 1 095 cm^{-1}；聚乙烯基硅氧烷的 Si—O—Si 峰出现在 1 127 cm^{-1} 和 1 045 cm^{-1}；SiO_2 上的聚乙烯基硅氧烷峰出现在 1 080 cm^{-1}（介于 1 095 cm^{-1} 与 1 045 cm^{-1}之间）及1 170 cm^{-1}（介于 1 210 cm^{-1}和 1 127 cm^{-1}之间）。

因此，1 080 cm^{-1}和 1 170 cm^{-1}的峰，既不能归属于 SiO_2 的 Si—O—Si，也不能归属于聚乙烯基硅氧烷的 Si—O—Si 键，应该是偶联剂与 SiO_2 表面形成的新的 Si—O—Si 键：

—Si—) 偶联剂低聚物
|
O
|
—Si—) 二氧化硅表面

也即，硅烷偶联剂与 SiO_2 表面形成了化学键。

吴叙勤等用气相色谱研究了硅烷偶联剂与气相二氧化硅的作用，所用的偶联剂有乙烯基三乙氧基硅烷（VTES）、甲基三乙氧基硅烷（MES）和苯胺甲基三乙氧基硅烷（BMES）。

先将 VTES-CCl_4 混合，作气相色谱分析如图 5-22(a)所示，然后将其在 150℃加热数小时后，再作气相色谱如图 5-22(b)所示，该体系加热前后的谱图完全相同，表明 VTES 与 CCl_4 不发生反应。

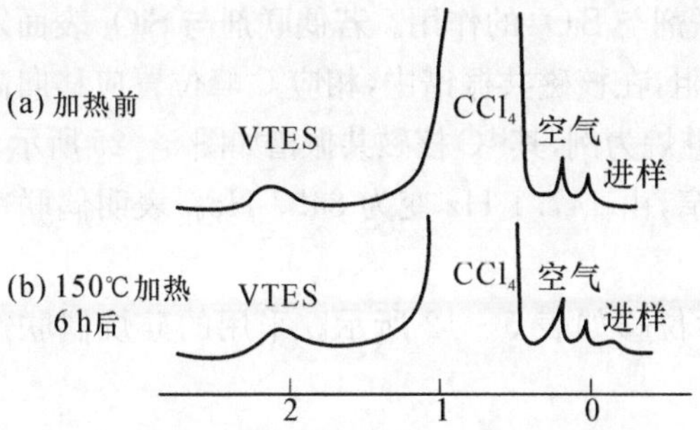

图 5－22 VTES－CCl_4 体系的气相色谱

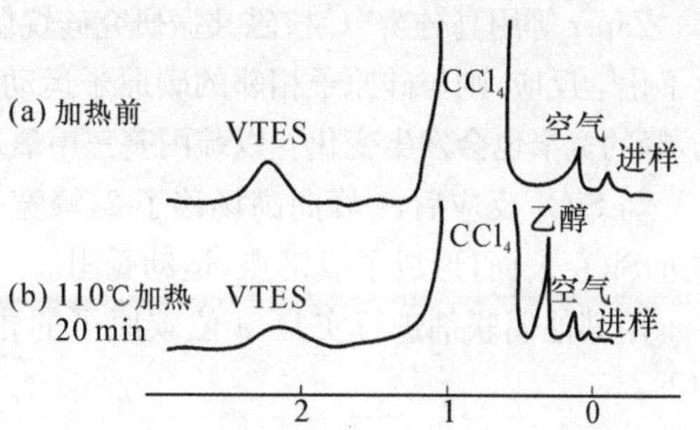

图 5－23 VTES－CCl_4－SiO_2 体系的气相色谱

SiO_2－VTES－CCl_4 体系加热前的气相色谱图如图5－23(a)所示，对该体系加热 20 min 后的气相色谱图如图 5－23(b)所示。比较两图可发现，经加热后 VTES 峰减弱，并出现了新峰(乙醇峰)。

用 MES 和 BMES 偶联剂实验，都出现了乙醇峰。由图 5－24 可见，随反应时间的增长，色谱图中 MES 峰减小，直至消失，而乙醇峰则逐渐增强。

乙醇峰的出现，最直接地证明硅烷与 SiO_2 表面发生了如下的化学反应：

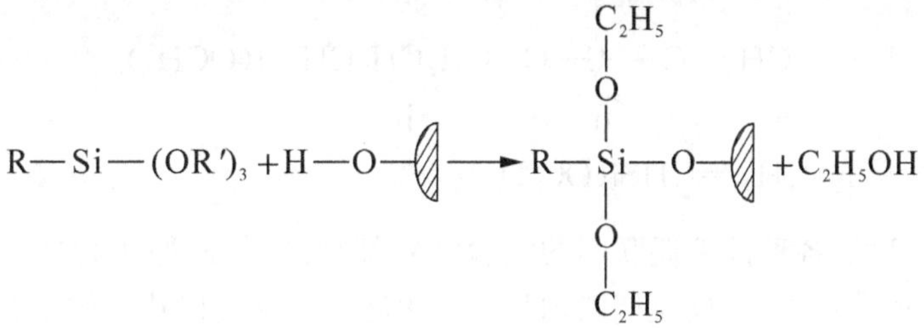

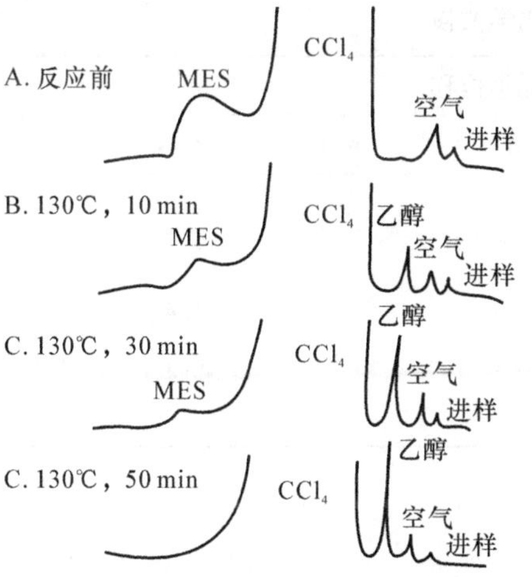

图 5－24 MES－SiO_2－CCl_4 体系的气相色谱图

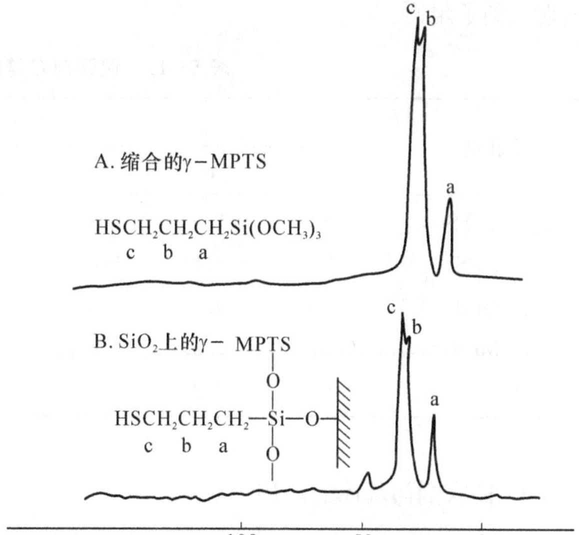

图 5－25 γ－MPTS 的^{14}C 核磁共振谱

Zaper 等用高分辨[14]C 核磁共振研究硅烷偶联剂与 SiO_2 的作用。若偶联剂与 SiO_2 表面发生了化学反应，则与硅原子相邻的碳原子运动受阻，在核磁共振谱中，相应 C 峰位置应移向高场，峰的宽窄也会发生变化。以巯丙基三甲氧基硅烷为例，其[14]C 核磁共振谱如图 5 - 25 所示。

与 SiO_2 反应后，a 峰向高场移了 2，峰宽变窄，由 147.1 Hz 变为 84.7 Hz。表明偶联剂靠近 SiO_2 表面，形成了成键点，运动受阻。

用其他偶联剂进行实验，a 位碳原子的化学位移如表 5 - 12 所示。采用的硅烷偶联剂如下：

γ - MPTS　　$HSCH_2CH_2CH_2Si(OCH_3)_3$
　　c　b　a

γ - APS　　$NH_2CH_2CH_2CH_2Si(OC_2H_5)_3$
　　c　b　a

γ - GPS

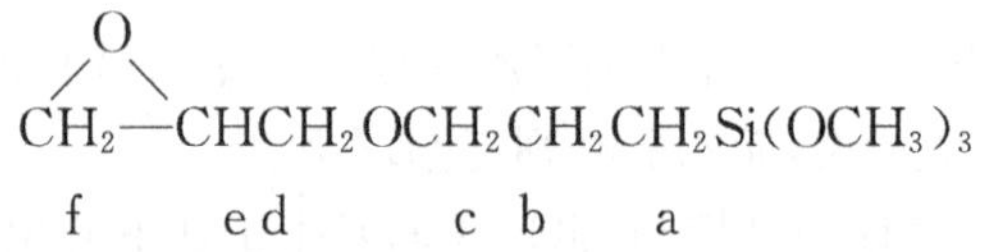

γ - MPS

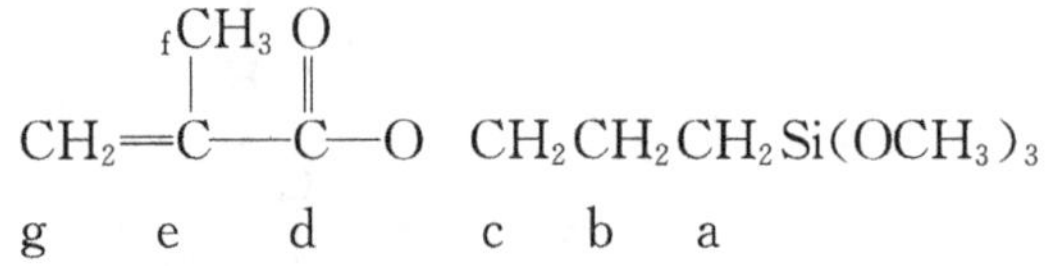

VTES　　$CH_2{=}CHSi(OC_2H_5)_3$

由表 5 - 11 可见，各种硅烷偶联剂的实验结果都相同，与硅原子相连的 a 碳原子峰，都无例外地移向高场。这表明，硅烷偶联剂与二氧化硅表面反应以化学键结合，使 a 碳原子的运动受到了阻碍。

表 5 - 11　偶联剂 C 峰的化学位移

偶联剂	C 峰的化学位移						
	a	b	c	d	e	f	g
γ - MPTS	2.2	1.9	1.9				
γ - APS	1.1	−2.4	−0.1				
γ - GPS	1.0	0.8	0.6	0.0	0.3	−1.4	
γ - MPS	0.6	0.5	0.5	−1.1	0.8	0.1	0.6
VTES	1.6	2.2					

5. 偶联剂与基体的作用

偶联剂的有机基团 R 中带有双键或胺基、环氧基等，可以参与基体树脂的固化反应。

Johnson 等分别在未处理的玻璃纤维和经带双键偶联剂处理的玻璃纤维存在下，进行

^{14}C标记的甲基丙烯酸甲酯及苯乙烯的聚合。经溶剂反复萃取后，未处理玻璃纤维上的聚合物被全部洗去，未有残留，而经硅烷处理的玻璃纤维上有聚合物残留。因为结合在玻璃纤维表面的偶联剂的双键与甲基丙烯酸甲酯或苯乙烯的双键一起聚合，以化学键结合在一起，因此与偶联剂结合的聚合物不能被溶剂洗去，仍能检测出^{14}C的放射性来。

Koening 等用乙烯基三乙氧基硅烷处理玻璃纤维，然后进行甲基丙烯酸甲酯聚合，再用甲乙酮萃取。拉曼光谱的测试表明，玻璃纤维表面上残存有聚甲基丙烯酸甲酯。由此证明偶联剂中的双键参与了聚合反应，也即偶联剂可以化学键与基体树脂连接。

吴叙勤等用薄层层析法研究了偶联剂与玻璃的作用。该方法甚为简便，将硅胶 G 和 5%偶联剂溶液一起研磨，然后涂于载玻片上，厚约 1 mm，置于烘箱中先在 40～60℃加热 1 h，然后在 110℃加热 0.5 h。将被试树脂点样于硅胶上 X 处，以丙酮：苯＝1：1(体积比)的混合液为展开剂，$K_2Cr_2O_7-H_2SO_4$ 为检出剂，结果如图 5－26 所示。

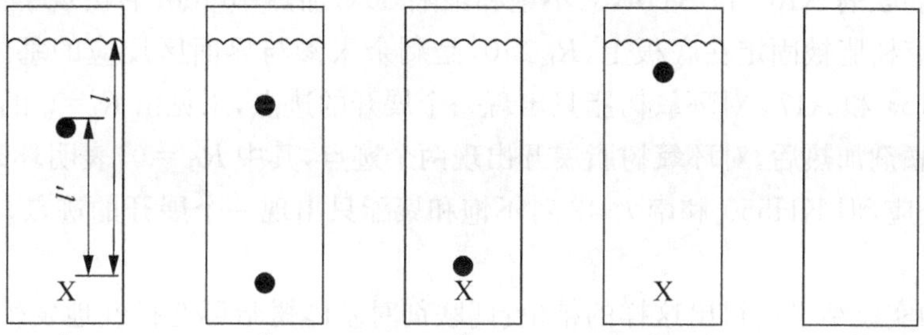

图 5－26 基体在薄层层析板上展开的示意图

A：$R_f>0$，未经偶联剂处理；B：$R_{f1}=0$，$R_{f2}>0$，对基体有效的偶联剂；C：$R_f\approx0$，对基体效果较小的偶联剂；D：$R_f>0$，对基体无效的偶联剂；E：空白的层析板

图上的 X 为点样处，黑斑为树脂展开后的迹点，黑斑上部的波纹线为展开线的前沿。定义滞留因子 R_f 为：

$$R_f=\frac{\text{点样处至黑斑点的距离 } l'}{\text{点样处至溶剂前沿的距离 } l} \tag{5-3}$$

R_f 值的大小反映了基体与底板之间的相互作用。R_f 越小相互作用越大；$R_f=0$，则树脂滞留在点样处，表明树脂与底板之间发生了化学反应。

用 R_f 检测某些偶联剂对基体的有效性，如表 5－12 所示。

表 5－12 偶联剂对基体的有效性影响

偶联剂名称	不饱和聚酯 R_f 值		环氧树脂 R_f 值	
	室温	80℃，15 min 后	室温	80℃，15 min 后
无	0.66	0.76	0.90	0.90
A151	0.73	$R_{f1}=0$ $R_{f2}=0.71$	0.95	0.90

续 表

偶联剂名称	不饱和聚酯 R_f 值		环氧树脂 R_f 值	
	室温	80℃,15 min后	室温	80℃,15 min后
A174	0.90	$R_{f1}=0$ $R_{f2}=0.70$	0.90	0.95
KH550	$R_{f1}=0.1$ $R_{f2}=0.69$	0.1	0.90	$R_{f1}=0$ $R_{f2}=0.90$
南大42	0.70	0.68	0.90	$R_{f1}=0$ $R_{f2}=0.92$

从表中的数据可看出:不论何种情况,常温下 R_f 值都很大,说明对基体或偶联剂均无效;含双键的偶联剂 A151 和 A174,对不饱和聚酯 80℃加热 15 min 后出现了两个 R_f 值,其中 $R_{f1}=0$,即有树脂被固定在底板上,$R_{f2}>0$,是剩余未参与界面区反应的基体被展开至第二迹点,但 A151 和 A174 对环氧树脂只出现一个展开的迹点,未见由 $R_f=0$ 的迹点;KH550 和南大 42 偶联剂加热后,对环氧树脂展开出现两个迹点,其中 $R_{f1}=0$,表明环氧树脂与底板发生了化学反应,但 KH550 和南大 42 对不饱和聚酯只出现一个展开的迹点,未见有 $R_f=0$ 的迹点。

从以上的实验结果可得出这样的结论:偶联剂对基体树脂可选择性地发生化学反应,含双键的偶联剂对不饱和聚酯有效,而带胺基的偶联剂对环氧树脂有效。

以上的研究可以证明,偶联剂的一种反应基团与玻璃纤维的表面发生了化学反应,以化学键与玻璃纤维表面结合。偶联剂在玻璃纤维表面并不是简单的单分子层结构,而具有可被冷水洗去的弱吸附层、被沸水洗去的强吸附层和化学键结合层三个复杂的结构层次。偶联剂的另一种反应基团则可参与基体树脂的反应。通过偶联剂的偶联作用,使得玻璃纤维与基体树脂以化学键形成界面层,紧密地结合在一起,从而有效提高了复合材料的性能。

5.5 先进复合材料的界面

高科技的发展对新材料提出越来越高的要求。传统的钢铁材料高强、高模,但密度大,易锈蚀;陶瓷材料耐高温、高强,但性脆;玻璃纤维增强塑料强度高,相对密度小,但模量不足,因此近年来一直在开发高性能的先进复合材料(英文缩写 ACM),碳纤维和高性能的有机纤维是先进复合材料使用的主要增强纤维。

高性能纤维虽有优良的性能,但一般都难与聚合物基体结合,因而复合材料的层间剪切强度低。为提高先进复合材料的性能,必须对增强纤维进行表面改性。

5.5.1 高性能增强纤维

1. 碳纤维

(1) 碳纤维的分类

碳纤维是有机纤维在惰性气氛中经高温碳化和石墨化制成的纤维状碳，含碳量可高达99%以上。碳纤维增强的复合材料具有高的比强度和比模量，它的比强度比钢和铝合金的高5倍，比模量高3倍，同时具有耐腐蚀、耐热冲击、耐烧蚀等优良性能，在航空和航天等领域得到重要应用。

碳纤维按其原料分类可分为：聚丙烯腈(PAN)系碳纤维、沥青系碳纤维、黏胶系碳纤维、人造丝系碳纤维等。按纤维的性能分类则有超高强度碳纤维(UHS)、高强度碳纤维(HS)、超高模量碳纤维(UHM)、高模量碳纤维(HM)、中等模量碳纤维(MM)、普通碳纤维等。

成型中碳化温度不同使碳纤维有不同结构，如将800～1 500℃碳化的纤维称为碳纤维，而将2 000～3 000℃下碳化的纤维称为石墨纤维。各种碳纤维的性能如表5-13所示。

表5-13　碳纤维的性能

性　能	碳纤维				
	UHM	HM	UHS	HS	MM
拉伸弹性模量/GPa	>400	300～400	200～350	200～250	180～200
拉伸强度/GPa	>1.7	>1.7	>2.76	2.0～2.75	2.7～3.0
碳含量/%	99.8	99.0	96.5	94.5	99.0

(2) 碳纤维的制备

纤维的制备一般有熔融纺丝法或溶液纺丝法，可碳既难在高温下熔化，也不溶于溶剂中。碳纤维的制备与通常纤维不同，它是以有机纤维为原料经预氧化、碳化、石墨化等过程制成的。以聚丙烯腈(PAN)系碳纤维为例，其制备工艺大致如图5-27所示。

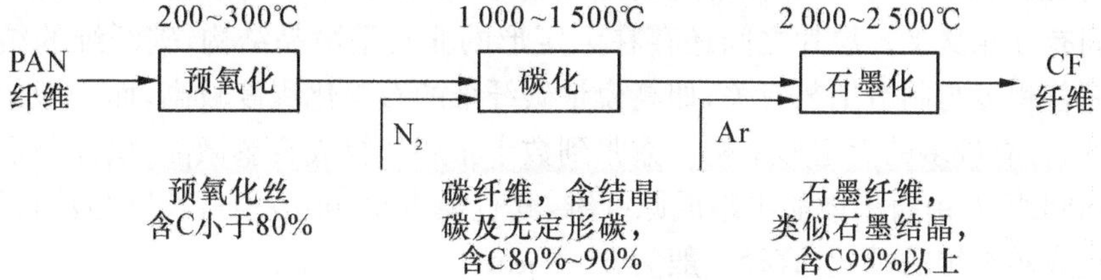

图5-27　碳纤维制备过程示意图

碳纤维制备过程中，可能发生如图5-28所示的反应。

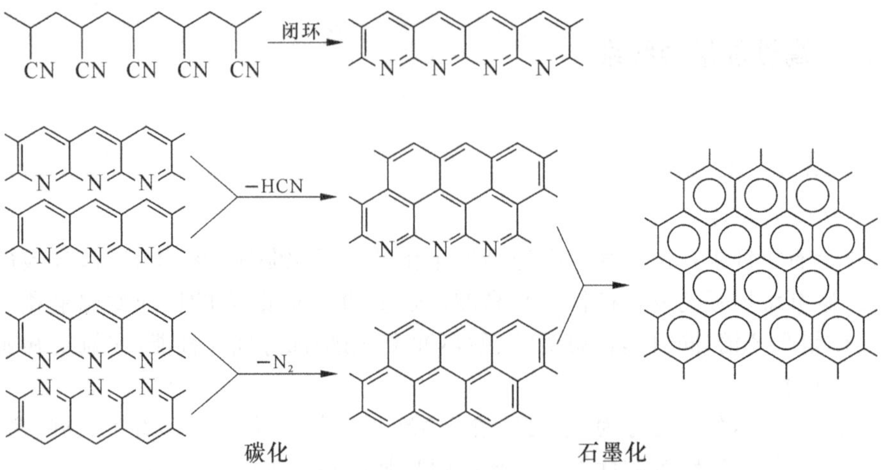

图 5－28　碳纤维制备过程中可能发生的反应

(3) 碳纤维的结构

理想的石墨晶体是图 5－29 所示的六方晶体结构。

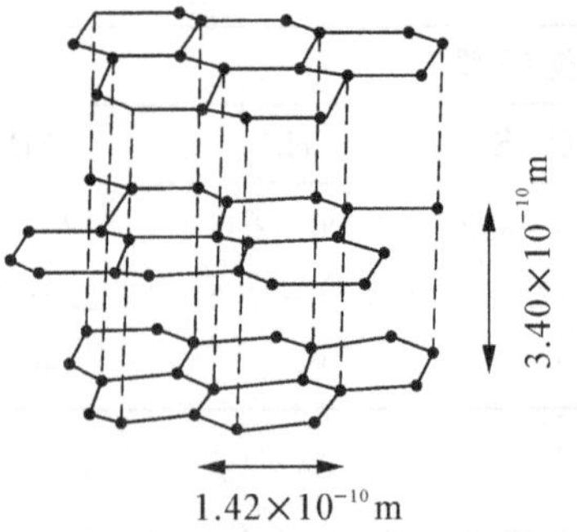

图 5－29　石墨六方晶体结构

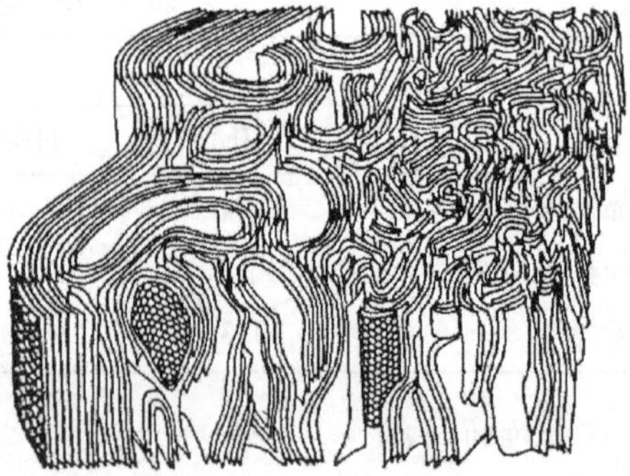

图 5－30　碳纤维乱层石墨结构示意图

研究表明，碳纤维也具有石墨的基本结构，但不是理想的石墨点阵结构，而是所谓的乱层石墨结构，如图 5－30 所示。在乱层石墨结构中，石墨层片乃是最基本的结构单元，层片与层片之间有互相交叉。层片之间还存在无定形的非石墨微晶结构，碳纤维的结晶度和石墨微晶的完善程度与制造工艺有关，如高模量碳纤维的石墨化程度较高，而一般的碳纤维石墨化程度低，含有较多的无定形结构。数张到数十张层片组成石墨微晶，层片与层片之间的距离叫做面间距 d，由石墨微晶再组成原纤维，其直径为 50 nm 左右，长度为数百纳米，最后由原纤维组成碳纤维的单丝，直径一般为 6～8 μm。

研究还发现碳纤维由皮层和芯层两部分组成，中间是连续的过渡区。沿直径测量，皮层占 14%，芯层占 39%。皮层的微晶较大，排列较整齐有序。由皮层到芯层，微晶减小，排列逐渐紊乱，结构不均匀性愈来愈显著。

影响碳纤维强度的重要因素是纤维中的缺陷。缺陷主要来自两个方面，一是原丝带来的缺陷，二是碳化过程中产生的缺陷。

(4) 碳纤维的性能

碳纤维的密度在 1.5～2.0 g/cm³，主要决定于碳化温度，如在 3 000℃高温下经石墨化处理的纤维，密度可达 2.0 g/cm³。

碳纤维的热膨胀系数具有各向异性，平行于纤维方向为 $-9\times10^{-7}\sim-7.2\times10^{-7}$℃$^{-1}$，而垂直于纤维方向为 $2.2\times10^{-5}\sim3.2\times10^{-5}$℃$^{-1}$。利用碳纤维负的热膨胀系数可以设计热膨胀系数为零的复合材料，这种材料特别适合于温差极大的宇宙空间使用。

碳纤维的比热容一般为 0.03～0.71 kJ/(kg・℃)，导热系数有方向性，平行于纤维轴方向的导热系数为 16.74 W/(m・K)，垂直于纤维轴方向则为 0.837 W/(m・K)，导热系数随温度升高而下降。

碳纤维的摩擦系数小，并具有润滑性。

碳纤维的导电性好，其导电率与纤维的类型有关，在 25℃时，高强度碳纤维导电率为 1 500 μΩ・cm，高模量碳纤维导电率则为 755 μΩ・cm。碳纤维的电动势为正值，而铝合金的电动势为负值，所以碳纤维复合材料与铝合金组合时会发生电化学腐蚀。

石墨的理论强度为 180 GPa，但市售的碳纤维强度一般在 3 GPa 左右。目前实验室中制得的碳纤维最高强度也不超过 10 GPa，远低于石墨的理论强度。所以碳纤维强度提高的潜力还很大。

石墨的模量是各向异性的，理论上网面方向为 1 020 GPa，*c* 轴方向为 36.5 GPa。碳纤维是石墨晶体的乱层结构，其模量应介于两者之间。一般高强度碳纤维的模量在 200～300 GPa，高模量碳纤维则在 400 GPa 左右。

碳纤维的强度和模量与制造工艺有关。由图 5-31 可见，强度与热处理温度关系曲线上有一个峰值，而模量则随热处理温度的升高持续增大。因此，高强度碳纤维一般在 1 600℃进行热处理，而高模量碳纤维则在 3 000℃的高温下进行石墨化处理。一般来讲，碳纤维的模量越高，其石墨化程度越高。

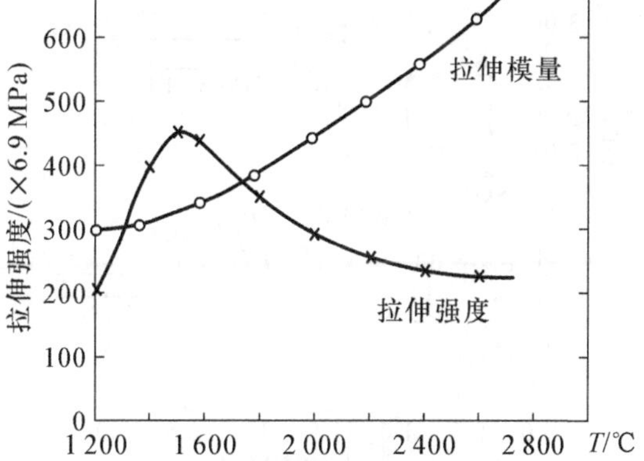

图 5-31　PAN 纤维热处理温度与强度和弹性模量的关系

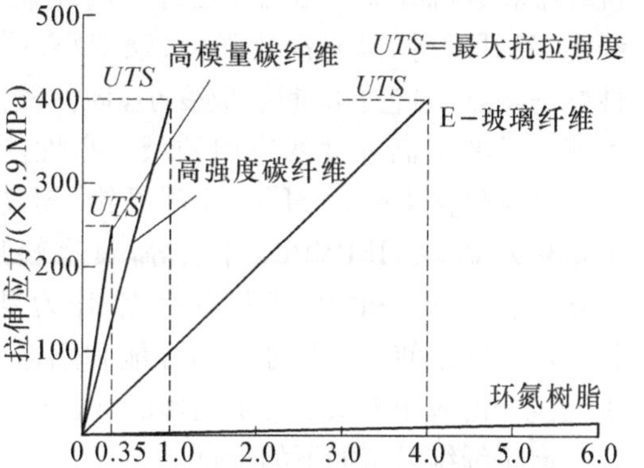

图 5-32　几种纤维的应力-应变曲线

碳纤维的应力-应变曲线是一条直线，断裂延伸率低，断裂是瞬间开始和完成的。如图5-32所示，高模量碳纤维的最大延伸率为0.35%，高强度碳纤维为1%。近期报道已有延伸率在1.5%以上的碳纤维商品。

碳纤维的力学性能还与纤维的直径有关。一般作为结构材料使用的碳纤维直径在6～11 μm。

碳纤维有优良的热稳定性。在1 000℃以上的高温下，一般材料甚至金属材料的强度都会明显下降，而碳纤维在惰性气氛中，1 000℃以上，甚至达2 000℃其强度也不下降，是在2 000℃以上仍能保持强度的唯一材料。在有氧气氛中，300℃以上无定形碳氧化，450℃以上石墨晶体氧化。因此，碳纤维在空气中的使用温度为300℃，石墨纤维的使用温度则在400℃以上。

碳纤维的吸水率与纤维的结构有关。由表5-14可见，高性能碳纤维的吸水率极低，几乎不吸水，而低模量碳纤维的吸水率可达10%。

表5-14　各种碳纤维的吸水率

品　种	吸水率/%	品　种	吸水率/%
PAN系高强纤维	0.03～0.05	石墨化品	<0.5
PAN系高模纤维	0.03～0.05	PAN系低模纤维	
沥青系低模纤维		碳化品	9.6
碳化品	12	石墨化品	1.4

碳纤维具有优良的耐化学腐蚀性。实验表明，碳纤维在各种试剂中浸渍250日后其直径、强度、弹性模量的变化甚小。

碳纤维虽然有许多突出的优点，它也有不足之处。碳纤维的主要缺点是断裂伸长率低，较脆，在破坏前没有前兆。碳纤维与基体树脂的结合力较差，复合材料的层间剪切强度低，因此，必须对碳纤维进行表面处理。

2. 有机纤维

复合材料的增强纤维主要分为两大类：无机纤维和有机纤维。无机纤维有玻璃纤维、碳纤维、硼纤维等，具有高比强度、蠕变小、耐热性好等特点，但它们的断裂应变小，韧性较低，不能满足要求高韧性的应用领域。高性能的有机纤维包括Kevlar纤维、聚酯纤维、超高分子量聚乙烯（UHMWPE）纤维等，具有轻质、高强、高模、韧性和耐磨性好等特点，作为复合材料增强纤维使用有其独特的性能和用途，特别为抗冲击应用提供了可供选择的优良材料。

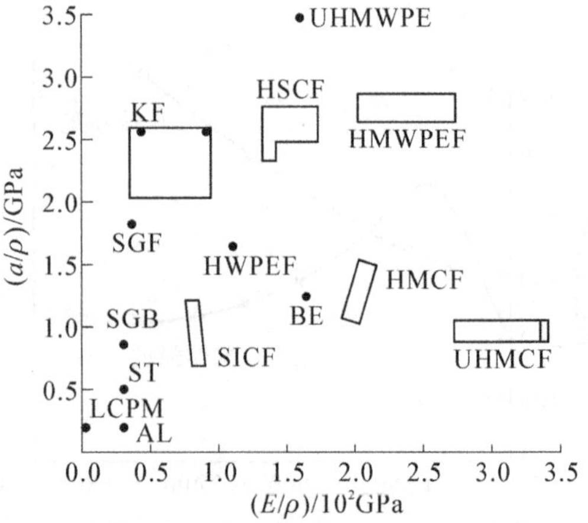

图5-33　各类高性能纤维的比强度和比模量

有机纤维具有如下的特点。

(1) 密度低，高强、高模

有机纤维密度低，但却有很高的强度和模

量，因而比强度和比模量高。从图 5 - 33 和表 5 - 15 中可以看到，有机纤维的比强度和比模量与其他纤维相比较，有显著的优点。特别是超高分子量聚乙烯纤维，密度只有 0.97 g/cm^3，比强度和比模量更是首屈一指。

表 5 - 15　各种纤维性能的比较

纤维种类	直径 d /μm	密度 ρ /(g/cm^3)	拉伸强度 σ/GPa	比拉伸强度 /GPa	拉伸模量 E /GPa	比拉伸模量 /GPa	伸长率 /%	热膨胀系数 /(×10^{-5} K^{-1})		热传导系数 /(mW·cm^{-1}·K^{-1})	
								纵向	横向	纵向	横向
UHMWPE											
S1000	27	0.97	3	3.09	172	177	2.7	—	11.7	380	3.3
S900	38	0.97	2.59	2.67	117	121	3.5	−1.25	—	—	—
SK66	20	0.97	3.2	3.3	99	102	3.7	—	—	—	—
HS 碳纤维	7	1.81	3.1	3.2	228	126	1.2	0.03	1.0	240	
HM 碳纤维	7	1.81	2.4	1.33	379	209	0.6	−0.07	1.0	1 050	
低模 Kevlar	7	1.44	2.8	1.94	62	43	3.6	—	—	—	
高模 Kevlar	12	1.44	2.8	1.94	124	86	2.8	−0.6	5.9	32	
S 玻璃纤维	7	2.5	4.6	1.84	90	36	4	—	—	—	
E 玻璃纤维	10	2.54	3.1	1.2	70	27	2.5～3	0.49	0.49	11	
硼纤维	102	2.63	3.4	1.3	420	157	0.7	—	—	—	

(2) 刚性链，高度取向，分子链堆砌密度大

一些有机纤维的分子结构如下：

Kevlar　聚对苯二甲酰对苯二胺

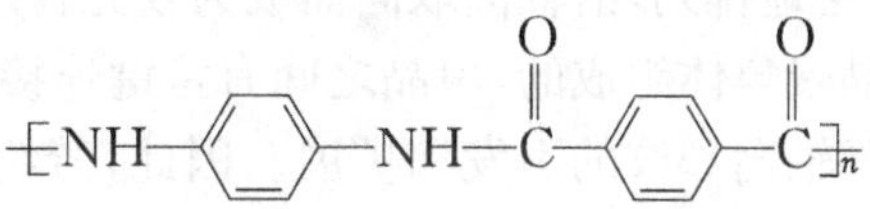

PBO　聚苯并𫫇唑

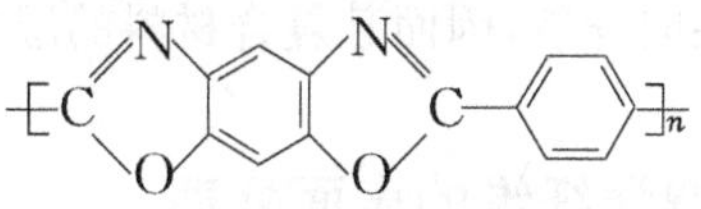

PBT　聚苯并噻唑

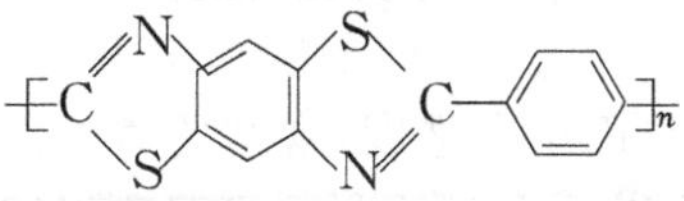

Xydar　聚苯酯

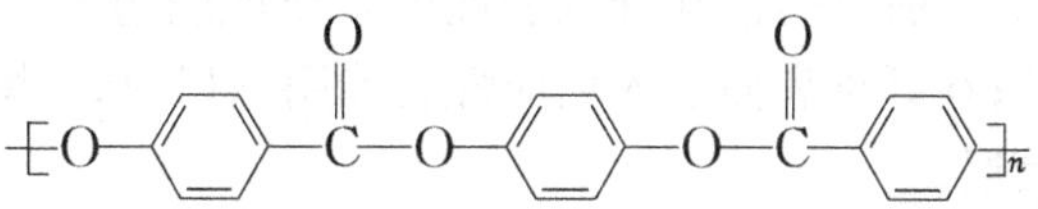

Spectra　超高分子量 PE 纤维　$\text{-[}CH_2-CH_2\text{]-}_n$

从上面的结构式可见，用作增强材料的有机纤维，除 UHMWPE 外，都是刚性链，分子中存在大量的芳环或杂环，甚至成为半梯型的结构。这样的分子链是刚直的，分子之间可紧

密堆砌，因而具有很高的强度和模量。

UHMWPE 分子虽不是刚性链，但相对分子质量大，达 $1\times10^6\sim5\times10^6$，比一般的聚乙烯相对分子质量($5\times10^4\sim5\times10^5$)要大得多，由于在成纤过程中分子链高度结晶取向，分子链之间几近平行排列，取向度接近 100%，因而大大提高了其强度和模量。而一般的聚乙烯有许多弯折的链，它们对强度和模量的贡献较小。图 5-34 显示了 UHMWPE 的伸直链结构和通常聚乙烯的弯折链结构。

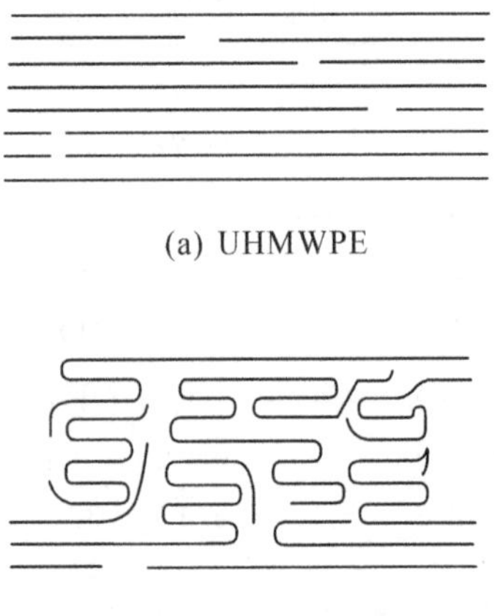

图 5-34　UHMWPE 和通常聚乙烯的分子形态

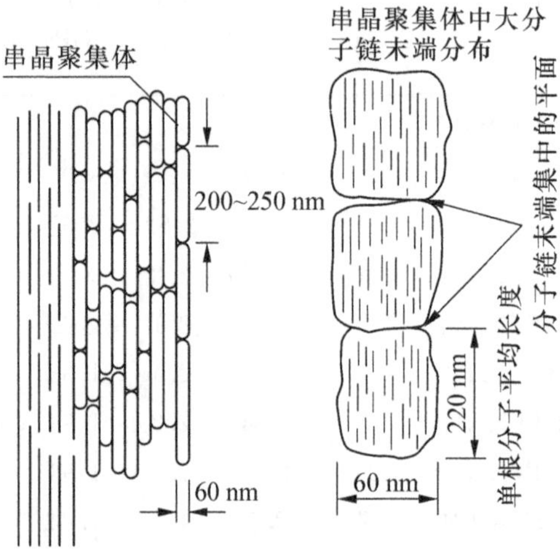

图 5-35　Kevlar 纤维的"皮-芯"结构模型

(3) 分子链排列呈表芯结构(也称皮芯结构)

以 Kevlar 纤维为例，具有如图 5-35 的"皮-芯"结构，皮层是刚性的大分子链，伸直呈棒状，并紧密地排列，沿轴向取向而成为较完善的纤维状结构。芯层是由许多沿轴向较松散排列的串晶聚集体组成的，串晶之间有氢键连接，在剪切力作用下很容易发生相对滑移而导致纤维内部轴向裂纹的引发和扩展。因此，芳纶纤维的纵向强度高，横向强度低，导致皮芯分离以及纤维容易发生轴向劈裂，因而其复合材料的层间剪切强度和抗压缩强度不高。

5.5.2　高性能增强纤维的表面处理

为提高复合材料的界面结合强度，常常要对增强纤维进行表面处理。增强纤维的表面处理有如下的作用：消除纤维表面的杂质或弱边界层，增大比表面积；提高纤维对基体树脂的浸润性；在纤维表面引入反应性官能团，以与基体树脂形成化学键；在纤维表面接枝，形成界面过渡层。

纤维的表面处理有多种方法，如偶联剂、表面氧化、低温等离子、表面接枝等，这里讨论增强纤维的表面处理方法。

1. 表面清洁处理

碳纤维吸附性强，表面易吸附水分及有机污染物，影响与基体的结合。表面清洁处理就是将碳纤维在惰性气体保护下加热到一定的高温并保温一定时间，从而达到清除吸附水、净化表面的目的。有报道说，在惰性气氛中将碳纤维加热到1 000℃以上，作表面清洁处理，就可使纤维对基体的黏结强度提高近1倍。例如，Scola在N_2流中将碳纤维加热到1 200℃，再在N_2保护下冷却，用环氧树脂制成复合材料，其复合材料的性能变化如表5-16所示。

表5-16 高温清洁处理CFRP的性能

表面处理	比表面积/(m^2/g)	表面特性	短梁剪切强度/MPa
未处理	0.87	中性，表面污染	28.1
N_2，1 200℃	2.3	中性，清洁	73.5
硝酸回流8 h	5.7	酸性，清洁	71.2

由表可见，N_2中清洁处理使CFRP的剪切强度从28.1 MPa增加到73.5 MPa，达到了硝酸处理水平，但比表面积的增加却不大。许多文献报道支持这一结果，但也有文献报道说表面清洁处理无效。

2. 表面氧化处理

(1) 气相氧化

气相氧化法在加热下用空气、氧气、二氧化碳、臭氧等含氧气体处理纤维表面，使表面产生羧基、羟基、羰基等含氧的极性基团，以利于纤维与基体树脂的界面结合。气相氧化法的优点是设备简单，反应时间短，易连续化；缺点是反应难控制，重复性差，而且会使纤维严重损伤。因此必须严格控制氧化时间、氧化温度和氧化介质浓度等工艺条件，使纤维的表面氧化进行到合适的程度。一般不单独用氧或臭氧来处理纤维，因为对纤维的损伤较大，更多的情况是在空气中加入一定量的氧或臭氧进行处理。在空气或氧中适当加入二氧化硫、卤素或卤代烃，能防止纤维的过度氧化。

气相氧化多用来处理碳纤维。碳纤维的空气氧化一般在管式炉中进行，反应温度控制在350～600℃，反应时间根据碳纤维的种类和所需的氧化程度而定。如果反应条件温和，处理后碳纤维的抗拉强度可基本保持不变。空气氧化处理后，碳纤维的比表面积增大，活性官能团增多，制成的复合材料剪切强度提高。例如，Thornel-25碳纤维于400℃的空气中氧化，其复合材料的剪切强度可从28.5 MPa增至41.5 MPa，提高68%。

(2) 液相氧化法

液相氧化法是用浓HNO_3，H_3PO_4，HClO，$KMnO_4$等溶液或混合溶液为氧化剂，对纤维表面进行氧化处理。处理流程为：织物→浸渍氧化液→水洗至中性→干燥→收卷备用。

液相氧化法常用来处理碳纤维和UHMWPE纤维。

用硝酸对碳纤维进行氧化处理，硝酸浓度十分重要，图 5－36 表明，硝酸浓度越大，表面生成的羧基浓度越高，硝酸浓度应在 60％以上。纤维表面氧化产生的羧基浓度在处理初期快速增加，随后渐趋平缓。硝酸浓度低，效果不佳，浓度在 20％以下，效果很不明显。

高强纤维和低模纤维较易氧化，高温处理的高模纤维氧化较难。图 5－37 是碳纤维硝酸氧化时表面氧化物浓度随氧化时间的变化，氧化物包括羧基、羰基、羟基等的总量，高强纤维氧化 1～2 h 氧化物就急剧增加，高模纤维则相反，长时间处理氧化物增加也不多。

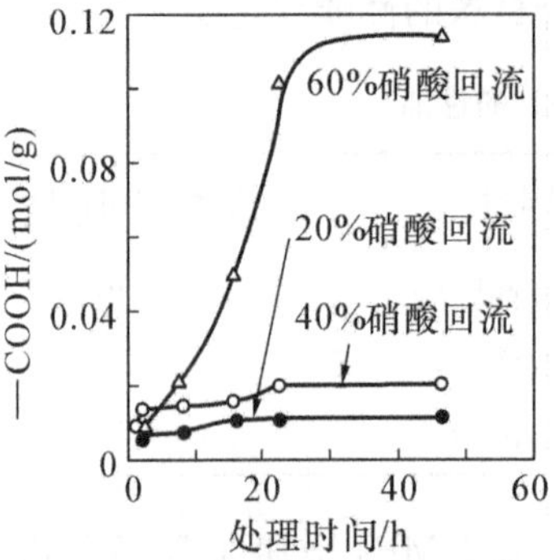

图 5－36　硝酸处理碳纤维（WYB85/12）表面羧基浓度的变化

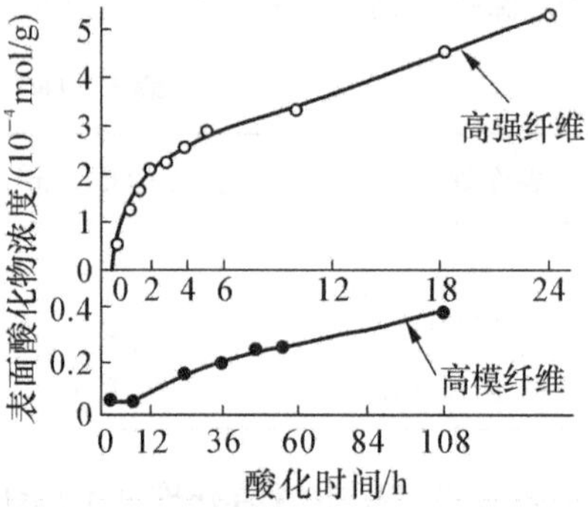

图 5－37　硝酸处理时间与表面氧化物浓度的关系

用铬酸盐和浓硫酸的混合液对 UHMWPE 纤维进行氧化处理有很好的效果，处理装置如图 5－37 所示。

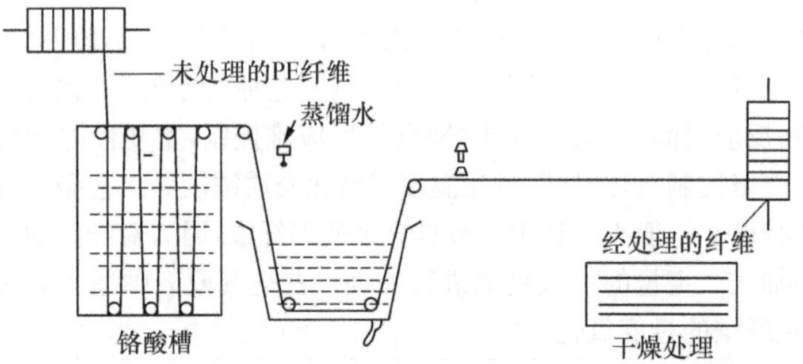

图 5－38　铬酸处理 UHMWPE 纤维表面的工艺流程示意图

表面处理的目的是提高复合材料的界面黏结强度。层间剪切强度（ILSS）是反映复合材料界面剪切性能的重要指标。各种氧化液处理 UHMWPE 纤维后其环氧基复合材料的层间剪切强度如表 5－17 所示。

表 5－17　处理介质对氧化处理效果的影响

介　质	高锰酸钾	浓硝酸	过硫酸铵	铬酸	未处理
ILSS/MPa	10.38	10.98	14.10	＞15	5～6

由表5-18可见，处理的效果以铬酸为最好，其次是过硫酸铵溶液。但铬酸处理后的废液处理困难。而过硫酸铵的废液处理相对较为容易。

液态氧化法虽然简便易行，但纤维吸附的酸洗净工序艰难，还有三废治理难题，因此难以工业化。

(3) 阳极氧化法

对碳纤维这样的具有导电性的纤维，可用阳极氧化法进行表面处理。

阳极氧化法是以碳纤维为阳极，石墨或其他电极为阴极，用电解产生的初生态氧对碳纤维进行表面处理。阳极氧化方法的优点是操作简便，易控制，处理时间短，处理均匀，是目前工业上对碳纤维进行表面处理普遍采用的方法。

阳极氧化的酸类电介质有硝酸、硫酸、磷酸和硼酸等，其中前三种电介质的处理效果较好，但用酸处理后纤维的洗净困难。碱类电介质中最常用的是氢氧化钠，效果最好。盐类电介质有 $NaClO$，$NaCl$，K_2SO_4，NH_4HCO_3，NH_4HSO_4，$NH_4H_2PO_4$，$NaHCO_3$ 等，用铵盐作电介质还可在碳纤维表面引入含氮官能团，从而促进界面的黏结。用盐作电介质可在较低浓度下进行，有利于纤维处理后清洗。

用电解产生的初生态氧对碳纤维进行处理，可对碳纤维表面进行刻蚀，使纤维表面变得粗糙，表面沟槽加深。阳极氧化在碳纤维表面形成的含氧功能团，有利于纤维表面与树脂基体的化学反应，因而阳极氧化在物理和化学两方面增强了纤维表面与基体树脂的黏结作用，提高了复合材料的层间剪切强度。

阳极氧化后纤维表面的活性会因放置时间而衰退。工业上处理后一般马上涂覆一层树脂保护，以解决活性退化问题。

3. 表面涂层

表面涂层法是将某种聚合物涂覆在纤维表面，以改变复合材料界面层的结构与性能。表面涂层有以下几方面的作用：涂层可保护纤维免受损伤，提高纤维的集束性，有利于发挥纤维的强度；涂层可改变纤维表面性能，提高纤维对基体树脂的浸润性；涂层中若有反应性官能团则有助于纤维表面与基体树脂的化学结合；涂层可保护表面处理后纤维表面活性的消失，如上述阳极氧化后碳纤维表面涂覆环氧树脂。

用多种聚合物溶液对碳纤维进行涂层，其处理效果如表5-18所示。

表5-18　碳纤维表面涂层的处理效果

涂 层 物	σ_c/(mJ/m²)	σ_S/(mJ/m²)	σ_S^d/(mJ/m²)	σ_S^p/(mJ/m²)	ILSS/MPa	黏附功/(mJ/m²)
未涂层	30.5	39.4	28.6	10.8	9.70	91
CF+E51环氧	40	57.5	32.5	25	13.04	109
聚乙烯醇缩丁醛	35	52	23.5	28.5	12.74	101
AG80+甲基咪唑	45	46.6	30.3	16.3	9.42	99
环氧树脂(已固化)	43.5	53.0	33.1	14.9		

由表 5-19 可见，合适的表面涂层可使纤维的表面能增加，复合材料的层间剪切强度提高 35%左右。

4. 化学气相沉积(CVD)

化学气相沉积是在高温还原性气氛中，使烃类、金属卤化物等还原成碳或碳化物、硅化物等，在纤维表面形成沉积膜或成长出晶须，以改善纤维的表面形态结构。该方法常用于金属基和陶瓷基复合材料的纤维，主要是碳纤维的表面改性。

CVD 过程的化学反应十分复杂，其中代表性的反应有以下四种：

热分解反应：

$$CH_4 \xrightarrow{\triangle} \underset{\text{表面沉积碳}}{C\downarrow} + 2H_2$$

氢还原反应：

$$SiCl_4 + 2H_2 \longrightarrow \underset{\text{生长硅晶体}}{Si\downarrow} + 4HCl$$

复合反应：

$$3SiCl_4 + 4NH_3 \longrightarrow Si_3N_4\downarrow + 12HCl$$

与纤维表面反应：

$$SiCl_4 + 2H_2 + C(\text{基材}) \longrightarrow \underset{\text{生长晶须}}{SiC\downarrow} + 4HCl$$

CVD 处理对碳纤维性能的影响如表 5-19 所示，可见 CVD 处理对纤维有所损伤，但复合材料的层间剪切强度有明显增加。

表 5-19　CVD 对碳纤维复合材料性能的影响

沉积物	抗拉强度	层间剪切强度
SiC	−5%	+60%
FeC	−10%	+80%
C	−5%	+100%

CVD 法的主要缺点是沉积在纤维表面的无机物可能不均匀，因而影响处理的效果。

5. 电聚合处理

电聚合适用于对导电性的碳纤维进行表面处理。以碳纤维为阳极或阴极，在电解质溶液中使乙烯基单体在碳纤维的表面聚合，从而改进复合材料的界面性能。

以10%丙烯酸水溶液加0.1 mol/L的H_2SO_4为电聚合溶液，以碳纤维为阳极或阴极，对碳纤维进行表面电聚合处理，实验流程如图5-39所示。

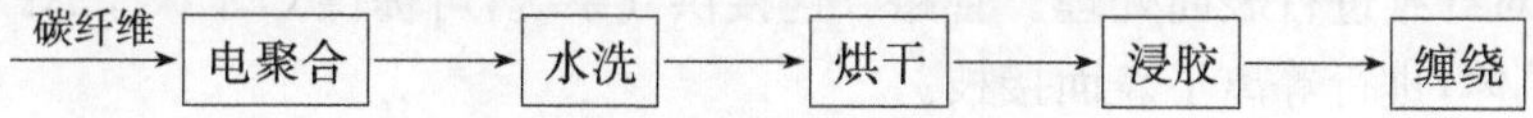

图5-39 电聚合流程示意图

在以H_2SO_4为电介质的电聚合过程中，可发生如下反应：

$$\text{阴极}: H^+ + e^- \rightarrow H\cdot, \qquad 2H\cdot \rightarrow H_2\uparrow$$

$$\text{阳极}: H_2O \rightarrow H^+ + HO\cdot + e^-, \qquad 2HO\cdot \rightarrow 2H_2O + O\cdot, 2O\cdot \rightarrow O_2$$

电解产生的自由基可引发乙烯基单体聚合，沉积在碳纤维上。

电聚合后的碳纤维经清洗后增重1.3%左右，而未经电聚合的碳纤维同样处理后减重0.3%。碳纤维电聚合前后的红外光谱见图5-40。可见，碳纤维无论是作阴极还是阳极，表面都出现1 710 cm^{-1}的C═O伸缩振动峰，1 450 cm^{-1}的—CH_2—变角振动峰及1 200 cm^{-1}的C—O伸缩振动峰，表明纤维表面上接枝有丙烯酸的聚合物。

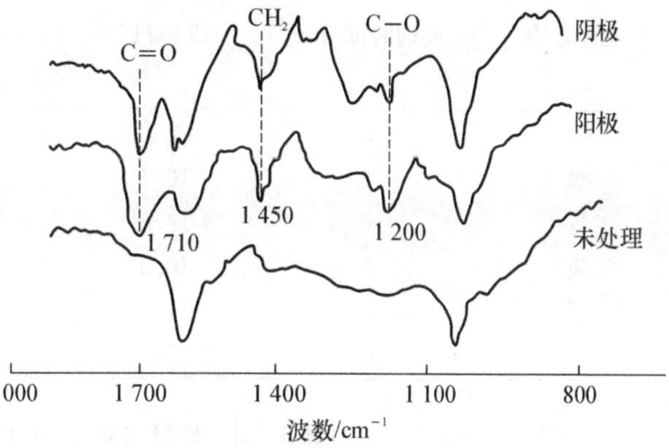

图5-40 电聚合前后碳纤维FTIR谱

经电聚合后，碳纤维表面的含氧量增加，碳纤维/环氧复合材料的层间剪切强度提高了40%左右。

6. 低温等离子处理

低温等离子处理具有对纤维损伤小、处理效果好、无“三废”问题等优点，是很有前途的增强纤维表面处理方法。

(1) 低温等离子处理装置

增强纤维的实验室低温等离子处理装置示意图如图5-41所示。

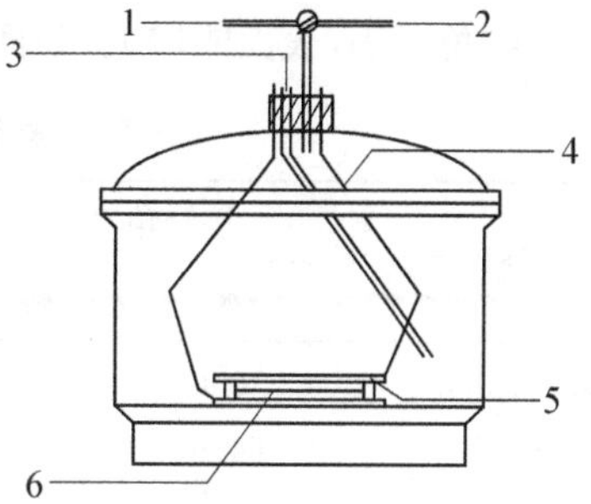

图5-41 等离子处理装置示意图

1-接真空泵；2-接真空表；3-通处理气；4-电极导线；5-电极板；6-待处理纤维

等离子处理装置共分四个部分：真空系统、等离子发生系统、处理室和供气系统，图5-41仅为处理室部分，主要为一个由两块相隔一定距离的极板5组成的平行板电容器，放置在一个10 L的真空干燥器中。管路1连接真空系统，提供小于40 Pa的气压；导线 4 连接等离子发生系统，提供高频电流。待处理纤维 6 置于两块极板 5 之间，当在真空度40 Pa以下接通高频电流后，极板 5 间产生等离子体，作用在纤维表面上，对纤维进行表面处理。管路 2 连接供气系统，可提供 O_2，N_2，Ar 等气氛，也可通入乙烯基单体，进行等离子表面接枝。

(2) 低温等离子处理效果

对碳纤维进行氧低温等离子处理后，用 XPS 测试碳纤维表面含氧基团含量，发现经等离子表面处理后，碳纤维表面含氧基团增加(见表 5－20)，同时相应复合材料的层间剪切强度有显著提高(见表 5－21)。

表 5－20　XPS 测定碳纤维表面基团量与处理时间的关系

处理方法	处理时间/min	—COOH/%	>C=O /%	—C—OH /%	—O—C=O /%
氧等离子	0	3.4	6.4	16.5	
	3	10.4	18.8	25.1	
	6	14.7	20.1	27.3	
	9	10.5	17.9	21.8	8.0
	12	11.3	16.6	22.4	8.3
	15	11.9	17.2	22.1	8.5

表 5－21　碳纤维复合材料的层间剪切强度

项目	未处理碳纤维	冷等离子处理碳纤维
层间剪切强度/MPa	52.8	100.5
标准差/MPa	4.7	5.47
离散系数/%	8.90	5.44

Kevlar 纤维等离子处理效果的一例见表 5－22。由表可见，经处理后纤维对水和乙二醇的接触角减小，表面能增大，表面元素的含氧量增高，复合材料的层间剪切强度增大。

表 5－22　Kevlar 纤维等离子处理效果

处理气氛	接触角/度		表面能/(mJ/m²)			表面元素组成/%			ILSS/MPa
	水	乙二醇	σ_S	σ^d	σ^P	C	N	O	
未处理	70.0	47.2	34.05	20.44	13.61	87.69	10.52	1.78	46.0
空气，60 s	64.6	40.8	36.07	15.57	20.50	80.86	17.24	1.90	53.9
空气，600 s	56.8	32.0	43.76	16.04	27.72	72.29	23.58	4.13	57.7
空气＋丙烯腈	57.7	33.5	43.01	15.92	27.09	71.18	21.13	7.69	—
空气＋丙烯酰胺	58.5	33.8	42.48	16.54	25.94	80.51	9.33	10.16	81.2

低温等离子处理具有处理时间短、效果好、对纤维损伤小的特点。以 UHMWPE 的低温等离子处理为例，从表 5-23 可以看到，氧等离子处理对纤维表面的侵蚀微乎其微，质量损失极小，而液态氧化对纤维表面的刻蚀作用明显，80℃下仅 10 min，失重已达 2.12%。

表 5-23 表面处理后 UHMWPE 纤维的失重

处理方法	氧等离子			铬酸氧化		
处理条件	1 min	3 min	5 min	50℃/10 min	60℃/10 min	80℃/10 min
失重率/%	0.009	0.03	0.09	0.85	1.41	2.12

表 5-24 列出了等离子处理时间对 UHMWPE/环氧复合材料 ILSS 的影响。由表可见，等离子处理 1 min，复合材料的 ILSS 从未处理的 5.98 MPa 迅速提高到 16.0 MPa。随处理时间的延长，ILSS 值增大，处理 5 min 时达到最大，为 18.1 MPa；以后处理时间的继续延长反而使 ILSS 减小。因此，等离子处理的时间不宜过长，5 min 左右即可。

表 5-24 等离子处理时间对复合材料 ILSS 的影响

处理时间/min	0	1	3	4	5	8
ILSS/MPa	5.98	16.0	16.3	17.4	18.1	15.3

表 5-25 比较了等离子处理前后 Spectra 900/环氧复合材料的力学性能，由表可见，低温等离子处理后，复合材料的弯曲性能明显提高，特别是单丝拔出强度，从 0.54 MPa 提高到 2.66 MPa，增大约 5 倍。

表 5-25 等离子处理前后 Spectra 900/环氧复合材料的性能

	纤维含量/%	弯曲强度/MPa	弯曲模量/MPa	单丝拔出强度/MPa
未处理	56	146	20	0.54
等离子处理	51	234	28	2.56

注：Spectra 900 为 UHMWPE 纤维的一种商品牌号。

增强纤维经低温等离子处理后，因表面极性基团的引入，对水的浸润性提高。以碳纤维为例，将一束碳纤维穿入塑料管中，塑料管的一端挂在电子天平的测量臂上，管另一端的纤维与水接触，由于毛细作用，水会沿着纤维之间的空隙上升，电子天平检测出毛细增重随时间的变化，得到如图 5-42 所示的浸润曲线。可见，碳纤维经氧或氩等离子处理后，毛细增重速度明显加快，表明纤维表面对水的浸润性提高。氧等离子处理的效果优于氩等离子。由浸润曲线求得碳纤维对水的接触角为：未处理 69.8°，Ar 等离子 46.1°，O_2 等离子 42.7°。

增强纤维经低温等离子处理后，表面活性因放置而逐渐下降。图 5-43 的浸润曲线表明，氧等离子处理后的碳纤维，在放置过程中其表面对水的浸润性逐渐变差。

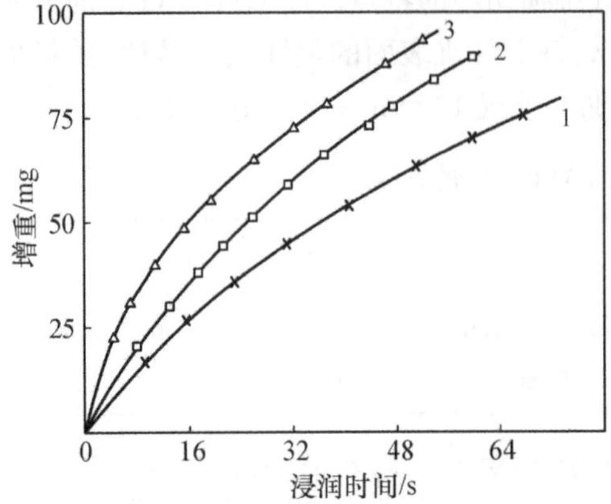

图 5-42　碳纤维的浸润曲线

1-未处理；2-Ar 等离子；3-O_2 等离子

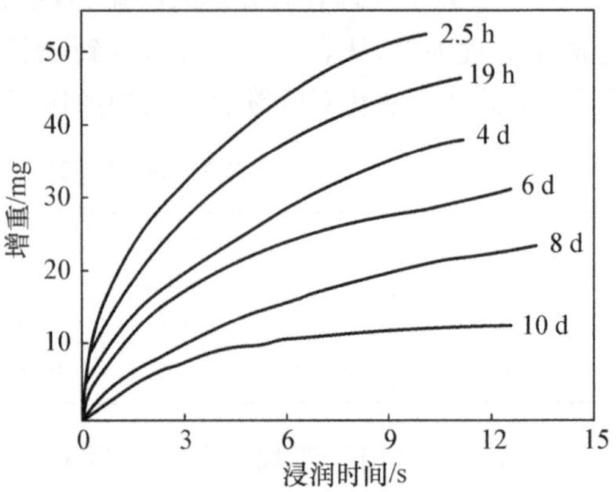

图 5-43　碳纤维表面浸润性的退化

对表面活性衰退现象的一种解释认为，等离子体改性材料表面时将活性基团引入表面，而这些活性基团是连接在分子链上的，它随分子链的自由旋转从表面潜入本体内，因此表现出表面浸润性随时间的推迟而衰减。衰减速度、衰减程度与哪些因素有关目前尚不清楚，有待深入研究。

7. 表面接枝

表面接枝可在纤维表面接枝上具有反应性官能团的化合物，或者使纤维表面长出一层活性的聚合物，使复合材料界面形成过渡层，从而提高基体树脂与增强纤维的界面结合。

表面接枝可分为表面接枝聚合和表面偶合接枝两种类型。

表面接枝聚合是通过某种特殊技术，使聚合物表面产生活性种，用该活性种引发乙烯基单体在材料表面接枝聚合，如图 5-44 所示。通过表面接枝，材料表面生长出具有特殊性能的接枝聚合物层，从而达到显著的表面改性效果。

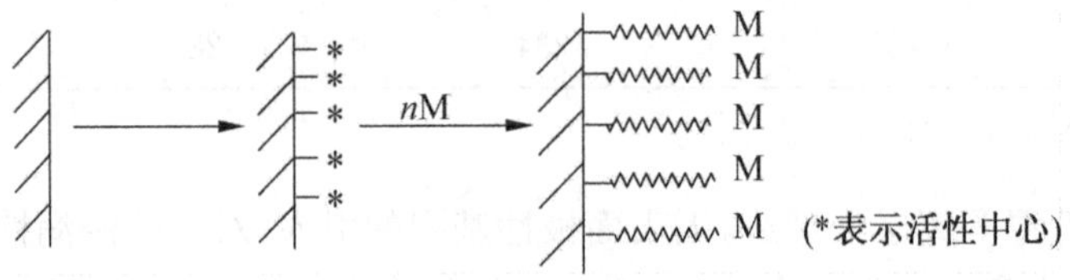

图 5-44　表面接枝聚合

表面接枝聚合所用单体一般是乙烯基单体，活性中心绝大多数是自由基，通过自由基引发单体聚合。引入活性点的方法有光化学法、射线辐照法、紫外线法、等离子体法等。

偶合接枝法是利用基材表面的官能团 A 与带有活性官能团 B 的接枝聚合物反应，把聚合链 B 接枝到基材表面上，从而实现材料的表面改性。偶合接枝示意如图 5-45 所示。

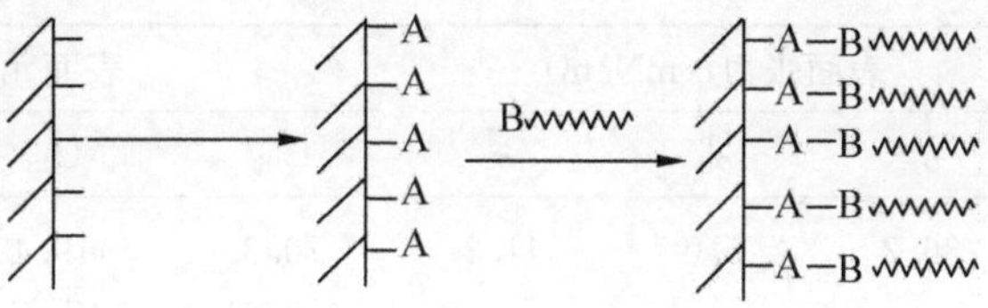

图 5-45　大分子偶合接枝

(1) 化学接枝

化学接枝是用化学的方法在纤维表面引入可进行接枝反应的活性点，常用于有机纤维的表面改性。以芳纶纤维为例，以二甲基亚砜为溶剂，使芳纶纤维与 NaH 反应形成离子化合物，再与卤代烃 RX 反应，可在芳纶分子链上接枝上活性官能团。反应原理如下：

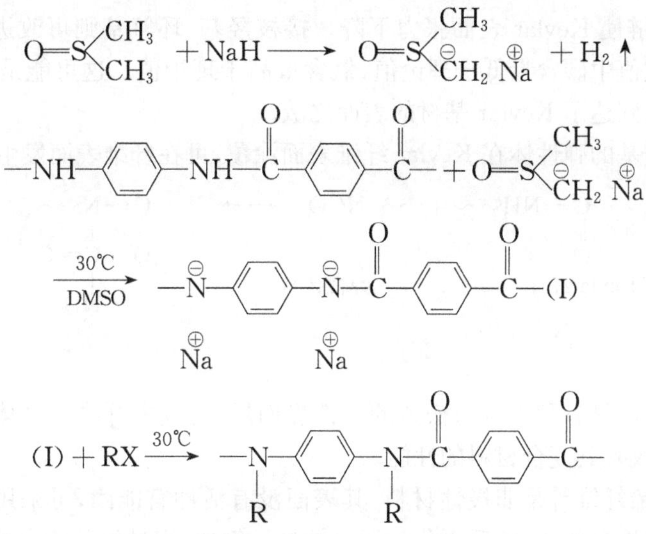

其中：RX＝BrC_8H_{17}，　$Br—CH_2—CH(OH)—CH_2(OH)$，　$Br—CH_2—CH—CH_2$（环氧，O）等。对 R 基团的结构进行选择，就可在芳纶纤维的分子链上接枝各种反应性官能团。

各种接枝物对芳纶纤维表面性能的影响见表 5-26。

表 5-26　表面接枝对 Kevlar 纤维表面性能的影响

接枝基团 (Kevlar 49)	表面张力/(mN/m)			表面元素组成/%			
	σ^d	σ^p	σ	C_{1s}	O_{1s}	N_{1s}	Si
未处理	39.6	9.5	49.1	73	22	5	
C_8H_{17}	28.5	1.8	30.2	81.6 (88.2)	12.5 (5.9)	5.7 (5.9)	

续 表

接枝基团 (Kevlar 49)	表面张力/(mN/m)			表面元素组成/%			
	σ^d	σ^P	σ	C_{1S}	O_{1S}	N_{1S}	Si
三甲基硅烷	36.2	5.0	41.2	70.3 (77.0)	19.4 (7.7)	6.4 (7.7)	3.8 (7.7)
二元醇	39.2	14.4	53.6	70.4 (71.4)	24.0 (21.4)	5.6 (7.1)	
环氧	32.4	18.5	50.9	67.6 (82.3)	24.3 (14.7)	5.7 (3.0)	

注:括号中为理论值。

可见,接枝烃链使 Kevlar 表面张力下降。接枝羟基,环氧基则可改进纤维表面的浸润性。表面元素测试值中碳含量低于理论值,氧含量高于理论值。这可能是因为 XPS 能量过高,穿过了接枝层,到达了 Kevlar 基材的表面之故。

用含有异氰酸基的弹性体在 Kevlar 纤维表面涂覆,可在纤维表面发生如下反应:

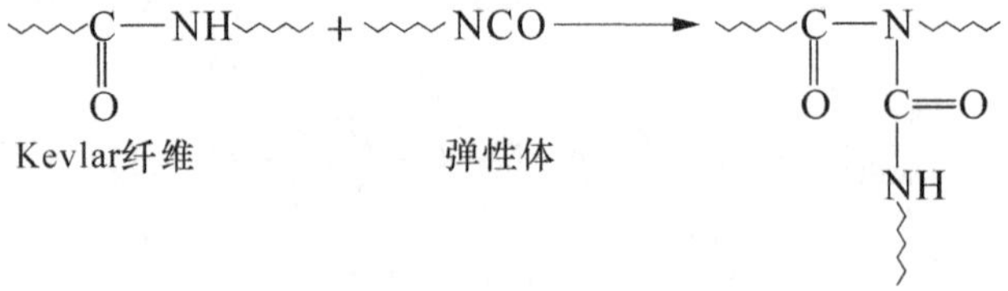

接枝的弹性体层是有利于应力松弛的柔性界面层,可改进纤维与基体树脂的界面化学和物理作用,从而改善其复合材料的性能。

聚乙烯、聚丙烯纤维等是非极性材料,其表面没有活性官能团,可采用某种技术使聚烯烃表面接枝上反应性功能团,然后再化学偶合接枝。例如,用过氧化物夺取聚丙烯分子链上的叔氢原子形成自由基,再与马来酸酐反应,就在聚丙烯分子链上接枝了具有反应活性的酸酐基团,利用酸酐与带羟基或胺基的聚合物反应,就可在聚丙烯表面实现偶合接枝。

(2) 射线辐照接枝

射线辐照接枝是用 X 射线、γ 射线、电子束、紫外光、微波等辐照纤维表面,使纤维表面产生活性中心,引发乙烯基单体在纤维表面接枝聚合,从而使纤维表面产生活性基团,与基体树脂形成强的化学键结合,提高界面结合强度,或者形成界面过渡层,松弛界面应力。辐照接枝适用于 UHMWPE 纤维、碳纤维、芳纶纤维、PBO 纤维等的表面改性。

辐照接枝法按辐射与接枝程序的不同可分为同时辐照法和前辐照法。

① 同时辐照法

同时辐照法是将纤维 A 和乙烯基单体 M 充分接触,在辐照源中同时接受辐照,因此也称为共同辐照法或直接辐照法。单体 M 可以是气态、液态或溶液态,以便于与纤维保持良好的接触。

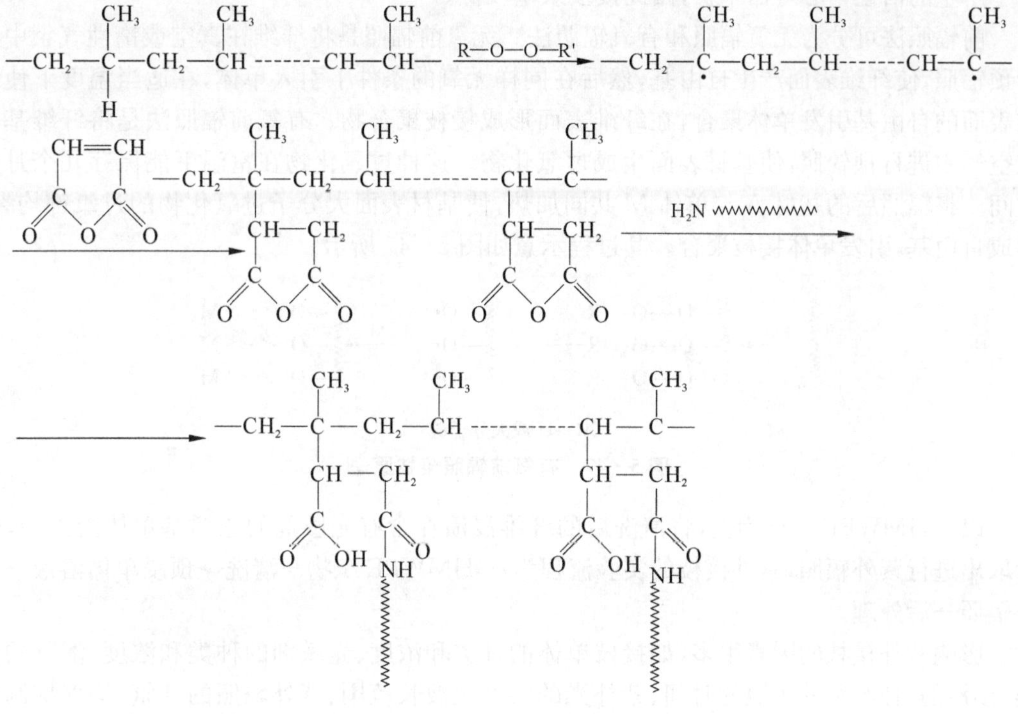

辐照接枝的原理是纤维A在射线辐照下，表面分子链产生自由基，引发单体M按自由基聚合原理进行聚合反应，把分子链M接枝到基材A的表面上。其过程如图5-46所示。

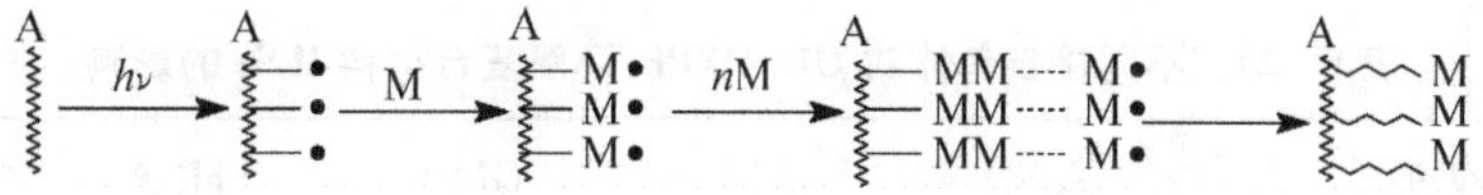

图5-46　辐照接枝原理

辐照接枝常用的单体有苯乙烯类、(甲基)丙烯酸酯类、丙烯腈类、丙烯酰胺、乙烯吡啶等，影响接枝的因素有单体对辐照的敏感度、单体浓度、辐照剂量、溶剂、温度等。氧容易与活性自由基反应生成过氧化物，因而阻碍接枝聚合，降低接枝效率，所以接枝体系在辐照前应抽真空或通氮气除氧。

同时辐照的优点是辐照与接枝过程同时进行，操作比较简便；缺点是体系在发生接枝聚合的同时也会发生单体的均聚反应，降低了接枝效率，而且生成的均聚物粘在基材上，去除困难。因此如何抑制均聚物，提高接枝效率是同时辐照法的重要研究课题。

② 前辐照法

前辐照法是先将纤维A进行预辐照，使其表面产生活性中心，然后将其放入单体M中进行接枝聚合。由于辐照和接枝是分步进行的，因而大大减少了均聚物的生成。其缺点是由于产生的活性中心寿命不长，因此接枝效率较低。

前辐照法可分为无氧辐照和有氧辐照法。无氧前辐照是将纤维在真空或惰性气氛中进行预辐照，使纤维表面产生自由基，然后在同样无氧的条件下引入单体，在适当温度下使纤维表面的自由基引发单体聚合，在纤维表面形成接枝聚合物。有氧前辐照法是将纤维基材在空气中进行预辐照，使基材表面生成过氧化物。这种过氧化物在室温下能保存几个月的时间。将辐照后的基材 A 与单体 M 共同加热，使基材表面大分子过氧化物的过氧键均裂，形成自由基，引发单体接枝聚合。其过程示意如图 5-47 所示。

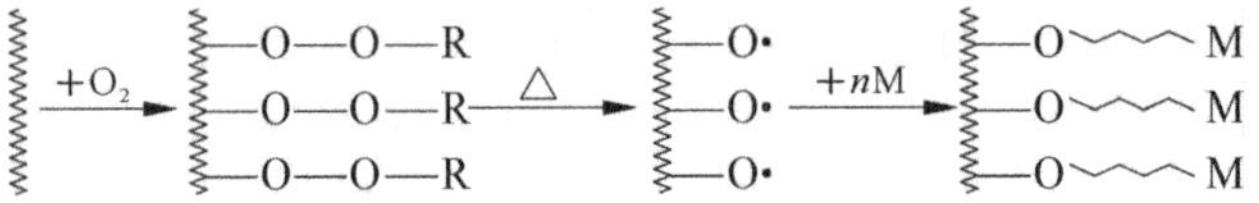

(R＝H 或大分子链)

图 5-47　有氧前辐照接枝原理

以 UHMWPE 纤维为例，将清洗后的纤维浸渍在含有光敏剂的乙烯基单体溶液中，然后取出进行紫外辐照，紫外接枝的实验流程为：UHMWPE 织物→清洗→预浸单体溶液→紫外辐照→后处理。

影响紫外接枝的因素很多，如接枝单体的种类和浓度、光敏剂的种类和浓度、溶剂的种类、预浸的时间、紫外辐照的时间、紫外光的强度及波长范围、紫外辐照的气氛、均聚抑制剂的添加等，必须通过实验优选工艺条件。

分别用丙烯酸(AA)、丙烯酰胺(AM)、甲基丙烯酸缩水甘油酯(GMA)、丙烯酸羟乙酯(HEA)对 UHMWPE 纤维进行紫外辐照接枝处理，不同单体对纤维的紫外接枝效果如表 5-27 所示。

表 5-27　不同接枝单体对 UHMWPE/环氧复合材料 ILSS 的影响

单体种类	AA	AM	GMA	HEA	未处理
纤维体积含量/%	49.5	50.0	50.5	50.0	50.1
ILSS/MPa	16.4	17.9	14.6	16.3	5.98

可见，紫外接枝有较好的处理效果，能使 UHMWPE 复合材料的层间剪切强度提高 2～3 倍。

紫外接枝虽有较好的表面处理效果，但因接枝反应和均聚反应的竞争，织物表面会有均聚物存在，必须洗去，这就使工艺变得复杂，尚需作进一步的改进。

用^{60}Co 辐照 UHMWPE 纤维，使其表面产生活性，可引发乙烯基单体接枝聚合。以丙烯酸为接枝单体，分别用同时辐照、有氧预辐照和无氧预辐照三种工艺对 UHMWPE 纤维进行^{60}Co 辐照接枝聚合处理的一组实验结果如表 5-28 所示。

表 5-28 辐照工艺对处理效果的影响

辐照工艺	有氧预辐照	无氧预辐照	同时辐照
ILSS/MPa	12.98	12.66	13.75

注:未处理试样的 ILSS 为 5.98 MPa。

可见,同时辐照法的效果最好,但同时辐照过程中均聚比较严重。

在表面接枝聚合过程中常伴有均聚反应,均聚和接枝共聚是相互竞争的过程。均聚物的存在会影响界面性能,必须抑制均聚物的生成。为有效地抑制均聚过程,应合理选择溶剂,并加入能抑制均聚反应的阻聚剂。例如,对表面氢过氧化物引发接枝聚合的场合,接枝和均聚分别按下式进行:

$$\mathrm{POOH} \xrightarrow{h\gamma} \mathrm{PO}\cdot + \cdot\mathrm{OH}$$

$$\mathrm{PO}\cdot \xrightarrow{\mathrm{M}} \mathrm{POM}_n \qquad \text{接枝共聚}$$

$$\mathrm{HO}\cdot \xrightarrow{\mathrm{M}} \mathrm{HOM}_n \qquad \text{均聚}$$

为了抑制均聚反应,必须阻止· OH 自由基的生成。加入铜或亚铁盐(莫尔盐)等可抑制均聚反应。以丙烯酸单体的接枝聚合为例,加入适量的 Cu^{2+} 后,对 UHMWPE 纤维进行有氧预辐射处理,UHMWPE/环氧复合材料的 ILSS 从未加 Cu^{2+} 的 12.98 MPa 提高到 14.52 MPa。

莫尔盐抑制均聚反应的机理以 $FeSO_4 \cdot 7H_2O$ 为例,说明如下:

$$\mathrm{POOH} + \mathrm{Fe}^{2+} \xrightarrow{K_1} \mathrm{PO}\cdot + \mathrm{OH}^- + \mathrm{Fe}^{3+}$$

$$\mathrm{PO}\cdot + \mathrm{Fe}^{2+} \xrightarrow{K_2} \mathrm{PO}^- + \mathrm{Fe}^{3+}$$

Fe^{2+} 把 POOH 还原成不能引发聚合的 OH^-,因而阻止了均聚物生成。同时 Fe^{2+} 也可将起引发接枝聚合反应的 PO ·还原成 PO^-,只是 $K_2 < K_1$,总的结果是抑制了均聚反应。在实验中可观察到,接枝速率与 Fe^{2+} 的浓度关系有一个极大值,达到极大值后,增大 Fe^{2+} 浓度,接枝速率反而下降。

(3) 低温等离子接枝

低温等离子处理可使纤维表面产生自由基,因而可引发乙烯基单体进行表面接枝聚合。若等离子处理后纤维直接与气相的乙烯基单体进行气-固相接枝聚合,称为气相法;若等离子处理后纤维不与空气接触而直接浸入单体溶液中,进行液-固接枝聚合,称为液相法;若等离子处理后纤维先与空气接触形成过氧化物,再浸入单体溶液进行接枝反应,则称为常压液相法。等离子接枝适用于碳纤维、芳纶纤维和 UHMWPE 纤维等各种增强纤维。

采用等离子处理芳纶纤维后,与丙烯酸单体进行液-固相接枝聚合反应,芳纶纤维表面接枝的丙烯酸-丙烯酸酯聚合物不但提高了界面黏结强度,而且还起到保护芳纶纤维、防止断裂的作用。对碳纤维表面进行等离子接枝酸酐的处理,可使碳纤维/聚酰亚胺复合材料的层间剪切强度从 65 MPa 提高到 100 MPa。有趣的是，在碳纤维表面等离子接枝聚丙烯酰胺的实验中，将接枝纤维浸泡在水中，尽管碳纤维的密度大于水，纤维却可悬浮在水中，既不沉下也不浮出水面，如图 5-48 所示。

图 5-48　接枝聚丙烯酰胺的碳纤维在水中悬浮

参考文献

[1] 吴人洁. 高聚物的表面与界面. 北京：科学出版社，1998.

[2] 李恒德，肖纪美. 材料表面与界面. 北京：清华大学出版社，1990.

[3] 胡福增，郑安呐，张群安. 聚合物及其复合材料的表界面. 北京：中国轻工业出版社，2001.

[4] 黄玉东. 聚合物表面与界面技术. 北京：化学工业出版社，2003.

[5] 张开. 高分子界面科学. 北京：中国石化出版社，1997.

[6] 胡福增，柴田健一，堤和男. 华东化工学院学报，1989，(1)：7-13.

[7] 胡福增，柴田健一，堤和男. 华东化工学院学报，1989，(5)：629-636.

[8] 胡福增，陈尤冷，吴叙勤. 玻璃钢/复合材料，1993，(5)：11-13.

[9] 胡福增，薛志云，郑安呐，等. 南京大学学报，1995，31：182-186.

[10] 骆玉祥，胡福增，郑安呐，等. 玻璃钢/复合材料，1998，(5)：9-13.

[11] 吴越，骆玉祥，胡福增，等. 功能高分子学报，1999，12(4)：427-430.

[12] 吴越，张洪生，薛志云，等. 功能高分子学报，2001，14(1)：76-80.

[13] 骆玉祥，吴越，胡福增，等. 复合材料学报，2001，18(4)：29-33.

[14] 王书忠，薛志云，胡福增. 玻璃钢/复合材料，2003，(4)：17-20.

[15] 王书中，吴越，骆玉祥，等. 复合材料学报，2003，20(6)：98-103.

[16] 贾玲，周丽绘，薛志云，等. 功能高分子学报，2004，17(2)：241-244.

[17] 贾玲，周丽绘，薛志云，等. 复合材料学报，2004，21(4)：45-49.

[18]　Tanaka A, Fujisawa T, Yosomiya R. Studies on the graft polymerization of carbon fibers. J. Polym Sci: Polym Chem Ed, 1980,18:2267 - 2280.
[19]　Yosomiya R, Fujisawa T. Polym Bull, 1985,13:7 - 14.
[20]　Tsubokawa N, Maruyama H, Sone Y. J Macromol Sci-chem, 1988, A25 (2): 171 - 182.
[21]　Tsuookawa N, Hamada H, Sone Y. Polym-Plast Tech Eng, 1989, 28 (2): 201 -214.
[22]　郑安呐,张云灿,潘恩黎.玻璃钢/复合材料,1992,(3):1 - 5.
[23]　郑安呐,胡福增,吴叙勤,等.高分子材料,1994,1(2):30 - 36.
[24]　郑安呐,王华,吴叙勤,等.华东理工大学学报,1994,20(4):478 - 484.
[25]　杨卫疆,郑安呐,戴干策,等.华东理工大学学报,1996,22(4):429 - 432.
[26]　王宏岗,郑安呐,戴干策.复合材料学报,1999,(3):51 - 56.
[27]　郑安呐,胡福增,吴叙勤,等.华东理工大学学报,1994,20(4):451 - 458.
[28]　郑安呐,王华,吴叙勤,等.华东理工大学学报,1994,20(4):478 - 484.
[29]　Jones C. Carbon, 1990,28(4):509 - 514.
[30]　Sun M, Hu B, Da Y. Compos Sci and Tech, 1989,34:353 - 364.
[31]　Kelly A, Tyson W R. J Mech Phys Solids, 1965,13:329.
[32]　甘树榜,吴叙勤,等.华东化工学院学报,1985,11(1):41 - 46.

思考题

1. 为什么说界面对复合材料的性能起着重要的作用？

2. 什么是偶联剂？说明硅烷偶联剂对玻璃纤维增强塑料的作用机理。用偶联剂进行表面处理有哪些方法？

3. 举例说明高性能纤维的表面处理方法，怎样表征纤维处理后表面结构与性能的变化？

4. 什么是化学键理论？化学键理论有什么缺陷？举例说明化学键理论在碳纤维表面处理中的应用。

第 6 章　复合材料界面的分析表征

现代科学的发展为复合材料界面的分析表征提供了强有力的手段。扫描电镜、红外光谱、紫外光谱、光电子能谱、动态力学分析、原子力显微镜等仪器在复合材料界面分析表征中得到充分的应用，为揭示界面的本质、丰富界面的理论做出了重要的贡献。但是，由于复合材料界面的复杂性，至今人们对界面的认识还十分肤浅，复合材料界面还有许多领域有待于深入开发和耕耘。

本章通过一些研究实例，介绍复合材料界面分析表征的方法。

6.1　界面浸润性的分析表征

复合材料界面的浸润性理论认为，浸润是形成复合材料界面的基本条件之一，两组分如能完全浸润，则界面的结合强度可超过基体的内聚能。

在复合材料成型的过程中，首先由液态的热固性树脂或熔融的热塑性树脂浸润增强纤维，然后在固化或冷却的过程中增强纤维与基体结合，形成复合材料。液态的树脂对纤维浸润性的好坏直接关系两相的界面结合，影响复合材料的性能。

增强纤维经表面处理后，表面的化学结构和物理形态发生了变化，必然使其表面浸润性发生改变，分析表征增强纤维表面浸润性是十分必要的。纤维的表面浸润性主要通过纤维对液体的接触角以及纤维表面能的测试进行表征。

6.1.1　纤维对液体的接触角的测定

纤维对液体的接触角有多种测定方法，现择要介绍如下。

1. 单丝浸润法

将纤维单丝用胶带粘在试样夹头上，然后悬挂在试样架上，纤维下端挂一重锤，使纤维垂直与液面接触。由于表面张力的作用，与纤维接触部位的液面会沿纤维上升，呈弯月面，在放大机下读得液面上升的最大高度 h_{max}，则可求出接触角：

$$\frac{\cos\theta}{1+\sin\theta}=\frac{r}{a}e^{\left(\frac{h_{max}}{r}-0.809\right)} \qquad (6-1)$$

式中，$a = \sqrt{\sigma_L/\rho g}$，$\sigma_L$ 为液体的表面张力，ρ 为液体的密度，g 为重力加速度；r 为纤维的半径。

实验测出液面上升的最大高度 h_{max} 以及纤维的半径 r，就可代入式(6-1)，求出液体对纤维的接触角 θ。

2. 单丝浸润力法

如图 6-1 所示，设一根纤维浸在某液体中，纤维的另一端挂在电子天平的测量臂上。用升降装置使液面逐渐下降，纤维经(b)状态脱离液面进入(c)状态，在纤维脱离液面的瞬间，由于表面张力消失发生了力的突变，电子天平测出该变化过程中力的变化 Δp，由记录仪记下如图 6-2 所示的曲线。

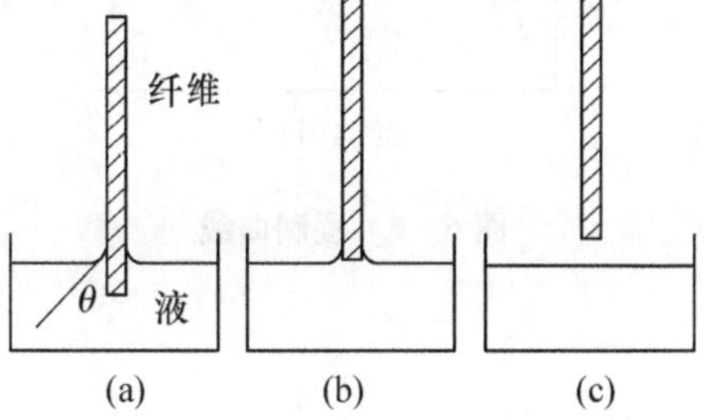

图 6-1　电子天平法测接触角

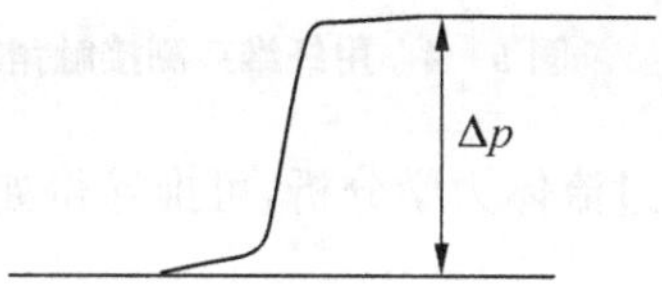

图 6-2　电子天平测得力的变化 Δp

如果液体与纤维之间的接触角为 θ，则有：

$$\Delta p = 2\pi r \sigma_L \cos\theta \tag{6-2}$$

若纤维的半径 r 和液体表面张力 σ_L 已知，则用电子天平法测出 Δp 后，由式(6-2)可求出接触角 θ。

用该方法还可测定两种互不相溶液体之间的界面张力和界面接触角。如图 6-3 所示，L_1 和 L_2 为互不相溶的两种液体。纤维 S 插入通过 L_1 与 L_2 的界面，当升降装置下降，在纤维离开 L_1 与 L_2 界面的瞬间，电子天平测出该过程的力变并记录下来。在测试中若纤维用铂金丝，以保证被液体完全润湿，则：

$$\Delta p = 2\pi r \sigma_{L_1/L_2} \tag{6-3}$$

因此，测定 Δp 可求出两种互不相溶液体的界面张力 σ_{L_1/L_2}。

若界面张力 $\sigma_{L_1L_2}$ 已知，液体与纤维之间存在接触角 θ_{L_1/L_2}，则：

$$\Delta p = 2\pi r \sigma_{L_1L_2} \cos\theta_{L_1/L_2} \tag{6-4}$$

因此，测定 Δp 可求出纤维在 L_1 与 L_2 界面的接触角 θ_{L_1/L_2}。

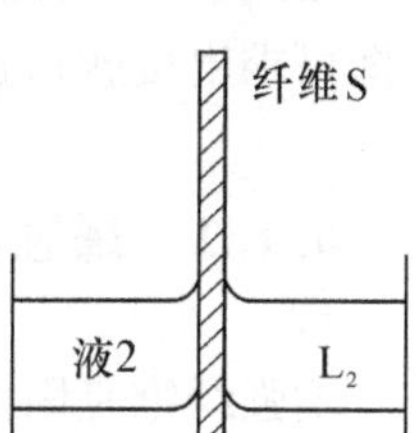

图 6-3　界面张力和界面接触角的测定

3. 毛细浸润法

如图 6－4 所示，在塑料管中充填一束纤维，充填率 $\xi=0.47\sim0.53$。使纤维束与液面接触，因毛细现象，液体沿着纤维间空隙上升，用电子天平测出增加质量 m 随浸润时间 t 的变化，可得如图 6－5 所示的曲线。

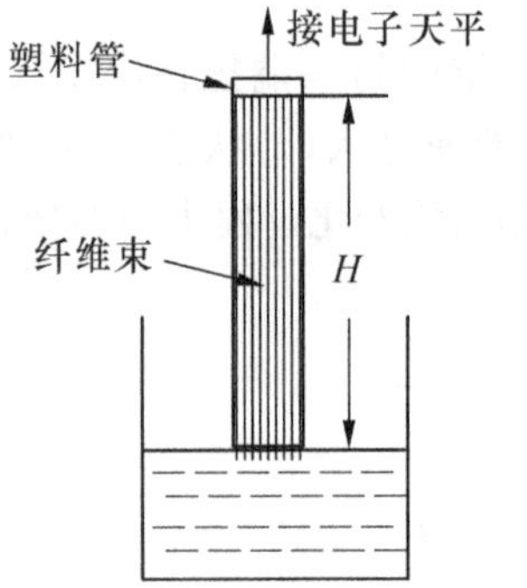

图 6－4　用纤维束测接触角示意图

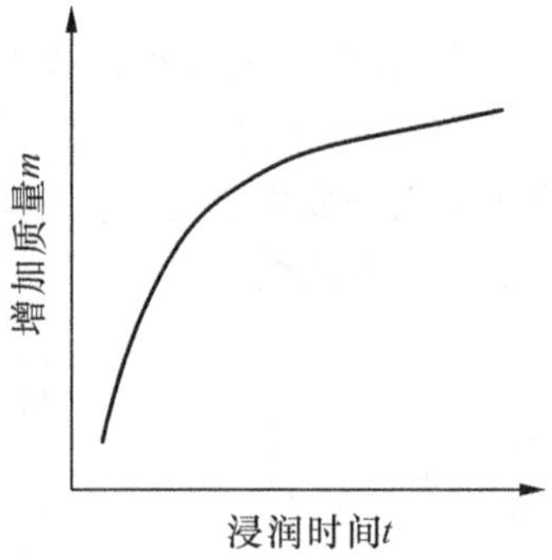

图 6－5　浸润曲线

通过流体力学分析，可推导得如下公式：

$$m^2=\frac{W_1^3\sigma_1\cos\theta}{H^2\eta W_f A_p\rho_1}\cdot t \tag{6-5}$$

式中，m 为在润湿时刻 t 时的增加质量，由实验记录；W_1 为平衡时的总增加质量，由实验测定；H 为纤维的充填高度，可量取；η 为浸润液黏度，可查取；W_f 为纤维的充填质量，可称取；A_p 为纤维的比表面积，可查取或测定；ρ_1 为液体的密度，可查取或测定；σ_1 为液体的表面张力，可测定或查取。

按式(6－5)，以 m^2 对 t 作图，可得直线。该直线的斜率即为式(6－5)中 t 的系数，由斜率即可求出接触角 θ。

6.1.2　增强纤维的表面张力

增强纤维是固体材料，固体的表面分子没有流动性，其表面张力的测试没有直接的方法，一般只是通过液体对固体接触角的测试，间接地推知固体的表面张力。若能进一步求出固体表面张力的分量，还可对固体的表面极性作出判断。

前面讨论了固体聚合物表面张力的各种测定方法。原则上前面讨论的聚合物表面张力测定方法也适用于增强纤维表面张力的测定。现将固体处理表面张力的测定方法简要介绍如下。

1. Good-Girifalco 理论

前面通过对 Good-Girifalco 理论的讨论，得到如下方程：

$$\sigma_{SV}=\sigma_{LV}\frac{(1+\cos\theta)^2}{4\phi^2} \tag{6-6}$$

若用一种已知表面张力的液体测定其对纤维的接触角，则可按式(6-6)求出纤维的表面张力，但必须知道该液体对纤维的相互作用参数 ϕ。若相互作用参数 ϕ 难以确定，则该式的应用受到限制。

2. 几何平均法

用两种已知表面张力 σ_L 及其分量 σ_L^d 和 σ_L^p 的液体，分别测定其对纤维的接触角，则由几何平均法得到的式(6-7)解联立方程，可以求出纤维的表面张力 σ_S 及其色散分量 σ_S^d 和极性分量 σ_S^p。

$$1+\cos\theta=2\left[\frac{(\sigma_S^d)^{\frac{1}{2}}(\sigma_L^d)^{\frac{1}{2}}}{\sigma_L}+\frac{(\sigma_S^p)^{\frac{1}{2}}(\sigma_L^p)^{\frac{1}{2}}}{\sigma_L}\right] \tag{6-7}$$

3. 调和平均法

同样用两种已知表面张力 σ_L 及其分量 σ_L^d 和 σ_L^p 的液体，分别测定其对纤维的接触角，则由调和平均法得到的式(6-8)解联立方程，可以求出纤维的表面张力 σ_S 及其色散分量 σ_S^d 和极性分量 σ_S^p。

$$\sigma_L(1+\cos\theta)=\frac{4\sigma_S^d\sigma_L^d}{\sigma_L^d+\sigma_S^d}+\frac{4\sigma_S^p\sigma_L^p}{\sigma_S^p+\sigma_L^p} \tag{6-8}$$

4. 临界表面张力

用一系列已知表面张力 σ_{LV} 的同系列液体，测定其对纤维表面的接触角 θ，以 $\cos\theta$ 对 σ_{LV} 进行 Zisman 作图，得到一条直线，由此直线与 $\cos\theta=1$ 交点的横坐标，求得纤维的临界表面张力 σ_c。

5. 状态方程

按状态方程：

$$\sigma_{c,\phi}=\frac{1}{4}(1+\cos\theta)^2\sigma_{LV} \tag{6-9}$$

$$\sigma_{c,\phi\max}\approx\sigma_S \tag{6-10}$$

以一系列已知 σ_{LV} 的测试液测定其对纤维表面的接触角 θ，按上式可求出相应的 $\sigma_{c,\phi}$，以 $\sigma_{c,\phi}$ 对 σ_{LV} 作图，可得如图 6-6 所示的曲线，该曲线上的 $\sigma_{c,\phi}$ 极大值即为固体的表面张力 σ_S。

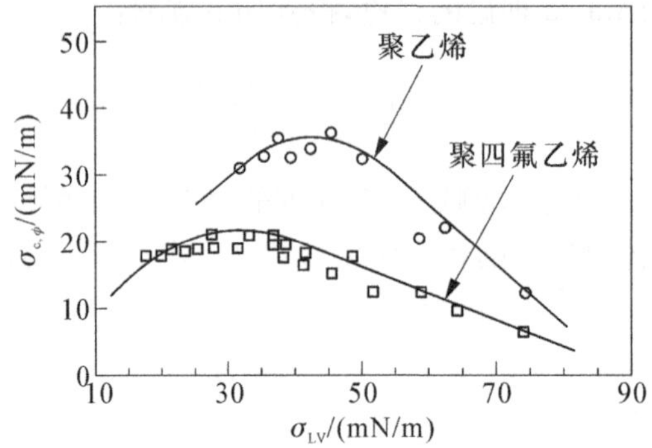

图 6-6　聚乙烯和聚四氟乙烯的 $\sigma_{c,\phi}$ 对 σ_{LV} 图（20℃）

6.2　增强纤维表面形貌的分析表征

6.2.1　高性能纤维表面处理后的形态

碳纤维、有机纤维等先进纤维表面处理的目的都是为了加强纤维与基体界面结合，通常经过表面处理总是使纤维表面的粗糙度增加。

郑安呐等对低温等离子处理碳纤维的表面用扫描电子显微镜进行了观察，如图 6-7 和图 6-8 所示。样品先经溶剂清洗，除去油污和杂质，再经充分干燥后进行氧低温等离子处理。进行电镜观察的纤维作喷金处理，使之达到 10 nm，以消除荷电的影响，并提高二次电子的发射率，增加衬度，同时减少入射电子对试样的辐射损害。

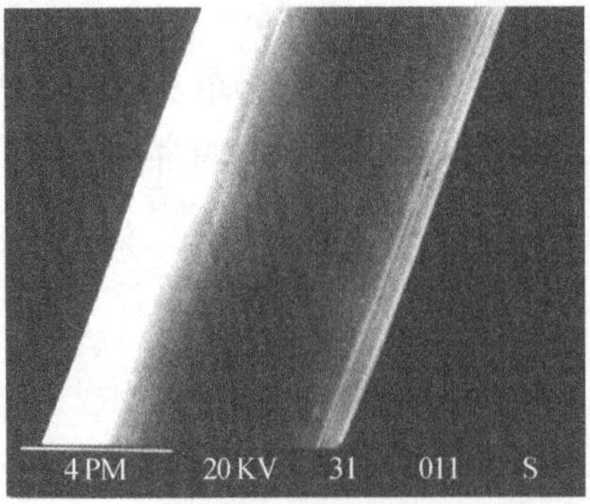

图 6-7　未处理碳纤维的表面形态

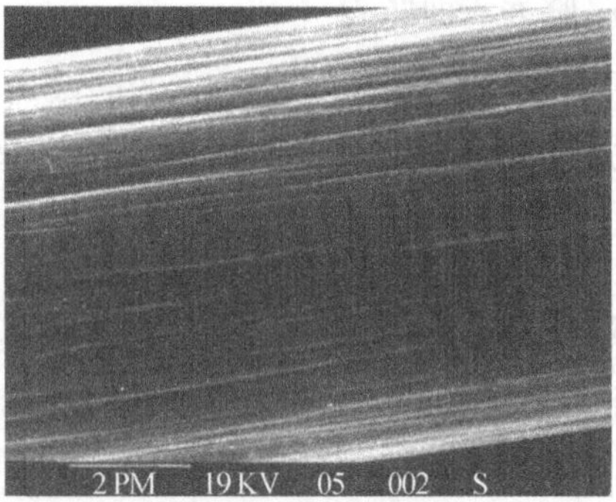

图 6-8　低温等离子处理碳纤维表面形态

由图 6-7 和图 6-8 可以看到，碳纤维在氧等离子处理前后的表面形貌有了较大的变化。未处理碳纤维表面只有一些纤细的纵向条纹，而经氧等离子处理后这些条纹有所加粗、加深，但并没有明显破坏性伤痕。

吴越、胡福增等对超高相对分子质量聚乙烯（UHMWPE）纤维分别进行了电晕、低温等离子、铬酸氧化处理，并用扫描电镜观察其表面形态。图 6－9 是未处理 UHMWPE 纤维的电镜照片，可见未处理纤维表面比较光滑，略有一些纵向条纹。

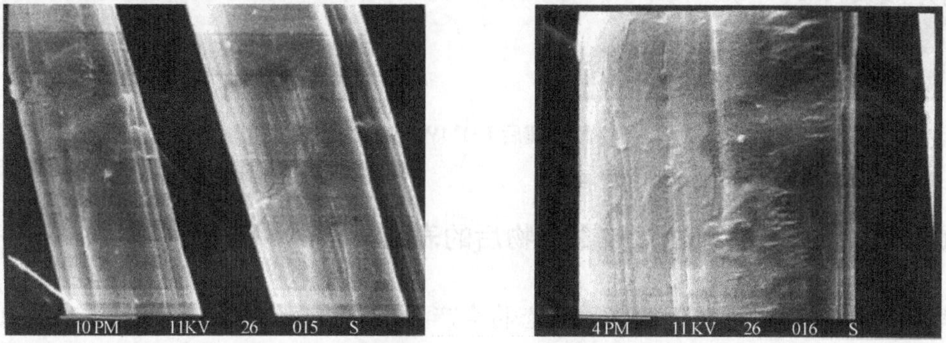

图 6－9 未处理 UHMWPE 纤维的电镜照片

图 6－10 分别是电晕处理和低温等离子处理 UHMWPE 的电镜照片。从图中可看到，表面处理后纤维表面的条纹明显增多、加深，形成一条条的沟槽。比较而言，等离子对纤维的表面刻蚀作用不如电晕处理，表现为表面沟槽要浅些。

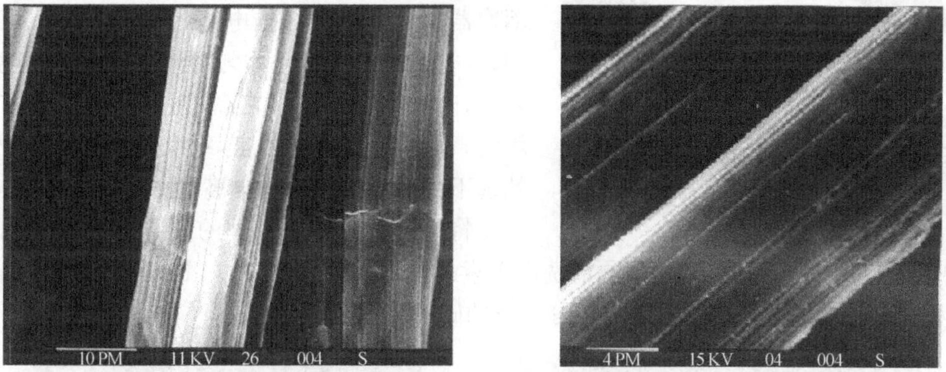

(a) 电晕处理 (b) 低温等离子处理

图 6－10 电晕处理和低温等离子处理后 UHMWPE 纤维的电镜照片

图 6－11 是铬酸处理 UHMWPE 纤维后的电镜照片，铬酸对纤维表面有更强的刻蚀作用，纤维表面的纵向沟槽更深，对纤维表面的损伤更大。

从纤维的表面形态可知，各种表面处理方法都对纤维表面有一定的刻蚀作用，只是程度不同而已。这种刻蚀作用增大了纤维的比表面积，有利于纤维与基体树脂的“锚合”，增强界面结合。但刻蚀作用也会损伤纤维，使纤维强度减小。因此，必须使表面处理工艺最佳化，在增强界面结合的同时，减少纤维强度的损失。

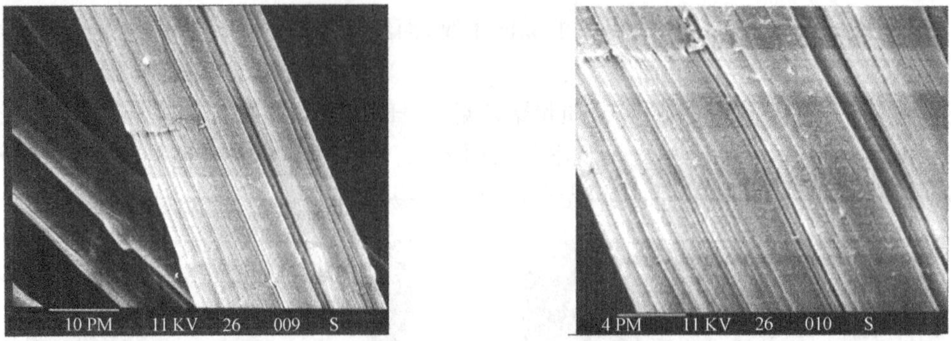

图 6-11 铬酸处理后 UHMWPE 纤维的表面形貌

6.2.2 增强纤维表面接枝聚合物后的表面形态

增强纤维经聚合物接枝后其表面形态将会产生很大的变化，而且随着纤维种类以及接枝聚合物种类而异。将玻璃纤维于 450℃高温灼烧除去表面浸润剂后，用特定偶联剂进行处理，再用臭氧辐照，然后将玻璃纤维置于水和烯烃单体同时共存环境之中，一定条件下，可引发烯烃单体接枝聚合，在玻璃纤维表面接枝上聚烯烃。图 6-12 是玻璃纤维接枝聚苯乙烯并用甲苯在索氏萃取器中萃取后经扫描电镜拍摄的照片。可以看到，接枝聚苯乙烯近乎均匀地包覆了整个玻璃纤维表面，表明不仅接枝率较高，而且接枝点分布较为均匀。但对于碳纤维而言，纤维表面接枝高分子链就远不如玻璃纤维这样丰满了。

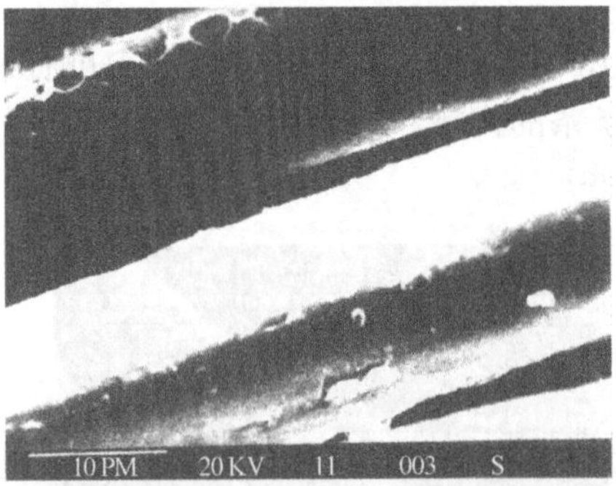

图 6-12 玻璃纤维表面接枝聚苯乙烯的形态

将经过氧等离子处理的碳纤维放入苯乙烯单体之中，经 80℃ 4 h 后取出，用丙酮清洗再于索式萃取器中萃取 3～4 h，干燥后用扫描电镜得到如图 6-13 所示的接枝聚苯乙烯分子链的碳纤维照片。

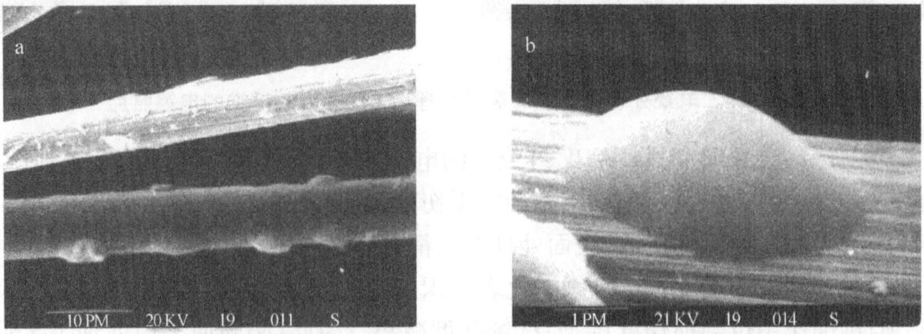

(a) 整体表面形态　　(b) 局部形貌放大

图 6-13 低温等离子接枝聚苯乙烯碳纤维表面的形态

从图 6－13(a)全貌可以看到，接枝点十分稀少，分布也不很均匀，表明碳纤维表面活性点的数量远低于玻璃纤维表面。但从局部放大照片图(b)上可以看到，经接枝后聚苯乙烯与碳纤维表面尚能较好地浸润。

若让碳纤维等离子处理后不接触空气就直接同乙烯基单体接触，避免大气污染或是吸收空气中水分，进行原位等离子接枝聚合，将接枝纤维清洗、萃取、干燥后进行扫描电镜观察，如图 6－14 所示。

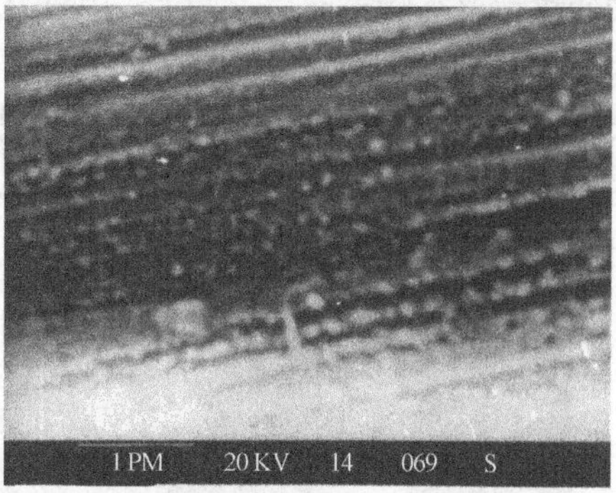

图 6－14　碳纤维经低温等离子原位接枝聚合的表面形态

图中可以清晰地看到无数圆形的接枝点，直径大约为 60～70 nm，分布在碳纤维表面沟槽的外沿，其数目已大大超过了一般方法进行接枝的结果。图中的碳纤维用甲苯萃取后很难再看到瘤状的接枝物，但细小密集的接枝点表明，不接触空气的原位等离子处理接枝，十分有利于接枝聚合的形成。

采用特殊偶联剂也可以方便地进行纤维表面的接枝聚合。例如，采用含有过氧化基团的硅烷偶联剂对玻璃纤维进行处理，再放入苯乙烯单体或其溶液中引发接枝聚合。作为比较，将未经含过氧化基团偶联剂处理的纤维放入同样条件下聚合。用甲苯深度萃取、充分干燥后，用普通显微镜观察比较两者的表面形态，如图 6－15 所示。

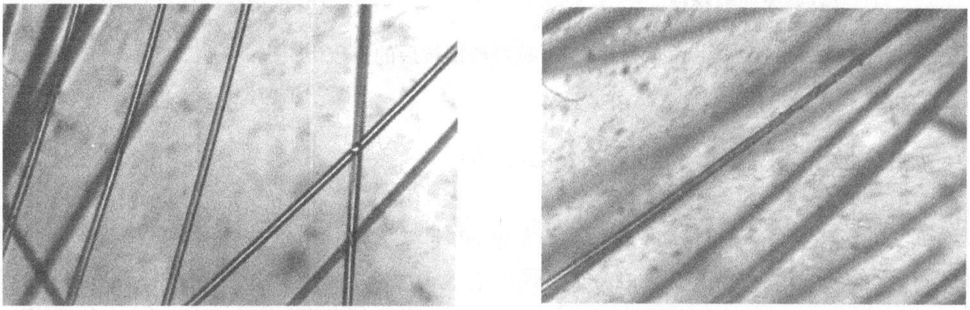
(a) 未接枝玻璃纤维　　(b) 接枝玻璃纤维

图 6－15　玻璃纤维接枝前后的表面形态

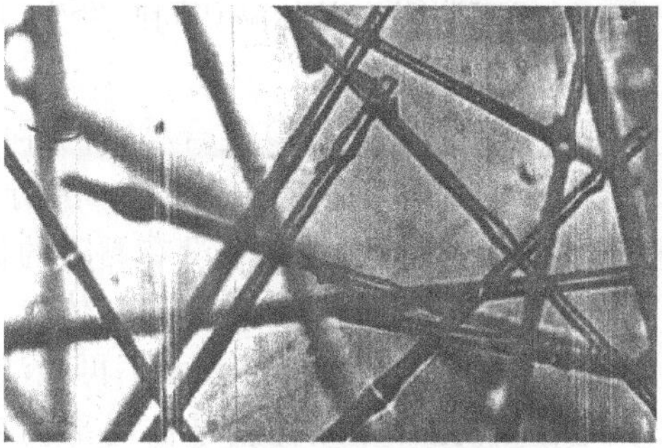
图 6－16　接枝玻璃纤维表面与聚苯乙烯溶液的浸润状态

由图可以看到，未经含过氧基硅烷偶联剂处理的玻璃纤维表面极为光滑，而经该偶联剂处理的玻璃纤维表面则斑斑点点。若将经偶联剂处理且接枝的玻璃纤维浸入聚苯乙烯浓溶液中，然后取出干燥，再观察其形态，如图 6－16 所示。可以看到聚苯乙烯树脂均匀地包覆在玻璃纤维表面，这在碳纤维中是很难发现的，因此可推测若以这样的纤维去增强聚苯乙烯类热塑性基体，一定可以得到界面结合良好的复合材料。

在碳纤维表面接枝高分子链也并非不可能得到像在玻璃纤维表面那样丰满的接枝层，若将碳纤维先用低温等离子方法接枝上羟基，然后选用丙烯酸、丙烯酰胺等水溶性化合物为接枝单体，水为溶剂，铈离子溶液为引发剂，在惰性气氛中进行接枝聚合就可能得到较为丰满的接枝聚合物表面层。图 6－17 为碳纤维经聚丙烯酸和聚丙烯酰胺接枝又经沸水萃取后的形貌。可以看到在纤维表面覆盖了一层较厚的接枝层，但并不均匀。这样的纤维浸泡在水中，尽管密度几乎比水大一倍但仍可以悬于水中，既不沉淀也不浮于水面。这是由于接枝的高聚物分子链一端固定在纤维之上，而另一端又溶解于水中起到了浮起和支撑纤维的作用。

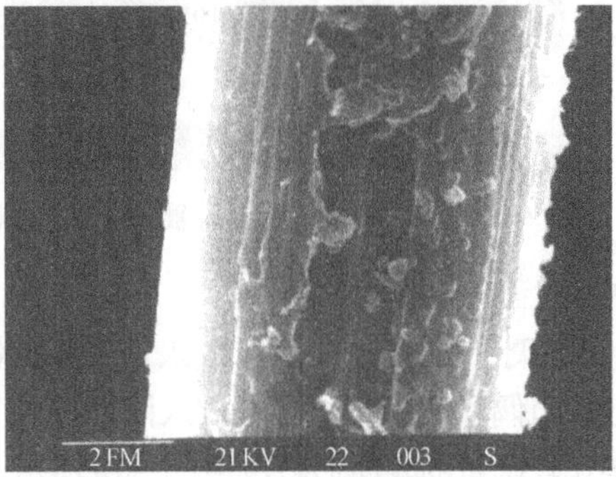

(a) 聚丙烯酸接枝

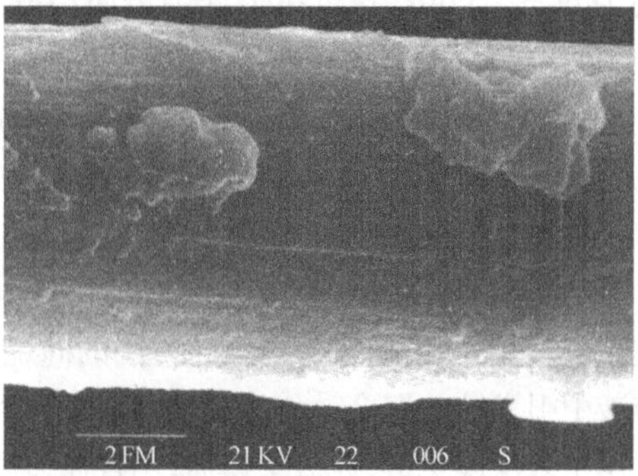

(b) 聚丙烯酰胺接枝

图 6－17 碳纤维接枝后的形貌

6.2.3 复合材料破坏断面的纤维形貌

增强纤维经适当的表面处理后，可大大增加其与基体树脂的界面结合强度。当复合材料破坏时，纤维断裂的形貌与界面结合的强度有密切联系。若界面结合过于牢固，界面结合强度大于复合材料强度，纤维不发生任何脱黏就与基体树脂同步被破坏，断面齐整，没有纤维拔出，试样呈现典型的脆性断裂。这样的界面未能起到松弛应力的作用。若界面结合很弱，纤维与树脂完全脱黏，纤维断裂时从基体中拔出，纤维表面光滑，几乎看不到基体的残迹。若纤维与基体界面结合适度，当复合材料被破坏时，界面脱黏和基体破坏同时发生，从基体中拔出的纤维表面黏附许多基体树脂残迹。

黄玉东等用 10 kGy 的剂量对 PBO 纤维进行辐照接枝处理，使 PBO 复合材料的界面黏结性能提高了 40%以上。PBO 纤维单丝拔出试验后的扫描电镜照片如图 6－18 所示，辐照处理前后拔出纤维的表面形貌截然不同。未处理纤维表面光洁，几乎没有黏附的树脂，这说明未处理纤维与树脂基体的界面结合很差，在载荷作用下，纤维容易与基体发生界面脱黏、分离，因而界面剪切强度小。经过辐照改性处理后，被拔出纤维表面不再光洁，黏附许多大小不一、起伏不平的树脂小块，说明界面结合较强，导致树脂基体局部内聚破坏。

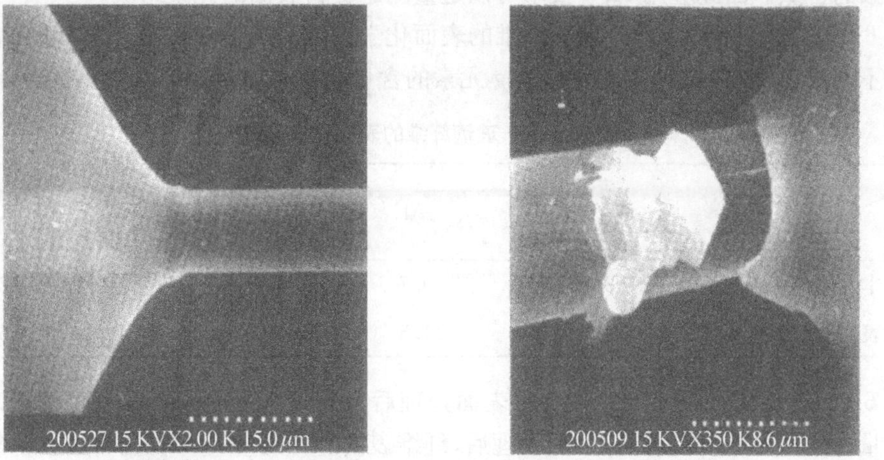

未处理　　　　处理后

图 6-18　PBO 纤维单丝拔出试验的断口形貌

6.3　增强纤维表面化学组分、功能团及化学反应的分析表征

增强纤维经表面处理后，表面的化学组成发生变化，表面产生了一些活性功能团，通过功能团的化学反应，增强了与基体树脂的界面结合。分析表征增强纤维的化学组分、官能团和化学反应，对于揭示复合材料界面的本质，探索复合材料界面的机理，丰富复合材料界面的理论，具有重要的意义。

6.3.1　表面化学组分的表征

X 射线光电子能谱（XPS）是测试材料表面化学组成的有效工具。

XPS 的基本原理是光电效应。将具有一定能量的入射光子照射到材料的表面上，入射光子把全部能量转换给原子中的某一个束缚电子，电子把一部分能量用来克服结合能，剩余的能量作为动能将该电子发射出去，成为光电子。根据爱因斯坦的光电效应定律，有以下关系式：

$$h\gamma = E_v + E_b + \phi \tag{6-11}$$

式中，E_v 为光电子的动能；E_b 为电子的结合能；ϕ 为常数；$h\gamma$ 是已知的入射光子的能量。用电子能量分析仪测得电子的动能 E_v，可求出电子结合能 E_b。

各种化学元素的电子结合能都有特定的范围，相当于元素的指纹。根据 XPS 谱图中特定结合能范围的谱线是否出现，可以鉴别相应的元素是否存在；根据谱线的相对强弱可以确定该元素的含量。因此应用 XPS 技术可以定量测定材料表面的元素组成。

表 6-1 是 XPS 测得的 S-玻璃纤维的表面化学组成。从表中可见，玻璃纤维表面的元素组成不同于本体，表面的 Si 和 Al，Mg 元素的含量高于本体，但 O 元素含量却较低。

表 6-1　S-玻璃纤维的表面化学组成

相＼组分/%	Si	Al	Mg	O
本　体	21.8	9.7	5.1	63.5
表　面	23.8	11.5	8.3	56.5

表 6-2 是 UHMWPE 纤维经各种表面处理后，用 XPS 测定的纤维表面氧元素和碳元素的含量比。从表中可以看到，表面处理后，纤维表面的含氧量均有明显增加。含氧量的增加是复合材料界面性能提高的重要原因之一。

表 6-2　UHMWPE 纤维表面的 $[O_{1s}]/[C_{1s}]$ 的值

处理方法	未处理	紫外辐射	电　晕	铬酸氧化	等离子
$[O_{1s}]/[C_{1s}]$	0.207	0.402	0.427	0.402	0.540

6.3.2　表面官能团的表征

增强纤维表面含有的官能团可用化学分析法、热重法、红外光谱法和 XPS 等技术进行分析表征。

1. 化学分析法

碳纤维表面的羧基和羟基可用化学分析法测定。

$$2RCOOH + Ca(Ac)_2 \rightleftharpoons (RCOO)_2Ca + 2HAc$$

将碳纤维与 0.15 mol/L 的乙酸钙溶液一起回流 24 h，然后用 0.02 mol/L 的 NaOH 溶液滴定溶液中的 H^+，即可测得表面—COOH 的量。

$$RCOOH + NaOH \longrightarrow RCOONa + H_2O$$

$$ROH + NaOH \longrightarrow RONa + H_2O$$

将碳纤维与稀碱溶液在密封的三角烧瓶中浸泡一周，然后用稀 HCl 溶液滴定剩余的 NaOH，即可测得—COOH 和—OH 的量，若—COOH 的量已知，差值即为—OH 的量。

孙慕瑾等用化学分析法测得碳纤维羧基和羟基的含量，如表 6-3 所示。

表 6-3　化学分析法测定碳纤维表面官能团含量

碳纤维	氧化剂	氧化时间/min	—COOH/(μmol/g)	—OH/(μmol/g)
上		0	31	13
海		10	65	29.5
碳	6 mol/L 硝酸	20	67	58
纤		30	66	33
维		40	74	21

2. 热重法

—COOH 在 500～800℃分解成 CO_2，R—OH 在 900～1000℃分解产生 CO，由热失重测得 CO_2 和 CO 的量，可以求出表面—COOH 和—OH 的量。

3. 红外光谱法

红外光谱的灵敏度十分有限，因此增强纤维的表面用红外光谱进行分析较难得到有效的结果。但是如果纤维表面产生了聚合物的接枝聚合，这时红外光谱则很有效。

郑安呐等用特定偶联剂，然后用臭氧处理引发苯乙烯在玻璃纤维表面产生接枝聚合，经强溶剂甲苯萃取后测定其红外光谱，再对空白玻璃纤维也测定一个红外光谱。两者的差谱以玻璃纤维上 1 130 cm^{-1} 处的硅氧基团吸收消失为依据，一并示于图 6-19 中。差谱中的 2 922 cm^{-1}、2 850 cm^{-1}、3 082 cm^{-1}、3 059 cm^{-1}、3 025 cm^{-1}、3 001 cm^{-1} 峰归属于脂肪与苯环上 C—H 伸缩振动吸收，696 cm^{-1} 归属于苯环上 5 邻氢的 C—H 弯曲振动吸收，充分证实了接枝聚苯乙烯的存在。

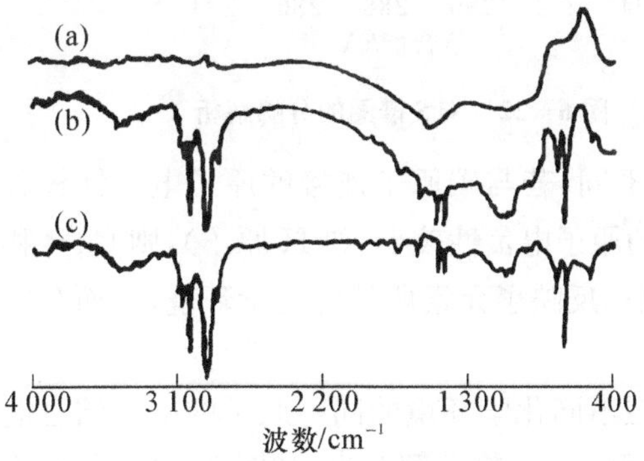

图 6-19　聚苯乙烯接枝玻璃纤维的红外光谱

(a) 纯玻璃纤维　(b) 接枝聚苯乙烯的玻璃纤维

(c) (b)与(a)的差谱

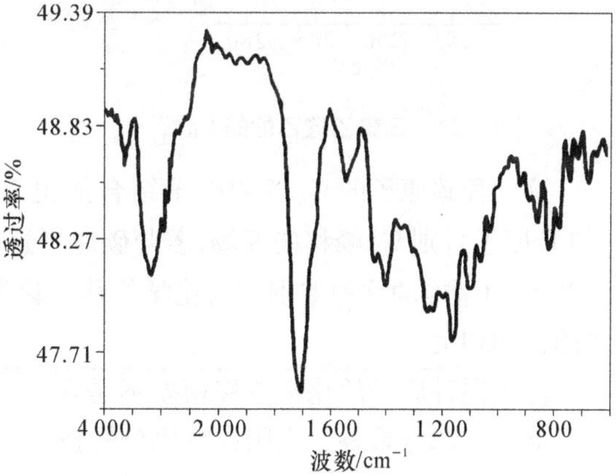

图 6-20　接枝聚丙烯酸碳纤维与纯碳纤维的 FT-IR 差谱

对于接枝聚丙烯酸的碳纤维的测定也得到类似的结果，图 6-20 所示的图谱为接枝聚丙烯酸的碳纤维与纯碳纤维 FT-IR 的差谱，测试前接枝碳纤维需经沸水萃取 8～10 h，换水 4～5 次，最后待充分干燥后再进行测定。可以看到 3 300 cm^{-1} 和 1 720 cm^{-1} 附近羧羟基及羧羰基的吸收。此外，整个谱图也都与聚丙烯酸相近，从而表明碳纤维上确实存在着沸水无法萃取去掉的聚丙烯酸。

4. XPS 法

在 XPS 谱图中，元素周期表中的各元素有其特定的电子结合能范围，它们的光电子峰很少重合。聚合物中常见的元素 C，O，S，N，P，F，Cl，Br，I 等的峰更是彼此互不干扰，因此很容易在同一个样品中同时把它们鉴别出来。但是，即使是同一种原子，其所处的化学环境也可能不同，因而它们的电子结合能也会有一些差别。以三氟乙酸乙酯为例，该化合物有 4 种不同化学环境的碳原子，如图 6-21 所示。

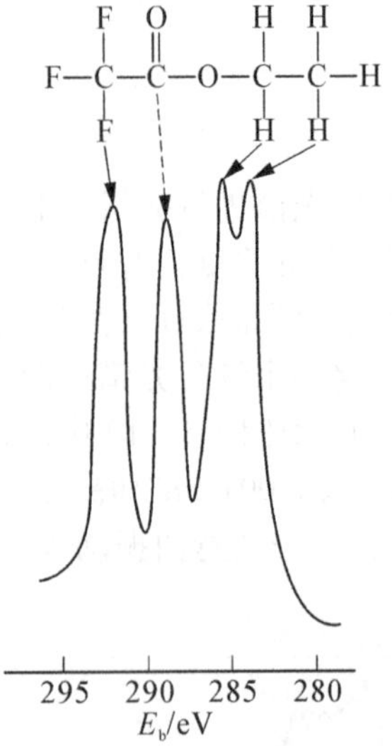

图6-21　三氟乙酸乙酯的 C_{1s} 峰

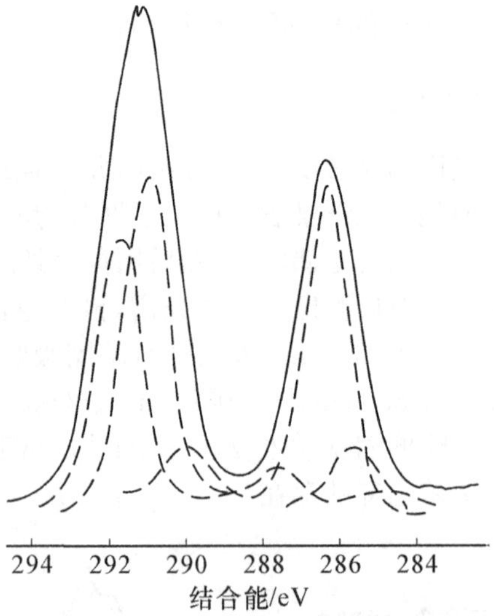

图 6-22　XPS 谱图的分峰解析

这 4 种碳原子的 C_{1s} 峰的电子结合能也有所不同，若与碳原子连接的原子电负性较大（如 F 原子），则 C_{1s} 峰移向高场；若与碳原子连接的原子电负性较小（如 H 原子），则 C_{1s} 峰移向低场。C_{1s} 峰的这种差别称为化学位移。化学位移反映了元素所处的化学环境，因而与官能团密切相关。

由于同种原子的化学位移相差不是很大，处在不同化学环境的同种原子的电子结合能峰可能互相部分重叠。应用计算机分峰技术可以把重叠的峰分解开来，如图 6-22 所示，不但可以鉴别官能团，而且还可以对官能团作定量分析。

将碳纤维进行低温氧等离子处理后，用 XPS 测定纤维表面的 C_{1s} 峰并进行分峰处理，得到碳纤维表面官能团含量与等离子处理的时间关系，如表 6-4 所示。

表 6-4　XPS 测定的碳纤维表面官能团含量与氧等离子处理时间的关系

处理时间/min	—COOH/%	>C=O /%	—C(—)—OH/%	—C(=O)—O— /%
0	3.4	6.4	16.5	
3	10.4	18.8	25.1	
6	14.7	20.1	27.3	
9	10.5	17.9	21.8	8.0
12	11.3	16.6	22.4	8.3
15	11.9	17.2	22.1	8.5

6.3.3　增强纤维表面自由基的表征

一般认为，增强纤维在低温等离子或射线辐照等处理中，表面会产生活性自由基，依靠自由基与氧的反应在纤维表面引入含氧的活性官能团，或者利用自由基引发乙烯基单体聚合，在纤维表面引入接枝聚合物。

如何表征纤维表面的自由基呢？郑安呐等利用 2,2′-二苯基-1-三硝基苯肼自由基(DPPH)对低温等离子处理碳纤维表面的自由基进行了表征。

DPPH 是典型的自由基聚合的阻聚剂，其本身是一种稳定的自由基，它不能引发单体聚合，但却能夺取活性的自由基的电子，中止自由基的活性，如图 6-23 所示。因此，DPPH 是一种自由基捕捉剂。

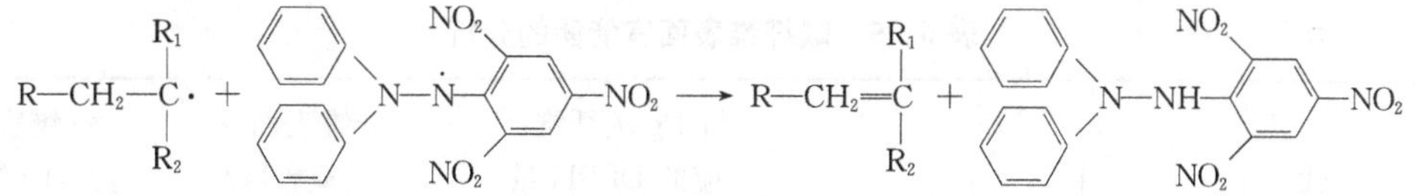

图 6-23　DPPH 与自由基的反应

DPPH 与自由基的反应是定量的，一个 DPPH 能准确地消耗一个自由基。由于 DPPH 结构中含有苯环，对紫外敏感，因此用紫外分光光度计可检测极低浓度的 DPPH 溶液。

DPPH 的正庚烷溶液的紫外可见光谱如图 6-24(a)所示。可以看到在 509 nm 处有一个吸收峰，它标志着 DPPH 自身自由基的存在。该溶液同未处理的碳纤维作用后溶液在 509 nm处的吸收峰减弱(见图6-24(b))，这是因为碳纤维表面存在一些酚羟基，酚羟基可以与 DPPH 反应；而与氧等离子处理的碳纤维反应后，509 nm 处的吸收峰则几乎消失(见图 6-24(c))，表明除碳纤维原来存在的可与 DPPH 反应的酚羟基外，在处理中产生了新的可与 DPPH 反应的活性物质，即游离基。但三者在 220 nm 处归属于 DPPH 上苯环结构的 K 带吸收却基本未变。这表明纤维与 DPPH 之间不存在物理吸附作用，的确是发生了化学反

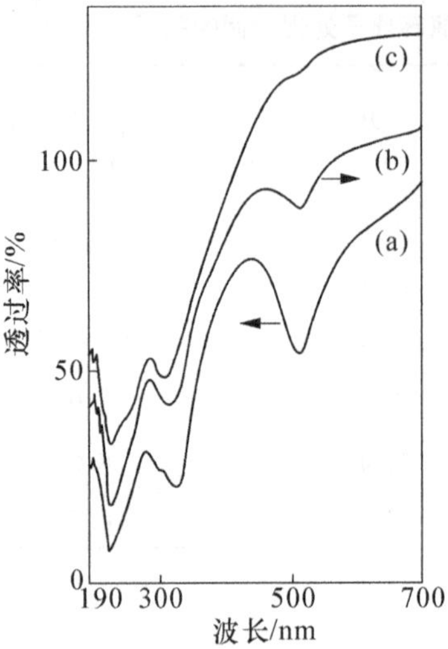

图 6-24 DPPH 正庚烷溶液的紫外光谱

(a) 空白溶液;(b) 同未处理碳纤维反应后的溶液;(c) 同经等离子处理碳纤维反应后的溶液

应,而且这种反应发生在 DPPH 自身自由基和被测物之间。再者,对同一批纤维测定的标准差和置信区间表明,测试误差在±1%范围内的置信度达 90%,而且检测灵敏度达每克纤维表面官能团 10^{-7} mol 数量级。

用 DPPH 法测定不同碳纤维等离子处理前后的结果,如表 6-5 所示。可以看到,无论是哪一种碳纤维,一经等离子处理后,与碳纤维反应的 DPPH 量都要提高很多。而且在同样的处理条件下,氧等离子处理的增加值要比氩等离子处理的来得大。此外,日本 T-300 碳纤维无论在等离子处理前还是处理后,表面可与 DPPH 反应的活性物质的量都显著高于国产碳纤维。

由上述介绍可知,碳纤维表面上能与 DPPH 反应的可能只是酚羟基和游离基。为了进一步判断等离子处理后碳纤维表面大量增加的究竟是何种基团,将氧等离子处理后的碳纤维先经 $NaBH_4$ 还原,再进行 DPPH 的分析。$NaBH_4$ 的还原不仅对酚羟基没有消除作用,而且可以将醌基还原成酚羟基。因此,等离子处理后如果在纤维表面增加的都是酚羟基,那么 $NaBH_4$ 还原后 DPPH 的测定值不会减少。从表 6-5 裸碳纤维的结果可看到,等离子处理后再经 $NaBH_4$ 还原,不仅没有提高 DPPH 的测定值,反而使其大大降低了。这就是说氧等离子处理后,在碳纤维表面主要增加的不是酚羟基而是游离基。因为可与 DPPH 反应的除酚羟基外,只有游离基了。

表 6-5 碳纤维表面官能团的分析

测　　试	样　　品	与 1 g 碳纤维反应的 DPPH 量 /10^{-7} mol	纤维表面酚羟基数目/(个/nm^2)	纤维表面官能团数目/(个/nm^2)
裸碳纤维	未处理	1.71	0.22	
	氧等离子处理	16.12		2.16
	氧等离子处理再 $NaBH_4$ 处理	6.36		0.58
涂敷环氧树脂碳纤维,测试前除去涂层	未处理	6.50	0.87	
	氧等离子处理	27.04		3.62
	氩等离子处理	26.58		3.56
日本 T-300	未处理	15.41	2.06	
	氧等离子处理	39.54		5.29

胡福增等用 DPPH 法分析经紫外辐照或低温等离子处理的 UHMWPE 纤维，同样发现纤维表面产生了自由基。纤维表面的自由基浓度与低温等离子处理时间的关系如图 6-25 所示。

由图 6-25 可见，在等离子处理初期，自由基浓度迅速增加，处理 1 min 即达到 9.8×10^{-7} mol/g；处理 5 min 后，自由基浓度达到 14.4×10^{-7} mol/g，以后增加渐趋平缓。

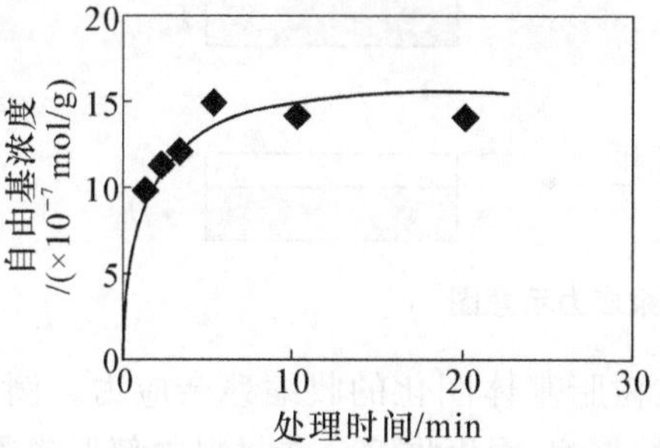

图 6-25　等离子处理时间对自由基浓度的影响

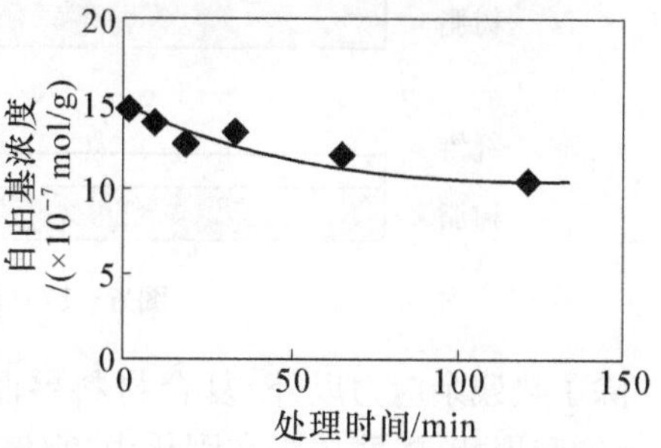

图 6-26　UHMWPE 纤维表面活性的衰减

通过自由基浓度的测定还可研究 UHMWPE 纤维表面处理后活性的衰减情况。将经等离子处理后的纤维暴露在空气中，测定纤维表面的自由基浓度随时间的变化，结果如图 6-26所示。

从图 6-26 可以看到，经等离子处理后的 UHMWPE 纤维暴露在空气中，表面自由基的浓度随时间而衰减，表面活性逐渐减小。

由此可见，采用一种可由紫外线或可见光谱检测，且又能与纤维表面上特定官能团反应的化合物，使其与纤维表面反应，通过反应前后浓度差的分析，都有可能成为该种官能团含量的极为有效的微量检测方法。

6.4　界面力学性能的分析表征

6.4.1　界面残余应力

复合材料是两种或两种以上不同材料组成的多相材料，相与相之间存在界面。不同材料，特别是无机材料和有机材料的热膨胀系数有很大的差别，如碳纤维的纵向热膨胀系数为 5.0×10^{-7}/℃，环氧树脂为 5.5×10^{-5}～7.0×10^{-5}/℃，两者相差百倍之巨。当复合材料从成型温度冷却到室温，或者环境温度发生变化时，增强纤维和基体树脂都要发生热胀冷缩。如图 6-27 所示，当长度为 L 的纤维和树脂样条从高温冷却到低温时，纤维自然冷却收缩后的长度为 L_f，树脂自然冷却收缩后的长度为 L_m，显然 L_f 要比 L_m 大得多。如果纤维和树脂形成复合材料，两者在界面牢固结合在一起，在同样的冷却条件下，复合材料收缩后的长度

为 L_c。显然，$L_m < L_c < L_f$，也就是说，复合材料中的纤维被压缩了，受到压应力，而复合材料中的树脂被拉长了，受到拉应力，在界面则受到剪切应力。由此可见，复合材料界面受到因热膨胀系数不同引起的热残余应力。热残余应力的大小正比于两者的热膨胀系数之差 $\Delta\alpha$ 和温差 ΔT，也与基体和纤维的模量有关。

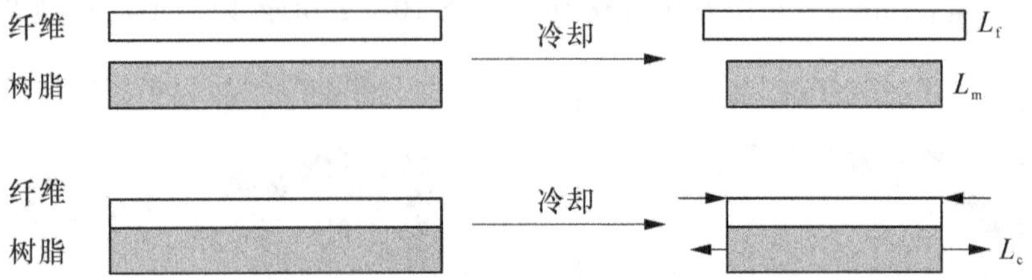

图 6－27　界面热残余应力示意图

除了热残余应力以外，复合材料界面还存在树脂基体固化的收缩残余应力。例如，环氧、不饱和聚酯、酚醛树脂在固化中，都伴随着体积收缩，固化收缩会在材料内部形成很大的固化收缩应力，导致材料过早界面脱黏破坏或脆性断裂。

界面应力的另一原因是增强纤维与基体树脂之间有很大的模量差别，在外力场的作用下，纤维与基体间常常发生剪切应力集中从而影响复合材料的性能。

根据能量最低原理，复合材料的界面应力有自发释放的趋势。当界面应力大于基体的屈服强度时，界面应力可通过基体塑性形变而被松弛掉。例如，在基体固化的初始阶段，基体处于流动态或黏流态，不能形成界面应力。随着固化进行，基体转变成高弹态，界面应力可通过基体的高弹形变和普弹形变松弛。如果交联度过高，界面应力的松弛可能需要相当长的时间。当基体进入玻璃态而还远离固化终点时，固化收缩产生的巨大内应力就无法松弛，界面应力和外界应力的共同作用可能在材料的薄弱部分产生局部裂纹，大量裂纹的产生可松弛部分的界面应力。当材料强度不足以抵抗界面应力时，只能通过材料的失稳、破坏来松弛界面应力。

消除界面应力的有效方法是引入膨胀性单体，如对于环氧树脂复合材料，引入双螺旋环化合物 SOC，其结构式如下：

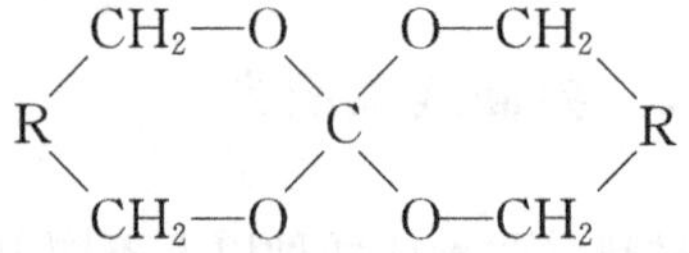

SOC 可与环氧树脂共聚，有效地控制树脂的固化收缩，提高复合材料的综合性能。

图 6－28 为 T－300 碳纤维/环氧复合材料的冲击韧性随膨胀单体含量的变化曲线。膨胀单体的加入有效地减缓了因纤维/基体热膨胀系数失配而产生的热应力以及环氧树脂固化产生的收缩

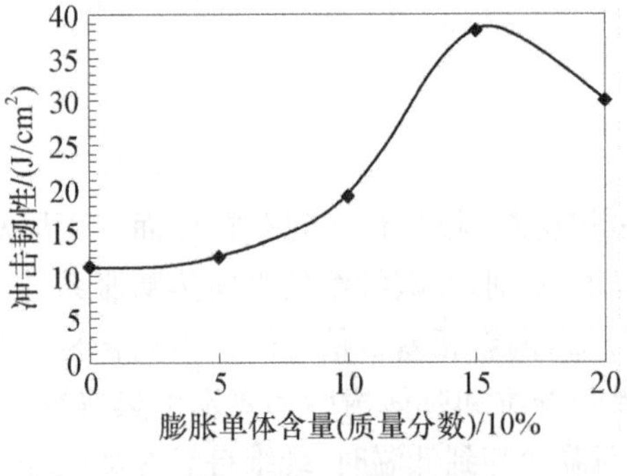

图 6－28　碳纤维/环氧复合材料冲击韧性与膨胀单体含量的关系

应力，使复合材料冲击韧性大幅度提高，达 200%以上。

减缓界面应力的另一种方法是设计柔性的界面层。采用涂层的方法，可在不降低或少降低剪切强度的前提下，大大提高复合材料的断裂韧性。例如，采用硅橡胶涂覆在碳纤维表面上，随着涂层厚度的增加，碳纤维复合材料的断裂韧性可提高 100%，弯曲强度略有下降。

采用电化学聚合的方法是在石墨纤维表面聚合上一层柔性的聚合物界面层，共聚的单体为丙烯酸甲酯（MA）和丙烯腈（AN）。通过调整界面层的厚度可显著改进石墨纤维/环氧复合材料的力学性能。由图 6－29 可见，当界面层厚度大约为 0.12 μm 时，复合材料的冲击强度达到最大，而层间剪切强度刚开始下降。

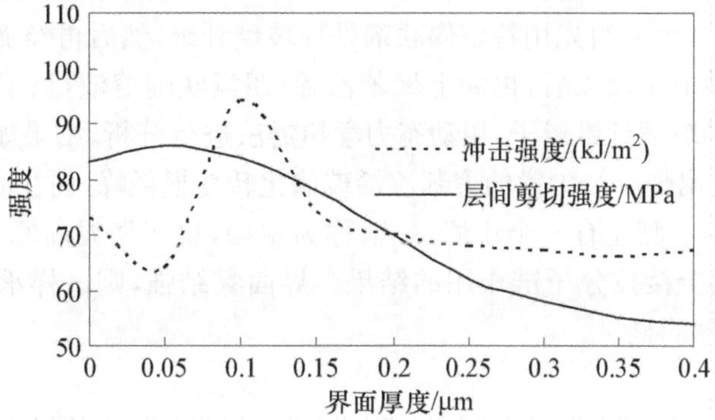

图 6－29　冲击和剪切强度与 AN/MA 界面厚度的关系

除了在纤维表面引入柔性界面层之外，在高模量的增强纤维和低模量的基体之间引入中间模量的梯度过渡界面层，也可改善复合材料的综合性能。如图 6－30 所示，在碳纤维的表面涂覆一层不含固化剂的环氧树脂，然后与含固化剂 14.5%的环氧树脂复合，在固化过程中，固化剂沿涂覆在纤维表面的环氧层向纤维表面扩散。由于在一定固化剂含量范围（7.5%～20%）环氧树脂的模量与固化剂含量有关，固化剂含量越低，树脂模量越高，这样就使得界面层的模量从纤维表面一侧向树脂基体一侧递减，直至与树脂基体相同。该界面层不但提高了纤维间剪应力的传递能力，而且也改变了界面的破坏模式。

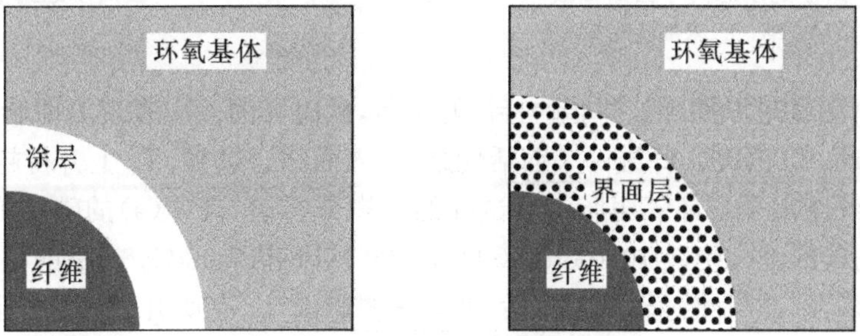

图 6－30　模量梯度过渡的界面层

6.4.2 复合材料界面的动态力学分析

扭辫分析是动态力学分析的一种方法。将纤维均匀地编织成三股、四股或六股的辫子，作为被检测聚合物的支承体，被测物浸渍附着在辫子上成为复合材料试样，支承物和被测物之间存在界面。由于受到界面束缚的影响，聚合物的性能会发生不同的变化，反映出复合材料界面的特性来。

郑安呐等用动态力学扭辫分析法对聚苯乙烯接枝玻璃纤维增强复合材料进行了研究。取玻璃纤维辫子分为两组，一组在485℃下处理100 min后涂上聚苯乙烯-四氢呋喃溶液，在60℃下真空干燥2 h。另一组先用特定偶联剂处理玻璃纤维，然后再经臭氧处理引发苯乙烯接枝聚合。经甲苯萃取干燥以后，再涂上聚苯乙烯-四氢呋喃溶液，且于同样条件下真空干燥。如此制得的两种玻璃纤维辫子，用动态力学扭辫法进行分析，结果如图6－31所示。其中，曲线b在92℃处出现一个尖锐的聚苯乙烯玻璃化转变损耗峰，而在曲线a上聚苯乙烯玻璃化转变损耗峰高温一侧还有一个小峰，一般称为α'峰，也叫做界面峰。损耗峰形也较宽。α'的出现是因为界面上接枝分子链作用的结果。界面黏结强，则试样承受周期负荷时界面的能力损耗大，α'峰越明显。

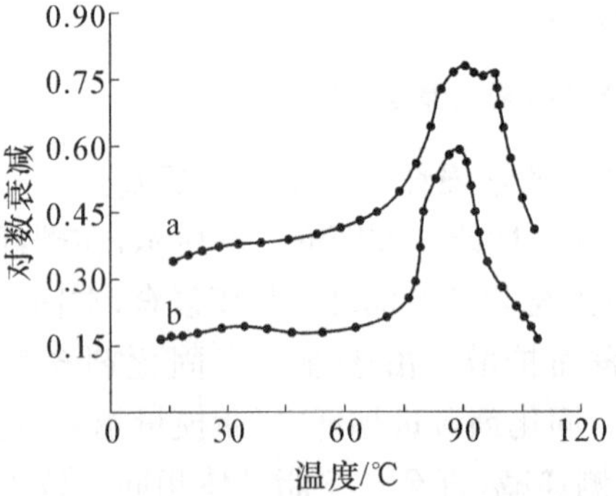

图6－31 涂敷聚苯乙烯树脂的玻璃纤维辫子的动态力学扭辫曲线

a-接枝玻璃纤维 b-未接枝玻璃纤维

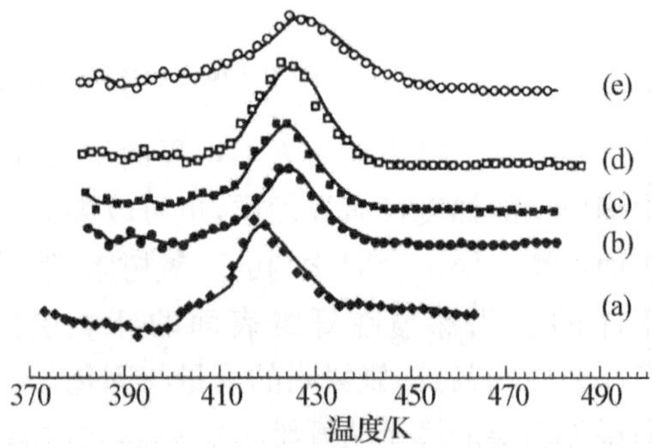

图6－32 碳纤维/环氧树脂的扭辫动态力学谱

有时，扭辫测试时界面峰被树脂的特征峰覆盖，此时界面效应表现为树脂的玻璃化转变峰向高温侧移动，T_g升高。纤维的表面活性越大，界面结合越强，T_g上升得越多。图6－32是辐照前后碳纤维辫子与环氧树脂复合试样的扭辫分析谱，其中(a)的碳纤维未辐照，(b)，(c)，(d)，(e)的碳纤维分别经10 kGy、100 kGy、300 kGy和400 kGy剂量的空气辐照。由图中的比较可以看到，碳纤维经辐照处理后，使环氧树脂的T_g有所升高，辐照剂量越大，T_g升高得越多。图中T_g最高升高了7.5℃，它所对应的复合材料层间剪切强度也最大。T_g的升高说明碳纤维与树脂基体形成了更好的界面，从而使环氧树脂主链段的运动受到更大的束缚，增大了玻璃化转变时的内耗。

6.4.3　微量冲击分析

微量冲击分析是一种以一定速度对微小试样进行冲击，记录冲击过程中冲击锤受到的反作用力与冲击时间对应关系的一种研究方法。为了能清晰反映界面的结合状况，纤维必须是单向的，所以多采用纤维的复合丝试样。试样的尺寸很小，通常为 0.5 mm×10 mm 的圆柱状试样。测试时试样呈简支梁状进行冲击，冲击锤上端装有载荷感受传感器将反作用功变成电信号送出，再由 A/D 转换器转化成数字信号，同时送出时间信号形成平面曲线图。虽然该领域已有不少的研究，但陈荣用自己研制的微型冲击仪研究后，得到如图 6－33 所示的结论。

由图 6－33 可知，复合丝的全部冲击载荷可转化成体系的两种能量，其中 U_1 为基体变形、纤维变形及表面能变化等所需的能量，其在总能量中占有较大的比例，并受界面结合强度的制约。而 U_2 为纤维拔出和纤维与基体脱黏所需的能量。它是复合材料所特有的冲击能量吸收机理，在全部能量吸收中占有一定比重，而且基本上以塑性能量形式存在，界面结合强度越弱，则 U_2 越大。但当界面结合弱到不能有效传递载荷时其值又下降，致使最大冲击载荷也下降，不利于整体抗冲击性能的提高，所以最佳界面结合状态时材料的抗冲击性能才达到最好。

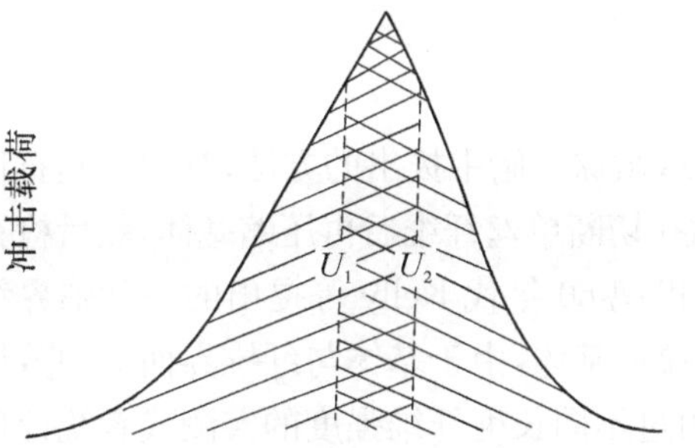

图 6－33　冲击载荷与冲击时间对应关系曲线

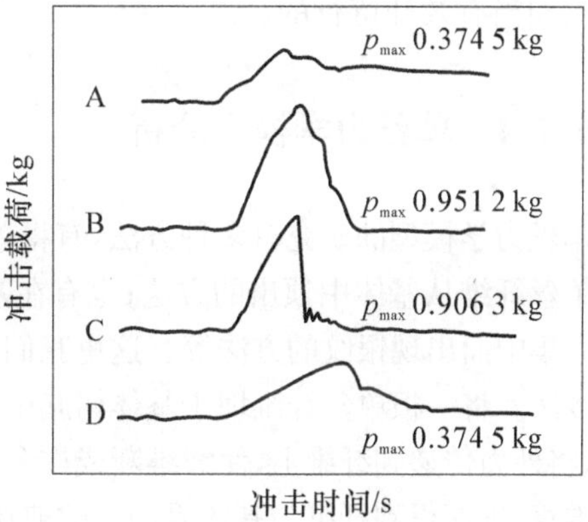

图 6－34　不同处理碳纤维增强复合材料冲击载荷与冲击时间的对应关系

A－接枝聚丙烯酰胺碳纤维；B－接枝聚丙烯酸碳纤维；C－氧等离子处理碳纤维；D－未处理碳纤维

郑安呐等应用该研究方法对复合材料的界面结合进行了分析，分别用未经处理、氧等离子处理、接枝聚丙烯酰胺（接枝层厚度约为 300 nm）和接枝聚丙烯酸（接枝厚度 100 nm）四种处理的碳纤维按微量冲击分析法制成复合丝样品，分别在室温下用微量冲击仪冲击，结果如图 6－34 所示。可以看到未处理碳纤维（D）复丝的总冲击承载量很小，而且其中主要的弹性承载能（U_1 部分）不仅小且后倾，表明在冲击的过程中纤维一直在滑移，不断有新的纤维变形和基体变形，而主要的塑性承载能(U_2 部分)不仅占有较大的比例，而且也拖延较长的时间，表明冲击过程中不断出现脱黏和纤维拔出。

氧等离子处理碳纤维复合丝试样(C)的冲击载荷曲线则形成了鲜明的对比。主要弹性承载能 U_1 差不多比未处理者增加近 3 倍，表明基体变形更大，也有更多的纤维发生形变。相反塑性承载能 U_2 却小到可忽略的地步，几乎没有什么纤维拔出和与基体的脱黏，充分表明了强结合的界面特征。

聚丙烯酸接枝碳纤维复合丝试样(B)的弹性承载能 U_1 很大，其时间对应上与氧等离子处理者相近，也没有明显表现出纤维滑移的征状。与氧等离子处理者所不同的是接枝纤维样品的 U_2 部分也比较大，表明在界面上也容许有一定量的纤维产生滑移和脱黏。与 U_1 相比 U_2 占有较大的比例，因此整个冲击承载能大大增加，超过了氧等离子处理者。

聚丙烯酰胺接枝碳纤维复合丝试样(A)的冲击承载曲线、冲击初始基线与冲击结束基线没有重合，这是由于聚丙烯酰胺接枝层过厚所致。因为在冲击过程中不仅纤维表层界面产生应变，而且接枝层中的分子链也会产生蠕变或滑移，两者综合的结果使微量冲击曲线产生了畸变。

这几种方法处理的碳纤维增强复合材料的力学性能及其单丝力学模型分析的结果都证实了上述微量冲击分析结论的正确性，从而表明微量冲击分析对于复合材料界面结合性质判断是相当有效和可行的。

6.4.4 单丝力学模型分析

单丝力学模型的研究有多种方法，有将单丝纤维从微珠树脂中拔出的方法；有用金刚石顶针将单丝纤维从基体中顶出的方法；也有在基体上钻孔切断单丝纤维后再压缩基体，然后检查因应力集中而出现银纹的方法等。这里我们讨论 20 世纪 60 年代 Kelly 等提出的一种临界纤维长度法。将一根单丝纤维埋于基体树脂中，测试时拉伸基体，由于基体与纤维界面上的剪切作用，将外力传递到纤维上，使纤维断成许多小段。通过不同长度纤维强度的实测或者统计理论的推算，进而得到纤维与基体界面上的剪切强度。相对于其他方法，临界纤维长度法由于是大量数据统计的结果，因而局限性和偶然性都比较小，能较真实地反映实际情况。

在坐标纸上刻出宽 10 mm 及所需测定长度的窗口，将不同长度单丝纤维(如玻璃纤维、碳纤维等)用环氧胶固定于纸的两端，见图 6－35，使用纤维电子强力仪进行拉伸测定，拉伸速度 0.01 mm/min，拉伸时再剪断两边的纸框。每一种长度纤维测定 50 个以上的样品，取有效平均值。

先将玻璃纤维经 500℃灼烧处理，从中取出一半再经 KH－550 处理，然后测定不同长度 L(mm)纤维的断裂强度 σ(GPa)，这两者的对应关系如图 6－36 所示。

由图 6－36 可以看到，两者的强度都随纤维长度的增加而线性下降。其中，经 KH－550 处理纤维的数值要比同长度下未处理的纤维更小一些，下倾的斜率也陡一些。表明偶联剂

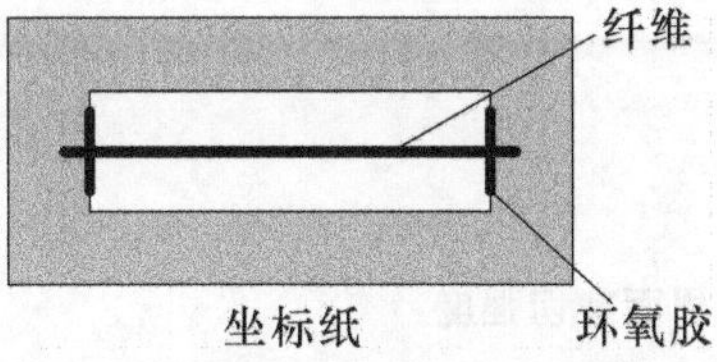

图 6-35 单丝纤维强度测定的模框

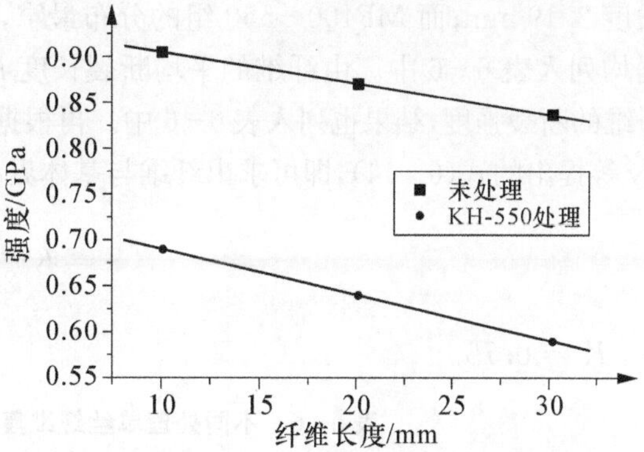

图 6-36 玻璃纤维长度与强度的对应关系

的处理使纤维上缺陷有所增加，但分布与通常纤维上缺陷分布规律相似。两条拟合直线的方程分别如式(6-12)及式(6-13)所示。给出不同的长度，由式(6-12)、式(6-13)就可计算出该长度下纤维的断裂强度。

$$\sigma = 0.9327 - 0.00335\,L \tag{6-12}$$

$$\sigma = 0.7363 - 0.00485\,L \tag{6-13}$$

然后将不同界面处理的单丝玻璃纤维置于两片很薄的聚丙烯或其他基体树脂的片材之间，移入小型压机上压制，控制适当模板温度和压力。不容许试样有气泡或有纤维发生弯曲。压制完成，冷却后取出单丝复合材料，每一组选十个以上无气泡、纤维无弯曲的有效样品，剪裁成哑铃形，总长 117 mm。中间部分长 54 mm、宽6.5 mm、厚 0.9 mm。然后用万能材料实验机，以3 mm/min的速度进行拉伸，直至试样产生缩颈为止。

由于聚丙烯为结晶性高聚物，常温下不透明，即使样品很薄，也很难清晰地观察到其中的单丝玻璃纤维。为此，需在热台显微镜上熔融态下通过目镜上的刻度读出断裂纤维的长度。

不同界面处理的单丝纤维试样中纤维的断裂长度分布状态如图 6-37 所示。

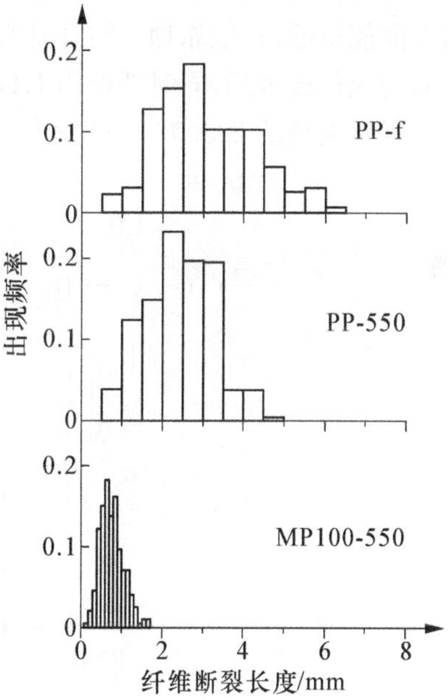

图 6-37 不同界面结合玻璃纤维单丝的断裂长度分布

图中 PP-f 表示基体为纯聚丙烯且纤维表面未经偶联剂处理；PP-550 表示基体为纯聚丙烯、纤维表面经KH-550处理；MP100-550 表示基体为马来酸酐接枝改性的功能化聚丙烯、纤维表面经 KH-550 处理。每一组数据都为十个样品统计所得平均结果。比较几种处理的结果可以发现，PP-f 组的断裂长度分布最宽，在 0.5～7 mm，平均长度 3.19 mm；而 MP100－550 组的分布最窄，在 0.1～1.6 mm，平均长度只有 0.76 mm，数据均列入表 6－6 中。由纤维的平均断裂长度 L，结合式(6－12)或式(6－13)计算出该长度下纤维的断裂强度，结果也列入表 6－6 中。再根据纤维的直径 D($D=25.44\,\mu$m) 等数据，应用 Kelly 等提出的式(6－14)，即可求出纤维与基体界面剪切强度 τ，结果也列于表 6－6 中。

$$\tau = K\frac{\sigma D}{2L} \tag{6-14}$$

式中，$K=0.75$。

表 6－6　不同处理单丝纤维复合材料的界面剪切强度

样　　品	纤维处理方式	基体形式	纤维平均断裂长度/mm	纤维强度/GPa	界面剪切强度/MPa	提高程度/%
PP－f	空白	PP	3.19	0.922	2.75	
PP－550	KH－550	PP	2.44	0.724	2.83	2.7
MP100－550	KH－550	MP100	0.76	0.732	9.20	233.9

从表 6－6 中可以看出，PP－550 组只用了 KH－550 处理纤维，界面剪切强度只提高了 2.7%，改善甚微。其原因主要是由于此时界面没有化学键结合，仍然属于物理型结合，聚丙烯表面能很低，只依靠物理结合是很难达到足够强度的。MP100－550 组为基体使用酸酐改性的功能化聚丙烯，同时纤维用 KH－550 处理，此时由于在界面上形成了化学键结合，界面剪切强度提高达 233.9%。界面化学键结合的结构可以由图 6－38 表示。

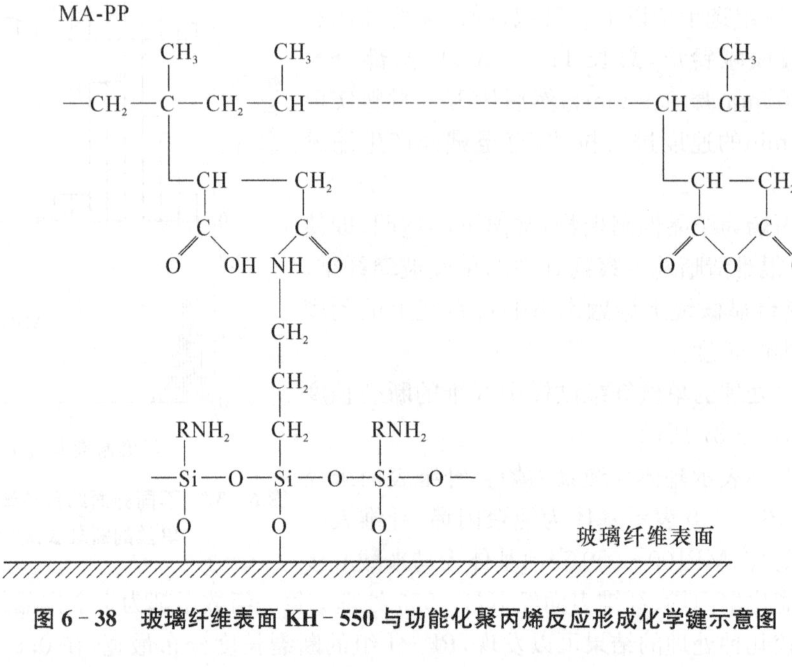

图 6－38　玻璃纤维表面 KH－550 与功能化聚丙烯反应形成化学键示意图

图 6 - 39 是基体聚丙烯中酸酐改性功能化聚丙烯的添加量与聚丙烯/玻璃纤维间界面剪切强度的对应关系曲线。

由图 6 - 39 可知，随着功能化聚丙烯添加量的增加，界面剪切强度也逐渐增加，当功能化聚丙烯添加量达 10%以后，界面剪切强度趋于 9.2 MPa，再提高功能化聚丙烯的含量界面剪切强度变化甚微。这是由于当功能化聚丙烯添加量较少时，存在于界面上的酸酐官能团也比较少，能够产生反应的点也有限，因此胺基过剩，界面剪切强度也较小；随着功能化聚丙烯的增加，酸酐官能团的浓度也逐渐增加，产生的反应点相应增多，界面剪切强度随之增大，未反应胺基则逐渐减少；当功能化聚丙烯添加量达 10%以后胺基已基本反应，界面剪切强度达到最大。继续增加功能化聚丙烯，酸酐官能团过剩，反应点不再增加，因而界面剪切强度趋于恒定。

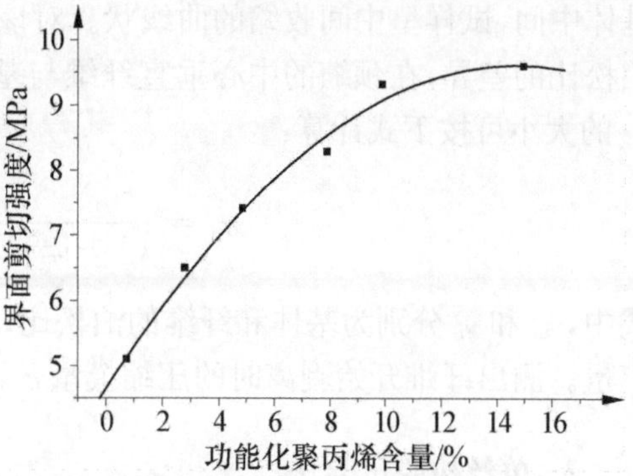

图 6 - 39　界面剪切强度与功能化聚丙烯含量的对应关系

6.4.5　层间剪切强度

层间剪切强度是表征增强材料与基体之间界面黏结强度的重要手段。层间剪切强度表征方法可归纳为两个大类：一类是常规材料力学试验方法，如短梁弯曲、层间剪切等；另一类是单丝模型法，即用单根纤维埋在基体中制样，考察外力作用下界面的破坏过程。单丝模型的优点是排除了其他非主要因素的干扰，直接研究纤维与基体的界面，但单纤维复合材料与实际复合材料毕竟有很大的差异。常规材料力学方法简便易行，试验材料与实际材料接近，但材料在常规试验中的破坏不完全是界面破坏过程，而是多种破坏因素的综合结果，因此不利于研究界面的微观破坏过程。

1. 单丝压剪、压拉模型

单丝压剪、压拉的试样如图 6 - 40 所示。

其中图 6 - 40(a)是压剪试样，短纤维单丝埋在矩形基体树脂之中，沿纤维轴方向对试样施加压缩应力，由于纤维与基体弹性特性的差异，在纤维端产生剪切应力。施加的压缩应力 σ_c 与界面剪切应力 τ 有如下关系：

$$\tau \approx 2.5\sigma_c \tag{6-15}$$

测得纤维开始剥离时的压缩应力 σ_c，就可求出界面剪切强度 τ。

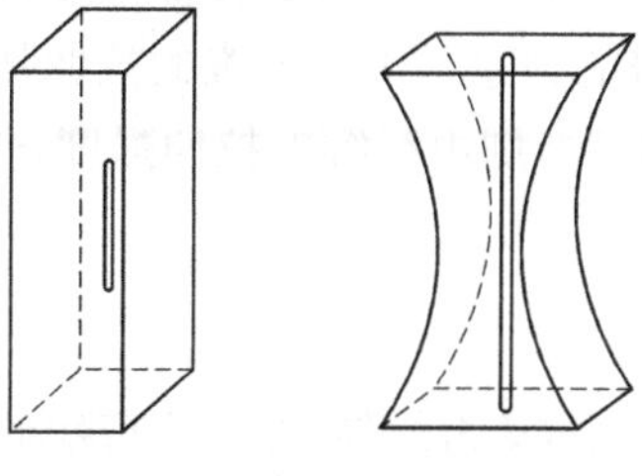

(a) 压剪　　(b) 压拉

图 6 - 40　单丝模型试样

图 6 - 40(b)是单丝压拉试样，纤维单丝沿轴向埋在树脂

基体中间,试样呈中间收缩的曲线状。对该试验沿纤维轴向施加压缩应力,由于纤维与树脂泊松比的差异,在颈缩的中心垂直纤维与基体的界面方向,会产生拉伸应力,界面拉伸应力 $\sigma_{\perp}$ 的大小可按下式计算:

$$\sigma_{\perp} = \frac{\sigma_c(\nu_m - \nu_f)E_f}{(1+\nu_m)E_f + (1-\nu_f-2\nu_f^2)E_m} \tag{6-16}$$

式中,ν_m 和 ν_f 分别为基体和纤维的泊松比;σ_c 为作用在最小截面积上的压缩应力;E 为杨氏模量。测出纤维开始剥离时的压缩模量 σ_c,可以求出界面拉伸强度 $\sigma_{\perp}$。

2. 单丝拔脱试验法

单丝拔脱试验是将单根纤维单丝的一部分垂直埋入基体之中,然后将单丝从基体中拔出,测定纤维拔脱的应力,从而求出纤维与基体间的界面剪切强度后一种方法。

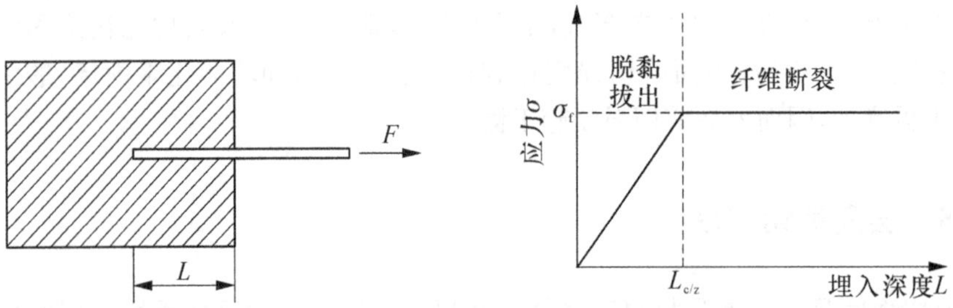

图 6 - 41 单丝拔脱试验示意图

如图 6 - 41 所示,设纤维的埋入深度为 L,拔出纤维的力 $F = \sigma\pi r^2$,阻碍纤维拔出的力 $F_{阻} = 2\pi rL\tau$。平衡时有 $F = F_{阻}$,即:

$$\sigma\pi r^2 = 2\pi rL\tau$$

$$\tau = \frac{F}{2\pi r^2} = \frac{\sigma r}{2L} \tag{6-17}$$

式中,τ 为界面的平均剪切应力;σ 为对单丝施加的应力;r 为单丝的半径。

显然,拔出力 F 随埋入深度 L 而增大。当 L 达到临界长度 L_c 的一半时,拔出纤维所需的应力等于纤维的拉伸强度,纤维断裂,即纤维的埋入深度大于等于临界长度 L_c,理论上测得的力总是等于纤维的拉伸强度,纤维不能被拔出。通过单丝拔出试验测出纤维的临界长度 L_c,则由纤维的拉伸强度 σ_{max} 可求出界面剪切强度 τ:

$$\tau = \frac{\sigma_{max} d}{2L_c} \tag{6-18}$$

式中,d 为纤维直径。实际的载荷-位移曲线会出现峰值(见图 6 - 42),对应于界面黏结强度。在纤维拔出过程中,还存在阻碍纤维运动的摩擦力。界面黏结力和摩擦力各占多少比例迄今尚难确定。

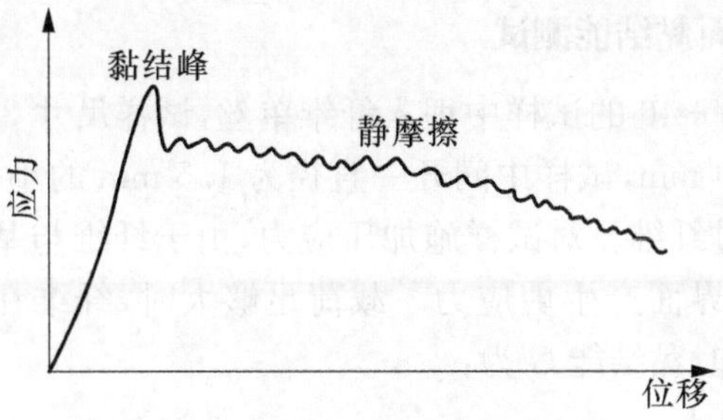

图 6-42　拔脱试验的载荷-位移曲线

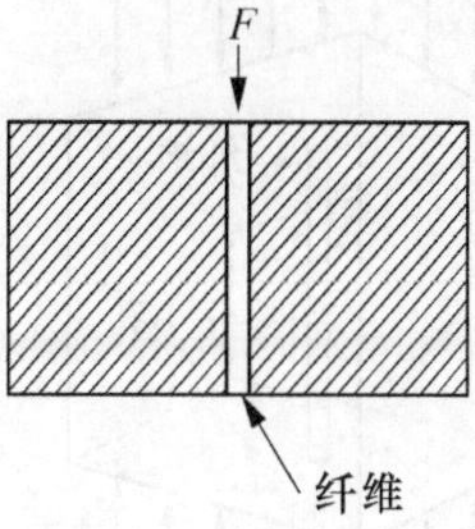

图 6-43　顶出试验示意图

单丝拔脱试验的离散度大，要做大量的试验。基体对纤维浸润时会沿纤维上爬，影响精度。作为改进，又发展了顶出法，示意如图 6-43 所示。

3. 断片试验

将纤维单丝埋入基体中，制成哑铃状试样。沿纤维轴向施加拉伸载荷，当纤维承受的应力超过局部断裂应力时，纤维在薄弱部位断裂，载荷继续增加，纤维的断片数也随之增加，直到在界面传递的剪应力下不再使纤维继续断裂为止。纤维在基体中成为一段段的残片，如图 6-44 所示。

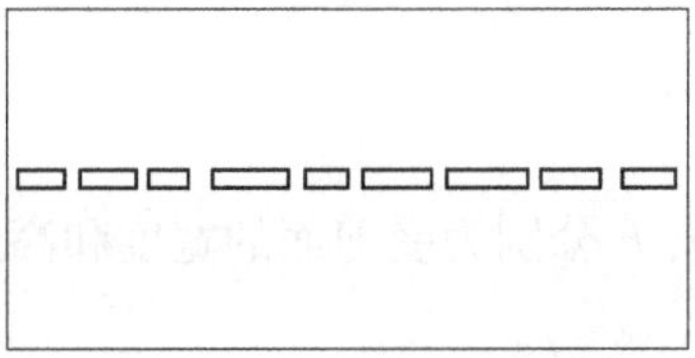

图 6-44　纤维残片示意图

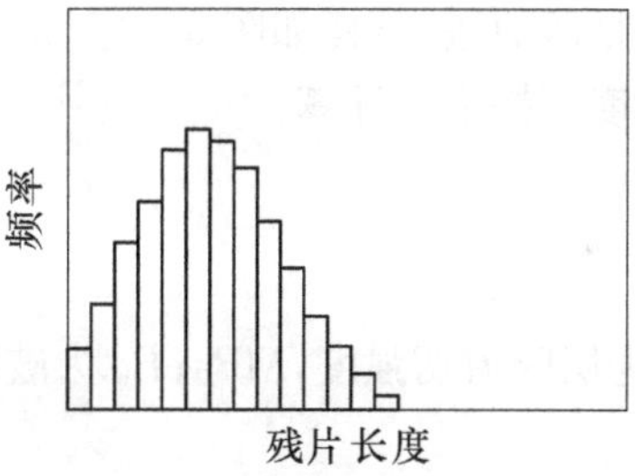

图 6-45　残片长度分布

一段段地测量残片长度，可得到残片的长度分布见图 6-45。

统计出残片平均长度 $\bar{L}$，临界纤维长度 L_c 与平均长度 $\bar{L}$ 的关系为：

$$L_c = \frac{4}{3}\bar{L} \tag{6-19}$$

从而可求得临界剪切强度 τ 为：

$$\tau = \frac{\sigma_f d}{2L_c} = \frac{3}{8}\frac{\sigma_f d}{\bar{L}} \tag{6-20}$$

式中，σ_f 为纤维的抗拉强度；d 为纤维直径。

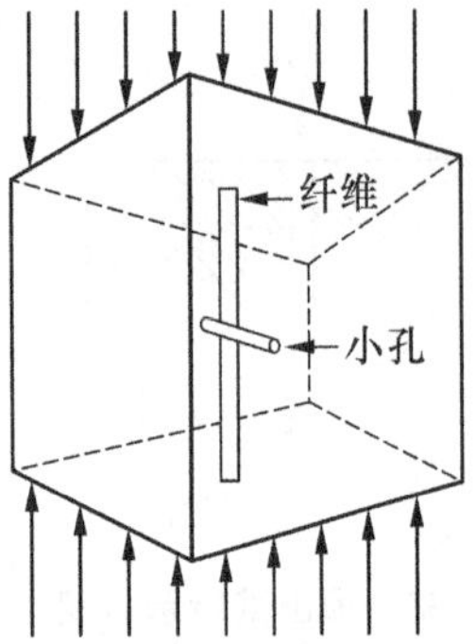

图 6-46　界面黏结能测试试样

4. 界面黏结能测试

在图 6-46 的试样中埋入纤维单丝，试样尺寸 30 mm×10 mm×10 mm，试样中间开一直径为 1.5 mm 的小孔，使小孔恰好穿过纤维。对试样施加压应力，由于纤维与基体压缩模量不同，界面产生剪应力。载荷足够大时，纤维在小孔端点脱黏，此时黏结能 G 为：

$$G=\frac{\sigma^2}{E_r^2}\cdot\frac{E_f d_f}{8} \tag{6-21}$$

式中，σ 为脱黏时试样所受的正应力；E_f，E_r 为纤维和基体的模量；d_f 为纤维的直径。

黏结能的大小是复合材料界面结合力的标志。如未处理玻璃纤维/环氧树脂的界面黏结能为 1.557×10^{-2} J/cm²，而玻璃纤维用 KH-550 处理后，界面黏结能增为 5.846×10^{-2} J/cm²，表明偶联剂处理后，玻璃纤维/环氧复合材料界面结合力显著提高。

5. 层间剪切强度

层间剪切强度有几种测试方法，现择要介绍两种。

一种是压剪法，试样如图 6-47 所示。对试样施加均匀、连续的剪应力，直至破坏。层间剪切强度可按下式计算：

$$\tau_S=\frac{P_b}{bh} \tag{6-22}$$

式中，τ_S 为层间剪切强度，MPa；P_b 为破坏载荷，N；b、h 分别为受剪面的宽度和高度，cm。

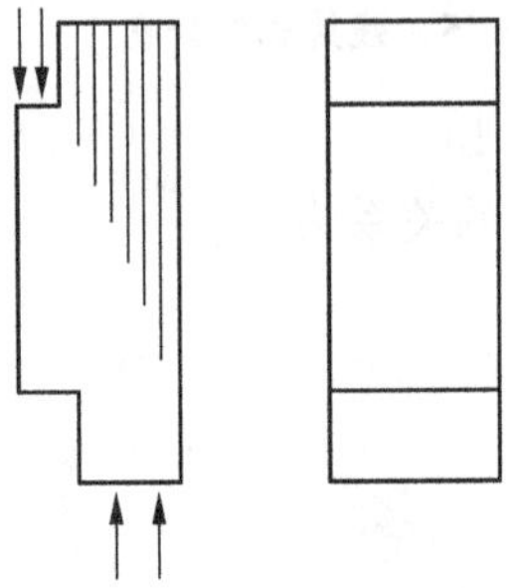

图 6-47　层间剪切强度试样

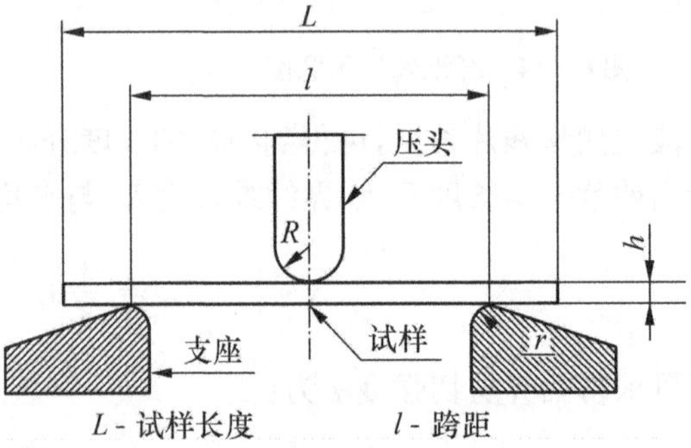

图 6-48　短梁弯曲试验装置示意图

层间剪切强度另一测试方法是短梁弯曲法，试验装置的示意图如图 6-48 所示。连续加载至试样破坏，记录最大载荷值及试样破坏形式。层间剪切强度按下式计算：

$$\tau_S = \frac{3P_b}{4bh} \tag{6-23}$$

式中，τ_S 为层间剪切强度，MPa；P_b 为试样破坏时最大载荷，N；b、h 为试样宽度和厚度，cm。

6. 横向拉伸(或 45°角拉伸)

横向拉伸对于界面黏结强度特别敏感，通常要求界面结合强度小于基体拉伸强度，否则破坏发生在基体而不是界面上。尽管横向拉伸受许多因素影响，实验很难得到较稳定的数据，但目前仍是用来表征复合材料界面黏结强度的一种有效的宏观力学方法。实际工程中也可采用与纤维排列方向呈 45°角进行拉伸的试验，所得的数据比较稳定。

6.5　界面形态的微观分析表征

6.5.1　界面上特有的晶态结构——横晶

横晶是界面上出现的特有的晶态结构。有关界面横晶的研究报道已比较多，如曾汉民等曾发现在碳纤维增强 PEEK 的热塑性复合材料中有图 6－49 所示的界面横晶现象，他们通过模型计算，得出横晶的产生有利于复合材料刚度提高的结论，并通过实际样品的测试来证实计算的正确性。在制样时为得到横晶，他们采用了从 420℃快速冷却至 310℃的方法。这表明，横晶的形成与基体的收缩率有关。然而，他们没有比较有横晶的试样的抗冲击韧性的状况。

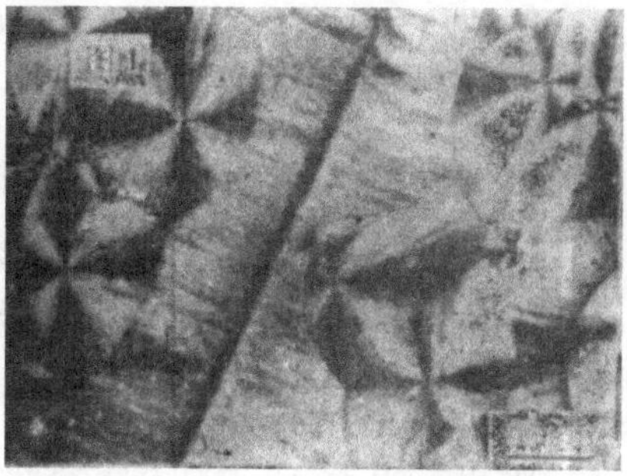

图 6－49　碳纤维/PEEK 界面上的横晶

张之灿等对玻璃纤维增强聚丙烯和聚乙烯的热塑性复合材料进行了研究，他们用玻璃纤维增强 HDPE，如果界面上不做任何处理，那么在拉伸断裂试样断面上不仅可以看到玻璃纤维与基体相对分离的状况，而且还可以看到周围基体被拉成低密度的网眼状，如图 6－50(a)所示；相反地，如果玻璃纤维用含胺基的 A1100 硅烷偶联剂处理，HDPE 基体中也添加马来酸酐、含活泼双键的 A174 偶联剂和自由基引发剂，这时复合材料的界面黏结强度已达到足够高的程度，那么拉伸试样断面形态就变成为图 6－50(b)的状况。从图中可以看到玻璃纤维与基体紧密相连，而且玻璃纤维周围还出现了明显的放射状条纹和同心圆环并存的特征现象。这是聚乙烯在高压状态下所形成伸展链晶体形貌，实际上就是界面上的横晶。他们认为横晶的形成与化学键以及基体的收缩有关。

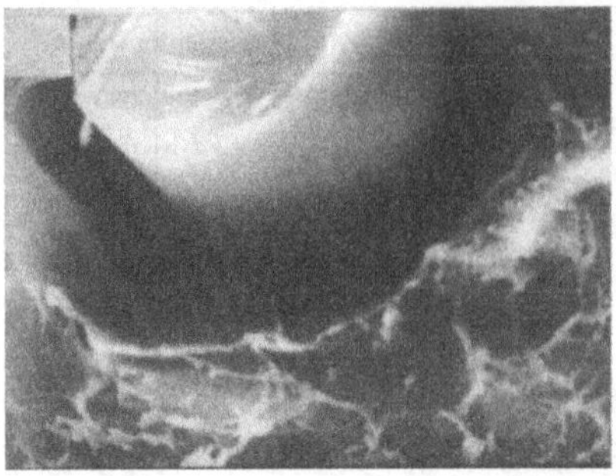

(a)

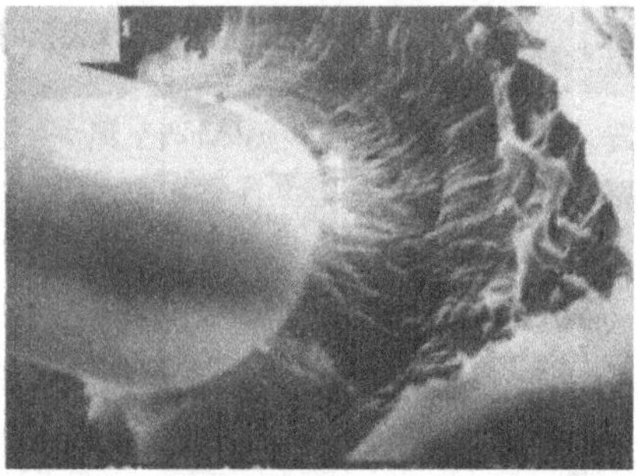

(b)

图 6-50　玻璃纤维/HDPE 拉伸断裂试样断面的形态

为探索界面横晶形成的原因，郑安呐等做了系统的研究。具体研究方法为：首先用二甲苯分别将所需聚丙烯在 120℃下配成 5%的溶液，再按实验要求分别加入不同量酸酐接枝改性功能化聚丙烯(FPP)。再于载波片上固定单根或多根纤维，然后将配好的溶液涂一层在载波片上，烘干除去溶剂制得膜。玻璃纤维的处理方法分别为空白、KH-550 处理和 KH-570 处理三种。表 6-7 列出了不同试样所进行的界面处理方法，相应的界面偏光显微镜测得的形态如图 6-51 及图 6-52 所示。

表 6-7　界面结合方式与横晶的关系

试　样	纤维处理方法	基　体	界面横晶
PP-f	未处理	100%PP	无
MP10-f	未处理	10%FPP+90%PP	无
PP-570	KH-570 处理	100%PP	无
MP3-570	KH-570 处理	3%FPP+97%PP	无
PP-550	KH-550 处理	100%PP	无
MP3-550	KH-550 处理	3%FPP+97%PP	有
MP10-550	KH-550 处理	10%FPP+90%PP	有
MP30-550	KH-550 处理	30%FPP+70%PP	有

从表中可以看出，基体有无 FPP 和玻璃纤维的处理方式与界面横晶的生成密切有关。若玻璃纤维不作处理或用 KH-570 处理，不管基体是否采用 FPP 都不会有横晶出现。另一方面，若基体是纯 PP，不含 FPP，无论玻璃纤维是否经偶联剂处理，是用 KH-570 处理还是 KH-550 处理，也都没有界面横晶生成。只有当玻璃纤维用 KH-550 处理，基体中含有酸酐接枝改性的功能化聚丙烯 FPP 时，界面上才可以清晰地看到横晶出现。

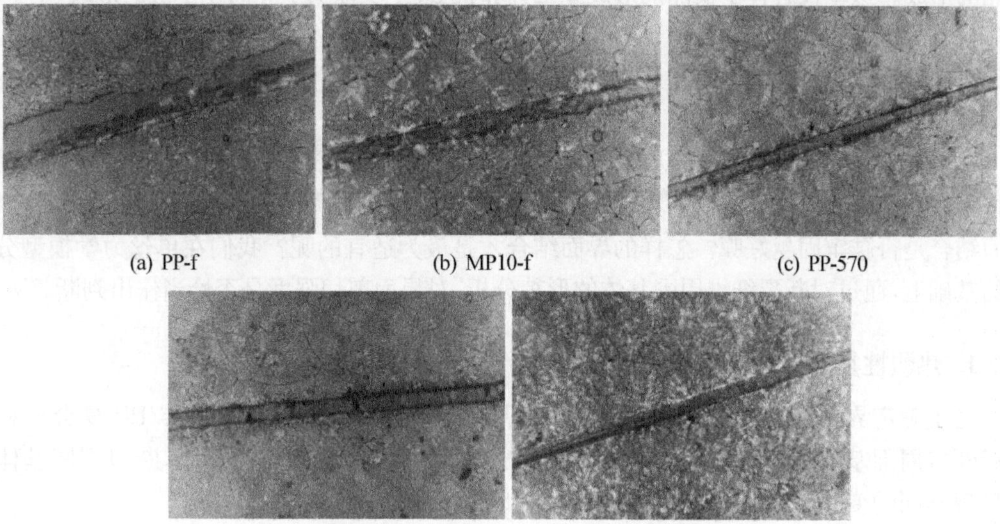

(a) PP-f　(b) MP10-f　(c) PP-570

(d) MP3-570　(e) PP-570

图 6 - 51　不同界面处理情况下聚丙烯结晶的形态(×100)

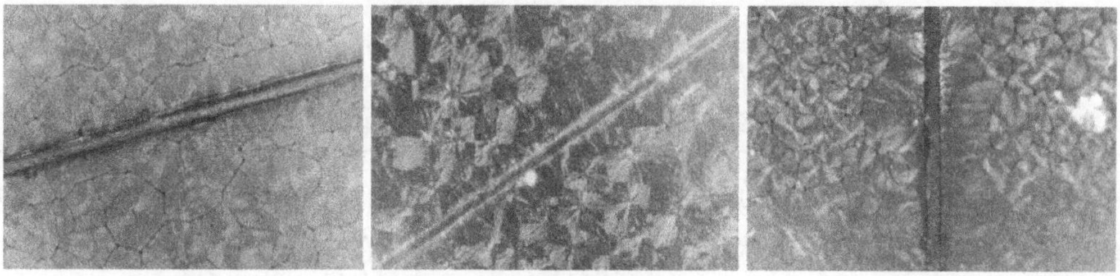

(a) MP3-550　(b) MP10-550　(c) MP30-550

图 6 - 52　聚丙烯界面处横晶的形态(×100)

当纤维未做任何处理、基体为纯 PP 时(PP - f),两者的界面不能形成任何化学键,界面很容易产生孔隙甚至出现脱黏,不出现界面横晶现象。若基体是纯 PP,即使纤维做了偶联剂处理,但偶联剂只是与纤维表面形成化学键,不能与 PP 发生活性反应,所以总体上界面没有形成化学键结合,界面仍属物理结合,也不能形成界面横晶。如果基体含有 FPP,玻璃纤维用 KH - 570 处理,KH - 570 不含有与 FPP 反应的官能团,也不能实现界面化学结合,因而也没有界面横晶生成。

KH - 550 是一个含胺基的偶联剂,不能与聚丙烯直接发生化学反应,但可与 FPP 中的酸酐发生化学反应。当 KH - 550 处理玻璃纤维后,就与玻璃纤维表面以—Si—O—Si—键结合,覆盖在玻璃纤维表面上;另一方面,经 KH - 550 处理玻璃纤维表面的胺基与 FPP 中的酸酐反应,使纤维与基体的界面间实现化学结合。在加工过程中由于热膨胀系数的不同,试样在冷却过程中界面产生了较大的应力。基体的收缩有与玻璃纤维分离的倾向,而另一方面界面的化学键结合使聚丙烯分子链又被牢牢地固定在纤维表面,造成这些分子链的强迫牵伸,结果导致横晶的形成。这不仅解释了横晶的形成原因，同时也进一步证实了界面化学键的形成。

6.5.2 界面优化模型

从前面的讨论中，我们充分认识到界面在复合材料中的重要作用，人们应用各种表面处理的技术以提高增强纤维与基体的界面结合，提高复合材料的层间剪切强度。但是，复合材料的界面结合是否越牢固越好呢？怎样的界面结合才是最为适宜的呢？我们在单丝力学模型分析法的基础上，通过对断裂纤维周围基体的形貌分析，对界面剪切强度是否恰当作出判断。

1. 热塑性复合材料单纤维断点周围的形貌

为了确定界面结合强度最佳值，分别对界面结合强度不同的玻璃纤维/PP 复合材料拉伸后断口周围基体的形态进行观察。可以看出，随着界面结合强弱的不同，断口周围基体形态呈现不同的变化，两者的对应关系如表 6-8 所示。

表 6-8 界面剪切强度与纤维断口周围基体形态对应关系

界面剪切强度/MPa	纤维断口形态	界面结合	相应照片	对应模型
<4	平行于纤维，呈空管状	弱	图 6-53(a)	图 6-54(a)
4～7	应力发布区域化	适当	图 6-53(b)	图 6-54(b)
>7	细长裂缝垂直于纤维	太强	图 6-53(c)	图 6-54(c)

若界面剪切强度太低，表明界面结合过弱，在拉伸时纤维与基体在界面脱黏，相对滑移，纤维断裂点之间呈现一段空管状，而且界面上没有任何曾经有过强烈相互作用的迹象，如图 6-53(a)和图 6-54(a)所示。在这种状况下，纤维高强度和高模量的优势得不到充分发挥，复合材料得不到有效增强。

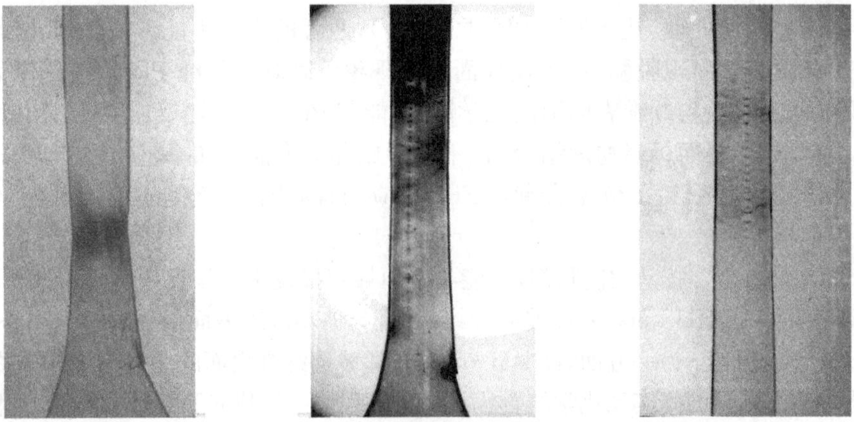

(a) 弱界面结合状况 (b) 界面结合适中状况 (c) 界面结合过强状况

图 6-53 断裂单丝纤维周围基体的形态照片

若界面剪切强度过高、结合过强时，纤维断裂点周围的形态如图 6-53(c)和图 6-54(c)所示。可以看出，细长的断口裂缝垂直于纤维，表明裂缝是从纤维断口引发向基体纵深扩展的。当复合材料受外力作用时，高模量、低延伸率的纤维首先承担负荷，当应力达到破坏值时，纤维率先于某点断裂。该断点一下子成为材料中的缺陷应力集中点，载荷骤然落在断点周围的基体上。如果基体的强度大于界面的结合强度，则应力可沿着界面分散，不会沿纤维形成垂直的裂缝。如果界面结合强度大于基体强度时，则应力不能沿界面缓解，直接作用到纤维断口的基体上，使基体首先在纤维的断点处产生破坏并形成裂缝。在持续外力的作用下，裂缝沿垂直于纤维轴方向向基体纵深进一步发展，这一裂缝还会引起附近纤维的连锁断裂，导致复合材料破坏。这也就是为什么界面结合过强时复合材料呈脆性的原因。在图 6-53(c)上也没有发现界面上曾经有过任何强烈作用的迹象，似乎界面上根本就没有来得及有任何作用，裂缝就产生并发展了。

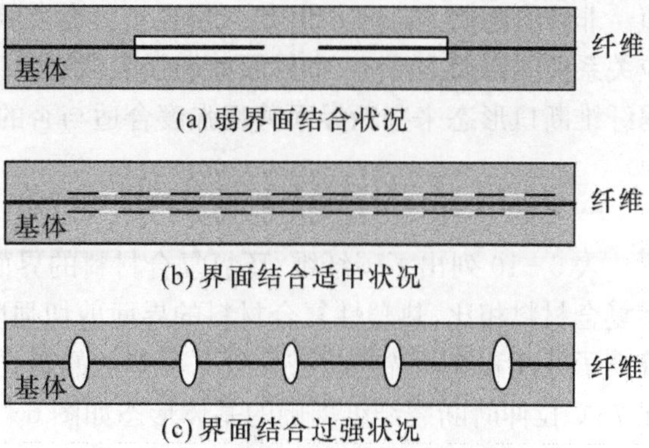

图 6-54　不同界面结合强度断裂纤维周围基体形态模型

在界面剪切强度适中时，由图 6-53(b)和图 6-54(b)可以看到应力分布的区域化，没有在某点处因应力集中而造成破坏并产生裂缝。因为纤维断裂时，相邻界面处可以适当脱黏或滑移很小的一部分，分散集中于断口处的应力点，保护基体不在纤维断口处产生破坏和裂缝，而且能够通过很微小的脱黏和滑移吸收一定的能量，从而提高了材料整体的力学性能。从照片上也可以清晰地看到界面上强烈作用的迹象。

该界面结合强度必须适中的论点，由同样界面处理的玻璃纤维毡增强聚丙烯的片材(GMT)的力学性能的分析给出了证实，如表 6-9 所示。

表 6-9　功能化聚丙烯含量对玻璃纤维毡增强聚丙烯复合材料力学性能的影响

FPP 含量/%	0	2.5	5.0	7.5	10.0
拉伸强度/MPa	53.80	53.04	92.01	84.77	76.67
拉伸模量/GPa	—	—	1.278	1.310	1.027
弯曲强度/MPa	116.4	129.3	164.1	159.1	121.6
弯曲模量/GPa	1.369	2.154	2.373	2.215	2.103
冲击强度/(kJ/m^2)	52.67	60.73	63.40	61.73	50.00

从表中可以看出，随功能化聚丙烯添加量的增加，GMT 各项力学性能均出现先增大再减小的趋势。除了拉伸模量在 FPP 加入量为 7.5%外，其余力学性能均在 5%时达到最高

值。非常有趣的是，5%FPP 加入量也正好落在图 6－39 中 FPP 加入量与界面剪切强度对应关系曲线以及表 6－8 中界面剪切强度被判断为最适当的区间内，从而进一步证实上述根据纤维断口形态来判断界面剪切强度合适与否的论点是合理的。

2. 热固性复合材料单纤维断点周围的形貌

表 6－10 列出了碳纤维/环氧复合材料的界面剪切强度。比较表 6－9 可以看到，与热固性复合材料相比，热塑性复合材料的界面剪切强度要小得多。表 6－10 中列出了未处理，氧等离子处理和聚丙烯酸接枝处理 3 种单丝的碳纤维/环氧树脂复合材料的界面剪切强度，其在 75℃拉伸时断裂纤维周围的基体形态如图 6－55 所示。

表 6－10　不同处理碳纤维的 ILSS 和平均断裂长度

处　理　方　法	未处理	氧等离子处理	聚丙烯酸接枝处理
纤维平均直径/μm	8.913	8.903	9.05
平均断裂长度/μm	142.9	100.1	99.41
该长度下纤维强度/GPa	1.605	1.502	1.459
界面剪切强度/MPa	37.53	50.07	49.82
处理后剪切强度增加比/%	100	133.4	132.7

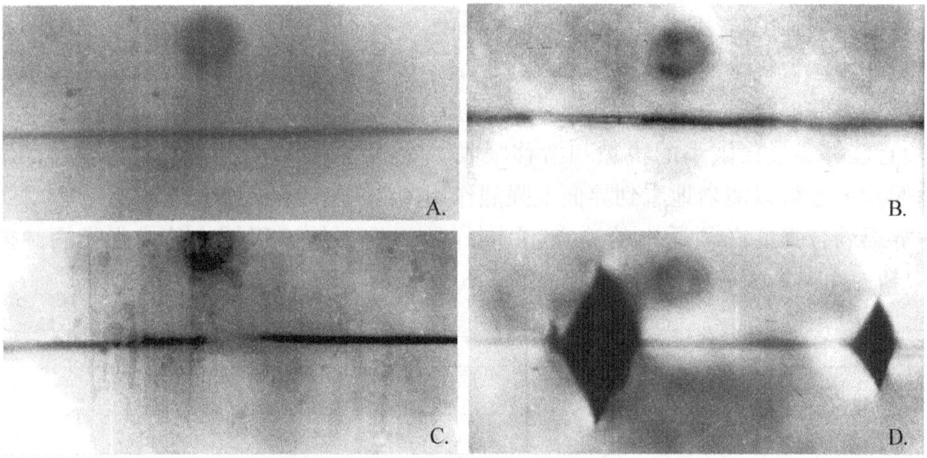

图 6－55　不同表面处理碳纤维与环氧树脂单丝复合材料纤维断点处的形态

A. 未处理，未拉伸　B. 未处理　C. 接枝聚丙烯酸处理　D. 氧等离子处理

图 6－55 中 A 为纤维未经拉伸时的状况，照片是采用 90°偏振光条件下拍摄的。在图 B 中可以清晰地看到碳纤维被拉断、滑移以后形成的空管。与该形态形成鲜明对照的图 D 中，可以清楚地看到在整根碳纤维的区域都分布着各种大小的、垂直于纤维轴的菱形裂缝。这种现象与热塑性复合材料强结合界面的情况十分类似，由于热固性复合材料有很高的界面

结合强度，纤维断裂后的应力迫使周围基体产生垂直于纤维的裂缝，而且将其强拉成为菱形，这在热塑性复合材料中是难以见到的。

除了裂缝与滑移的空管道不同外，观察照片 B，D 还可以明显地发现，在未处理纤维的周围并没有出现任何发光现象，而在氧等离子处理纤维及裂缝的周围都布满了五彩的亮光，这种现象在偏振光下更为明显。这是由于基体中含有相当多的不对称碳原子，它们本应有旋光现象，只是在通常情况下由于左旋与右旋无规则夹杂在一起，总体上呈无旋光状态。但如果在特殊的受力状态下，如与纤维接触的界面上，因处于特定的环境之下兼受外力作用的结果，可能使某一种构型的分子链在某局部区域较为密集，从而出现旋光现象，在偏振光下显出较强的亮光。因此所谓光弹现象应该出现在分子链高取向的区域。

在接枝聚丙烯酸碳纤维的图 6-55C 中，可以发现其形态与未处理纤维拉伸试样较为相似，但有两点不同之处。其一是纤维与基体的界面以及纤维断头轮廓要比未处理碳纤维更显得模糊不清，表明在纤维滑移过程中接枝纤维表面被剥离的现象要比后者严重得多。其二，在接枝纤维拉伸偏光照片中可以在界面上看到有绿、黄、紫色的光弹现象，而这在未处理纤维照片中是很难发现的。显示出两者在界面上存在的差别。由表 6-10 可知，该处理条件下界面剪切强度并不比上述氧等离子处理低，然而基体却没有产生任何裂缝，这一点与热塑性复合材料界面剪切强度适中状态时相同。由于在界面上存在接枝的界面缓冲层的作用，致使在界面剪切强度相当高的情况下，也可以不产生裂缝。由此可见，就一对基体/纤维体系来说，界面结合过强或过弱的判断也是根据界面处理方法而定的。在一种处理方法下被认为是过强的界面结合，在改变界面处理方法时，就可能在不降低层间剪切强度的情况下，又不出现基体的脆性裂缝，使界面结合变成为适中。

6.5.3 形成优化界面结合的方法

通过上述的讨论可以看到，要形成一个优化的界面，基体树脂与纤维无化学键连接当然是不行的，但简单通过偶联剂、等离子处理或其他方法直接将基体树脂与纤维用化学键连接起来，也未必可行。一是因为形成过强结合的界面；二是因为短化学键可能因为分布不匀，长短不一，被各个击破最终导致界面结合的崩溃。比较可行的方法是在增强纤维表面接枝上具有一定柔性的、与基体树脂有良好相容性的、具有足够相对分子质量的热塑性低聚物，这样既保证纤维与基体树脂的界面不会产生永久性脱黏与滑移，又可确保纤维与基体树脂界面有一定程度滑移的能力，以致在外界负荷施加时或者冷热循环时，不会使复合材料产生脆性破坏。对于无官能团的热塑性基体树脂而言，还必须使用一定量功能化的基体树脂，以确保与增强纤维产生化学键的接枝。

参考文献

[1] Adamson A W. 表面物理化学. 北京：科学出版社，1989.

[2] 吴人洁.高聚物的表面与界面.北京:科学出版社,1998.
[3] 陶婉蓉,吴叙勤,张元民.高性能聚合物基复合材料.上海:上海科学技术出版社,1989.
[4] 德尔蒙特J.碳纤维和石墨纤维复合材料技术.北京:科学出版社,1987.
[5] 周祖福.复合材料学.武汉:武汉工业大学出版社,1995.
[6] 蔡忠龙,冼杏娟.超高模量聚乙烯纤维增强复合材料.北京:科学出版社,1997.
[7] 胡福增,陈国荣,杜永娟.材料表界面.上海:华东理工大学出版社,2001.
[8] 胡福增,郑安呐,张群安.聚合物及其复合材料的表界面.北京:中国轻工业出版社,2001.
[9] 黄玉东.聚合物表面与界面技术.北京:化学工业出版社,2003.
[10] 胡福增,郑安呐,林永谓,等.高分子材料,1993,(3):23-31.
[11] 胡福增,郑安呐,林永谓,等.高分子材料,1994,(1):32-37.
[12] 郑安呐,胡福增,林永谓,等.高分子材料,1994,(2):30-36.
[13] 王书忠,薛志云,胡福增.玻璃钢/复合材料,2003,(4):17-20.
[14] 贾玲,周丽绘,薛志云,等.复合材料学报,2004,21(4):45-49.
[15] 郑安呐,胡福增.玻璃钢/复合材料,2004,(5):12-15,23.
[16] 郑安呐,胡福增.玻璃钢/复合材料,2004,(6):16-19.
[17] 郑安呐,胡福增,吴叙勤,等.高分子材料,1994,1(2):30-36.
[18] 杨卫疆,郑安呐,戴干策.纤维复合材料,1996,13(4):33-37.
[19] 杨卫疆,郑安呐,戴干策.华东理工大学学报,1997,23(5):566-570.
[20] 王宏岗,郑安呐,戴干策.复合材料学报,1999,(3):46-50.
[21] 王宏岗,郑安呐,戴干策.复合材料学报,1999,(3):51-56.
[22] 王宏岗,郑安呐,戴干策.高分子材料科学与工程,1999,15(4):99-102.
[23] 田军,王齐祖,杨生荣,等.复合材料学报,1998,15(4):1-5.
[24] 郑安呐,卢红,吴叙勤,等.华东理工大学学报,1994,20(4):472-477.
[25] Kozlowski C, Sherwood P M A. Carbon, 1987,25(6):751-760.
[26] Harvey J, Kozlowski C, Sherwood P M A. J Mat Sci, 1987,22:1585-1596.
[27] Nakayama Y, Soeda F, Ishitani A. Carbon, 1990,28(1):21.
[28] 郑安呐,卢红,吴叙勤,等.华东理工大学学报,1994,20(4):465-472.
[29] Perret P, Gerard J F, Chabert B. Polym Testing,1987,(7):405-418.
[30] 郑安呐,吴叙勤,李世缙.华东理工大学学报,1994,20(4):485-491.
[31] 郑安呐,吴叙勤,李世缙.华东理工大学学报,1994,20(4):492-500.
[32] Folkes M J, Wong W K. Polymer, 1987,28:1309-1314.
[33] Yue C Y, Cheung W L. J Mater Sci Lett, 1993,12:1092-1094.
[34] Moon C-K. J Appl Polym Sci, 1994,54:73-82.
[35] 曾汉民,张志毅,章明秋,等.复合材料学报,1994,11(2):81-89.

［36］ Nagae S, Otsuka Y, Nishida M, et al. J Mater Sci Lett, 1995, 14:1234 - 1236.
［37］ Cai Y, Petermann J, Wittich H. J Appl Polym Sci, 1997, 65:67 - 75.
［38］ Moon C-K. J Appl Polym Sci, 1998, 67:1191 - 1197.
［39］ 张云灿，陈瑞珠，刘素良. 复合材料学报，1994，11(2):97 - 105.
［40］ 张云灿，惠仲志，陈瑞珠. 复合材料学报，1998，15(3):54 - 61.

思考题

1. 聚丙烯经马来酸酐接枝前后其表面对水的浸润性发生怎样的变化？如何证明其浸润性的变化？

2. 甲基丙烯酸缩水甘油醚(GMA)是一种含有碳碳双键和环氧基的双官能团化合物，如何将其接枝到聚丙烯的分子侧链上？请设计一种证明GMA是否接枝到聚丙烯上的方法。

3. 增强纤维经低温等离子或辐照处理表面会产生自由基，处理后纤维在放置过程中表面活性会逐渐衰减。如何用实验证明自由基的产生和衰减？

4. 界面结合强度是否越强越好？为什么？

5. 复合材料界面力学性能表征有哪些方法？用单丝模型和宏观力学性能测试复合材料的界面力学性能各有什么优缺点？

第7章　生物材料界面及其表面修饰

生物材料或植入装置要应用于临床，首先面临着材料与人体组织及体液的相互作用问题，这种相互作用对所有的医学技术都至关重要。材料或装置一旦植入人体，在材料表面与机体环境之间就会形成一个界面，与这个界面相接触的组织大都为液态，其中主要是血液。在这里首先发生的作用是血液中的蛋白质在材料表面的吸附，而且这个吸附过程是相当快的，Vroman等证实植入材料在组织中几秒钟内其表面就有蛋白质的存在。蛋白质在材料表面的吸附现象是普遍存在和不可避免的。因此，生物材料表界面的研究对其临床应用具有非常重要的意义。

7.1　生物材料概述

7.1.1　生物材料的定义

生物材料也称为生物医用材料，是一种能对机体的细胞、组织和器官进行诊断、治疗、替代、修复、诱导再生或增进其功能的材料。狭义上讲，生物材料只包括长期与生物体相接触的或植入生物体内起某种生物功能的天然或人工合成材料；广义上讲，生物材料还包括用于医学治疗方面的生物材料，如医学诊断试剂、药物释放材料、一次性临床使用材料及其与之相关的各种原材料等。生物材料的研究涉及化学、生物学、物理学、材料学、医学、生命科学、制造学等诸多领域，是一门多学科交叉的新兴的边缘性和综合性学科。生物材料是组织工程和医疗器械的基础，对药剂学的发展也至关重要，现已发展成为材料科学的一个重要的分支。

生物材料与传统的工业材料有很大的差异。由于生物材料可作为人工脏器及药物包膜等直接进入人体，所以它除了应具有一般材料所具有的机械性能、加工性、耐药品性等条件外，还必须满足下列基本特性：①具有良好的生物相容性，无毒性、无致癌作用、无变态反应、不致畸，对周围生物组织无刺激和对人体无其他有害的副作用；②与生物组织亲和性好，其所具有的物理和化学性能与所替代的组织相似或相近；③具有与天然组织相适应的力学性能；④在生物体内材料的物理、化学性能稳定，经过长期使用不会发生或几乎不发生变质和力学性能降低的现象；⑤在杀菌、消毒过程中性质不发生变化；⑥容易进行加工，材料的性质具有很好的重复再现性。为保证植入材料在人体中使用的绝对安全性，生物材料的开发往往需要一个较长的周期。一些能满足医用要求的各种材料已成为推动现代医学进步的必不可少的物质基础之一。

7.1.2 生物材料的发展

生物材料已有很长的历史。早在几千年前，古埃及人和中国人就利用棉花纤维、马鬃等做缝合线，用象牙修复缺失牙；16 世纪开始，人们用黄金修复颚骨，用陶瓷或金属做牙齿，用金属做固定骨折的内固板等。但最初所用的生物材料只来源于当时社会已有的各种材料，这些材料本身并不是针对生物医用目的而专门设计的。随着免疫学的出现、发展和完善，人们逐渐发现所选用的材料大都存在生物相容性问题，这些材料植入人体后往往会对机体产生各种各样的毒副作用甚至材料本身就是病原体，或为人体免疫系统所排斥。直到 20 世纪六七十年代才出现了用于临床的真正意义上的生物医用材料，即第一代生物医用材料。第一代生物医用材料主要有三大类：第一类是以不锈钢及其合金、钛及其合金以及钴基合金等为代表的金属材料；第二类包括碳素、氧化铝、氧化锆等在内的生物惰性陶瓷材料；第三类是以硅橡胶、高相对分子质量聚乙烯等为代表的有机高分子材料。这一代生物医用材料的最大特点是材料本身的"生物惰性"，它们在人体内相对稳定，不易分解或生物降解；同时材料本身具有良好的生物相容性和理想的免疫反应性，而且其力学强度和物理性能适宜，能与人体环境很好地匹配，保证植入材料与生物组织的形变相协调。自第一代生物医用材料出现以来，生物材料有了很大的发展，20 世纪 80 年代达到了一个高峰，生物材料已在世界范围内被广泛地应用于临床，1980 年仅美国被用作人体的植入材料就有四十多种，多达二三百万人次接受了植入治疗。第一代生物医用材料的临床使用已使数千万患者受益，其寿命因此而延长了 5～25 年之久。

第一代生物材料作为人体植入材料在临床中只能被动地适应机体的生理环境，材料本身并不能促进或加速伤口的愈合；对许多病例，病人还须接受二次手术，如外科手术病例手术缝线的拆除、神经再生手术后硅橡胶套管或膨胀聚四氟乙烯套管的摘除、骨修复完成后钢板和螺钉等支撑或固定材料的取出等，这些二次手术既增加了病人的痛苦和医疗费用，又增添了患者因二次手术而感染的风险；另外，植入材料与生物主体之间的界面问题始终是这一代生物医用材料临床应用过程中普遍存在和难以避免的制约因素。生物活性材料及生物可降解材料正是针对第一代生物医用材料的缺陷而发展起来的第二代生物医用材料。第二代生物医用材料主要包括两大类，第一类是以生物活性玻璃、生物陶瓷和生物玻璃陶瓷等为代表的具有生物活性的硬组织植入材料。这些硬组织植入材料的显著特点是材料本身具有生物活性，如玻璃态生物活性玻璃 Bioglass®45S5（组成为 $Na_2O-CaO-P_2O_5-SiO_2$），在人体内通过一个 11 步的反应过程参与机体的生理活动，前 5 个反应发生在材料的表面。首先是钠离子和氢离子迅速交换，而后表面硅醇缩聚，产生具有巨大表面积的二氧化硅凝胶，为生物活性的羟基碳酸钙磷灰石的异相成核结晶提供结晶位点；而后在材料表面生成的羟基碳酸钙磷灰石层能提供理想的成骨环境，诱发相应的成骨细胞黏附、增殖和分化，使材料表面与周围骨组织形成牢固的键性结合，并最终长出新骨。以生物活性为特性的第二代生物医用材料包括生物活性玻璃、生物陶瓷、生物玻璃陶瓷及其相应的复合材料在牙齿修补和整形外科等方面已有大量的临床应用，如结晶态生物活性玻璃 Cerabone®（组成为 $MgO-CaO-P_2O_5-SiO_2-F$）具有比人骨还高的机械强度，与骨类似的断裂韧性和良好的生物活性，能与骨组织很好地结合，它作为椎体及肋骨等置换材料，在日本已有五千例以上的临床应用。

第二代生物材料的另一大类是生物可降解医用材料，包括生物可降解吸收的骨水泥、陶瓷及生物降解性医用高分子材料等。这一类材料的特点是随着主体器官的修复、组织的再生和伤口的愈合，材料本身在机体中将逐渐被生物降解和吸收，并最终为机体再生的组织和器官所替代。因此，植入材料和生物体之间的界面问题也可望得到彻底解决。这一类材料的缺点是材料本身并不具有生物活性，不能“主动”参与机体的生理活动，纯粹起到一种支撑作用。例如，与生物活性玻璃不同，生物降解性β-磷酸三钙陶瓷（β-TCP）在骨组织工程中，并不具有诱导成骨活性，在临床应用中材料本身只起支架作用，随着新骨组织的生成，磷酸钙基逐渐被降解吸收，并最终为新骨所替代。生物降解性的第二代生物医用材料在手术外科和骨科等方面已有了大量的临床应用。1962 年率先由 American Cyanamid 公司开发并于 1970 年上市的聚乙交酯（又名聚乙醇酸，PGA）手术缝合线，商品名为 Dexon，是人类历史上首次临床应用的合成的生物降解性高分子材料。现在各种可吸收性医用缝合线，包括 Vicryl（乙交酯和丙交酯的共聚物）、Maxon（乙交酯和三亚甲基碳酸酯的共聚物）和 PDS（聚二氧杂环己烷酮）等已能很好地满足各种外科手术的临床需要。此外，聚丙交酯（又名聚乳酸，PLA）及其与聚乙交酯的共聚物在整形外科中还被广泛地用作吸收性骨折固定板和骨钉材料。生物降解性医用高分子材料作为药物释放的载体也已有大量的临床应用。

第二代生物医用材料最大的局限性在于材料本身并不同时具有生物活性和生物降解性。具有生物活性的第二代生物医用材料不能被生物降解吸收；而可生物降解吸收的第二代生物医用材料则不具有生物活性。随着社会的发展，尤其是组织工程的出现，第二代生物医用材料已难以满足实际的临床需要。整合材料的生物活性和生物降解性，使之合二为一，是一项非常有意义的尝试，同时也对生物材料的研究提出了更高的要求，并由此产生了新一代生物医用材料，即具有生物活性的可生物降解吸收的第三代生物医用材料（见图 7-1）。第三代生物医用材料在生物体内能被生物降解，并最终为机体所吸收，同时材料本身又具有生物活性，能参与机体的生理活动，在分子水平上激活基因，刺激相关细胞，产生响应，从而诱导组织和器官的形成，是细胞和基因的活性化材料。目前，第三代生物医用材料已成为材料前沿领域一个十分活跃的研

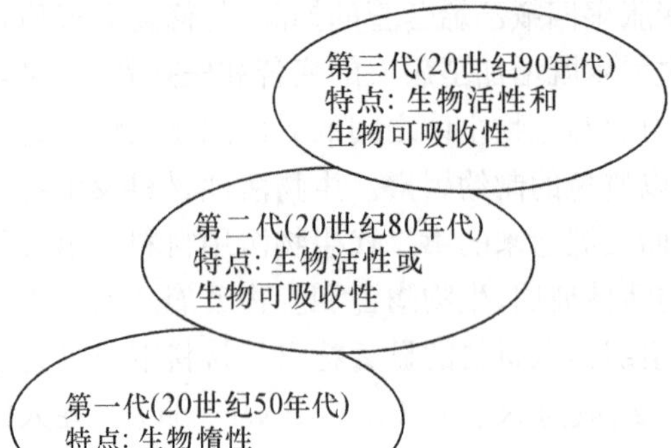

图 7-1　生物材料三个不同的发展阶段及其特点

究方向，在组织工程中已开始并可望有广泛的临床应用。

7.1.3 生物材料的分类

生物材料种类很多，可以根据材料的用途、组成、性质、与机体组织的作用、来源等方面对其进行分类。

1. 按照材料用途分类

若按照用途分类，生物医用材料可分为以下几类：骨、牙齿和关节等硬组织修复与替换材料；皮肤、肌肉、食道、心、肺、肝、胃、肾、膀胱等软组织修复与替换材料；人工血管、人工心瓣膜、心血管内插管、介入性治疗血管内支架与导管等心血管病医疗材料；用于血液透析、过滤、超滤、体内气体与液体的分离、物质选择性交换和角膜接触镜等医用膜材料；组织黏合剂与手术缝合线材料；药物载体与控释材料；临床诊断与生物传感器材料；口腔科医用材料等。

2. 按照材料与机体组织作用方式分类

根据材料与机体组织是否形成化学键，生物材料可分为生物惰性材料和生物活性材料两大类。

(1) 生物惰性材料

生物惰性材料在生物环境中能保持稳定，不发生或仅发生微弱化学反应，主要包括生物陶瓷类材料、医用合金类材料以及有机高分子材料等。由于在实际生理环境中不存在完全惰性的生物材料，因此生物惰性材料在机体内也只是基本上不发生化学反应和降解反应，它所引起的组织反应是围绕植入体的表面形成一层包被性纤维膜。它与组织间的结合主要是组织长入其粗糙不平的表面形成一种物理嵌合，即形态结合。生物惰性材料主要包括以下几类：氧化物陶瓷，主要包括氧化铝陶瓷和氧化锆陶瓷，氧化铝陶瓷中以纯刚玉及其复合材料的人工关节和人工骨为主，具体包括纯刚玉双杯式人工髋关节、纯刚玉-金属复合型人工股骨头、纯刚玉-聚甲基丙烯酸酯-钴铬钼合金铰链式膝关节、其他人工骨和人工牙根等；玻璃陶瓷，该材料主要用来制作部分人工关节；氮化硅陶瓷，该类材料主要用来制作一些替代用的较小的人工骨，目前还不能用作承重材料；医用碳素材料，它主要被用来制作人工心脏瓣膜等人工脏器以及人工关节等材料；医用金属材料，主要包括不锈钢及其合金、钛及其合金以及钴基合金等金属材料，该类材料是目前人体承重材料中应用最广泛的材料，在其表面涂上活性生物材料后可增加它与人体环境的相容性，同时它还能制作各类其他人体骨的替代物；有机高分子材料，主要包括硅橡胶、高相对分子质量聚乙烯等，早期主要用作神经套管。

(2) 生物活性材料

与生物惰性材料相对应，生物活性材料是一类能诱导、调节或增进细胞活性或新组织再生的生物医学材料。经过多年的发展，生物活性材料的概念已建立了牢固的基础，其应用范围也大大扩充。一些生物材料，特别是某些天然高分子材料及一些合成材料都被视为生物活性材料。生物活性材料主要有以下几类：羟基磷灰石，它是一种典型的生物活性材料，也是目前研究最多的生物活性材料之一，由于人体骨骼的主要无机质成分为该成分，结构也非常相近，与动物体组织的相容性好，因此材料植入体内后不仅能传导成骨，而且能与新骨形成骨键合，在肌肉、韧带或皮下种植时，能与组织结合，无毒副作用，无炎症或刺激反应，界面活性优于各类医用钛合金、硅橡胶及植骨用碳素等材料，可广泛应用于生物硬组织的修复和替换材料，如口腔种植、牙槽脊增高、耳小骨替换、脊椎骨替换等；磷酸钙生物活性材料，这种材料主要包括磷酸钙骨水泥和磷酸钙陶瓷纤维两类，前者是一种广泛用于骨修补和固定关节的新型材料，有望部分取代传统的有机玻璃（PMMA），后者具有一定的机械强度和生物活性，可用于无机骨水泥的补强及制备有机与无机复合型植入材料；磁性材料，生物磁性陶瓷材料主要为治疗癌症用磁性材料，它属于功能性生物活性材料的一种，把它植入肿瘤病灶内，在外部交变磁场作用下，产生磁滞热效应，导致磁性材料区域内局部温度升高，借以杀死肿瘤细胞，抑制肿瘤的发展，目前动物实验效果良好；生物活性玻璃，生物玻璃主要指微晶玻璃，包括生物活性微晶玻璃和可加工生物活性微晶玻璃两类，目前对于该方向的研究已成为生物材料的主要研究方向之一。

3. 按照材料生物降解性分类

根据材料在人体内稳定性的不同，生物材料可分为非降解和生物可降解材料两大类。非降解或生物不可降解材料也即生物惰性材料，它们在人体内相对稳定，基本上不发生分解或生物降解。生物可降解材料是指那些在植入人体以后，能够不断发生分解，分解产物能够被生物体所吸收或排出体外的一类材料，包括β-磷酸三钙（β-TCP）生物可降解陶瓷、生物陶瓷药物载体及生物可降解高分子材料等。β-TCP生物可降解陶瓷主要用于修复良性骨肿瘤或瘤样病变手术刮除后所致缺损；生物陶瓷药物载体主要用作微药库型载体，可根据要求制成一定形状和大小的中空结构，用于各种骨科疾病；生物可降解高分子材料包括胶原、脂肪族聚酯、甲壳素、纤维素、聚氨基酸等。这些可降解高分子材料已大量应用于药物控释、组织工程等领域。

4. 按照材料组成及属性分类

根据材料组成及属性的不同，生物材料可分为金属生物材料、生物陶瓷材料、高分子生物材料、复合生物材料、生物衍生材料和组织工程材料六大类。金属生物材料、生物陶瓷材料和高分子生物材料是生物材料的基础，后面还将详细讨论。将上述两种或两种以上不同材料通过先进的制备工艺组合起来复合化，就可制得复合生物材料。复合生物材料又称为生物医用复合材料，它是由两种或两种以上不同种材料复合而成的生物医学材料，如金属和生物活性陶瓷的复合、高分子材料和生物活性陶瓷的复合、生物惰性陶瓷和生物活性陶瓷的复合等，均展现出不同于以往材料的优异性能。与组成复合材料的单一材料相比，复合材料的性能往往有较大程度的提高，制备该类材料的目的就是进一步提高或改善某一种生物材料的性能。例如，将羟基磷灰石热喷涂或化学沉积在钛金属和钛合金表面，可制成生物活性人工牙根和人工骨修复置换材料。再如，将天然有机体（如骨胶原、纤维蛋白）或合成高分子（如超高相对分子质量聚乙烯）和羟基磷灰石复合制备生物复合材料，可充分结合有机物质的低弹性模量、高韧性和无机物质的高强度、高生物活性的特点，制成与人体硬组织性质相似的材料，显示出广阔的发展前景。有机高分子（如聚甲基丙烯酸甲酯粉末与甲基丙烯酸酯单体的混合物）与无机物质（如磷酸钙或A－W粉末）复合，已成功制得了生物活性骨水泥，它具有较好的相容性和力学性能，在骨缺损修补方面发挥了重大的作用。生物复合材料除了应具有预期的物理、化学性质之外，还必须满足生物相容性的要求，而且复合之后不允许出现有损材料生物学性能的性质。按基材性质的不同，生物复合材料又可分为高分子基、金属基和陶瓷基三类。它们既可以作为生物复合材料的基材，又可作为增强体或填料，它们之间的相互搭配或组合形成了大量性质各异的生物医学复合材料。利用生物技术，将细胞、各种生长因子或一些来自活体组织的材料复合到生物医学材料中，大大改善了材料的生物学性能，并可使其具有药物治疗功能，已成为生物材料的一个十分重要的发展方向。人和动物中绝大多数组织均可视为复合材料，生物医学复合材料的发展为获得真正仿生的生物材料开辟了广阔的途径。总之，随着新工艺的不断开发和新组分材料的不断涌现，具有独特性能的生物复合材料必将获得飞跃发展。

生物衍生材料又称为生物医用衍生材料，是由天然生物组织经过特殊处理而得到的材料。生物组织既可来自同种生物体，也可来自异种生物体。处理方法有多种，既有只经灭菌和消除抗原性等轻微处理（维持和固定组织原有构型），也有拆散原有构型并重建新的物理形态的强烈处理。经过处理的生物组织已失去生命力，生物衍生材料是无生命力的材料。由于生物衍生材料一般有类似于自然组织的构型和功能，或其组成类似于自然组织，或仍含有各类生长因子，因此它们在人体修复和替换中具有重要的作用。生物衍生材料可作为多种人体修复和替换材料及血浆增强剂、血液渗透膜等。

组织工程研究主要有四个方面：种子细胞、支架材料、器官构建、临床使用。其中组织工程支架材料和种子细胞是组织工程目前研究的重要内容。随着组织工程的发展，对于组织工程支架材料的要求越来越高。作为组织工程支架的生物材料必须是生物可降解吸收的，主要有胶原、珊瑚、几丁质、氨基葡聚糖、硫酸软骨素、纤维蛋白凝胶、骨基质明胶以及经物理、化学和高温处理的动物骨等天然生物材料，羟基磷灰石（HA）、磷酸三钙（TCP）、硫酸钙陶瓷等无机合成生物材料，聚乳酸（PLA）、聚乙醇酸（PGA）、聚己内酯（PCL）、聚β-羟基丁酸（PHB）等脂肪族聚酯，聚偶磷氮、聚原酸酯、聚氧乙烯/聚氧丙烯共聚物、聚酐、聚磷酸酯、聚氨基酸等有机合成高分子材料。

5. 按照材料来源分类

根据来源的不同，生物材料又可分为天然生物材料和合成生物材料两大类。天然生物材料本身来自于生物体，一般具有细胞信号识别能力，能促进细胞的黏附、增殖和分化，大都无毒副作用，具有良好的生物相容性和生物降解性，显示出人工合成材料无可比拟的优势，是组织工程材料发展的一个重要方向;但其加工性、重现性、力学性能、降解速度可调性不甚理想。合成材料的最大优点是品种多,可选择范围广,生物降解速度可调,可通过分子设计对材料进行合成。此外,合成材料还有力学性能和加工性能好、价格便宜、重现性好、利于大规模生产等优点;缺点是生物相容性和细胞的亲和性比天然材料差。

(1) 天然生物材料

天然生物材料又可分为天然高分子生物材料和天然无机生物材料两大类。

天然高分子生物材料是人类最早使用的医学材料之一。早在几千年前,古代埃及人和中国人就开始利用棉花纤维等作伤口缝合线。天然高分子生物材料的优点在于它们本身就包含着许多生物信息,能够使细胞产生或维持各种功能;而且它们直接来自于动植物,具有很好的生物相容性,与活体组织接触后一般也不会引起血液凝固,发生炎症或排异等不良反应,是较理想的生物医用材料。其缺点是天然材料在大规模生产过程中会发生质量难以控制、性能变化与结构变化不成比例、加工困难、生物降解可调性较差等,而且这些材料来源有限,价格一般较为昂贵,使其应用受到一定程度的限制。

常用的天然高分子生物材料主要包括多糖类和蛋白质材料两大类。常见的天然多糖类材料有壳聚糖、甲壳素、硫酸软骨素、透明质酸等;作为生物材料的蛋白质主要有结构蛋白(如胶原)和纤维蛋白等。

甲壳素是天然多糖中最重要的一种。甲壳素及其衍生物可从废弃的甲壳类、昆虫类动物体和霉菌类细胞壁中制取,是一种低等动植物的组成部分,是少见的带正电荷的聚合物。由于它具有无毒性、无刺激性、生物相容性、生物可降解性等优良性能,在人工皮肤、骨修复材料、手术缝线、抗凝血材料和人肾用膜等方面得到了广泛应用。但是由于甲壳素大分子中具有稳定的环状结构,并且大分子之间存在强的氢键作用,因而物理、化学性能很稳定,溶解性能差,限制了它的应用。在甲壳素分子中引入其他官能团或通过接枝、共混可显著改善其溶解性和成型加工性。官能团改性主要有酰化改性、烷基化改性、醚化改性等。接枝改性是通过在甲壳素的葡氨糖单元上接枝乙烯基单体或其他单体来合成半聚合物多糖,壳聚糖与丙烯酸丁酯进行乳液接枝共聚,接枝产物的韧性大大提高,成膜后的耐水性也提高了。^{60}Co-γ射线在水和甲醇中引发羟乙基丙烯酸酯与壳聚糖反应,其接枝产物相对壳聚糖来说与血液的相容性有了很大的提高。聚乙烯醇(PVA)与壳聚糖共混,可以提高壳聚糖膜的选择性和延展性,该膜可以用作维生素 B_{12} 渗透膜。PVA 与 β-甲壳素共混,其力学性能都较单一组分要高。壳聚糖-丝心蛋白的共混物制成包含非诺洛芬钙的包药微球,用于消炎镇痛。壳聚糖和聚硅氧烷共混、交联制备具有微相分离结构的复合材料,用于抗凝血生物材料。此外,羟基磷灰石材料中加入适量壳聚糖,可以增加羟基磷灰石颗粒的赋形性和降低复合材料的刚性。

胶原是一类优良的可用于引导组织再生的天然蛋白质生物材料,主要从动物的骨骼、筋腿中经浸煮、水解等多道工序提炼而来。它具有良好的生物相容性,且无抗原性,可参与组织愈合过程,在止血、促进伤口愈合、作为烧伤创面敷料、骨移植替代材料、组织再生诱导物等方面得到了广泛应用。但胶原材料具有降解速度快、机械强度小等缺点,针对此缺点可通过物理和化学交联等方法加以改性。常见的物理方法有热交联、低温等离子改性、UV 和 γ 射线交联等。物理交联不会引入有毒化学物质，但不易获得很好的交联强度，也难以完成均匀一致的交联。化学交联方法能获得理想的均匀一致的交联，但交联过程往往会引入有毒的交联剂或不良的副反应。如果用酰基叠氮或聚环氧化物交联，可以避免引入明显的毒性，又可获得理想的交联效果。对胶原材料用 RGD 活性短肽进行接枝改性，可进一步改善胶原材料的生物学性能，提高细胞黏附能力，促进细胞增殖功能。除此之外，胶原还可以与其他材料复合，特别是与羟基磷灰石（HA）复合制成胶原/HA 的复合材料，可在机体内有较好的强度保持能力和良好的生物相容性，可作为可注射骨替代材料。动物实验表明，与上述两种单一材料相比，胶原/HA 复合材料有较高的成骨速度和更高的骨引导性。

天然无机生物材料中研究最多的是天然珊瑚，早在 20 世纪 70 年代末人们就开展了用天然珊瑚作为骨代用品的研究，并证实其具有良好的生物相容性、生物降解性及骨诱导活性。其化学成分和形态非常类似于无机骨，其主要成分为钙的磷酸盐或者碳酸盐，其微孔结构非常有利于缺损骨组织的长入和替代，可作为理想的人工骨材料，目前已初步应用于临床。用珊瑚植入骨缺损部位，并与羟基磷灰石作对比，发现珊瑚植入的骨缺损部位新骨成长速度更快，而且无明显的炎性反应，亦无组织坏死、材料排出等不良现象。但是珊瑚降解吸收过快，往往在骨组织未能完全修复缺损区前，珊瑚已被完全吸收。为降低其降解速度，常常把海珊瑚通过热液交换反应，使其中的碳酸钙转变成羟基磷灰石，并保持其孔隙结构不变，将海珊瑚转变成珊瑚羟基磷灰石人工骨，以延长其降解时间。另外珊瑚的抗压力差，与人体骨抗压强度相差大，临床上还不适用于承受压力较大的部位。其他天然无机材料还包括动物骨等。

(2) 合成生物材料

合成生物材料包括合成高分子生物材料、医用金属材料及合成无机生物材料等。

合成高分子生物材料由于其具有良好的物理机械性能、结构及相对分子质量的可控性、材料性能的可调性及材料易加工等特点而成为应用最广泛的生物材料。合成高分子生物材料主要有脂肪族聚酯、聚酐、聚原酸酯、聚磷腈、假聚氨基酸等几种类型（如图 7－2 所示）。

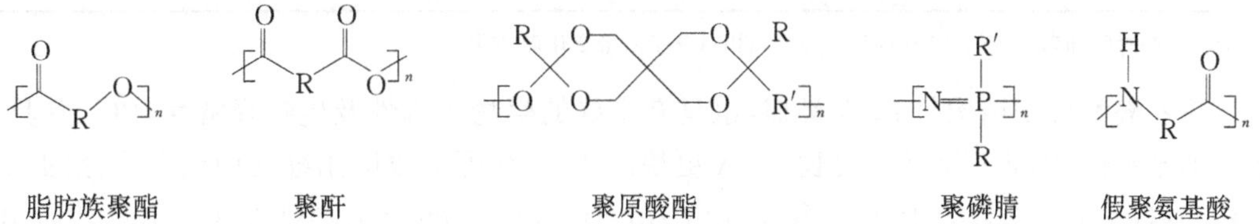

图 7－2　常见的合成高分子生物材料

脂肪族聚酯是一类研究和应用最广泛的可生物降解吸收的合成生物材料，具有良好的生物相容性及降解速度可调性。以这类材料制成的组织工程支架材料可在生物体内分解，并随机体组织的生长而逐渐消失。这类聚合物具有聚合材料典型的优良性质：高纯度和方便的加工工艺，并已通过美国 FDA 认证，可被用于一系列临床应用，包括医用缝合线、骨修复材料、药物控制释放材料、人工骨及人造皮肤等。

常见的脂肪族聚酯有聚乳酸(PLA)、聚乙醇酸(PGA)、聚 ε-已内酯(PCL)、聚 δ-戊内酯(PVL)、聚马来酸(PMA)和聚 β-羟基丁酸(PHB)等(如图 7-3 所示)。其中,PLA 是脂肪族聚酯中研究最多、应用最广的生物可降解材料之一。PLA 通常由乳酸直接缩合或由丙交酯开环聚合来制备。PLA 具有良好的生物相容性及生物降解性,L-PLA 的降解产物 L-乳酸是机体代谢产物,对人体无毒。L-PLA 呈结晶态,其熔点大约为 172～174℃,文献报道的玻璃化转变温度大都在 60～67℃,很容易加工和纺丝(见表 7-1)。而 DL-PLA 则为无定型,其玻璃化转变温度约为 57～59℃。PLA 可用作骨折内固定及组织修复材料、药物控释材料及外科缝线、软骨组织培养支架及人工真皮等。PLA 还可以与许多其他聚合物配合使用,以提高其综合使用性能。

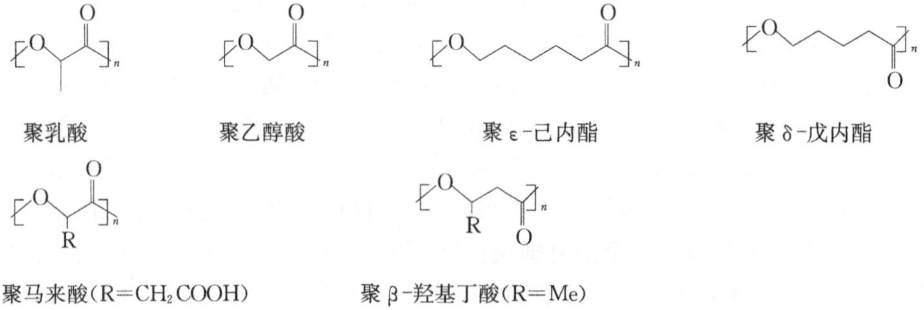

图 7-3 常见的脂肪族聚酯

表 7-1 部分常见的脂肪族聚酯的性质

聚合物	玻璃化转变温度/℃	熔点/℃	降解时间/月
聚 L-丙交酯	60～67	172～174	18～24
聚 D, L-丙交酯	57～59	—	12～16
聚乙醇酸	36	230	2～4
聚 ε-已内酯	−65	63	50

注:生物降解时间随着植入体的表面积、孔隙率和相对分子质量变化而变化。

聚乙醇酸分子结构与 PLA 类似,也具有良好的生物相容性及生物降解性,由于其具有更强的亲水性,因此其降解速度比 PLA 更快。PGA 在可吸收医用缝线中已有广泛的临床应用。PGA 手术缝合线于 1962 年率先由 American Cyanamid 公司开发并于 1970 年上市,其商品名为 Dexon,这是人类历史上第一次临床应用的合成的生物降解性高分子材料。PGA 和 PLA 的降解产物会使机体局部酸性增强,从而引发炎症,导致细胞中毒甚至死亡。这也是脂肪族类聚脂材料所共同存在的缺点。为了提高 PGA 的综合使用性能,目前研究较多的是将 PGA 与 PLA 共混形成复合物(PGA-PLA),或者用羟基乙酸和乳酸的单体共聚形成羟基乙酸-乳酸共聚物;也可在聚合物支架制备过程中整合一定量的碱性盐(如 $CaCO_3$、Na_2CO_3 或羟基磷酸钙)来抵消降解形成的局部酸性。有时也用胶原溶胀液进行包衣处理,以提高PLA或PGA作为支架时对细胞的黏附水平。

PGA与PLA本身不具备生物活性，所以常用生物活性物质对其进行活性改性。例如，以细胞特异识别多肽改性支架材料表面，通过生物活性因子的固定达到改性目的。包含活性多肽RCD的PLA，可以为细胞生长提供更为适宜的环境。结合骨形态发生蛋白BMP之后，PLA支架材料能够诱导骨细胞在其上更好地生长。

聚ε-己内酯(PCL)与PGA或PLA相比，它的亲水性更差，降解速度更慢，因此适合作长期植入装置，它的特点是熔点低(只有57℃)。由于它具有良好的药物通透性，常用于药物释放载体。用PCL与丙烯酰氯反应制得大分子聚合物并通过光交联聚合得到网状PCL，与线型PCL相比，其结晶度降低，降解速度增加，并呈现出更高的抗压缩性及压缩复原性。聚合物支架的孔隙可通过致孔剂的数量和尺寸来加以控制，MG-63造骨细胞可以在此支架上很好地黏附并增生。

聚羟基丁酸酯是生物合成聚合物，有细菌合成和基因合成两种合成方法，其中基因合成是最有前途的方法。它不仅具有化学合成高分子材料相似的性质，而且还有一般合成高分子材料没有的性质，如良好的生物相容性、生物可降解性、压电性、光学活性、无毒性、无刺激性、无免疫原性等特殊性质，有望成为一种良好的组织工程材料。

聚原酸酯(POE)是一类可以通过表面溶蚀而进行降解的生物可降解材料。降解过程从表面开始，逐渐向内侵蚀，材料慢慢变成越来越薄的片状物，而不是崩解成碎片。因此这种表面溶蚀降解机理可以使埋入聚合物中的药物以恒速释放，常用作药物释放载体。聚原酸酯可分为三类：①二元醇与原酸酯或原碳酸酯经酯交换反应合成的POE。这种POE降解过程产生的酸能催化酯键的水解，因此这类POE具有自催化降解的功能。②双烯酮与多元醇反应制备的POE。这类POE的主链中也存在对酸敏感的酯键，因此可以在基材中加入酸性或碱性“赋形剂”来控制POE的水解速度，进而可以控制药物的释放速度，加入酸性“赋形剂”能加速POE的水解，加入碱性“赋形剂”则可减缓POE的水解。③由烷基原酸酯与三元醇在无水条件下以环己烷为溶剂进行溶液聚合而成的POE，产物为半固态膏状物质。除此之外，还可以通过共混、共聚等方法对原有的POE进行改性，以便适应不同的要求。

聚酐是单体通过酸酐键相连的聚合物，酸酐键具有水不稳定性，能水解成羧酸。目前，已合成的聚酸酐种类很多，如脂肪族聚酸酐、芳香族聚酸酐、杂环族聚酸酐、聚酰酸酐、聚酰氨酸酐、聚氨酯酸酐及可交联聚酸酐等。聚酸酐可通过缩聚而得，也可通过开环聚合而得。而缩聚又分为熔融缩聚和溶液缩聚，但常用的是熔融缩聚。熔融缩聚首先是将二元酸与过量乙酸酐反应生成混合酸酐，再通过混合酸酐熔融缩聚，真空脱去乙酸酐得到高聚物。用这种方法得到的产物不需要分离提纯，相对分子质量较高。如要得到更高的相对分子质量，可以采用预聚物纯化、使用催化剂等方法，另外还可用热敏感单体的低温混合酸酐法以及脱Me_3SiCl法。由于聚酸酐具有良好的生物相容性和表面溶蚀性能，常用作药物控制释放载体材料。聚酸酐的降解和药物释放速率可通过改变单体结构、共聚物的组成和主链上酸酐键密度来实现。单体的疏水性越大，或共聚物中疏水性单体比例越大，则聚酸酐的降解速率越慢，并且其降解机制更接近于表面溶蚀。聚酸酐也可作为骨缺损修复材料，如酸酐和亚胺的共聚物作骨细胞培养载体，细胞黏附良好，形态正常，共聚物对成骨细胞有良好的相容性，不影响表型表达。

聚磷腈是以交替磷、氮为骨架的交替单键、双键为主链的聚合物。最早是通过聚二氯化偶磷氮与氨基酸酯反应制得含氨基酸酯取代基的聚有机偶磷氮。通过侧链衍生化引入性能各异的有机基团，可以得到理化性质变化范围很广的高分子材料。磷、氮骨架水解时形成磷酸和氨盐，同时释放具有侧基的化合物。它的衍生物具有良好的血液相容性和药物释放作用，适用于制备多种药物控释系统。侧链经过修饰的聚磷腈根据亲水性、疏水性的不同分为亲水性线型聚磷腈和疏水性线型聚磷腈。疏水性线型聚磷腈用于制备蓄积式、均混式埋植剂和微球制剂，而亲水性线型聚磷腈则常常交联形成水凝胶释药基质。聚磷腈也可与药物相连成为高分子药物。例如，以氨基酸为侧基的聚磷腈膜包裹药物用来治疗齿根膜疾病。

蛋白质是由氨基酸组成的，作为蛋白质的基本组成单位，聚氨基酸具有其他一般聚合材料所不具备的一些特性，但目前还缺乏理想的生成高相对分子质量聚氨基酸的制备方法。有人将氨基酸首先转化为适当的大分子单体，而后再用经典的聚合方法进行聚合；也有人利用聚双酚 A 碳酸酯良好的物理力学性能，把原料中的双酚 A 代之以酪氨酸的衍生物，得到了相对较好的结果。

目前已研制成功的多肽丝绒型人工皮就是由多肽薄膜与尼龙丝绒复合制成的“假聚氨基酸”。这种人工皮在肉芽创面上，其贴附性、柔软度、膜下细菌数减少等方面均优于聚乙烯醇和聚氨酯海绵。聚氨基酸特别是聚赖氨酸已用于缝合材料、人工皮肤和药物控释体系。

医用金属材料由于具有优异的力学性能而大量应用于临床医疗中，材料品种也一直在推陈出新，是一种发展较早的硬组织生物材料，具有高机械强度、高韧性和优良的抗疲劳性能，是临床上应用最广泛的负重型硬组织工程材料，特别适用于骨、关节和牙等硬组织修复和替换。目前所用的医用金属材料主要有不锈钢及其合金、钛及其合金、钴基合金等。医用不锈钢种类很多，已形成系列产品，具有良好的生物相容性、综合力学性能、加工工艺简便、成本低廉等特性，使得其在骨科硬组织的修复中取得广泛应用。但不锈钢材料长期在生理环境中易腐蚀、释放镍离子诱发肿瘤、长期稳定性差，在硬组织上的应用比例正在不断下降。钛和钛合金因具有良好的化学和力学性质而得到越来越广泛的应用。医用金属材料的共同缺点是不具有生物活性，难与生物组织形成牢固的结合；长期植入人体后由于化学稳定性下降，会有杂质离子析出，对周围组织造成危害；而且金属材料的弹性模量要比人骨大得多，这会造成局部应力屏蔽现象，使材料易断裂，从而使人体产生不适。

无机生物材料主要有生物陶瓷材料、骨水泥、生物活性玻璃、碳质材料等。这些材料在人体内要么具有理想的化学稳定性，要么具有良好的组织亲和性或生物活性，在人体中主要作为骨等硬组织修复材料。

生物陶瓷材料主要有生物惰性陶瓷（如氧化铝生物陶瓷、氧化锆生物陶瓷等）、生物活性陶瓷（如磷酸钙基陶瓷、羟基磷灰石（HA）陶瓷等）和可降解吸收生物陶瓷（如硫酸钙等）等。

生物惰性陶瓷主要用于人工肩关节、膝关节、肘关节、足关节以及能够负重骨杆和椎体人工骨,其特点是能在生理环境中具有高的强度和耐腐蚀性,化学稳定性好;但是它们不具有生物活性,与生物组织间的结合基本是机械嵌联。生物活性陶瓷中羟基磷灰石是构成骨、齿的主要无机质,不仅具有良好的生物相容性,而且可以诱导骨生长,并和生物组织形成牢固的键合。羟基磷灰石也可与其他有机物质或纤维体构成复合材料,制成具有高强度和高韧性的人工骨和人工齿材。因此,开发以羟基磷灰石为基质的复合材料是生物陶瓷发展的一个重要方向。

骨水泥主要包括自固化磷酸钙骨水泥(CPC)和聚甲基丙烯酸甲酯有机骨水泥(PMMA)。最近研制成功的CPC材料兼具羟基磷灰石(HA)生物相容性好和PMMA易塑性的优点,并可以在体内降解和引导新骨形成,是目前世界上修复骨骼缺损材料中能自行硬化并产生骨头再生效果的新材料,已成为骨修复材料的研究热点。

生物活性玻璃有玻璃态和结晶态两大类:玻璃态生物活性高,可与组织形成化学键合,但抗折强度低,不能用于关节及负重骨等负重部位,可用在拔牙后的齿泰内,防止牙槽骨萎缩,也可用于中耳锤骨。A－W微晶玻璃(其基本成分为$MgO-CaO-P_2O_5-SiO_2-F$)具有比人骨还高的机械强度,与人骨类似的断裂韧性和良好的生物活性,能与骨组织很好地结合,是目前最为成功的生物微晶玻璃,其缺点是材料本身几乎不降解。

医用碳素材料有玻璃碳、低温和超低温各向同性碳、纤维碳及活性炭。医用碳素材料的力学性能与其微观结构密切相关。各向同性的碳素材料在保证断裂强度的同时,具有接近于自然骨的弹性模量。医用碳素材料没有疲劳问题,强度不随循环载荷作用而下降。无序堆垛面碳具有较理想的耐磨性。医用碳素材料在生理环境中较稳定,近于惰性,具有较好的生物相容性,不会引起凝血和溶血反应,特别适合在生理环境中使用。

7.2　生物材料表面及界面研究

生物材料植入人体后首先发生的是蛋白质在材料表面的吸附。组织工程一些基本的生理过程,如细胞的黏附、迁移、增殖和生长等也是在材料的表界面之间进行的。生物材料表界面性质对组织工程起着关键的作用。

7.2.1　生物相容性

生物相容性是生物材料的最基本要求,是生物材料区别于其他功能材料的重要特征,也是用于临床医疗的中心话题之一。生物相容性曾有多种不同的定义,其最初也是最简单的定义是指材料与组织之间完全没有相互作用。所使用的材料不仅要完成所需要的生物功能,还要在体内是完全惰性的,因而在组织内不造成任何病态影响。这种定义面临双重挑战：首先，材料越惰性，机体对这种材料越容纳，反过来这也意味着机体忽视了该材料的存在，材料在机体中是被动地容纳，它与组织间的结合主要是组织长入其粗糙不平的表面或其内部空隙形成一种物理嵌合，即形态结合，二者之间没有主动和真正的结合，但植入材料和器件功效长期和稳定的发挥常常需要材料与组织之间有紧密和真正的结合；其次，在生理环境中几乎没有哪种材料是绝对惰性的，所谓生物惰性也只是材料在机体内基本上不发生化学反应和降解反应，另一方面，要实现材料在相关组织中长期稳定而有效的结合，材料和组织之间应以某种恰当的方式相互作用，材料影响组织的生理反应，而生理环境也影响材料的使用。在临床应用中，材料是否生物相容取决于适合的宿主反应和材料反应。因此，生物相容性恰当的定义应为：材料在特定的环境中引起恰当的宿主反应的能力。良好的生物相容性是生物材料长期而有效地在生物体内或体表持续行使生物功能的前提。对植入体的宿主反应控制着植入体植入后功能的发挥，宿主反应本身受材料性质的影响。材料对降解的敏感性和这样的降解对组织的影响是生物相容性的核心问题。1984 年，我国学者林思聪提出了“维持正常（天然）构象”的假说，指出生物相容性好的材料，其表面分子结构应能维持生物大分子及其组合体的正常构象。这一假说对于生物材料表面改性的分子设计具有指导意义。

生物相容性是多种因素的综合结果。表 7－2 为生物材料生物相容性的主要影响因素。材料本身是生物相容性的首要影响因素，其他的如宿主的变化也起决定作用。例如，年老个体组织和器官的修复远比年轻个体的修复困难，而健康状况影响机体的防御机制，使用消炎药等一些药物可能会影响炎性过程。

表 7－2　生物材料生物相容性的主要影响因素

材料因素：	降解产物的物理特性	年龄
本体化学	**装置因素：**	性别
表面化学	大小	健康状况
表面粗糙度	形状	给药状态
表面能	弹性模量/刚性	**系统因素：**
表面电荷	**宿主因素：**	操作技术
化学稳定性	种类	植入组织附件
降解产物的化学特性	组织类型及位置	感染

生物相容性取决于材料与活体系统间的相互作用，这种作用包括两个方面：一方面是宿主反应，另一方面是材料反应。宿主反应是材料对活体系统的作用，它是由于材料的分子或其降解产物在生物环境作用下进入邻近组织甚至整个活体系统而造成的。常见的宿主反应包括蛋白质的优先吸附、补体激活、细胞的征集和黏连等，而这些生理过程是更广意义上的炎症和纤维化反应的一部分。宿主反应可能是消极的反应，如细胞毒性、刺激性、全身毒性、凝血、致敏、致癌、致诱变、致畸形以及免疫反应等，其结果可能导致材料对组织和机体的毒

副作用以及机体对材料的排斥作用;宿主反应也可能是积极的反应,如新骨组织长入多孔材料的空隙,其结果有利于组织的再生和生长。而材料反应是活体系统对材料的作用,主要表现为材料在生物环境中的腐蚀、降解和吸收。活体细胞与周围环境相互作用很复杂,来自材料方面的影响有:材料的类型及组成、表面形态及结构、物理化学性质、亲水性、材料的表面粗糙度、表面能、表面电荷状况及材料表面负载的活性因子等。这些因素会显著地影响细胞的黏附、铺展、生长、繁殖、生物化学活性与导向等生长方式,细胞的生长方式反过来又直接影响材料的生物相容性。

宿主反应是一个复杂的问题。对植入材料或植入装置的宿主反应,控制其植入后功能的发挥。影响组织反应的主要因素有:与材料接触的组织的种类、材料的物理和化学性质以及宿主的基本状况(包括年龄、性别、健康状况及药物史等)。宿主反应首先是通过材料和组织之间的界面开始的。材料一旦植入人体内就形成界面,在这个界面上首先发生血液中蛋白质的吸附,其吸附过程是相当快的,研究表明材料在植入组织中几秒钟内其表面就有蛋白质的存在,而且这个过程是普遍存在和不可避免的。

蛋白质和聚合物之间一般不形成共价键,蛋白质的吸附基本上是氢键、静电引力及极性键等的作用。由于血液和细胞外液中包含有各种不同的蛋白质和其他多种生物大分子,它们在材料表面的吸附是竞争的,而且这种吸附是一种动态吸附,蛋白质等生物分子同时存在着吸附、解吸附及交换等过程。另外,被吸附的蛋白质可能会发生构象变化。其他生物材料(如金属材料)在人体内的蛋白质吸附也有类似的现象。

蛋白质在材料表面的吸附是非常重要的。首先,细胞是通过吸附在材料表面的蛋白质而吸附到材料表面的。细胞之间的相互作用都是通过细胞受体来实现的,细胞膜上的分子结构能够识别和结合特定的标志,细胞有多种不同物质的受体。其次,吸附的细胞向细胞外空间分泌的蛋白质将在界面与最初吸附的蛋白质发生竞争性吸附和解吸附,这在界面细胞行使组织再生功能时是至观重要的。第三,通过材料表面修饰可控制在界面上蛋白质吸附的种类,如可通过在材料表面涂上一些特定蛋白质而控制血栓的形成。

人们对生物材料的生物相容性研究主要包括四部分:体外试验、半体内试验、动物试验和临床试验。现已建立起来的细胞体外模型可有效显示材料的血液相容性和细胞相容性,但是这一模型只提供了身体复杂环境中的有限方面,是材料生物相容性的初步研究。半体内试验是动物试验的一种方式,采用动脉-静脉和静脉-静脉分流使动物血液流出动物体内并流经测试材料,再使血液流回动物体内。在实验过程中通过测试材料表面的蛋白质和细胞的吸附、血块凝结的情况来表征材料的血液相容性。动物试验可用来确定材料在生物体内的组织相容性,否定的动物试验意味着材料被否定,但肯定的动物试验并不意味着材料在人体内是生物相容性的,这是由于其他生物与人类之间存在物种差异。肯定的动物试验是人们临床试验的先决条件。动物试验可以分为非功能性试验、半体内试验和功能性试验三种类型。只有获得肯定的体外试验、半体内试验、动物试验,并获得国家相关部门的批准,生物材料才能进入临床试验。只有得到临床试验成功的结果并获得国家相关管理部门的最后批准,生物材料相关器械才能投入市场。

7.2.2 组织工程

组织工程是应用细胞生物学和工程学的原理，在正确认识哺乳动物正常及病理两种状态下的组织结构与功能关系的基础上，研究和开发关于修复、维护和促进人体各种组织器官功能和形态的一门新学科。其基本方法是将体外培养的高浓度组织细胞，扩增后黏附于一种生物相容性好并可被人体逐步降解吸收的三维多孔人工细胞外基质（支架材料）上，细胞在该支架上可获取足够的营养物质，进行新陈代谢，并按预制形态的三维支架生长、增殖和组织分化；然后将这种组织工程化细胞和生物材料的结构物植入机体缺损或病变部位。种植的细胞在支架逐渐被降解吸收过程中，继续增殖并进一步分化，最终组装成新的具有或部分具有原来特殊功能和形态的组织和器官，从而达到创伤修复和功能重建的目的。

自1987年首次在美国提出和建立组织工程这一概念以来，尤其是Langer和Vacanti在《科学》杂志上撰文介绍组织工程以来，组织工程得到了迅猛发展。美国首先由国家科学基金组织资助建立了一系列组织工程实验室，集中了一大批顶级研究机构、大学和公司，1995年筹建组织工程学会，并出版了正式刊物《组织工程学》。德国、日本、加拿大、奥地利、瑞士和英国等也开展了大量与组织工程相关的研究工作。组织工程尽管只有二十多年的研究历史，但其基础研究和临床应用均已取得了许多有意义的成果。在美国已形成了价值六十多亿美元的产业，并以每年25%的速度递增。第一种组织工程产品组织工程皮肤Apligraf已被美国食品与药物管理局（FDA）批准上市，正式进入临床应用；软骨组织工程、骨组织工程、血管组织工程等已处于临床试验或临床应用的前期准备阶段；其他组织工程方面，如肌腱组织工程、角膜组织工程、肝脏组织工程、胰腺组织工程和心脏瓣膜组织工程等方面的研究也已取得了较大的突破。

7.2.3 细胞外基质

细胞是生命的基本构成单位。各个细胞及细胞群之间的间隙即为细胞外基质，它是在机体生长发育过程中由细胞分泌到细胞外空间的各种大分子经进一步的物理和化学变化而成为组成间质和上皮-血管中基质的不溶性结构成分，包括各型胶原、弹性蛋白、蛋白多糖以及纤连蛋白、层黏蛋白、软骨黏蛋白等糖蛋白和透明质酸、6-硫酸软骨素、硫酸皮肤素、硫酸角质素及硫酸类肝素等糖胺聚糖。它们往往在细胞周围构成高度水合的凝胶或纤维性网络。胶原蛋白简称胶原，它是一组高度特异化的纤维蛋白质，是一种具有三重螺旋结构的超分子聚合体，其含量占人体蛋白质总量的30%以上，种类多达十余种，但主要的仅五种。根据其二级结构的不同可分为：纤维型胶原、FACTT型胶原（间断三联螺旋的纤维结合胶原）、膜型胶原、串珠型胶原、黏着型胶原。胶原的主体为纤维型胶原，具有支持脏器和组织的作用。细胞无论在体内或在体外均黏附于基质而生存，而且细胞的胶原受体一旦与胶原黏附，就会对细胞的形态、结构、增殖、代谢等产生影响。弹性蛋白是弹性纤维的主要成分，细胞有黏附弹性蛋白的受体，由此介导细胞的移动，并调控细胞浆内游离钙离子的浓度。另外，还有促进血小板凝集及影响细胞黏附的作用。糖蛋白包括层黏蛋白、纤连蛋白、副层黏蛋白、腱蛋白等。层黏蛋白为基底膜构成成分，有促进细胞黏附、调节细胞形态、分化及细胞移动等作用。纤连蛋白具有形成细胞外基质、细胞黏附、伸展、移动、吞噬的作用及血液凝固等多种生物学作用。细胞黏附活性部位的氨基酸序列最小单位包含有精氨酸-甘氨酸-天冬氨酸(RGD)短肽，具有分别同肝素、胶原、纤维蛋白及整合素等特异结合的功能性区域。副层黏蛋白为与层黏蛋白结合而存在于基底膜的糖蛋白。腱蛋白呈巨大的星状结构，有细胞黏附、促进或阻碍细胞增殖、移动和形态形成等多种作用，但最重要的是拮抗纤连蛋白的反黏附作用。

糖胺聚糖是由重复的二糖单元聚合而成的长链多糖，由于二糖单元中的糖单元为氨基己糖，因此也称为氨基聚糖。糖胺聚糖一般呈电负性，具有保持水分和离子的作用。糖胺聚糖中最重要的是透明质酸，也是糖胺聚糖中结构最简单的一种。透明质酸不含硫酸根，由*D*-葡萄糖和*N*-乙酰氨基葡萄糖的二糖单元聚合而成，二糖单元数可达五千余个。透明质酸广泛存在于各种结缔组织、皮肤、软骨和滑液中。糖胺聚糖与蛋白质共价键合即成为蛋白多糖(PG)。蛋白多糖为多肽链上共价结合1个及1个以上葡萄糖胺聚糖链，可分为透明质酸、硫酸软骨素、硫酸皮肤素、肝素和硫酸角质素等。在创口愈合及纤维化过程中，透明质酸合成旺盛，硫酸软骨素、硫酸肝素的相对比例增加，高度纤维化时，硫酸皮肤素增加。除了上述组成外，细胞外基质还包含有一些黏连分子和一些可溶性成分。黏连分子主要包括钙黏着蛋白、E-钙黏着蛋白、神经细胞黏连分子等。可溶性成分主要有与基质代谢相关的蛋白酶和与基质结合的细胞因子。与基质代谢相关的蛋白酶主要包括基质金属蛋白酶和丝氨酸蛋白酶两大类及其特异性抑制剂，如金属蛋白酶组织抑制剂和丝氨酸蛋白酶抑制剂。

细胞外基质是细胞发挥功能的环境。天然ECM在组织和器官中起骨架作用，使细胞聚集，构筑组织，控制组织结构，调控细胞表型；同时，ECM也是生长因子的储存库，生长因子由此控制释放至相邻细胞。

细胞外基质ECM对于组织工程中细胞的行为起着非常关键的作用。首先表现为对细胞形态及细胞群的影响。研究表明，所有单个悬浮的细胞均呈现球形，而在机体组织中，细胞与细胞接触或与基质黏附，则呈现出特有的形态。细胞外基质对细胞的组成及群体稳定性的维护作用是非常明显的。细胞对ECM有选择性和特异性。例如，成纤维细胞选择与Ⅰ型胶原或Ⅲ型胶原结合，软骨细胞只与软骨胶原结合，而上皮细胞首先选择与Ⅳ型胶原结合。在细胞黏连过程中，黏连分子起着重要的作用，如层连蛋白可促进各种上皮细胞、内皮细胞、神经细胞等黏附于基膜并发生铺展。细胞外基质ECM在各种细胞之间构成复杂的网络骨架，对细胞群体有界定、支持和保护作用。

其次，细胞外基质ECM对细胞迁移的促进作用。在有机体生长发育、组织器官修复再生过程中，细胞的迁移是至关重要的，在这个过程中，ECM起了很重要的作用。例如，透明质酸可结合在许多细胞的表面，保持细胞彼此分离，使细胞易于迁移、增殖并阻止细胞分化。一旦细胞到达目的区域，细胞表面的透明质酸可被透明质酸酶分解破坏，细胞迁移随即受阻并停留在该区域。

第三，细胞外基质ECM对细胞增殖、分化的调节作用。细胞的增殖和分化是机体非常重要而复杂的生理过程，有基因、激素、生长因子、信息分子等多种因素参与调控，其中ECM也发挥了非常重要的作用。实验表明，脱离基质的正常细胞很快停止增殖，只有黏附于适当基质的细胞才能合成DNA及蛋白质，在铺展的状况下才能复制DNA。不同ECM对同一种细胞的作用不同，有些甚至相反。例如，纤连蛋白抑制上皮细胞增殖，而层连蛋白则促进上皮细胞增殖。ECM对细胞分化的诱导作用也已有大量实验证明。

由生物材料制成的三维支架作为组织工程研究的人工细胞外基质ECM，为细胞的黏附、生长、繁殖、新陈代谢、形成新的组织和器官提供各种支持。理想的组织工程细胞外基质材料除了应符合生物安全性的要求，即对人体无毒性、无致敏性、无刺激性、无遗传毒性和无致癌性外，还必须具有如下特征：①良好的生物相容性，即对人体组织、血液和免疫等系统无不良反应；②良好的生物降解性及降解速度可调性，降解速度应与组织细胞生长速度相匹配，降解时间可根据组织生长需要进行人为调控；③具有三维多孔结构，基质材料应可加工成三维立体多孔结构，孔隙率最好达90%以上，具有较大的内表面积，以利于细胞贴附和长入及营养成分的渗入和代谢产物的排出；④良好的可塑性和良好的力学强度，便于加工成所需的形状，具有良好的机械强度，而且植入后一段时间内仍能保持一定的机械强度和外形，以使新生组织具有一定的形状；⑤良好的细胞界面，具有良好的表面活性，为细胞黏附、生长、增殖和分泌基质提供良好的微环境；⑥不引发机体的免疫排斥反应。

7.2.4 蛋白质的吸附和脱附

吸附是分子黏附到固体表面的过程。生物材料与蛋白质的相互作用可使局部蛋白质的浓度升高，其浓度可达均匀体液的1 000倍。这种蛋白质的聚集，尤其是特定蛋白质在材料表面的聚集对生物材料与组织之间的界面作用起着决定性作用。

蛋白质在材料表面的吸附取决于材料的表面性能、蛋白质性能及蛋白质与表面作用的效率。分子在材料表面的吸附是以下4种传输机理之一或几种共同作用的结果：扩散、热对流、流动、互传输。体液蛋白质浓度、蛋白质扩散速度及蛋白质分子尺寸对蛋白质扩散到材料表面是至关重要的。蛋白质主要以分子间力与生物材料表面相互作用，如离子键、疏水反应以及电子传递反应等，氢键在蛋白质与材料表面的相互作用中不起主要作用(如图7-4所示)。分子间力对蛋白质-材料表面相互作用的控制取决于特殊的蛋白质和材料表面。

蛋白质在材料表面的吸附不是均匀的。当蛋白质刚吸附到材料表面时，由于在材料表面上几乎不受其他蛋白分子的限制，每一个蛋白质分子根据材料表面微区性能的不同可以有多种取向(如图 7-5 所示)。随着材料表面蛋白分子吸附的增加,后吸附蛋白分子的取向还得综合先吸附的蛋白分子,以减少分子间的排斥力。

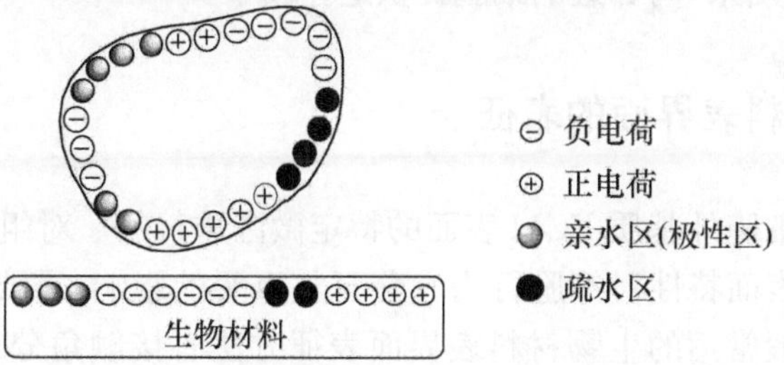

图 7-4　蛋白质在生物材料表面吸附的示意图

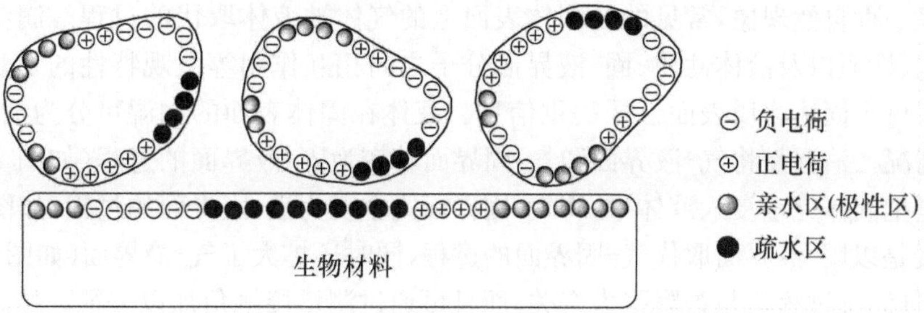

图 7-5　不同的材料表面对蛋白质吸附的影响

蛋白质吸附的不同取向既影响蛋白分子吸附的数量,更重要的是显著地影响蛋白质功能的发挥。例如,当纤连蛋白在材料表面吸附时,随着蛋白分子取向的不同,酶的催化活性所需要的活性位点可能开启,也可能被关闭。类似地,如果纤连蛋白中的 RGD 活性短肽处于材料表面一边而不能与细胞接触,纤连蛋白就不可能支持细胞的黏附。

脱附是吸附的逆过程,是已结合于材料表面的蛋白分子脱离表面回到体液中去。蛋白质的脱附是非常缓慢而且几乎是不可能的,因为这需要在蛋白分子和材料表面之间的所有作用同时解离,这对于像蛋白质这样的大分子而言是非常困难的,除非蛋白质和材料界面之间发生巨大的变化,如降低 pH、使用清洁剂等,但吸附的蛋白质可被相同或其他蛋白质分子所替代。

7.2.5　细胞黏附

细胞黏附对组织再生以及植入物的修复效果起着关键作用。细胞外基质 ECM 是细胞发挥功能的环境,细胞指导 ECM 的合成,ECM 提供细胞所需的力学和化学信息,但细胞必须与 ECM 黏附,才能进行迁移、分化和增殖。细胞和 ECM 之间的黏附以各种方式影响着细胞的功能发挥。细胞一旦与 ECM 黏附就会产生应答,其应答反应取决于细胞类型、ECM 的组成结构及瞬时状态。其应答方式有改变细胞自身形状、迁移、增殖、分化甚至修正活性等。黏附细胞的 ECM 不仅保持组成结构，还利用细胞表面受体将结构化配体、信号肽、蛋白酶及其抑制剂的信息传导至所黏附细胞的内部。ECM 还充当生长因子和细胞因子的储存库，在适当的时候释放出来，向邻近的细胞提供这些因子。

7.2.6 生物材料表界面的表征

细胞的黏附是在细胞外基质 ECM 表面的特定微区进行的。对组织工程而言，作为人工 ECM 的生物材料，其表面特性对细胞行为有着至关重要的影响，需要对相关材料表面信息进行详尽的解析。一般常用的生物材料表界面表征方法有接触角分析、傅里叶变换红外光谱(FTIR)、X 射线电子谱、二次离子质谱、扫描电子显微镜(SEM)、透射电子显微镜(TEM)和原子力显微镜(AFM)等。

润湿是一种自然现象，常见的是固体表面上的气体被液体取代的过程。润湿现象是固体表面结构、性质以及液体性质、固-液界面分子之间相互作用等微观特性的宏观结果。研究润湿现象可为固体物质表面性质提供信息。液体在固体表面的润湿可分为沾湿、浸湿和铺展三种情况。沾湿是将气-液界面和气-固界面转变为固-液界面的过程(如图 7－6 (a)所示)；浸湿是把固体完全浸入液体中，将气-固界面完全变为液-固界面的过程(如图 7－6 (b)所示)；铺展是以固-液界面取代气-固界面的过程，同时还扩大了气-液界面(如图 7－6 (c)所示)。这三种润湿过程均与黏附张力有关，而且可通过测量接触角加以表征。接触角分析就是测量和分析液体和材料表面之间的接触角。

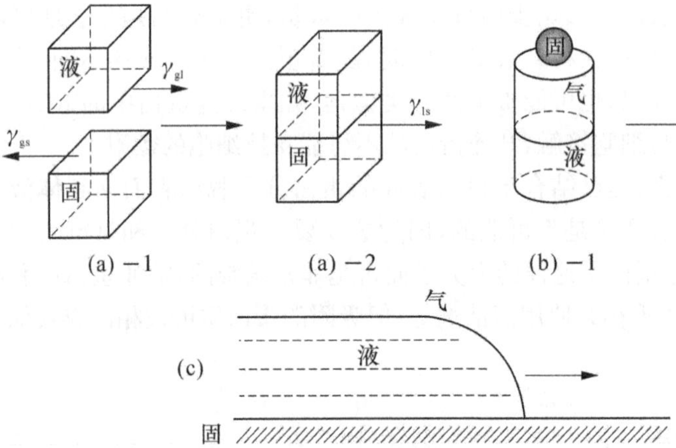

图 7－6 液体在固体表面三种润湿现象

(a) 沾湿；(b) 浸湿；(c) 铺展

当一滴液体滴加到固体物质表面上时，液体将四处扩散以达到力的平衡，使其表面张力总和为零(如图 7－7 和式(7－1)所示)。式(7－1)为杨氏方程，又可称为润湿方程。式中 γ_{gs} 为固体和气体之间的表面张力，γ_{gl} 为气体和液体之间的表面张力，γ_{ls} 为液体和固体之间的表面张力，γ_{gl} 和 γ_{ls} 之间的夹角为接触角 θ。接触角 θ 是在气、液、固三相交界上任一点 O 的液体的气-液表面张力γ_{gl}与液-固表面张力γ_{ls}的夹角。接触角分析是与液体浸湿表面能力成反比的一种测试方法。对于生物材料和水体系，接触角θ很小意味着生物材料有一个亲水性表面，水在材料表面可大面积扩展；反之，θ角很大则代表生物材料有一个疏水性表面，水在材料表面将聚集成水珠。虽然接触角分析为生物材料表面与气体、液体及生物分子相互作用的方式提供了信息，但这些信息是相对的，不能表示出材料表面特定的化学性质或其他性质，它的主要优点是对材料表面亲水性相对性质分析容易，且价格便宜。

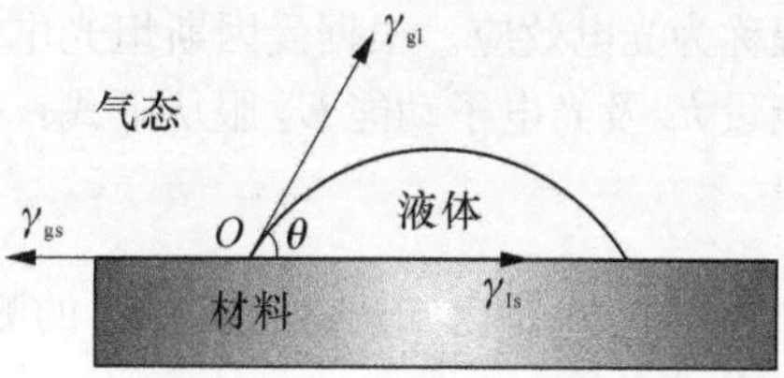

图7-7　接触角θ示意图

$$\gamma_{gs} = \gamma_{gl}\cos\theta + \gamma_{ls} \tag{7-1}$$

傅里叶变换红外光谱(FTIR)是一种吸收光谱，对有机小分子及聚合物的鉴定和结构分析有鲜明的特征性。任何两个不同的有机化合物(光学异构体例外)一般没有完全相同的红外光谱，因此运用红外光谱可以确定两个化合物是否相同。此外，官能团也可以在一定的波长范围内发生吸收。根据化合物红外光谱可以分析特定官能团的存在与否。在650～1 350 cm^{-1}区域中，各峰的吸收位置受整体分子结构影响较大，分子结构稍有不同，吸收就有细微的差异，所以称为指纹区。指纹区对于用已知物来鉴别未知物十分有意义。

反射红外光特别是衰减全反射红外光谱是最常见的表面分析方法，可广泛用于聚合物生物材料、涂膜及层压薄膜的分析。它在红外区域的测定深度一般为2 μm左右，得到的是本体信息。使用傅里叶变换红外光谱(FTIR)时，虽然这种测定深度没有变，但由于它具有较高的灵敏度并利用计算机处理结果，所以能够对各种典型表面进行高灵敏度的测定。FTIR有以下优点：用量少；速度快；可检测单分子层吸收、单晶红外光谱；可对聚合物化学键的振动进行分析。FTIR对生物材料表面分析具有重要的意义。

X射线电子能谱(XPS)是一种用于化学分析的电子谱，是以光电发射过程为基础的。X射线电子能谱仪由以下几部分组成：真空室及其抽气系统、样品引进和操作系统、X射线源、电子能量分析仪、电子能量检测系统及基于PC机或工作站的服务性数据处理系统(如图7-8所示)。

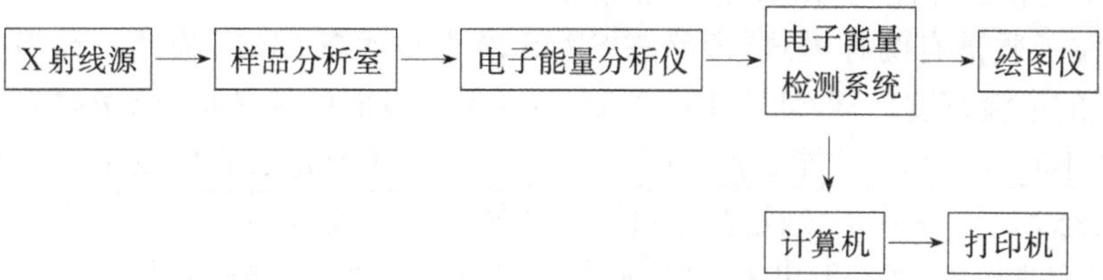

图7-8　X射线光电子能谱仪结构示意图

用一束单一能量X射线(光子)照射试样，X射线会穿透试样表面并将其全部能量转化到试样原子的某一个束缚电子，光子湮灭，当该光子能量大于束缚电子的结合能时，剩余的能量转化为该电子逃离原子的动能。这种被光子直接激发出来的电子称为光电子，这个过程称为光电效应。根据爱因斯坦光电效应规律，原子中的电子结合能 E_b，X 射线（光子）的能量 $h\nu$ 及光电子动能 E_k 服从下式：

$$E_b = h\nu - E_k \tag{7-2}$$

因为 $h\nu$ 是已知的，通过对 E_k 的测定就可以计算出 E_b。E_k 的测定可以通过电子分析器来完成。

X 射线电子能谱是表面化学分析中最有效的分析方法。大量研究也已证实，XPS 非常适合对聚合物表面进行结构分析。XPS 对表征聚合物表面性能以及从分子水平上了解固体聚合物表面结构具有重要意义，它不但可以研究均聚物和共聚物，还可以研究交联聚合物和共混物。另外，XPS 在研究材料黏性、聚合物表面改性、等离子表面改性等方面的应用也日益重要。

X 射线电子能谱 XPS 代表光电子的能量分布。因为每种元素的内层电子具有确定的结合能特征，所以从 XPS 谱的峰位可以辨别出除了氢和氦以外的所有元素。采用适当的元素灵敏度因子，大致的元素含量能从峰的相对强度计算出来。另外因为电子的结合能是由所在的化学环境和原子类型决定的，因此从峰的位移可得知原子的化合态。例如，金属生物材料表面的氧化状态可以被区分出来；聚合物生物材料表面不同的含碳物质也能被区分出来。XPS 是在超真空中完成的，试样不必进行特殊的准备，但在这种条件下生物材料往往会失去水分，对其准确分析会产生影响。XPS 一般只能提供材料表面最外层 0.5～7.5 nm 的信息，这是因为在试样深处发射的光电子在碰撞过程中要失去一部分能量或没有足够的能量使它从试样中逃逸出来。

二次离子质谱（SIMS）对大部分元素都有很高的探测灵敏度；对痕量组分能进行深度浓度剖析，其深度分辨率小于等于 5 nm；可在微观尺度（μm）上观察表面的横向特征；也可进行同位素分析。其工作原理是高能离子和固体样品相互作用，引起基质原子和分子以中子和带电粒子两种状态（二次粒子）发射出来。按一定比率产生的带电粒子（二次粒子）通过高度灵敏的质谱技术进行检测并获得材料的组成。二次粒子可以是原子、分子、分子团或这些原子、分子、分子团的离子等。对于频谱的解释比较困难，因为不同的离子会有相同的质荷比（质子/电荷），如 NH_2^+ 和 O^+ 在正离子谱中有相同的位置，均为 16。因此参考样品和样品背景知识对解析检测样品的 SIMS 谱是非常重要的。

二次粒子质谱有两种模式，即静态 SIMS 模式和动态 SIMS 模式。在静态 SIMS 模式中，维持低的束流密度（一般低于 10 nA/cm^2）以保证表面的灵敏度，原子被溅射的速度极其缓慢，需几小时以至几天才能去掉一层原子，在此条件下测定过程中发生的表面状况变化可忽略；在动态 SIMS 模式中，通过高束流密度初始离子（一般在 1 mA/cm^2 左右）的撞击，二次粒子从材料不同的深度发射出来，并要使尽可能多的二次粒子被溅射。在这种分析条件下，很短的时间内就能去掉若干原子，在分析期内样品表面状态会发生变化。动态 SIMS 模式适用于金属及半导体的表面及深度分布的分析，而静态 SIMS 模式主要用于聚合物材料的表面分析。

二次粒子质谱可用在物质的多方面分析：①表面分析，包括单分子层；②深度剖面分析，包括薄膜分析、薄膜扩散和离子注入等方面测定杂质和同位素分布等；③面分析，通过离子成像法，可以获得元素横向分布信息；④微分析，包括微区分析和微量元素或痕量元素分析；⑤体分析，即对固体一般性分析。

和 XPS 一样，SIMS 也在超高真空环境下操作，但冷却台能用来检测冷冻水合物试样。SIMS 的优点是可检测所有元素，而且有很好的表面灵敏度，其最低浓度可达 10^{-5}（原子含量），缺点是 SIMS 谱图解释相对困难。

透射电子显微镜(TEM)既可以观察试样的显微图像，又可以观察电子衍射花纹。透射电子显微镜构造同光学显微镜相似，也是由光源、物镜和投影镜三部分组成的(如图 7-9 所示)，只是电镜的光源是电子枪产生的电子束，电子束经聚光镜集束后，照射到样品上并透过样品。透过样品的电子经物镜、中间镜和投影镜，最后在荧光屏上成像。电子显微镜所用的透镜都是电磁透镜，它是通过电磁现象使电子束聚焦的，只要改变透镜线圈的电流，就可以使电镜的放大倍数连续变化。透射电镜的分辨率与电子枪阳极的加速电压相关，加速电压越高，电子波的波长就越短，分辨率就越高。TEM 的分辨率 d 如下所示：

$$d = V\lambda / n \sin\alpha \tag{7-3}$$

式中，λ 为电子束的波长；V 为电子束加速电压；n 为试样和物镜之间介质的折射率，在真空条件下为 1；α 为物镜的接收角。

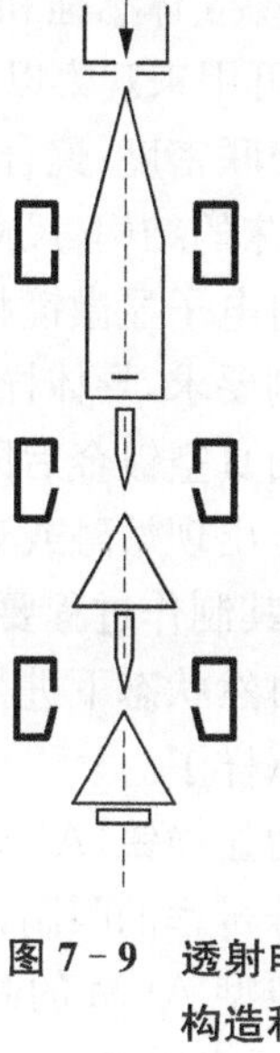

图 7-9 透射电子显微镜构造和成像原理

透射电子显微镜对所测试的样品有一定的要求，制备比较麻烦。例如，试样必须对电子有高透明度，厚度一般不超过 100 nm，通常为 20～50 nm。试样太厚，因电子穿透能力弱或多层次上的图像交叠而不能观察。样品要放在有网眼的铜片或镍片的支持网上才能送入电镜专用支架上观察。对聚合物材料来说有两种类型的试样：一类是以观察多相结构为目的的，可采用超薄切片；另一类是以观察单晶、球晶或表面形貌为目的的，则样品常常需要做复型处理。在观察超薄切片的二相结构时，只有当处于不同相内的聚合物对于电子的散射能力有明显差异时才能形成图像，但大多数聚合物的这种差异不大，这就要对试样进行染色。对于有双键的聚合物体系可用 OsO_4 溶液染色，对于不含双键的聚合物，染色技术还需进一步完善。另一方面，高能量电子束轰击样品表面时，被辐射部分的温度会急剧升高，甚至使聚合物结构发生变化。这可通过冷却样品台，缩短观察时间，提高加速电压予以改善。但不少情况下需对聚合物试样进行复型，再对复型膜进行观察，常用重金属 Cd 或 Pt 投影喷镀复型膜来增加反差。

扫描电子显微镜(SEM)表征的是试样的表面形貌。SEM 可将微小物体放大几十万倍甚至上百万倍，可分辨零点几纳米的结构，是研究聚合物形态结构的有力工具。SEM 成像过程不是利用电磁透镜会聚放大功能的一次成像，而是按一定时间、空间顺序逐点扫描形成，并在镜体外的显像管上显示出来。

在扫描电子显微镜中，高能电子(一次电子)扫描到试样表面后，将有一部分电子从试样表面弹性散射回来(背散射电子),这些电子会携带一些化学信息,但不是明确的。另一部分电子穿透表面,将能量转化给试样并使其发射电子(二次电子)。二次电子的密度主要依赖于试样表面的形貌。通过对试样进行电子束扫描和确定从二次电子产生的电流可获得试样表面的图像。除了背散射电子和二次电子外,SEM 还能接收和分析电子与试样相互作用后产生的大部分信息,如透射电子、衍射电子、特征 X 射线、俄歇电子、阴极发光等。因此,SEM 不但可以用于物体形貌的观察,还可以进行微区成分分析。SEM 还具有分辨率高、制样方便、成像立体感强和视场大等优点。

SEM 可用来观察以下物质的形貌结构:聚合物形态;材料的微相分离;聚合物网络、交联程度与交联密度;聚合物表面形貌和粗糙度;表面断裂及裂纹形貌;黏合界面;复合材料结构;塑料泡沫的结构、尺寸及分布。

与透射电子显微镜相比,扫描电子显微镜样品制备方便是其突出优点。SEM 对样品的厚度无苛刻要求,导体样品一般不需要任何处理就可以进行观察。聚合物非导体样品也只需要在表面真空镀金后即可进行观察。聚合物样品在电子束作用下,特别是进行高倍数观察时也可能出现熔融或分解现象。在这种情况下,也需要进行样品复型,但由于对复型膜厚度无要求,其制作过程要简单得多。标准的 SEM 是在高真空环境下操作的,这使得生物试样不能在自然状态下进行研究。目前一种称为环境扫描电子显微镜的新装置已能够观察部分水合物试样了。

原子力显微镜(AFM)是用一个小探针来表征微观世界的装置。AFM 超越了光和波长对显微镜分辨率的限制,在三维立体上观察物体的微观体貌,并能提供探针与样品相互作用的信息。典型 AFM 的侧向分辨率可达到 2 nm,垂直分辨率小于 0.1 nm。AFM 具有操作容易、样品准备简单、分辨率高、操作环境不受限制等优点。

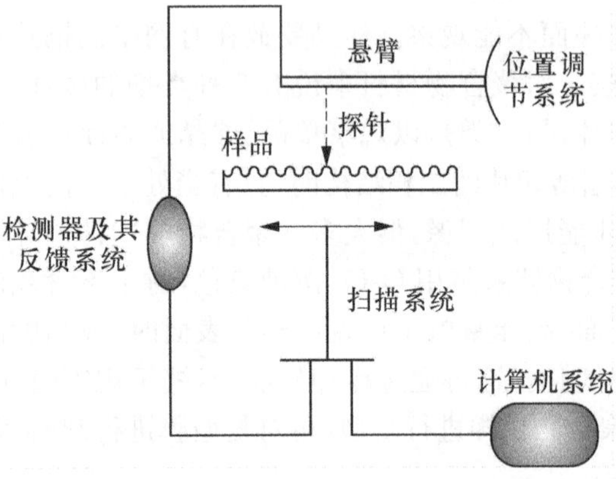

图 7-10 原子力显微镜原理

AFM 原理较为简单,如图 7-10 所示。一个带有针尖的悬臂扫描样品表面,当针尖在样品表面移动时,表面形貌的改变引起了表面与针尖原子之间相互引力和斥力的改变。这种作用力通过针尖传感到悬臂,并使悬臂发生偏转或发生振幅改变。悬臂的这种变化经检测系统检测后转变成电信号传递给反馈系统和成像系统,记录扫描过程中一系列探针的变化就可以获得样品表面信息图像。针尖的大小是 AFM 图像的主要影响因素,针尖越小,图像分辨率越高。在适当的条件下,AFM 可显示单个原子的图像。AFM 可在没有染色、涂膜和进行其他准备的条件下甚至在生理环境下获得。也可获得生物分子和细胞的 AFM 图像。

7.3　生物材料表面工程

材料表面工程是经表面预处理后，通过表面涂覆、表面改性或多种表面工程技术复合处理，改变材料表面的形态、化学成分、组织结构、应力状态、表面张力等，以获得所需要表面性能的系统工程。表面工程是由多个学科交叉、综合发展起来的新兴学科，它以材料表面为研究核心，在有关学科理论的基础上，以应用各种表面工程技术及其复合为特色，逐步形成了与其他学科密切相关的表面工程基础理论。表面工程的最大优势是能够以多种方法制备出优于本体材料性能的表面功能薄层。生物材料表面工程是指维持植入本体不变的情况下通过改进材料表面性质而改变材料和生物体的反应。

7.3.1　仿生表面工程

细胞必须与细胞外基质ECM黏附，才能进行迁移、分化和增殖。细胞一旦与ECM黏附就会产生应答，其应答反应取决于细胞类型、ECM的表面组成结构及瞬时状态。组织工程采用生物材料作为人工细胞外基质对细胞进行培殖，细胞黏附与生物材料表面性能密切相关。生物材料一旦植入人体，机体环境首先接触的是材料的表面，所以材料表面性能决定了机体对植入材料的最初反应。生物材料表面工程是通过材料表面修饰等方法使材料适应组织并被组织环境所容纳，起到人工细胞外基质作用。细胞与细胞外基质ECM之间的相互作用是通过细胞膜中的受体与ECM中的配体之间的分子识别产生的特异作用实现的。当植入材料进入人体后，细胞正是通过这种特异作用所提供的信息来识别其自源性或外源性。因此，生物材料表面工程的一个重要研究方向是通过表面修饰使人工细胞外基质的仿生化。

1. 细胞与材料表面之间的相互作用

在组织工程过程中，细胞与生物材料表面的接触及相互作用对于细胞迁移、组织工程构件培养等至关重要。它们之间的相互作用主要有细胞黏附、蛋白质吸附、细胞识别等几个方面。

(1) 细胞黏附

细胞在生物材料表面的黏附是材料生物医学应用的关键，也是诱发组织整合及组织重建的基础。细胞的增殖直接跟与之接触的材料表面的生物特异性密切相关，基材的表面能量是影响哺乳动物细胞黏附的重要影响因素。一般来讲，表面能较高的表面相对于能量较低的表面更有助于促进细胞在生物材料表面的黏附。材料表面的化学组成、化学基团及特异化学结构通常也是影响细胞黏连的重要因素。例如，细胞在甲基丙烯酸-2-羟乙酯/甲基丙烯酸N,N-二甲氨基乙酯共聚物表面上的黏附高于在聚甲基丙烯酸-2-羟乙酯表面及甲基丙烯酸-2-羟乙酯/甲基丙烯酸钠共聚物表面上的黏附。其原因可能与聚合物表面基团的差异而改变了材料表面的亲水、疏水平衡及电荷平衡有关。基材表面的电荷也对细胞的黏连产生影响，在正电荷基材表面细胞的黏附呈现连续性，而在负电荷基材表面细胞的黏附则呈现非连续性。

(2) 蛋白质吸附

蛋白质吸附是细胞与生物材料表面相互作用的中介，细胞在材料表面黏附受材料表面吸附的蛋白质控制。蛋白质在材料表面的吸附与表面特性有很大关系，如聚氨酯C—H软链段在材料表面分布越多，表面对血清白蛋白的亲和性就越高，但对血纤蛋白原的吸附降低。同时生物材料表面的疏水性及电荷特性也会影响表面对蛋白质和表面活性剂的竞争吸附，并最终影响细胞黏连。另外，天然细胞外基质中所包含的一些蛋白质(如黏连蛋白)吸附到生物材料表面，会诱发细胞的黏连和增殖。

(3) 细胞识别

细胞的识别功能是生物体的一种自我保护，也是机体产生移植排斥的根本原因。当生物材料植入生物体时，机体内的细胞积极活动，通过一种特殊的配体受体系统，探寻并辨别植入物是否为自体或异体，如果细胞判定植入物为异物时，马上发出信号，调动巨噬细胞、嗜中性细胞等对异物进行攻击，导致炎症响应。机体细胞基本上以细胞外基质中所包含的一些具有特定功能的蛋白质作为其分子识别介质，因此，设计这些具有特定功能的蛋白质及诱导已有蛋白质功能的演变是探索和模仿细胞识别的两条途径。整联蛋白是细胞表面受体的一个主要家族，主要参与调节细胞与细胞外基质ECM选择性黏连(即细胞识别)及细胞间的相互作用，直接影响细胞的迁移、生长、增殖和凋亡等生理活动(包含由16种α及8种β两大类亚单元构成的二十余种不同受体)。细胞识别主要基于整联蛋白受体与ECM中的配体的相互识别和作用，正是这种识别和相互作用实现信号传递。整联蛋白受体一方面同ECM配体的识别信息产生响应，另一方面则同细胞内的信息产生反应，这样的内外信号传递及交换，使整联蛋白受体选择其可以结合的生物分子作为配体，也即细胞识别。因此，生物材料表面具有整联蛋白认同的配体(如纤连蛋白、胶原、玻连蛋白)以及特异识别位点(如生物活性多肽RGD序列)，这是细胞识别并接受为自体的关键。

2. 细胞与材料表面之间相互作用的影响因素

细胞与材料表面之间相互作用的主要影响因素有材料表面化学性能、表面蛋白吸附能力、表面自由能、表面亲水和疏水能力、表面电荷性能、表面生物活性及表面拓扑结构等，这些因素既相互协同又相互独立，共同构成了生物材料表面对细胞行为的作用和影响。

(1) 表面化学性能

材料表面化学成分而非材料本体化学成分决定材料中何种官能团与机体作用。例如，金属生物材料的氧化表面包含有金属离子和氧负离子；陶瓷和一些玻璃表面则包含金属离子和非金属离子。不同的集合物表面可包含羟基、氨基、羰基、羧基、酰氨基等各种不同的官能团。机体内的各种不同的生物分子甚至生物分子中的不同部位对不同的官能团有不同的亲和性，由此引起对同种材料的不同表面有不同的亲和性。例如，蛋白质倾向于与疏水表面结合。

(2) 表面蛋白吸附能力

生物材料或植入装置一旦植入人体就形成界面，在这里体液中的蛋白质很快吸附到材料的表面，这个过程是普遍存在和不可避免的。人体体液中含有大量的可溶性蛋白，这些可溶性蛋白在材料表面的吸附是一种动态平衡。被吸附的蛋白质大部分为白蛋白，这种蛋白不能促进细胞的黏附，只有少量 ECM 中的蛋白质(包括层黏蛋白、纤连蛋白和玻连蛋白等)可调节细胞接触和延展。在这部分蛋白质的特定寡肽区域，即细胞键合区域与配体作用相似，可特异性地识别，并与细胞表面整联蛋白受体键合。

(3) 表面自由能

固体表面自由能又称固体表面能，是固体比表面吉布斯函数的简称。它是在确定温度和压力下生成单位新的固体表面所引起的体系吉布斯函数的增加量，它也等于在确定温度和压力下生成单位固体表面时所需的可逆功，又常称为内聚功。生物材料表面自由能对细胞在材料表面上的黏附、延展和生长具有非常重要的影响。一般来说，表面自由能较高的表面相对而言较能量较低的表面更有利于细胞的黏附和延展。这主要是由于材料的表面能会影响血清中的蛋白质在材料表面的吸附，进而介导细胞的黏连。同时，材料表面的粗糙度与材料的表面能具有密切关系，随着表面粗糙度的提高，材料表面非极性组分的表面能显著增大。

(4) 表面亲疏水能力

生物材料表面的亲疏水性及亲水疏水平衡是影响和调节蛋白质吸附的重要因素。首先，疏水性表面一般对蛋白质有较强的吸附能力。在蛋白质与生物材料接触和吸附过程中常伴随有蛋白质和水之间、蛋白质和蛋白质之间的吸附交换，并且异种蛋白质间的吸附交换常有 Vroman 效应产生。其次，材料表面亲水疏水平衡也影响细胞行为，只有适宜的亲疏水平衡才有利于细胞的黏连，促进细胞的生长，但不同种类细胞此平衡值不同。成纤细胞在由单分子层自组装技术获得的具有不同的亲水/疏水表面上具有不同的响应:细胞在端羟基接触的亲水表面上的增殖优于以端甲基为接触面的细胞生长行为。

(5) 表面电荷性能

生物材料表面的电荷、电荷分布及其电荷量影响蛋白质和细胞在材料表面的黏附。例如，用于组织培养的聚苯乙烯，经辉光放电或硫酸处理，提高表面带电基团数，可改善细胞的黏附特性。在正电荷为主的生物材料表面，细胞的黏附呈现连续性；而在负电性的生物材料表面，细胞的黏附则是非连续性的。血清中的蛋白质在材料表面的正电荷区和负电荷区的吸附行为差异很大，在正电荷区吸附的玻连蛋白对细胞的黏连具有积极影响，因此，材料表面正电荷区吸附玻连蛋白对骨样细胞的黏附、铺展及迁移至关重要。

(6) 表面生物活性

生物活性按 L. Hench 的定义为“一种特殊的能导致材料和组织在界面上形成化学键合的性质”。现在生物活性常常泛指能增进细胞活性或促进新组织再生的性质。生物材料表面的生物活性对材料的生物相容性以及细胞的黏附、增殖、生长等细胞行为是至关重要的。

细胞的识别功能是生物体的一种自我保护，也是产生移植排斥的根本原因。自然界中各种细胞大都是通过蛋白质进行细胞识别的，其识别是基于细胞中整联蛋白受体与细胞外基质中配体之间的相互识别和作用产生的特异作用实现的。因此，生物材料表面具有整联蛋白受体认同的配体，如纤连蛋白、胶原、玻连蛋白以及 RGD 等多肽序列，是细胞识别并接受植入材料为自体的关键。

生物材料的生物活性化的一个重要手段是支架材料与生物活性分子相结合。生物活性分子主要是蛋白质、多肽或糖类，在支架中加入活性分子能加强组织的内生和细胞的增殖。ECM 是由复杂的蛋白质、生物大分子和小分子组成的混合体系，其中含有对细胞黏附、生长、繁殖有促进作用的多种活性因子，因此把活性因子固定到材料表面或对材料进行预涂沉积处理，可以为细胞的黏附生长提供理想的条件。常见的生长因子、贴壁因子有纤维黏连蛋白、玻璃黏连蛋白、层黏连蛋白、骨形态发生蛋白、GP3、胶原、多聚赖氨酸等。多数细胞具有贴壁生长的特性。生物学研究表明，贴壁性细胞的细胞膜表面存在一种称之为整合素家族的受体，能特异性地识别多肽中氨基酸的次序及血清和 ECM 中的生长因子、贴壁因子、激素。细胞以这些蛋白质为媒介，贴壁于基质材料表面，然后才能铺展生长。

(7) *表面拓扑结构*

生物材料表面的拓扑结构和化学特性是决定细胞与其相互作用的重要因素。材料表面的拓扑结构无论在生物相容性还是在人工 ECM 中都起着重要作用。材料表面的拓扑结构对细胞行为的影响早在一百多年以前就已被发现，即细胞是根据其接触的下层材料表面的拓扑形貌而取向生长的，通常称之为接触引导。对于粗糙的材料表面，存在微小的刻度痕迹或其他微结构时，细胞黏附性增强。通常细胞沿着表面纤维或刻痕取向黏附，形成接触引导。成纤维细胞在表面微结构为 $1 \sim 8\ \mu m$ 时，细胞沿小凹槽定向排列。细胞黏附程度取决于凹槽的深度和间距。具有峰谷结构特征的表面也影响细胞黏附性质。细胞通过自身协调胞体内张力和压力的分布和平衡达到总体力学平衡。人工 ECM 的拓扑结构直接改变表面的应力分布，从而改变细胞的形态。不同细胞在具有不同粗糙度的材料表面的黏附行为有很大差异。

细胞与材料表面之间相互作用受多种因素的影响，生物材料表面工程就是综合考虑各种影响因素，通过材料表面仿生化，将生物材料构筑成适宜细胞增殖和生长的人工细胞外基质，使材料表面引发特定的细胞生理响应。为了使细胞能正常增殖和生长，生物材料表面应满足如下要求：良好的生物相容性；良好的加工性能；适宜的表面亲水疏水平衡；具有较强的细胞特异识别能力；适宜的表面拓扑结构；可消除非特异识别。生物材料表面仿生工程常通过表面修饰，在材料表面固定一些蛋白质、氨基酸及其衍生物、多肽等细胞因子，或在金属生物材料、生物陶瓷表面进行修饰，或改变材料表面的拓扑结构特征而提高材料的生物相容性和细胞亲和性，为细胞的黏附和生长提供良好的生物界面。

作为人体植入构件，生物材料除了必须达到一定的物理性能和力学性能外还必须能被人体所接受。当植入材料或构件进入人体后，细胞就会通过细胞膜表面的受体积极寻找植入体表面的特异性的黏附配体并产生特异作用，细胞正是通过这种特异作用所提供的信息来识别其自源性或外源性。如果这些植入体表面的配体在材料表面具有特定的密度，且保持一定的构象，使配体和细胞膜受体结合端暴露出来，则细胞与材料之间具有良好的响应，是一种成功的细胞识别。生物惰性材料在人体环境中只表现出非特异识别，这种材料植入人体后很快被各种构象和变性蛋白所包覆，而生物活性表面只发生特异性蛋白吸附而不引发非特异性蛋白。因此，这层非特异性蛋白使细胞确认生物惰性材料为异物。所以，生物材料表面仿生工程最终目的就是控制材料表面特异性键合，抑制非特异性蛋白吸附。

7.3.2　材料表面修饰

当生物材料植入人体后往往由于免疫反应引起噬菌作用，会形成纤维性胶囊，出现无菌性炎症。当生物材料进入人体时，其表面最先与机体环境接触，所以表面性能决定了机体对植入物的最初反应。表面修饰通过在材料表面固定一些细胞因子或改变材料表面的局部结构特征而提高材料的生物相容性和特异响应，包括在生物材料表面固定蛋白质进行表面修饰、在生物材料表面固定氨基酸及其衍生物进行表面修饰、在生物材料表面固定多肽进行表面修饰以及通过化学氧化蚀刻技术、等离子体放电、辐射和紫外接枝氧化等常见方法。

1. 表面固定蛋白质对生物材料进行表面修饰

在生物材料表面固定生物大分子是合成具有特异性和识别性表面的最基本方法。生物大分子在生物材料表面的固定方法主要有物理吸附、物理包埋和共价键合三种（如表7-3所示）。一种生物大分子可以通过多种方法固定在生物材料表面。在材料表面固定蛋白质最简单的方法是物理吸附，其吸附力依靠离子键、疏水作用或范德瓦尔斯力。通过化学共价键固定蛋白质是一种比较可靠但较复杂的方法。这种共价固定方法通常是以双官能交联剂（如硅烷、氧化硅基连接剂）为中介，交联剂的一端通过硅烷醇键连接在金属或玻璃表面，另一端有一可变的悬吊基团可结合蛋白质。另外利用具有高度亲和力的配体，通过受体-配体反应也可有效固定蛋白质，如植物血清素、抗生素蛋白、蛋白G、蛋白A。通过配体固定蛋白质类似于共价键固定。对于在化学惰性表面固定生物大分子，生物材料表面首先必须改性，为随后的大分子固定化产生可反应的官能团，如羧基、羟基和氨基等。

表7-3　生物大分子在生物材料表面的固定方法

物理吸附	物理包埋	共价键合
范德瓦尔斯力	屏障系统	化学键合
静电力	水凝胶	固体表面键合
亲和力	基材分散系统	水凝胶
吸附和交联		

蛋白质的固定方式主要集中在二维模型，其方法很多，主要有光阻技术、光化学技术、离

子束技术、自聚集形成单层有机膜技术、等离子气体放电和化学衍生等。

光阻技术是一种以硅烷为偶联剂，将蛋白质固定在二氧化硅或金属表面的方法。该方法首先在生物材料表面铸造一层光致抗蚀剂，然后选择性地覆盖一层掩膜，通过紫外线辐射使没有覆盖掩膜的光致抗蚀剂分解，以暴露材料表面的特定区域，并用氨基硅烷与这些已暴露的区域结合。接着用丙酮对底物进行超声处理，除去掩膜及其覆盖的光致抗蚀剂，暴露底物的剩余区域，并与甲基或烷基硅烷结合。由于硅烷末端悬吊基团的不同，与不同的蛋白质结合产生异源性单层界面或蛋白质的特定结合区域。这种方法可以减少蛋白质的非特异性吸附；但残余溶剂和光致抗蚀剂可以使蛋白质变性，降低蛋白质的活性。

光化学技术固定蛋白质是利用化学不稳定性物质在紫外光辐射时被激活，结合目标分子。通过光化学技术固定蛋白质有以下四种方式：第一种方式是将含有光敏感基团的生物材料在蛋白质溶液中孵育，通过紫外光辐射，激活光敏感基团并直接与溶液中的蛋白质结合；第二种方式是生物材料先与光化学物质孵育，然后用紫外光辐射，激活光化学物质，其一端与生物材料结合，另一端的悬吊基团再与蛋白质结合，光化学物质起到桥梁作用；第三种方式是将带有特殊基团的生物材料用紫外光照射，除去特殊基团，暴露底物的活性区域，再结合蛋白质；第四种方式是将生物材料与含有几种光化学物质的交联聚合物以及蛋白质溶液共同孵育，紫外光照射，被激活的聚合物能同时结合作为底物的生物材料和蛋白质，蛋白质间接地被固定在材料表面，起桥梁作用的是交联聚合物。光化学技术与传统的蚀刻技术相比，它所用的溶液、缓冲液及反应试剂对蛋白质的活性影响较小，而且，在同一生物材料表面，这些化学物质可被重复利用固定多种蛋白质。

人体许多结构在分子水平上是自组装和有序的，包括细胞膜、胶原、DNA 以及蛋白分子。自组装和有序的分子结构对于生物识别和生物反应的优点在于：①可避免引发非特异性反应的缺陷；②能够精确地计划和设计表面；③表面处于平衡状态；④易于制备。

分子自组装是线性烷基分子高度有序紧密排列组装而成的。形成分子自组装的前体分子的末端官能团决定了材料表面的化学性能。通过前体分子组装得到 SAM 后，其表面活性官能团可通过化学方法进行改性得到理想的表面化学性能。例如，当烷基硅烷或链烷巯基分子在二氧化硅或金属表面时，它们能自组装形成单层有机膜。分子链的一个端基与二氧化硅或金属材料表面相连，另一个端基呈游离状态。反应端基的变化，单层有机膜的连接反应或表面能也发生变化，从而在表面制成混合性有机单层，蛋白质可以固定在亲水性或促进黏附的单层有机膜上。

随着蛋白质固定技术的发展，蛋白质定位和蛋白模型技术正受到大家的关注，这两个方面的发展也促进了免疫诊断学和生物传感技术的进步。作为蛋白质固定学科新的分支，纳米模型和三维蛋白固定技术已成为广大学者研究的主题。

2. 表面固定氨基酸及其衍生物对生物材料进行表面修饰

在生物材料表面固定一些氨基酸聚合物，如聚赖氨酸和聚鸟氨酸，可以增强某些细胞的黏附性。在材料表面固定的胺基(模拟肝素结合肽的活性)，可以与细胞膜表面的蛋白多糖结合,促进细胞的黏附。多聚鸟氨酸和三鸟氨酸含有丰富的带电基团,将其固定在材料表面,可增加材料的表面电荷浓度,提高细胞的黏附力。例如,将带正电荷的赖氨酸和精氨酸残基固定在材料表面,在热灭活牛血清白蛋白存在的条件下能增强人包皮成纤维细胞的黏附能力。总之,通过固定氨基酸可以提高材料的表面电荷浓度,增加黏附细胞的数量和增强细胞的黏附力。

3. 表面固定多肽对生物材料进行表面修饰

在生物材料表面固定特异性的活性多肽(RGD, YIGSR 等)制成受体专门性材料,可促进受体介导的细胞对材料的黏附,并提高材料表面生物相容性,引发细胞的特异性黏附、扩展;也可制成抗非特异性黏附的表面。生物活性短肽 RGD 是细胞整合素受体与细胞外基质配体相结合的识别位点,在一定条件下,人工合成或生物提取含 RGD 序列的可溶性小分子多肽能够竞争性地与细胞表面的整合素结合,将细胞外信息传入细胞内,引起细胞内一系列生理变化。RGD 还能促进成骨细胞的生长,抑制破骨细胞之间、破骨细胞与基质之间的黏附,阻止破骨细胞的增殖、迁移、分化,从而促进骨组织的再生。多肽固定在材料表面通过两种方式:共价键和非共价作用。共价键一般是通过材料表面的反应部分和多肽中的羧基、氨基、羟基或巯基等基团键合而形成的。各种不同的技术已经被用来将多肽共价固定在材料表面,如通过多肽的羧基与材料的氨基反应可将多肽 GRGDY 共价固定在聚乳酸-共-赖氨酸表面,可以促进牛动脉内皮细胞扩展。有一些物质,如白蛋白,本身并没有黏附活性,但容易吸附到材料表面,而多肽又容易和白蛋白共价结合。所以将多肽-白蛋白复合并吸附在材料表面,可对材料进行表面改性。也可将疏水性氨基酸结合到多肽末端,然后再吸附到材料表面。羟基磷灰石可作为一种植入材料,它本身不支持细胞附着,但羟基磷灰石的钙可以与 Asp 或 Glu 的羟基结合。利用这一特性可将含有 Glu 的仿生肽 Glu - Pro - Arg - Gly - Asp - Thr 吸附在羟基磷灰石表面,改变它的生物相容性,实验证明在表面吸附有该仿生肽的羟基磷灰石可以促进成骨细胞的附着与扩展。

还有多种其他方法可将含 RGD 多肽固定到材料表面。例如,以 1 -乙基- 3 -(3 -二胺丙基)碳化二亚胺(EDC)和 *N* -羟基琥珀酰亚胺(NHS)作为偶联剂,将聚 L -赖氨酸(PLL)与以固相化学法合成的保护性 GRGDS 肽结合得到 PLL 与 GRGDS 偶联的聚合物 PLL - GRGDS,除去 PLL - GRGDS 的末端 Boc 保护基团及侧链上的保护基团,得到新的水溶性的 PLL - GRGDS。该水溶性的 PLL - GRGDS 可结合到 PLA 表面,得到 PLL - GRGDS 表面修饰的 PLA,这种修饰可以改善细胞和 PLA 之间的相互作用。异双官能团反应物(Sulfo - LC - SPDP)的 *N* -羟基琥珀酰亚胺基团和胶原单体的胺基反应生成稳定的酰胺键,它的 2 -吡啶基二硫化物基团和 GRGDSPC 肽的半胱氨酸残基的硫氢基反应形成二硫键。所以,以 Sulfo - LC - SPDP 为中介可以将 GRGDSPC 肽固定在胶原表面。在硅烷的无水己烷溶液中,硅烷与二氧化硅共价结合,异双官能交联剂 *N* -琥珀酰亚胺- 3 -马来酰亚胺丙酸(SMP)的一端与硅烷结合,另一端的马来酰亚胺基团与半胱胺酸残基的硫氢基共价结合,这样含 RGD 序列和半胱胺酸残基的细胞黏附肽就可共价固定在二氧化硅底物表面。

在材料表面固定多肽可以增强它的生物相容性，促进种子细胞附着和扩展。通过固定RGD肽进行表面修饰的材料能显著增加细胞运动的持续时间。例如，将YGRGD肽固定在无黏附活性的材料上，制成具有不同的表面配体浓度及不同的簇状空间分布的支架，观察NR_6成纤维细胞在其表面的黏附、移动情况，结果发现NR_6成纤维细胞的移动速率依赖于配体空间分布。在相同的表面配体浓度时，簇状固定的YGRGD肽更能提高RN_6成纤维细胞的移动速率；而非簇状固定的YGRGD肽即使在最高的表面配体浓度时，也几乎不支持NR_6成纤维细胞的移动。而且，固定的RGD肽能与细胞表面的受体-整合素特异性结合。整合素是一种跨膜蛋白，它是由α亚单位和β亚单位构成的异二聚体，激活后可以调节跨膜信号以及胞浆内信号的传导。但是，将肽固定在材料表面后，由于空间阻碍而降低肽的活性。添加氨基酸残基或其他基团，或将多肽固定在材料上也会改变肽原来的功能，表现为肽活性的降低，所以在固定多肽时应注意添加基团的溶解度、复合物的二维结构和三维结构改变以及空间阻碍效应。另外，在生物材料表面固定的RGD密度要适宜，因为细胞在天然细胞外基质上是以黏着斑的形式黏连，细胞既能黏连又可移动，RGD密度太小难以达到黏附细胞的目的，而RGD密度太大不利于细胞的移动。

生物材料表面修饰的另一类型是获得抗非特异性黏附的表面。人类生理体液中含有大量的水溶性蛋白质，它们以动态平衡的方式与材料表面作用。体内和体外实验均已证明，细胞在材料表面的黏附主要是由在材料表面的从血清中吸附的可溶性蛋白质层所决定的。血清中有二百多种蛋白质，这些蛋白质经过一个复杂的竞争过程形成一个蛋白质吸附层，其中大部分蛋白质(包括白蛋白)，不能与细胞发生作用，因此不能促进细胞的黏附，只有少量的蛋白质(包括纤连蛋白、层连蛋白和玻连蛋白等)有助于细胞黏附。不能促进细胞黏附的蛋白质在血清中占多数。吸附着不能促进细胞黏附的蛋白质的表面即为非特异性黏附表面。当生物体细胞对植入体内的生物材料进行自体和异体识别时，对非特异性黏附表面将识别为异体材料，并会诱发炎症反应。如果植入材料表面与生物体之间的非特异性吸附完全被抑制，而表面又具有细胞识别的位点，则植入体将被细胞识别为自体。通过材料表面修饰可以制备抗非特异性吸附的表面。例如，采用聚乙二醇(PEG)修饰生物材料表面，构筑亲水性弥散层，可以抑制蛋白质的非特异性吸附。

4. 表面固定细胞生长因子对生物材料进行表面修饰

细胞的增殖和分化由各种生长因子和细胞因子调节。生长因子大都对表皮细胞、成纤细胞和血管内皮细胞起作用；细胞因子则影响淋巴球细胞和血球细胞。在天然的细胞外基质中，生长因子是ECM的组成物之一，并通过ECM释放至相邻细胞，如血管化因子通过ECM以适宜的浓度和速度释放。生长因子种类很多，常见的有成纤细胞生长因子(FGF)、表皮细胞生长因子(EGF)、肝细胞生长因子(HGF)、血小板衍生生长因子(PDGF)、胰岛素样生长因子(IGF)、血管内皮生长因子(VEGF)、神经生长因子(NGF)、胶质细胞衍生神经因子(GDNF)、干细胞因子(SCF)、转化生长因子β(TGFβ)和骨形态发生蛋白(BMP)等。在组织再生过程中，各种因子综合地起作用。组织工程需要生物材料能介导细胞和生长因子的相互作用。在材料表面固定胰岛素生长因子可以通过引发细胞黏附来促进细胞生长。胰岛素与黏附蛋白类共同固定，诱导产生协同作用，使胰岛素活性增加。不同生长因子对细胞黏附和生长的影响有一定的特异性，白蛋白缺乏促进细胞黏附、伸展和生长的活性，其原因在于成纤维细胞缺乏与之相互作用的受体。胰岛素有较高促细胞生长能力，RGD有较高促细胞黏附能力，二者共同固定于材料表面，产生协同作用可增加胰岛素的活性。

5. 表面固定酶类对生物材料进行表面修饰

在高分子表面共价固定酶类，可生产出具有酶活性的新型生物材料，这种新型材料在生物感受器、生物反应器、人工细胞的制作及合成等方面显示了较好的应用前景。例如，将脲酶固定在明胶上，在人工肾脏中用于血液除毒。又如，固定葡萄糖氧化酶用作测量电流的感受器。目前固定酶技术主要包括：物理技术，即酶被包裹，但其运动性受到限制；化学共价结合。

6. 利用微模型技术对生物材料进行表面修饰

聚合物表面的亲疏水性、电荷分布等也影响细胞的黏附。利用微模型技术，通过各种不同的物理、化学方法在材料表面制成不同亲疏水性及电荷分布的区域或固定细胞黏附因子及细胞生长因子，来研究细胞的黏附与表面特性之间的关系。

通过光化学方法将生物大分子固定在材料表面，可以避免热化学方法的缺点，其共价键合是由光引发的，不需要目标分子的功能化，可以将酶、抗体等蛋白质及多肽、核酸等生物大分子固定在各种"惰性"材料表面或接枝在材料表面。通过光化学固定法可将叠氮基苯衍生物固定在聚合物表面，对材料进行表面修饰。光化学固定法由以下三个步骤组成：①将光反应剂被覆在材料表面；②通过光掩膜进行紫外线辐射；③由溶剂除去未反应的光反应剂。这样就得到两种不同的表面修饰区域，一种是亲水性区域，另一种是疏水性区域。将牛动脉内皮细胞(ECs)接种在这种材料表面，ECs仅在疏水性区域黏附、扩展、扩增。常用的光反应剂有聚 *N*,*N*-二甲丙烯酰基酰胺-共-3-叠氮基苯乙烯、双-4-偶氮基酰胺-聚乙烯乙二醇和聚苯乙烯-共-3-叠氮基苯乙烯。

Anderson在聚对苯二甲酸乙二酯(PET)膜表面覆盖一层 *N*,*N*-二乙基二硫氨基甲酸苄基酯-苯乙烯共聚物，随后在单体溶液中浸透后进行光照射，单体接枝到聚合物表面生成斑纹状光掩膜，产生三种不同微模型特性的表面区域：非离子区、阴离子区和阳离子区。在这些特性表面上进行人体单核细胞培育，研究其表面黏附的可控性。在聚丙烯酰胺非离子区，单核细胞黏附被抑制，并且诱导未黏附的单核细胞聚集；在聚丙烯酸阴离子区、钠盐及 *N*,*N*-二乙基二硫氨基甲酸苄基酯区，巨噬细胞黏附和扩展并导致白细胞介素-13的富集及诱导的异物巨细胞形成；在阳离子区，单核细胞/巨噬细胞黏附，黏附的细胞没有融合形成异物巨细胞。因此，炎症细胞反应可以从根本上得到控制，以改善医疗装置的生物相容性。

利用微模型技术将层黏连蛋白、RGD活性多肽固定在模板表面以调节细胞的黏附。表面水解的聚甲基异丁烯酸表面固定胰岛素或表皮生长因子(ECF)后促进了细胞的生长。固定的生物信号分子不仅具有活性，而且其活性比游离的生物信号分子更高，如固定的胰岛素促有丝分裂作用比天然的胰岛素更强。这可能是因为固定的胰岛素抑制了由于细胞内在分化引起的下调作用，因此它的作用时间更长。

表面微模型技术有利于生物智能材料的发展。通过微模型技术固定各种生物信号分子控制材料的表面性能，不仅有助于研究细胞内信号传导机制和精确控制生物材料表面的细胞行为。而且在微模型表面培养的内皮细胞有利于毛细血管网络的建立。

7. 人工骨和人工关节表面修饰

人工骨和人工关节的表面修饰是为了改善骨头和人工关节处的位置固定及提高关节接合处的耐磨性和生物相容性。主要的表面修饰方法有两种，即对关节表面进行涂层处理和对金属关节进行表面改性。

(1) 涂层处理

人造关节的涂层材料主要包括氮化钛（TiN）、氧化铝（Al_2O_3）和碳基涂层等。这些表面涂层的主要优点是表面光滑，可以有多种材料选择，没有金属离子的释放等。在金属（主要是钛合金）基体上涂覆厚度为 50 μm 或 75 μm 的羟基磷灰石（HA）等生物活性陶瓷，不仅涂层与钛基底结合强度高，而且 HA 与骨的键合好，HA 涂层在钛基底和骨之间起到了很好的桥梁作用。多孔、粗糙的涂层表面有利于骨组织长入，既无纤维组织层形成，又能刺激双向成骨，与周围的骨组织形成化学性结合和生物性结合，即使经过长时间它也不会发生明显的降解，HA 涂层具有良好的生物相容性。目前，它已在人体股骨、髋关节、肘关节、骨盆、牙齿等方面临床试验成功。

(2) 表面改性

金属关节的表面改性主要有以下两种情况。

① 钛合金表面的热氧化　通过对包括 Ti_6Al_4V 等在内的钛合金热氧化机理的研究发现，这些钛合金材料表面都有二氧化钛的生成。这使合金表面硬度大大提高，从而使合金材料磨损大大降低。

② 用氮和碳元素对奥氏体不锈钢进行金属表面的低温等离子体合金化　奥氏体不锈钢在人体内产生的腐蚀现象有两类，一类是表面的点蚀，另一类是晶间腐蚀。通过金属表面低温等离子体合金化后，碳元素渗入到不锈钢基体内部。经表面合金化处理的奥氏体不锈钢与未经处理的 316 钢比较，发现其磨损量大大减少，经过处理的 316 钢的极化特性也有所改善。

7.3.3　生物材料表面拓扑结构化

拓扑概念（Topology）来自几何学，是一种将各种物体位置进行抽象化的表达。分子拓扑结构是指构成化学物质的原子以及原子间的连接关系，不包括键长和键角等次级结构。生物材料表面的拓扑结构简单地讲就是材料的表面形貌特征。早在 20 世纪 30 年代、40 年代和50年代Paul Weiss就提出“接触引导”的概念并开展了广泛的研究，70年代开始研究纳米结构特征对细胞行为的影响。其他学者如Curtis，Von Recum，Wilkinson，Singhvi及Clark等对材料表面拓扑结构影响细胞行为也做了深入的研究。生物材料表面的拓扑结构无论在血液相容性还是在人工细胞外基质ECM中都起着至关重要的作用。作为生物体，从细胞到组织再到器官，它们的空间结构构建都遵循应力平衡原则。细胞通过自身协调，胞体拉应力和压应力的分布和平衡达到总体力学平衡，细胞和人工ECM黏连是组织工程的首要条件。因此，与细胞直接接触的人工ECM表面的拓扑结构对细胞的生长具有非常重要的影响。人工ECM的拓扑结构会改变细胞表面的应力分布，从而改变细胞的形态。研究表明，不管是材料表面吸附蛋白质还是整联蛋白调节细胞的黏连，细胞的形态都是控制细胞生长和凋亡的重要因素。同时，人工ECM的拓扑结构还能影响细胞的定向、迁移及细胞骨架的排列能力。进一步研究显示，细胞在细微构型或特意设计的拓扑结构上的生长良好，从而更加证明了人工ECM表面拓扑结构对细胞生长的作用。而细胞的表型在一定程度上也依赖于人工ECM与细胞核结构间的相互作用。生物材料表面拓扑结构化可通过多种途径实现。

基底膜作为细胞的底物广泛存在于脊椎动物的体内，主要由细胞外基质蛋白组成，包括透明质酸、蛋白多糖、层黏连蛋白和纤维连接素。基底膜的表面化学特征、机械伸展性对细胞和组织的行为、功能有很大的影响。除此之外，基底膜表面具有复杂的三维纳米结构特征，如纳米级的孔、岭和纤维细丝等。利用电子显微镜测量猴角膜上皮细胞基底膜表面的特征结构，特征结构的平均高度在147～191 nm，平均纤维细丝的宽度约为77 nm；孔的平均直径为72 nm，约占基底膜总面积的15%。在人角膜上皮细胞基底膜表面也观察到类似的特征结构。Shirato在鼠肾小球基底膜上观察到网筛结构，内层由5～9 nm厚的原纤维和11～30 nm宽的孔组成，外层由6～11 nm厚的原纤维和10～24 nm宽的孔组成。

通过在底物表面制成具有一定尺寸和形状的特征结构，可以研究细胞在底物表面的行为。照相平版印刷加工也称之为光刻蚀法，是应用最广泛的方法之一。在底物表面涂覆一层聚合物抗蚀剂涂层，然后在这层涂层上面覆盖一带孔掩膜，并透过掩膜对涂层进行光辐射，使光化学反应在特定区域发生，这些受到光辐射的区域在显影剂溶液里可变得更加可溶或变得不可溶。因此，在除去掩膜后，聚合物抗蚀剂涂层浸入显影剂后将产生掩膜的阳性色调图像或阴性色调图像(如图7-11所示)。掩膜的阳性色调图像是由于抗蚀剂涂层在光辐射后变得难溶而在显影剂中只溶解掩膜覆盖区域而得到的；阴性色调图像相反，抗蚀剂涂层在光辐射后变得易溶，在显影剂中只溶解光辐射区域而保留了掩膜覆盖区域。照相平版印刷术可以通过设计掩膜孔隙的密度、大小和形状来调控底物表面抗蚀剂的覆盖率及裸露底物的表面形状。

由于光衍射的限制，在不用相移掩膜时通过照相平版印刷术所得到的特征结构的宽度约等于光的波长。如用248 nm的紫外光刻蚀底物，所得到的特征结构的宽度约为220～250 nm。底物表面上没有被抗蚀剂形状覆盖的区域可被蚀刻，并产生各种结构特征的拓扑表面(如图7-12所示)。最常见的结构特征是沟，由于所用的蚀刻剂的不同，沟可为方型、V型或半圆凹型。一个沟与相邻的一个岭为一个重复单位。蚀刻结束以后，除去剩余的抗蚀剂。其他常用的方法还有掠射角沉积法、激光烧蚀法、激光沉积法、X 光平版印刷复制法、印记平版印刷法、微触印刷和蚀刻法及喷墨印刷法等。

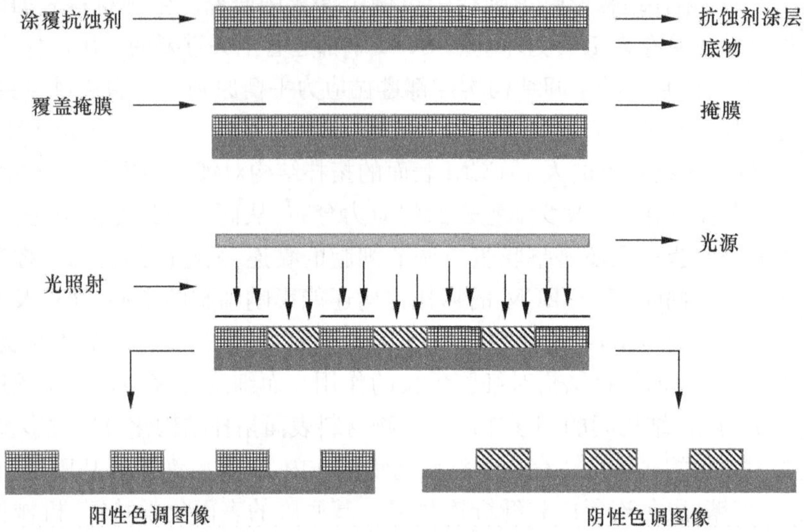

图 7-11 照相平版印刷加工示意图

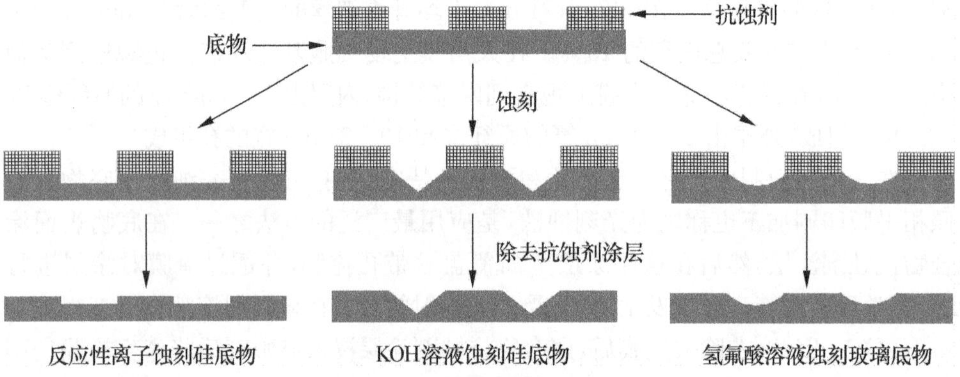

图 7-12 底物蚀刻示意图

细胞在具有微沟特征的表面培养时常沿微沟的长轴生长，细胞骨架结构的组织也与长轴一致。在决定细胞的取向时微沟的深度比宽度更重要，深度增加，细胞的取向性增加；宽度增大，细胞的取向减少。岭宽或沟宽增加（即微沟单位增加），细胞的取向减少，而且岭宽比沟宽的影响更大。虽然大多数研究表明细胞的生长与微沟一致，但并不是所有细胞都这样，如巨噬细胞、海马回和小脑的神经细胞。也曾有人研究其他特征结构对细胞行为的影响，这些特征结构包括：腔、结节、孔、球和柱。2 μm 和 5 μm 的结节比 10 μm 的结节更能促进细胞的扩增。在决定组织的反应性方面，孔的大小比疏水性影响更大。

参考文献

[1] Vroman L, Adams A L, Klings A L, et al. Ann N Y Acad Sci, 1977,283:65－75.
[2] Baier R E. Ann N Y Acad Sci, 1977,283:17－25.
[3] Hench L L. Science, 1980,208:826－631.
[4] Hench L L, Potak J M. Science, 2002,295(5537):1014－1017.
[5] Hench L L. J Am Ceram Soc, 1998,81:1705－1728.
[6] 小久保正,川下將一.化學工業,2000,1:45－51.
[7] Jacoby M. Chem Eng News, 2001,79(6):30－35.
[8] Griffith L G, Naughton G. Science, 2002,295(5537):1009－1014.
[9] Strain A J, Neuberger J M. Science, 2002,295(5537):1005－1008.
[10] Parenteau N. Scientific American, 1999,280(4):83－84.
[11] 师昌绪.材料大词典.北京:化学工业出版社,1994.
[12] 闫玉华,张宏泉,李世普.生物陶瓷及制品的研究现状和发展前景.中国陶瓷,1998,34(2):36－38.
[13] Hench L L. J Am Ceram Soc, 1991, 74: 1487.
[14] Suchanek W, Yoshimrua M. J Mater Res, 1998, 1: 94－97.
[15] 竺亚斌,高长有,王登勇,等.生物医学工程杂志,2003,20(2):356－360.
[16] 尹玉姬,姚康德,刘文广,等.应用化学,2004,21(3):217－222.
[17] 陈小娥,夏文水,余晓斌.海洋科学,2004,28(3):72－76.
[18] 马豫峰,蔡继业,夏科.电子显微学报,2004,23(2):129－133.
[19] 肖仕初,杨珺,贲道锋,等.第二军医大学学报,2003,24(10):1120－1123.
[20] 马祖伟,高长有,龚逸鸿,等.高等学校化学学报,2004,25(4):749－752.
[21] 朱立新,李奇,林荔军,等.中国临床解剖学杂志,2003,21(4):355－358.
[22] 邱凯,陈馨,李天全,等.生物医学工程杂志,2003,20(3):546－549.
[23] 丁珊,李立华.生物医学工程学杂志,2002,19(1):122－126.
[24] 马春敏,王小勇,席庆,等.中国临床康复,2002,6(10):1481－1482.
[25] 席庆,毛天球,曹罡,等.第四军医大学学报,2002,23(10):877－879.
[26] 夏烈文,王远亮,何创龙,等.山东生物医学工程,2002,21(4):50－53.
[27] 王身国,杨健,万玉青,等.化学通报,2004,67(4):237－245.
[28] 颜文龙,孙恩杰,郭海英,等.上海生物医学工程,2004,25(1):51－54.
[29] Detrembleur C, Mazza M, Halleux O, et al. Macromolecules, 2000,33:14－18.
[30] Kweon H Y, Yoo M K, Kim T H, et al. Biomaterials, 2003,24(5):801－808.
[31] Lang M D, Bei J Z, Wang S G. J Biomater Sci Polym Ed, 1999,10(4):501－512.
[32] Lang M D, Wong R P, Chu C C. J Polymer Science A, 2002,40:1127－1141.
[33] Tian D, Dubois P, Grandfils C, et al. Macromolecules, 1997,30:406－409.

[34] Tian D, Halleux O, Dubois P, et al. Macromolecules, 1998,31:924 - 927.
[35] Lou X D, Detrembleur C, Jerome R. Macromolecules, 2002,35:1190 - 1195.
[36] 蔡志江,成国祥.功能高分子学报,2001,14(3):355 - 359.
[37] 宋文军,霍静,孙涛.医药导报,2004,23(2):116 - 117.
[38] Attwia M A, Uhrich K E, Botchwey E, et al. J Biomed Mater Res, 1995;29(10):1233.
[39] 崔云华,王晓玲.国外医学:分子生物学分册,2002,24(1):47 - 49.
[40] Ratner B D. Macromol Symp, 1998,130:327 - 335.
[41] 王昊,张西正,田丰,等.医疗卫生设备,2003,24(008):24 - 26.
[42] 刘亚雄,王珏,卢秉恒,等.中国生物医学工程学报,2004,23(1):21 - 24.
[43] Day R M, Boccaccini A R, Shurey S, et al. Biomaterial, 2004,25:5857 - 5866.
[44] Kirkpatrick C J, Bittinger F, Wagner M, et al. Proc Inst Mech Eng H, 1998,212:75 - 84.
[45] 林思聪.高分子通报,1997,1:1 - 7.
[46] Langer R, Vacanti J P. Science, 1993, 260(5110):920 - 926.
[47] Mahoney M J, Saltzman W M. Nature Biotech, 2001,19:934 - 939.
[48] Bianco P, Robey P G. Nature, 2001,414(6859):118 - 121.
[49] Zandonella C. Nature, 2003,421(6926):884 - 886.
[50] Hornberger L K. Circ Res, 2000;87(6):508.
[51] Huang S. Ingber Mol Biol Cell, 1998;9(11):3179.
[52] 徐滨士,马世宁,梁秀兵,等.金属热处理,2002,27(7):1 - 3.
[53] Altankov G, Groth T. J Biomater Sci Polym Ed, 1997,8:299 - 310.
[54] Smetana K, Lukáš Jr J, Palečková V, et al. Biomaterials, 1997,18:1009 - 1014.
[55] Wang S, Cukierman E, Swaim W D, et al. Biomaterials, 1999,20:1043 - 1049.
[56] Edwin G S, Joan S B. Science, 1995,268:233 - 239.
[57] Lampin M, Warocquier-Clerout R, Legris C, et al. J Biomed Mater Res, 1997,36:99 - 108.
[58] 蔡开勇,姚康德.中国康复理论与实践,2002,8(5):263 - 267.
[59] Weiss P. Cell contact. Int Rev Cytol, 1958,7:391 - 423.
[60] Thomas C H, McFarland C D, Rezania A, et al. J Biomed Mater Res, 1997,37:81 -93.
[61] 蔡开勇,林松柏,姚康德.化学进展,2001,13(1):56 - 64.
[62] Owaku K, Goto M, Ikariyama Y, et al. Sensors Actuators B, 1993,13 - 14:7233 - 7234.
[63] Sigrist H. Optic Eng, 1995,34(8):2339 - 2348.
[64] Allara D L. Biosensors Bioelectron, 1995,10:771 - 783.

[65] Liu S. J Biol Chem, 1997,272:25856－25862.
[66] Massia S P, Hubbell J A. J Biol Chem, 1992,267:10133－10141.
[67] Cook A D, Hrkach J S, Gao N N, et al. J Biomed Mater Res, 1997,35:13.
[68] Fujisawa R, Mizuno M, Nodasaka Y, et al. Matrix Biol, 1997,16:21.
[69] Robin A Quirk, Weng C Chan, Martyn C Davies, et al. Biomaterials, 2001, 22:865－872.
[70] Myles J L, Burgess B T, Dickinson R B. J Biomater Sci Polym Ed, 2000,11(1): 69－86.
[71] Porte-Durrieu M G, Labrugere C, Villars F, et al. J Biomed Mater Res, 1999,46(3):368－375.
[72] Maheshwari G, Brown G, Douglas A, et al. J Cell Science, 2000,113:1677－1686.
[73] Lebaron R G, Athanasiou K A. Tissue Engineering, 2000,6:85－103.
[74] Ratner B D. Molecular Recognition, 1996,9:617－625.
[75] Ikada Y. Biomaterials, 1994,15:725－726.
[76] Sungur S. Biomaterials, 1992,13:795.
[77] Davies M. Biomaterials, 1992,13:971.
[78] Sanger M, Sigrist H. Sensors and Actuators A, 1995,51:83－88.
[79] DeFife K M, Colton E, Nakayama Y, et al. J Biomed Mater Res, 1999, 45: 148－154.
[80] Ito Y, Liu S Q, Imanishi Y. Biomaterials, 1991,12:449－453.
[81] 张景德,尹衍升,李静,等.机械工程材料,2002,26(11):5－7.
[82] Curtis A S G, Clark P. Crit Rev Biocompatability 1990,5:343－362.
[83] Von Recum AF, Van Kooten TG. J Biomater Sci Polym Ed 1995,7:181－98.
[84] Singhvi R, Stephanopoulos G, Wang D C. Biotechnol Bioeng, 1994,43:764－771.
[85] Clark P. Biosens Bioelec, 1994,9:657－61.
[86] Flemming R G, Murphy C J, Abrams G A, et al. Biomaterials, 1999,20(6): 573－588.
[87] Brunette D M, Kenner G S, Gould T R L. J Dent Res, 1983,62:1045－1048.
[88] Robbie K, Brett M J. J Vac Sci Technol A, 1997,15:1460－1465.
[89] Robbie K, Sit J C, Brett M J. J Vac Sci Technol B, 1998,16:1115－1122.
[90] Phillips H M, Sauerbrey R A. Opt Eng, 1993,32:2424－2436.
[91] Schleicher B, Friedlander S K. J Appl Phys, 1995,78(10):6046－6049.
[92] McClelland J J, Scholten R E, Palm E C, et al. Science, 1993,262(5135): 877－880.
[93] Xia Y, Kim E, Zhao X M, et al. Science, 1996,273(5273):347－349.
[94] Xia Y, McClelland J J, Gupta R, et al. Adv Mater, 1997,9:147－149.

[95] Chou S Y, Krauss P R, Renstrom P J. Appl Phys Lett, 1995,67:3114－3116.
[96] Chou S Y, Krauss P R, Renstrom P J. Science, 1996,272(5258):85－87.
[97] Xia Y, Kim E, Whitesides G M. J Electrochem Soc, 1996,143(3):1070－1079.
[98] Xia Y, Kim E, Mrksich M, Whitesides G M. Chem Mater, 1996,8:601－603.
[99] Blanchard A P, Kaiser R J, Hood L E. Biosens Bioelec, 1996,11:687－690.
[100] Giordano R A, Wu B M, Borland S W, et al. J Biomater Sci Polym Ed, 1996,8:63－75.

思考题

1. 简述生物材料的定义及其发展现状。
2. 简述材料的生物相容性及其主要影响因素。
3. 什么是组织工程和细胞外基质?
4. 蛋白质在材料表面的吸附取决于哪些影响因素?
5. 为何细胞在材料表面的黏附对组织再生以及植入物的修复效果起着关键作用?
6. 生物材料表界面的表征主要有哪些方法? 简述之。
7. 细胞与材料表面之间的相互作用主要有哪些? 简述之。
8. 细胞与材料表面之间相互作用的影响因素主要有哪些?
9. 生物材料的表面修饰主要有哪些方法? 简述之。
10. 生物材料表面的拓扑结构对细胞黏附有何影响?

第 8 章　纳米材料的表界面

纳米材料分为两个层次，即纳米粒子与纳米结构的固体材料。纳米粒子通常指尺寸为1～100 nm 的颗粒；纳米结构的固体材料是指由纳米粒子组成的固体材料。由于纳米粒子具有独特的电子、光学和催化等性能，构成纳米结构的材料后有希望呈现出一系列独特的新颖性质，所以人们对纳米粒子及其构成的纳米结构材料的兴趣高涨。普遍认为，这些材料将成为下一代的功能材料和结构材料。

纳米粒子的重要特点是粒径小、比表面积大。因此纳米粒子的表面在纳米粒子的性质中扮演了重要的角色，这些性质包括可溶性、反应性、稳定性、熔点和电子结构。同时表面也是连接纳米粒子与其他材料的桥梁，在构造纳米结构材料、制备新器件和连接靶分子用于药物输运等应用方面起着重要的作用。因此，研究纳米粒子的表面化学特性是非常重要的领域。

人们已经制备出各种形貌、尺寸可控的纳米粒子和各种纳米级复合物，这为纳米结构的固体材料和器件的制备提供了很好的基础。Feynman 在“底层还有充满生机的发展空间”的演讲中提出了在小尺度范围内操纵和控制物体，从而激发了人们对纳米技术的广泛研究。根据 Feynman 的想法，人们可以以原子和分子为单元采用自下而上组装的方法来制备纳米物质。今天，科学家们已经能够实现在物体表面操纵原子、分子及纳米粒子，构造出丰富多样的纳米结构材料。对纳米材料表界面的认识，有助于建立新型的理论体系，从而解释纳米材料的性能。

8.1　纳米粒子的表面化学特性

8.1.1　纳米粒子的成核与生长

纳米粒子从溶液中沉淀为固相后不可避免地要经历一个生长过程，对这个过程充分地理解并控制沉淀参数有助于改进纳米粒子的生长工艺，使其达到预先设计的尺寸和形状。对于某一特定的溶剂，溶质有一定的溶解性，而添加过量的溶质将导致沉淀，形成纳米晶。因此，对于纳米粒子的形成，要出现成核，溶液必须过饱和，或者在高温下直接析出溶质，然后冷却至低温；或者添加必需的反应物，在反应过程中产生过饱和溶液。沉淀过程通常分为成核过程和粒子生长过程。

1. 一般过程

成核过程通常有三种：均相成核、异相成核和二次成核。均相成核出现在结合溶质分子时无固体界面产生的成核。因为过饱和溶液能量不稳定，这样由热力学驱动力导致均相成核发生。总自由能的变化 ΔG 为产生新体积的自由能与产生新表面的自由能之和。对于球形粒子，有：

$$\Delta G = -\frac{4}{V}\pi r^3 k_B T \ln S + 4\pi r^2 \gamma \qquad (8-1)$$

式中，V 是沉淀物的分子体积；r 是成核半径；k_B 是玻耳兹曼常数；S 是饱和比；γ 是单位面积的表面自由能。当 $S>1$ 时，ΔG 在临界核尺寸 r^* 处有一正的最大值（见图 8-1），这个正的最大自由能是成核的活化能。形成的核大于临界核尺寸后，其自由能减小，形成稳定的核，最终生长为粒子。临界核尺寸 r^* 可由 $\mathrm{d}\Delta G/\mathrm{d}r=0$ 求得。

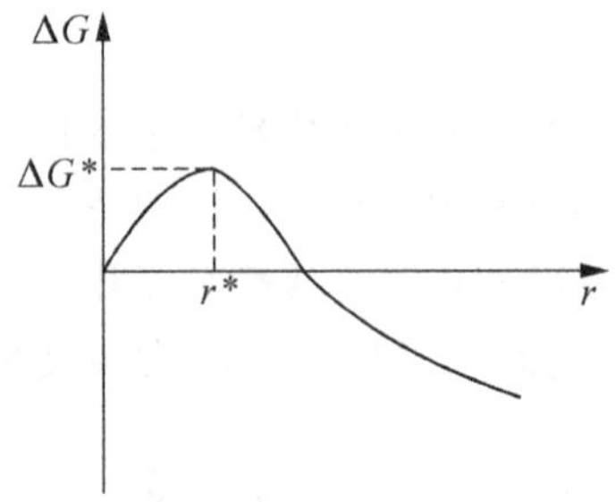

图 8-1　自由能 ΔG 随粒子尺寸 r 生长的关系

$$r^* = \frac{2V\gamma}{3k_B T \ln S} \qquad (8-2)$$

对一给定的 S 值，所有 $r>r^*$ 的粒子将生长，而 $r<r^*$ 的粒子将消失。从上面的方程来看，饱和比 S 越高，临界核尺寸 r^* 越小。

从溶液中形成核后，它们通过添加分子经历过饱和后生长。当滴加的浓度低于临界值时，成核停止，粒子通过添加分子连续生长，直到达到沉淀物的平衡浓度。经一短的能产生所有粒子的成核期后，通过自锐化生长过程，在反应后期尺寸分布达到均一。在这个过程中，若粒子大于临界尺寸，则较小的粒子因为自由能驱动力大，比较大的粒子生长快。对此过程或者快速停止反应（成核与生长），或者补充反应物使反应过程保持一饱和的条件能够获得近单分散的尺寸分布。

另一方面，由于粒子生长，反应物耗尽，出现 Ostwald 熟化或散焦，即大粒子继续生长，小粒子被溶解。由于此时过饱和比增加，对应的临界核尺寸按式(8-2)增加，比新临界核尺寸小的粒子溶解。如果在这一步反应立即停止，粒子将有一个宽的尺寸分布。反应进入粒子生长阶段是很难得到单分散粒子的。除非反应进行足够长的时间，完全消除过饱和和较小的核。这种情况粒子的尺寸相对较大，达到微米尺度。在实际的实验过程中，当没有连续提供反应物时，过饱和比持续减小而临界核尺寸持续增加。为了得到一个短的成核爆发，高过饱和比是合适的。

除了添加分子使可溶性物质在固体表面沉积的生长之外，粒子也能够彼此聚集生长，亦即二次生长。粒子聚集生长的速率比添加分子快得多。粒子生长达到稳定尺寸后，它们将吞并小的不稳定的核，不与其他稳定的粒子碰撞。纳米粒子很小，从晶体生长动力学角度看它不是热力学稳定的。为了制得稳定的纳米粒子，必须添加表面保护剂（如有机配体或无机封闭剂），或者将它们置于惰性环境（如无机基体或聚合物）中。

2. 纳米粒子的成核与生长原位观察

Qu 等引入原位的方法研究了晶体的成核与生长过程。采用的研究体系从分子尺度到大尺寸晶体，具有依赖尺寸的性质。他们首先对 CdSe 系统进行了实时测量，记录了具有毫秒分辨率的反应过程的吸收谱。图 8－2 给出了不同反应段原位记录的 CdSe 纳米粒子的吸收光谱。所给反应的初始 Cd 原子浓度为 0.02 mol/kg。图 8－2 的插图为 250℃ 与 25℃ 下 CdSe 纳米晶吸收谱的比较。与 25℃ 的谱图比较，250℃ 的 CdSe 纳米晶吸收谱红移且变宽。他们比较了 CdSe 纳米晶在 250℃ 与 25℃ 时的第一激子吸收峰的位置，发现呈良好的线性关系。利用这一校正曲线很容易确定任一给定时刻的平均粒径。

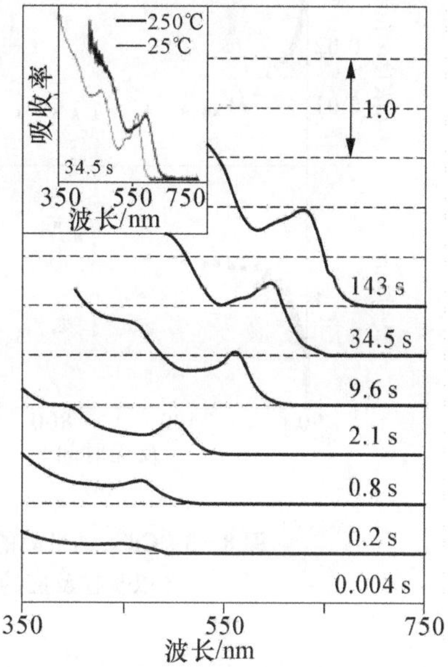

图 8－2 原位记录 250 ℃ 下 CdSe 纳米晶的 UV－vis 吸收谱
（插图为不同温度下吸收谱的比较）

对应图 8－2，计算的粒子尺寸、粒子浓度和反应的单体浓度如图 8－3 所示。整个结晶过程可以分为四个阶段。开始阶段，在溶液中形成大量相对小的粒子，粒子总数增加，这个阶段与经典理论的成核阶段一致。第二阶段，粒子浓度显著下降，尺寸分布变差。第三阶段为稳定阶段，单体和粒子在溶液中达到平衡，按照经典理论，溶液中的单体浓度接近溶液中粒子的溶解性，在这个阶段中粒子尺寸的宽化可能来源于浓度的起伏。第四阶段是粒子分布的 Ostwald 熟化或散焦的主要过程，在分布中相对大的粒子生长而相对小的粒子在溶液中消失。

3. 纳米粒子的成核与生长动力学

Bullen 和 Mulvaney 研究了 CdSe 纳米晶的成核与生长动力学。假定生长远低于质量转移限制，即沉积是活性控制，那么速率遵循如下方程：

$$\frac{\mathrm{d}[\mathrm{Cd}]_t}{\mathrm{d}t} = -kA(t)[\mathrm{Cd}]_t N(t) \tag{8-3}$$

式中，$[\mathrm{Cd}]_t$ 为 t 时刻的 Cd 浓度；$A(t)$ 为每个粒子在 t 时刻的表面积；$N(t)$ 为在 t 时刻的粒子数；k 为界面速率常数。在稳态生长条件下，Se 和 Cd 等速率沉积，可用任一种描述粒子生长。从图 8－4 的结果看，粒子数成核后保持常数，$N(t) = N_0$；进一步假定粒子是球对称的，即 $A(t) = 4\pi r(t)^2$。那么在整个溶液中沉积的 CdSe 的体积的增加速率是：

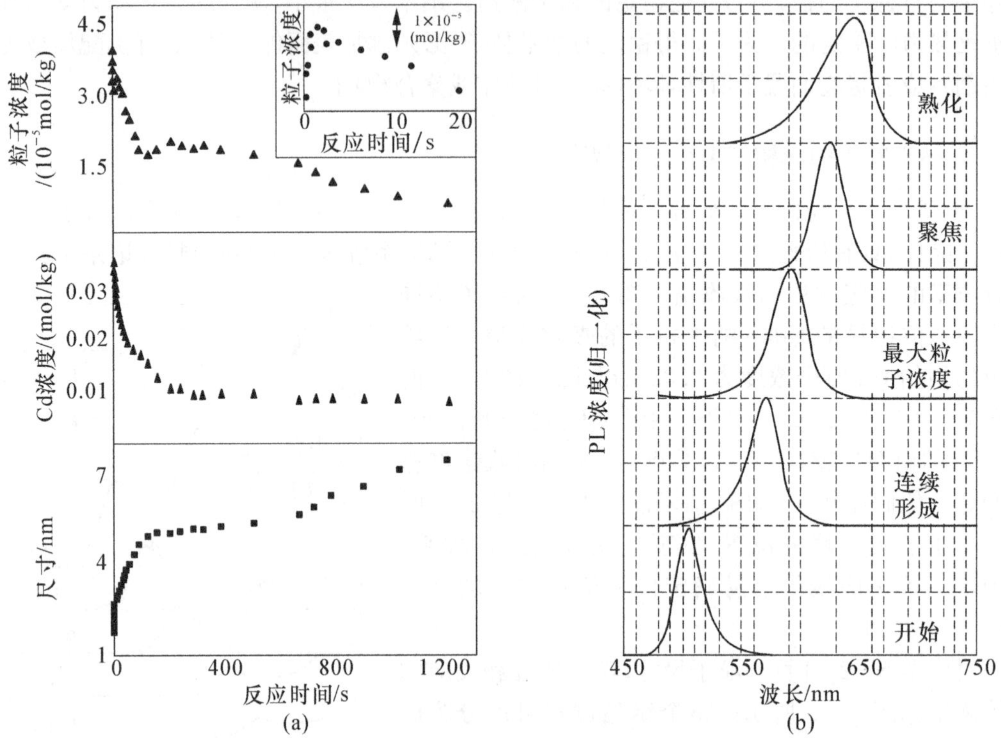

图 8-3 CdSe 纳米晶的尺寸和反应液中 Cd 单体浓度随时间的变化(a)以及在反应的同时纳米晶的 PL 谱随时间的变化(b)

$$\frac{dV}{dt}=\frac{V_m d[CdSe]_t}{dt}=\frac{V_m d[Cd]_t}{dt} \tag{8-4}$$

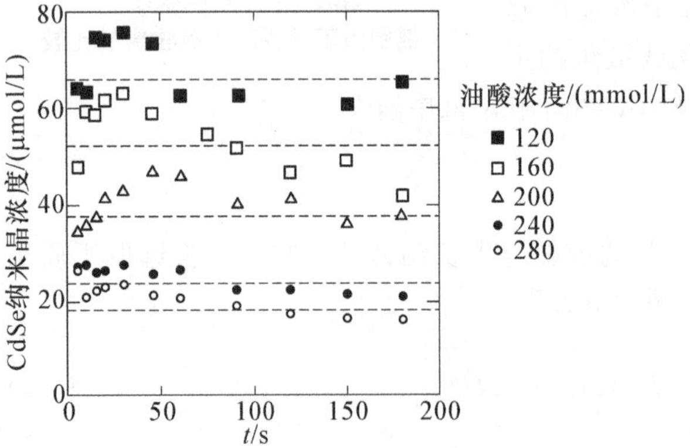

图 8-4 对 5 个油酸浓度计算的 CdSe 纳米晶随时间的变化趋势

式中，V_m 是 CdSe 的摩尔体积。游离 Cd 的有效浓度$[Cd]_t$ 等于初始注入的浓度$[Cd]_0$，低于已经沉积的$[Cd]_{dep}$量和平衡时的$[Cd]_{eq}$量，则有：

$$\frac{dr}{dt}=k\left(V_m\left([Cd]_0-[Cd]_{eq}-\frac{N_0 4\pi r^3}{3}\right)\right)=k(A-Br^3) \tag{8-5}$$

式中，$A=V_m([Cd]_0-[Cd]_{eq})$；$B=N_0 4\pi/3$。由图 8-4 可见，合适的值 $V_m(CdSe)=32.99\ cm^3/mol$，$N_0\approx 4.5\times10^{16}/cm^3$。每个纳米晶随时间其表面积增加，倾向于加速反应，但 Cd 和 Se 的单体浓度在减少，导致生长速率减小。结果在开

始很短的时间内，粒子的半径生长几乎是线性的，但随后趋于一最大值，达到 $r_{max}=(A/B)^{1/3}$，在此点所有溶液中过量的Cd都被消耗掉。对方程(8-5)积分，得到 t 对 r 的函数为：

$$t=f(r)+C$$

$$t=\frac{2\sqrt{3}\arctan\left[\dfrac{1+\dfrac{2B^{1/3}r}{A^{1/3}}}{\sqrt{3}}\right]+\lg\left[\dfrac{A^{2/3}+B^{1/3}A^{1/3}r+B^{2/3}r^2}{(A^{1/3}-B^{1/3}r)^2}\right]}{6B^{1/3}kA^{2/3}}+C \tag{8-6}$$

然而，这个函数不容易导出其反函数的精确形式 $r(t)$。当边界条件 $t=0$ 时，$r=r_0$，可得到 $C=-f(r)$。尽管方程(8-5)的形式简单，积分的形式却是非常复杂的，好在数据拟合方程(8-6)是不烦琐的。A 和 B 采用实验数据，可以计算出生长曲线，得到速率常数与给出的实验数据一致。典型的拟合数据的结果如图8-5所示。对低油酸浓度，$r_0=(1.0\pm0.1)$nm；对高油酸浓度，$r_0=(0.8\pm0.2)$nm。单体沉积的速率常数的最佳拟合值为 2.2×10^{-6} cm/s，低于扩散限制速率常数至少8个数量级。随着油酸量的增加，生长的速率常数没有显著改变。Ostwald熟化是相当慢的过程，不包括在这里的动力学模型中。

这里的结果表明，油酸不仅是十八烯中CdSe量子点的有效遮蔽剂，而且在两个方面显著影响最初的成核步骤。第一，核的数目随油酸量的添加几乎线性地减少。这不难理解，油酸的存在，由于与Cd配合，成核更困难。第二，结果也显示，油酸的存在比没有时核更小。这与直觉相反，直觉上配体的存在则过饱和度低，应当导致较大的核；实际上配合剂降低了活性单体的浓度，减小了成核速率，但也快速遮蔽了形成的核。这两个效应彼此竞争。如果遮蔽剂太多，成核完全抑制，最终导致少量核不加选择地生长。低的配体浓度，主要是遮蔽效应，在此条件下，配体主要起稳定小晶粒，阻止通过合并和熟化的生长，如人们期望的一样。

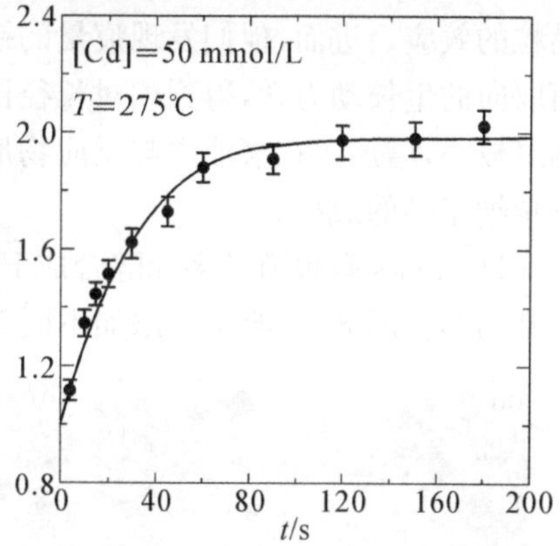

图8-5 半径对时间的拟合曲线

一段时间后粒子分布趋于均匀，如果我们能测得此时溶液中的单体浓度，能确定成核过程的单体浓度。从消光系数和粒子数浓度中，Bullen等发现典型的沉积Cd和Se的量为50 mmol/L，分析的单体浓度的85%。因此产物的溶解度在265℃时为 $K(r=2.2\text{ nm})=[\text{Cd}][\text{Se}]\approx6.4\times10^{-5}\text{mol/L}^2$。它与大块CdSe的溶解性有下列关系：

$$K(r)=K_\infty\exp[-4\gamma V_m/(rkT)] \tag{8-7}$$

式中，K_∞ 是十八烯中大块CdSe的溶解性；γ 是单位面积有效的自由能。拥有这些平衡浓度和核尺寸，我们可以估计成核过程中团簇的有效表面自由能为：

$$\gamma=RT\ln Sr_{nuc}/(4V_m) \tag{8-8}$$

对于 $S \approx (50\ \mathrm{mmol/L}/4\ \mathrm{mmol/L})^2 \approx 156$，$r_{\mathrm{nuc}} = 1\ \mathrm{nm}$，$T = 540\ \mathrm{K}$，$V_{\mathrm{m}} = 32.995 \times 10^{-6}\ \mathrm{m^3/mol}$，得到 $\gamma = 170\ \mathrm{mJ/m^2}$，这是比较合理的。由此对于初始的核尺寸分布可得：

$$N(r) = N(r_{\mathrm{nuc}})\exp(-4\pi N_a \gamma (r - r_{\mathrm{nuc}})^2/(3RT)) \tag{8-9}$$

粒子分布的半峰宽为 $(3RT/4\pi N_a \gamma \ln 2)^{1/2}$，得到 9%，与 HRTEM 数据很好地一致。

4. 用表面化学控制纳米粒的相的形状

除了尺寸外，纳米晶的形状提供了另一个有用的控制参数，用于剪裁固体材料的电子、光学、磁学或化学性质。ⅡB 与ⅥA 族半导体、金属和金属氧化物已经可以制成各种形状的胶体样品，如球形、薄片、棒、线、多面体和四脚体。

在纳米粒子合成过程中采用有机表面活性剂和聚合物可以控制粒子形貌。近年来的研究发现采用碱或无机盐也能调节纳米粒子的形状。Murphy 等不使用任何聚合物和表面活性剂，仅控制反应液中的 NaOH 的量合成了银纳米线。Pileni 等显示添加一些无机盐于乙基己基磺基丁二酸铜-异辛烷-水系统，能控制铜纳米粒子的形状。Wiley 等往多元醇合成的反应液中添加痕量的 NaCl，得到了截角的银纳米立方粒子。氯离子被认为有稳定和溶解小晶粒的效应。进而，他们发现痕量的铁（Fe^{2+} 或 Fe^{3+}）在反应混合液中能显著改变铂不同晶面取向的生长动力学，得到相对长径比的均匀纳米线。对于多元醇合成，无机离子由于尺寸相对较小，增加了在溶液中与反应物形成配合物的能力，比有机表面活性剂和聚合物更显著影响纳米晶的成核。

Herricks 等报道了多元醇合成 Pt 纳米过程中添加硝酸钠控制 Pt 纳米粒子的形貌和还原动力学。图 8－6 给出了添加不同 $NaNO_3$ 量得到典型的 Pt 纳米粒子的 TEM 照片。这些

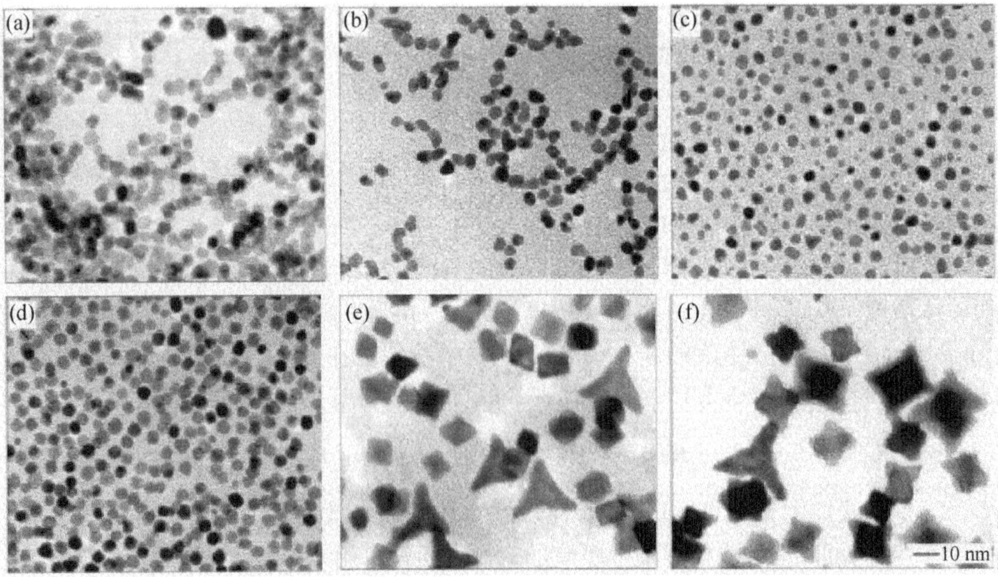

图 8－6　在 $NaNO_3$ 和 H_2PtCl_6 不同比例间合成的 Pt 纳米粒子的 TEM 照片

照片清楚地显示随着 $NaNO_3$ 浓度的逐渐增加，Pt 纳米粒子的形貌显著变化。不加 $NaNO_3$ 得到的是无规形状的尺度在 3～5 nm 的 Pt 纳米粒子(见图 8-6(a))，最高 $NaNO_3$ 浓度下得到尺度大于 30 nm 的八脚和四脚粒子(见图 8-6(f))。浓度控制在这两个极端之间(见图 8-6(b)-(d))，产物显示从无规粒子(见图 8-6(b))过渡到双峰尺度分布粒子(见图 8-6(c))到均匀胶粒(见图 8-6(d))。一般来说，$NaNO_3$ 浓度足够高(见图 8-6(d)和(e))将导致粒子形状按面心立方金属期望的对称性方向发展，$NaNO_3$ 浓度的增加也改变了尺寸的均一性和粒子的平均大小。

图 8-7 给出了 Pt 纳米粒子的 HRTEM 照片，图 8-7(a)，(e)和(b)，(f)分别对应 $NaNO_3$ 与 H_2PtCl_6 的物质的量之比为 5.5 和 11.0。插图为快速 Fourier 变换图，用于确定晶格取向。图 8-7(c)，(d)，(g)和(h)显示了 Pt 纳米粒子的生长模型。图 8-7(a)显示了在[110]面上一个

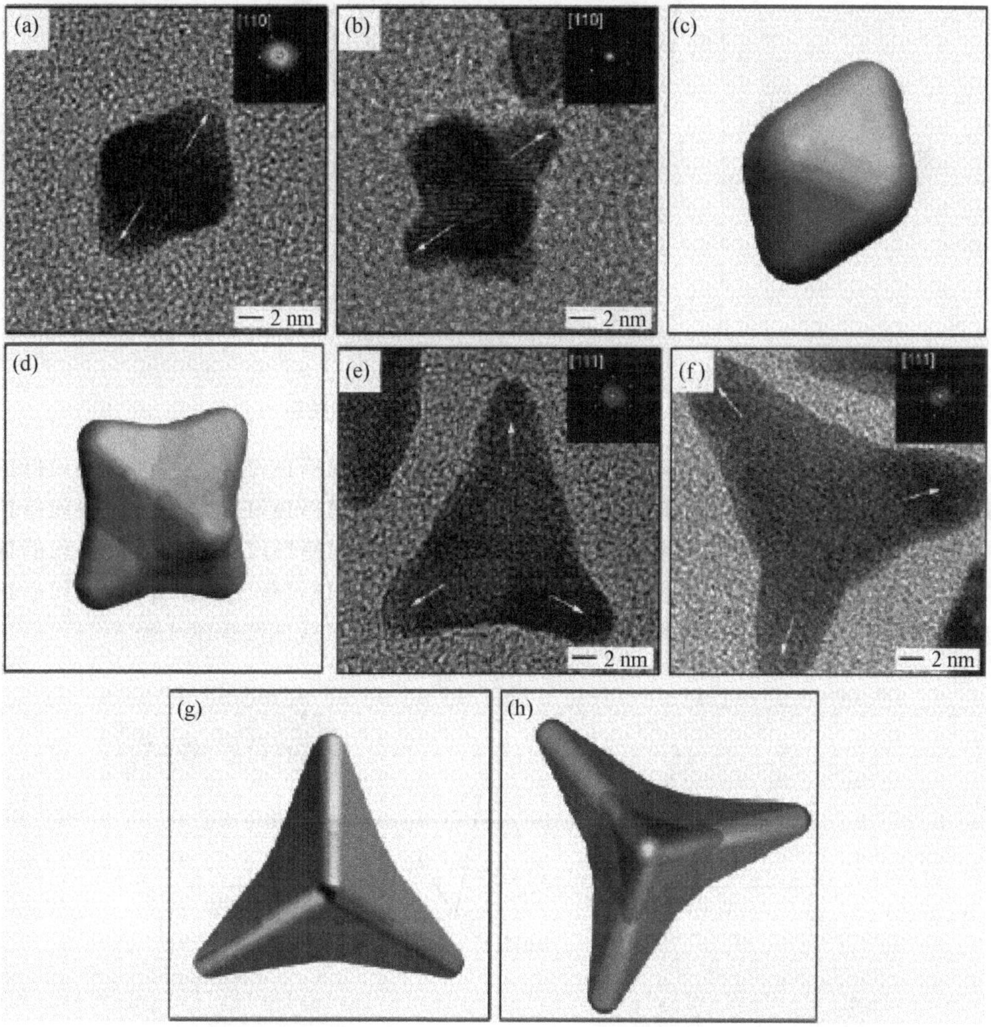

图 8-7　在 $NaNO_3$ 和 H_2PtCl_6 间不同物质的量之比下制得的 Pt 纳米粒子的 HRTEM 照片

八面体粒子，这个八面体的角指向〈100〉方向，因此该晶体以{111}面为界(见图 8-7(c))。随着 $NaNO_3$ 浓度的增加，粒子的形貌发生变化。如图 8-7(b)所示，粒子也沿[110]轴取向，角指向〈100〉方向，但非{111}面方向的八面体角突起，连续增长。而图 8-7(a)所示的粒子在〈111〉方向没测得显著增长。对四面体纳米粒子也观测到了生长出现在粒子角和边相同的趋势。

幻数尺寸的核也能解释多壁或枝叉结构在非常高的单体浓度下的形成。图 8-8 是尺寸和构形依赖于化学势的关系。如果系统被控制形成一种幻数尺寸的纳米团簇，如 CdSe 系统，棒生长的开始总是当形成一些幻数尺寸的纳米团簇"隧穿"朝大尺寸一边较低的势垒时立即开始，在一维生长模式中，棒的横向尺度基本上为固定值。

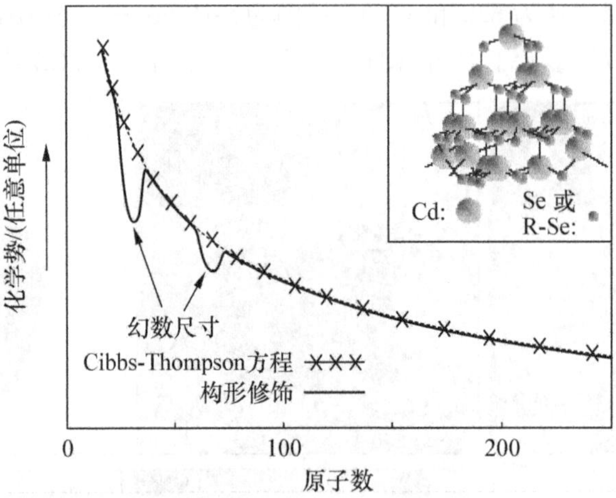

图 8-8　尺寸和构形依赖于化学势的关系

总的来说，本质上在低单体浓度或足够长的生长时间，所有的纳米晶倾向于朝最低的化学势环境生长，导致仅仅是点的生成。另一方面，中等的单体浓度在三维生长阶段能维持仅仅一个等向生长。在高单体浓度时，幻数尺寸的纳米团簇促使形成棒或其他亚稳态的伸长结构。如果保持单体浓度在生长液中极端高，对每个种子提供足够量的单体，如闪锌矿结构的四面体种子提供足够的单体将沿四个(111)面充分生长，形成四脚形纳米粒。

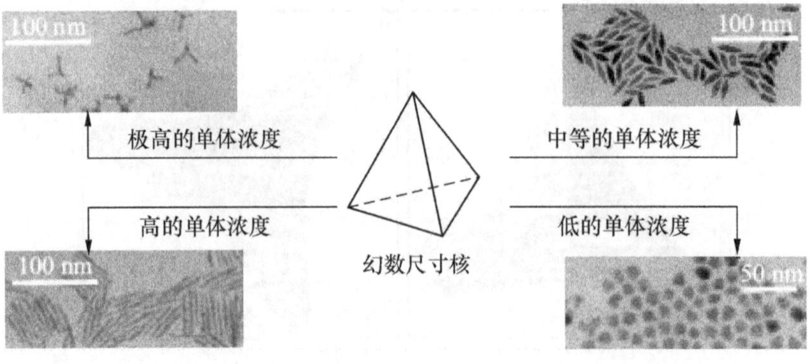

图 8-9　CdSe 纳米晶依赖单体-浓度的生长路径

8.1.2　纳米粒子的稳定性

1. 纳米粒子周围的双电层

自 Gibbs 关于吸附热力学研究这一奠定界面科学基础的开创性工作以来，固-液界面一直是实验研究中的一个重要领域。20 世纪 40 年代，苏联的 Derjaguin 和 Landau 以及荷兰科学家 Verwey 和 Overbeek，基于在溶液中所有胶体粒子周围存在着双电层的概念，分别独立地发展了粒子聚沉的基本理论(即 DLVO 模型)。他们指出，胶体聚沉与双电层之间的相互作用有关。

纳米粒子是一种胶体粒子，在水溶液中的表面电势可以由下式给出：

$$\Psi_0 = -0.059(\mathrm{pH} - \mathrm{pH}_{\mathrm{pzc}}) \tag{8-10}$$

式中，$\mathrm{pH}_{\mathrm{pzc}}$ 表示表面吸附电势型阳离子和阴离子时的 pH。作为表面吸附电荷的响应，在粒子周围将出现局部过剩的反离子。这些反离子将在粒子四周形成扩散层，使电势随着电荷从粒子表面移向母体溶液而缓慢衰减至零电位。

然而，有一部分离子由于具有很强的吸附作用，在其形成束缚反离子平面的同时，使得邻近粒子表面处的电势降低。通常将这个毗连粒子表面的区域称为 Helmholz 层(或 Stern 层)，它由较强的极化水分子和去溶剂化离子组成，如图 8-10 所示。由图 8-10 可以看出，吸附平面位于实际表面 x_1 处。

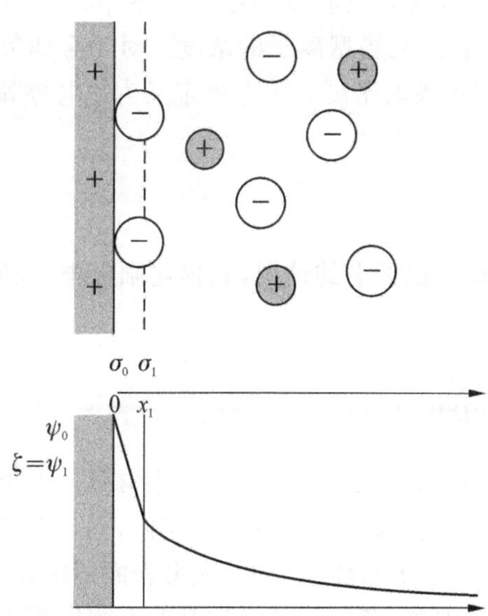

图 8-10　具有 Helmholz 层的双电层示意图

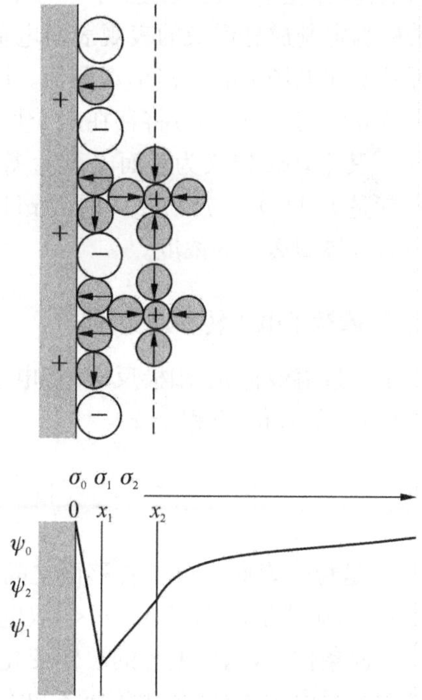

图 8-11　根据 GCSG 模型给出的双电层示意图

值得注意的是，尽管由于静电作用吸附于 Helmholz 平面的离子并不能完全中和表面电荷，但是如果另外还存在引起吸附的化学驱动能量，那么吸附的反号电荷是可以超过其实际表面的电荷；这时，粒子表面上的总电荷将发生反号。图 8－11 给出了电势在母体溶液中衰变为零之前其符号的实际变化情况。这种情况在诸如聚丙烯酸或六偏磷酸钠等电解质中经常可以观察到，因为这些电解质可以在胶体表面发生过吸附。

在讨论纳米粒子表面电子转移过程时，我们可以简化图 8－10 所示的 Helmholz 标准模型。在简化模型中，双电层近似于厚度为 x_1 和介电常数为 $\varepsilon_1\varepsilon_0$ 的 Helmholz 单层。通常 ε_1 的值为 2～6。其电容为恒定值，即有：

$$K_1 = \varepsilon_1\varepsilon_0/x_1 \tag{8-11}$$

若在平面 x_1 上不存在特殊吸附，并且扩散层仍从 x_1 平面起始，则有：

$$\sigma_0 = -\sigma_d \tag{8-12}$$

式中，σ_0 为表面电荷密度；σ_d 为扩散层中荷电胶体粒子周围的过剩电荷密度。为了将双电层电势与实验能够测量的参数联系起来，我们假定 x_1 处的电势等于测量得到的 Zeta 电势(ξ)，即有：

$$\Psi_1 = \xi \tag{8-13}$$

对于粒子尺寸范围在 3～10 nm 的体系，上述假设是合理的。

目前，胶体化学家已经建立了多种不同的双电层模型用于描述双电层结构，可以用于解释由酸碱滴定制成悬浮液的表观表面电荷密度。利用这些模型，还可以解释不同 pH 条件下悬浮粒子在电场中的迁移率观测值。因为对于纳米粒子可能存在特殊吸附，所以在进行迁移率研究中，其电势测量将存在两个可能的参考点，这就是固体的零点电势(pzc)和等电点(iep)。其中，pzc 定义为表面电荷 σ_0 等于零时对应的电势型离子的浓度。对于金属氧化物，pzc 就是 $\Gamma(H^+) = \Gamma(OH^-)$ 时的 pH，这里 Γ 表示吸附密度。等电点定义为 ξ 电势等于零对应的电势型离子的浓度。

2. 胶体粒子电子转移动力学

对于通过溶液种粒(阳极反应)将电子转移到胶体粒子上的情况，其描述阳极电子转移速率常数 k_{et} 的 Tafel 方程：

$$\lg\frac{k_{et}}{k_{et}^{pzc}} = \frac{\beta F\Delta\Psi}{2.303RT} \tag{8-14}$$

式中，$\Delta\Psi$ 是粒子表面与电子转移面之间的电势差；k_{et}^{pzc} 表示 $\Delta\Psi=0$ 时的速率常数。如果离子强度较高，则扩散层电容 $K_d\to\infty$，双电层总电场将被限制在 Helmholz 层内，而 ξ 电势趋于零。在此条件下，电极电势的总体变化将作用于由电子给体到表面(或由表面到给体)的电子隧道上。由于 $\xi\to 0$，发生聚沉不再有什么阻力，因此，在胶体体系中高的盐浓度将引起溶胶失去稳定性。在低离子强度下，因为有一部分电势已经在扩散层中“损失”掉，其“损失”

量取决于双电层中两层之间的相对电容，因此将不会产生作为电子转移超电势的表面电势变化。然而，扩散层电势决定电化学活性离子的局部浓度。因此，电子转移速率对 pH 的依赖性将取决于上述两种情况下的 ξ 电势。

许多研究小组都对溶液种粒由于电荷转移给胶体粒子而消失的速率进行了研究探讨；同时也对相反的情况，亦即对半导体纳米晶光激发产生的电子转移给溶液中的受体的速率进行了研究。Gratzel 和 Frank 曾报道，对于胶态 TiO_2，pH 对电子转移速率常数有着强烈的影响，结果如图 8－12 所示，其指数相关性结果符合经典电化学动力学所预测的结果。这一工作表明，即使在 Helmholz 电势差由吸附的离子决定而不是通过外加电源提供电荷时，Tafel 方程仍是适用的。

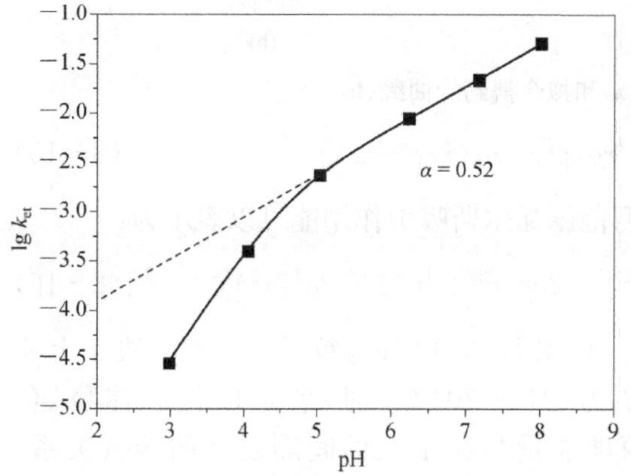

图 8－12　电子由光激发胶体 TiO_2 转移给电致变色甲基二价阳离子的相对速率与 pH 之间的关系

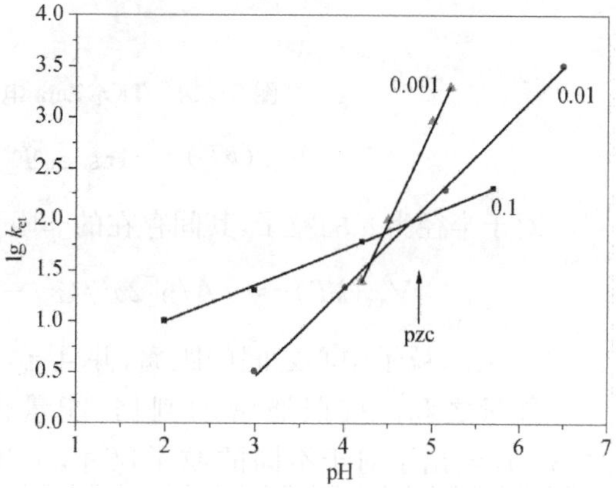

图 8－13　离子强度和 pH 对电子转移速率的影响

Darwent 等人研究了扩散层在电子转移动力学的作用，他们指出，除了在零点电荷点之外，所有电子转移速率均依赖于离子强度(见图 8－13)。他们利用德拜-休克尔理论，将纳米 TiO_2 粒子看作大的荷电分子，对考虑扩散层贡献时的实验数据进行了修正。Mulvaney 等利用 Weise 和 Healy 给出的电泳实验数据，对 Darwent 等人的结果进行了重新分析(见图 8－14)。可以看出，无论对于不同的 pH，还是对于较大偏离的离子强度，结果都非常一致。根据这种方法给出的数据曲线，利用实验得到的 ξ 电势，可以使离子强度与电子转移速率的关系定量化。

3. 胶体成核和纳米粒子稳定性

对于具有高 Hamker 常数的胶态金属是非常容易聚沉的，但是若将其做成具有低 Zeta 电势的溶胶，可使其一次稳定达数月之久。在水中制备纳米粒子时，双电层理论告诉我们，对于低电势的情况，因双电层之间的重叠很小，体系不稳定。对于半径为 a 且具有低表面电势 Ψ_0 的两个球体粒子，若处于在德拜长度为 κ^{-1} 的介质中，则粒子靠近时的静电排斥能可以表示为：

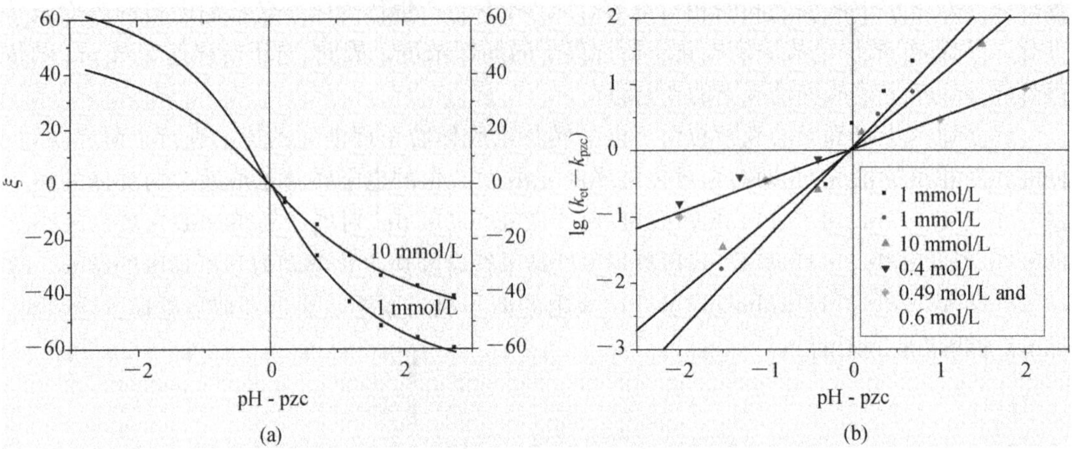

图 8-14　TiO_2 Zeta 电势(a)和拟合得到的曲线(b)

$$V_{\text{rep}}(kT)=4\pi\varepsilon_r\varepsilon_0\Psi_0^2a^2/r\exp[-\kappa a(r/a-2)] \tag{8-15}$$

对于半径为 a 的粒子，其间存在的非阻止型范德瓦尔斯吸引作用能可以表示为：

$$V_{\text{att}}(kT)=-A/6[2a^2/(r^2-4a^2)+2a^2/r^2+\ln(1-2a^2/r^2)] \tag{8-16}$$

式中，r 表示粒子中心之间的距离，并且 $r>2a$。根据 DLVO 理论，粒子稳定性取决于上述两项能量之和。按照通常的判据，能量位垒为(10～20)kT 时，就足以使胶体稳定。图 8-15给出了对于不同的粒子尺寸，上述两项能量与粒子表面间隔之间的函数关系。由方程(8-15)和方程(8-16)可以看出，粒子之间的吸引作用能和排斥作用能均随粒子

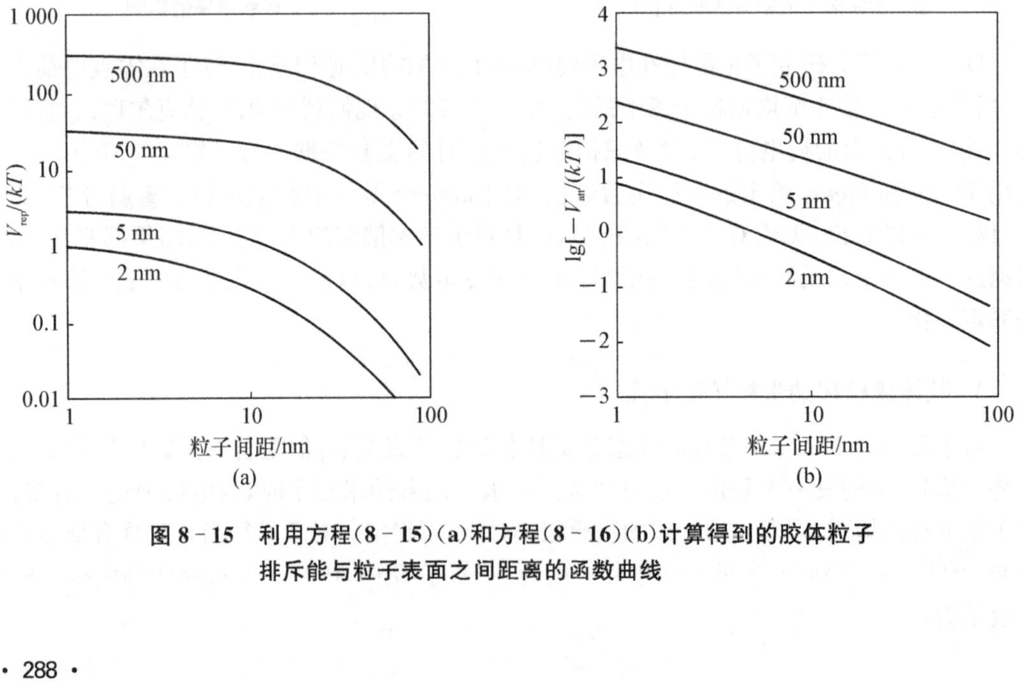

图 8-15　利用方程(8-15)(a)和方程(8-16)(b)计算得到的胶体粒子排斥能与粒子表面之间距离的函数曲线

半径的增加而增大。因此，我们从图8-16看到，势垒高度在Ψ_0一定时将随着粒子尺寸的增大而增大。由此可见，粒子聚沉是一种自动发生的现象，但随着聚沉的进行，其聚沉速度将会慢下来。正是这一因素决定了成核生长的最终尺寸分布。但是，粒子凝聚能第一级最小值(即势阱)将随着粒子尺寸的增加而变得更低(即势阱更深)。如果两个尺寸大于10 nm的粒子在溶液中聚结，它们将不可能再次分开，因为它们获得的热能不足以使其逃出这一势阱。相反，对于尺寸小于10 nm的粒子，则相对容易解胶。应当特别强调，快速解胶是十分重要的。在范德瓦尔斯作用力下，小粒子将凝聚成较大的粒子；如果凝聚可以继续的话，这种较大粒子与其他非胶溶粒子之间的范德瓦尔斯相互作用会进一步变大。假如纳米粒子解胶很快，那么这些临时聚集体的范德瓦尔斯势阱将来不及通过聚集体-胶体碰撞进一步变深。

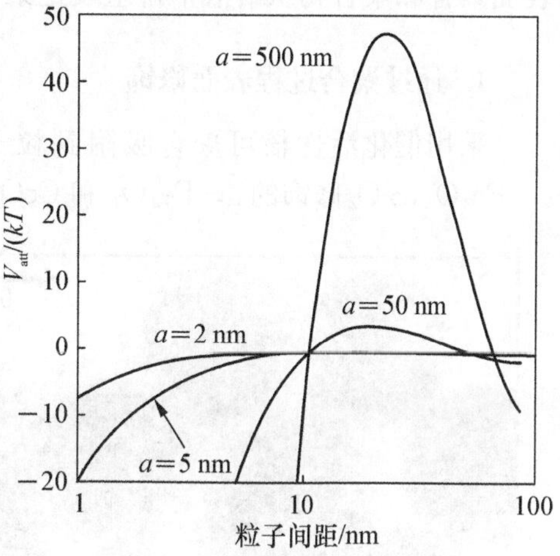

图8-16　包括排斥力和吸引力在内的总相互作用能

由图8-16可见，为了抑制纳米粒子的凝聚和粒子聚沉，只有小的分子才是我们需要的。研究表明，化学吸附型分子可以产生位阻，这对于直径小于10 nm的粒子来说，足以抵消范德瓦尔斯相互作用。然而，为了阻止这些疏松聚集体的形成，粒子表面电势Ψ_0将会变大。因此，对于稳定纳米胶体粒子来说，采用小型(分子)稳定剂将是最有效的。

8.2 粒子表面的纳米工程

胶体粒子是形成有序和复杂材料诱人的构筑砖块，同时也是化学工程、制药和生物应用广泛研究的对象。近年来，人们在设计和控制制备具有功能性质的纳米结构材料方面进行了大量的研究。对于纳米尺度材料的兴趣主要是基于这些材料的性质(光学、电学、力学和化学等)是它们的尺寸、组成和结构有序的函数。因此，需要采用纳米技术来有效地设计具有预想结构和性能的纳米材料。过去的时间里已经有大量的工作涉及剪裁结构、光学和表面性质，制备核壳型胶体材料。

核壳粒子通常比它们单独时显示更优的物理和化学性质，有着广泛的潜在应用前景。因此，精确控制材料的工程手段一直是人们追求的目标。通过包覆过程使粒子得到最佳的表面特性，是成功应用复合粒子的重要途径。

8.2.1 聚合物涂层

聚合物涂覆粒子提供了广阔的应用前景，主要包括催化剂、添加剂和颜料用以制造化妆品、墨水和涂料。合成路线主要分成两类：粒子表面聚合和粒子表面吸附。Hofman-Caris已经综述了通过聚合和化学偶联过程获得无机核和聚合物壳粒子的方法。近年来采用粒子表面聚合和聚合物从溶液中自组装是聚合物涂覆于粒子表面的主要策略。

1. 通过聚合过程表面修饰

采用催化活性核可聚合吸附到粒子表面的单体，如在金属氧化物表面聚合聚吡咯。$\alpha-Fe_2O_3$，SiO_2修饰的$\alpha-Fe_2O_3$和CeO_2涂覆聚吡咯的方法：采用以无机物为核置于吡咯的醇水混合介质中加热到100℃聚合。聚吡咯涂覆的$\alpha-Fe_2O_3$和CeO_2粒子有良好的导电性。在进一步的研究中，发现CeO_2和CuO与吸附的吡咯分子通过还原-分解过程（包括单体的氧化和金属离子的释放）反应，而$\alpha-Fe_2O_3$和SiO_2在聚合过程中是不活泼的。均匀的聚吡咯涂覆在核周围可以采用此方法，图8-17所示为聚吡咯涂覆的SiO_2粒子。

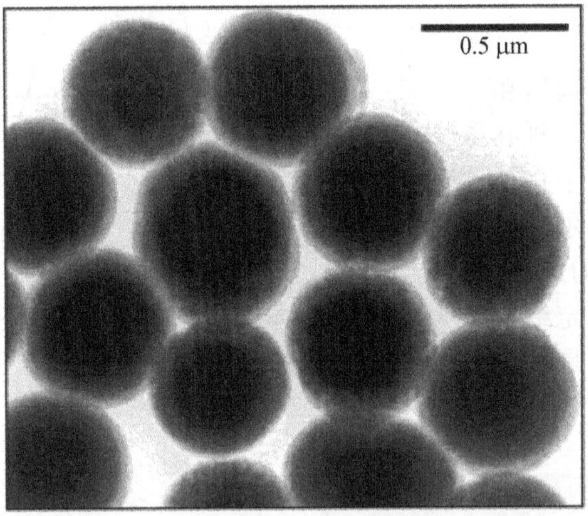

图8-17　SiO_2粒子表面涂覆聚吡咯的TEM照片

聚合物涂层的厚度可以通过变化核与聚合物溶液接触的时间、使用核的种类和添加剂（如聚乙烯醇）来控制，然而在某些情况下精确调控聚合物层的厚度是很困难的。核会影响壳的厚度与组成，这由核材料特殊的氧化过程决定，也限制了所选胶体核上明确厚度的聚合物层的形成。但是该方法描述了在粒子上沉积聚合物允许一个宽范围制备不同性质的核壳型材料的诱人方法。

Feldheim及其合作者提出了一种一流的策略制备聚合物涂覆胶体粒子，包括用真空过滤的方法在膜孔中诱捕和矫正粒子，聚合导入孔中的聚合物。这种方法首先将金纳米粒子过滤到孔尺寸为200 nm的多孔Al_2O_3的负载膜中，然后将引发剂注入膜的顶部，几滴单体（吡咯或N-甲基吡咯）置于膜下。单体蒸气扩散进入膜中与引发剂接触形成聚合物，优先在金粒子表面出现沉积。这导致聚合物包封的金纳米粒子杂化物的形成，并且很方便地通过分解膜材料分离出来（见图8-18）。

图8-19给出了在30 nm金粒子上形成的预定厚度的聚吡咯和复合聚（N-甲基吡咯）/聚吡咯多层的TEM形貌照片。此方法具有可控聚合物涂层厚度和组成的特性。厚

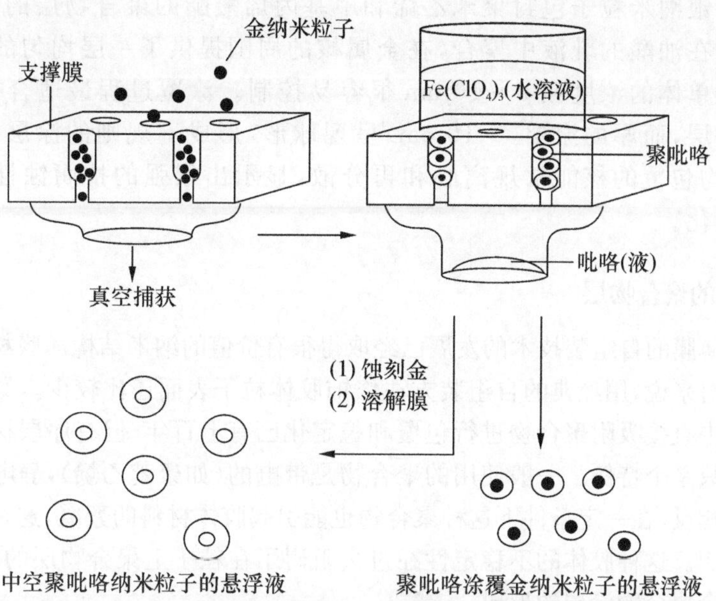

图 8-18　膜基方法合成金-核/聚合物-壳粒子的示意图

度依赖于聚合时间，能在 5～100 nm 变化。聚合时间长导致粒子团聚或形成纳米粒子准一维链。多层的组成也可在允许的聚合过程中用第二种单体取代第一种单体得到。用此技术因依赖于在膜中填埋的粒子可能很难精确控制过度的壳层厚度和涂层。此外，粒子类型也受限于使用的膜载体。然而，此方法显示允许在各种模板粒子上涂覆范围很宽的聚合物甚至生物大分子。

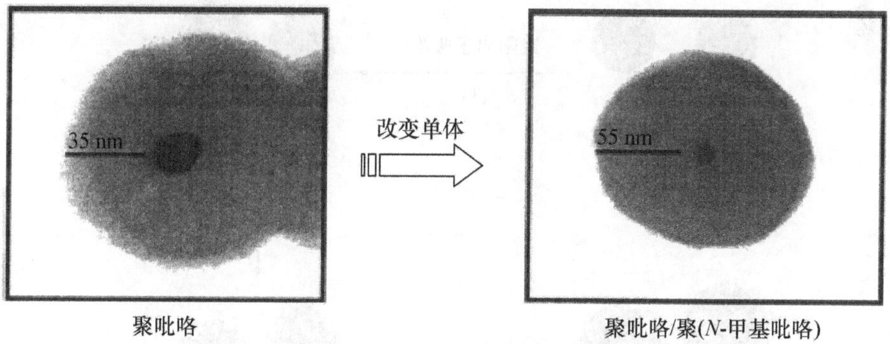

图 8-19　在 30 nm 金粒子上形成的预定厚度的聚吡咯和复合聚(N-甲基吡咯)/聚吡咯多层的 TEM 形貌照片

另一个使用很广的生成核壳粒子的方法是乳液聚合方法。这种方法已经被用于包覆聚合物于亚微米和微米尺寸的有机和无机粒子。此方法的主要限制是常常导致包埋于聚合物基质中的粒子团聚。然而，Quaroni 和 Chumanov 的研究给出了用乳液聚合法在单个银纳米粒子包封聚苯乙烯和甲基丙烯酸酯的聚合物层的例子。苯乙烯或甲基丙烯酸在油酸的乳液中聚合，在金属核的周围提供了一层均匀的聚合物层，其厚度通过改变单体的浓度在 2～10 nm 很容易控制。涂覆过程最适合按金属核的外形形成薄的涂层，而厚的涂层(＞10 nm)呈现球形，形成不规则的涂层。不同于未包覆粒子，聚合物包覆的核能常规离心和再分散，显示出很强的抗腐蚀性，并且能连接蛋白使其功能化。

2. 自组装的聚合物层

用于构造薄膜的自组装技术的发展已经取得很有价值的纳米结构薄膜材料的构造和应用的研究。相对来说，用经典的自组装方法修饰胶体粒子表面还比较少。尽管胶体粒子用其表面从溶液中直接吸附聚合物进行包覆和稳定化已有上百年，但有序层材料的组装作为胶体粒子的壳只是个特例。一般使用的聚合物是带电的(如聚苯乙烯)，静电和空间效应影响其稳定性。相反，在一定条件下这种聚合物也能引起胶体材料的絮凝，这在许多工业过程中有广泛的使用。这种胶体的不稳定性在过去阻碍了在粒子上聚合物层的均匀涂覆，特别是在胶体上复合聚合物涂层的形成。

然而，最近粒子涂层技术的发展已经可以实现均匀的单层或多层聚电解质涂覆在胶体粒子上。乳胶粒子用静电自组装方法已经可以涂覆多种聚电解质。这种方法称为层层(LbL)胶体模板法(如图 8-20 所示)。聚合物溶液超过所需饱和吸附的浓度添加到胶体分散液中，选择的聚合物与乳胶粒子带相反的电荷，由此通过静电作用支配吸附，涂覆的粒子再离心、洗涤。用电泳的方法能验证聚合物的吸附，它显示聚合物涂层粒子表面电荷相反。

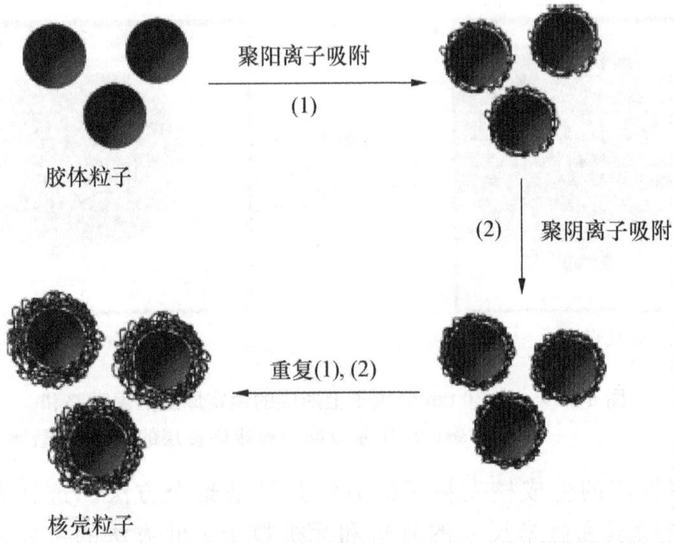

图 8-20　采用 LbL 方法在胶体粒子上形成聚电解质多层的过程示意图

继续添加带相反电荷的第二种聚电解质溶液到聚合物涂覆的粒子上可得到一种新颖的结果，在粒子表面通过静电自组装可吸附第二层，可再次观测到表面电荷相反，这与平面基体上组装多层聚合物膜一致。重复这个过程可在粒子表面得到可控形式的多双层，这可用单粒子光散射实验证实。吸附的聚电解质每层的平均厚度在直径为 640 nm 的聚苯乙烯核上近似为 1.5 nm(见表 8-1)。这些数据表明能对壳厚进行显著的纳米控制，随着聚电解质沉积层数的增加能推算出平均的层厚。图 8-21显示了直径为 640 nm 的聚苯乙烯粒子涂覆 21 层聚烯丙基氯化胺和聚苯乙烯磺酸钠的 TEM 照片。涂覆粒子的平均直径近似为 710 nm。

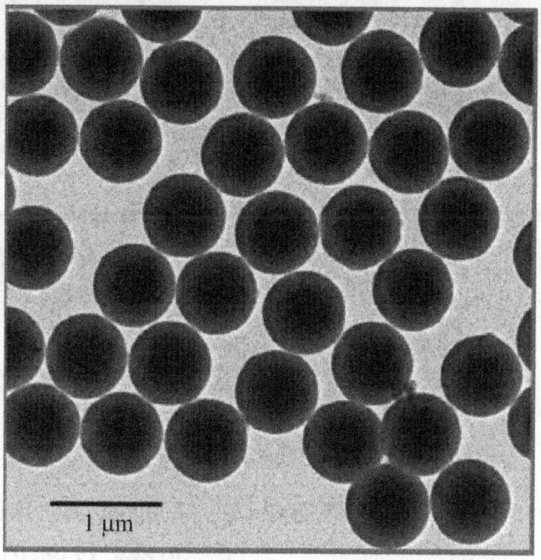

图 8-21　640 nm 直径的聚苯乙烯粒子涂覆 21 层聚烯丙基氯化胺和聚苯乙烯磺酸钠的 TEM 照片

表 8-1　在聚苯乙烯胶乳上组装聚电解质多层膜的厚度

层数	膜厚/nm		层数	膜厚/nm	
	PAH/PSS	PDADMAC/PSS		PAH/PSS	PDADMAC/PSS
1	1.2	1.4	9	11.5	11.7
3	3.4	3.3	11	15.0	—
5	5.6	6.6	15	24.8	—
7	8.4	8.5	21	33.9	—

LbL 技术的优点主要表现为：①聚合物涂层的厚度能够通过吸附聚合物溶液的条件和沉积层数精确调控；②多复合聚合物膜能够通过大量聚合物的选择来组装；③不同尺度、形状和组分的胶体都能作为模板，聚电解质能组装在众多的表面上。采用这种方法可以涂覆到 70 nm 的乳胶粒子(见图 8-22(a))以及 10 μm 的生物胶体(见图 8-22(b))上。LbL 方法最大的局限可能是持续的聚电解质沉积循环和纯化步骤相当耗时。基于过滤的纯化方法显示出其简单且可以加速这个过程，从而能够适用于大批量纯化。总而言之，采用 LbL 技术自组装聚电解质到粒子上可以制得组分可剪裁的形貌良好的复合胶粒。

8.2.2　无机和复合物的涂层

已经有很多方法应用在粒子上构造无机或混合涂层制得不同性质的各种材料，特别是固体核无机/混合壳粒子，其制备方法主要分为两类：沉淀和表面反应；预制无机纳米粒子的控制沉积。

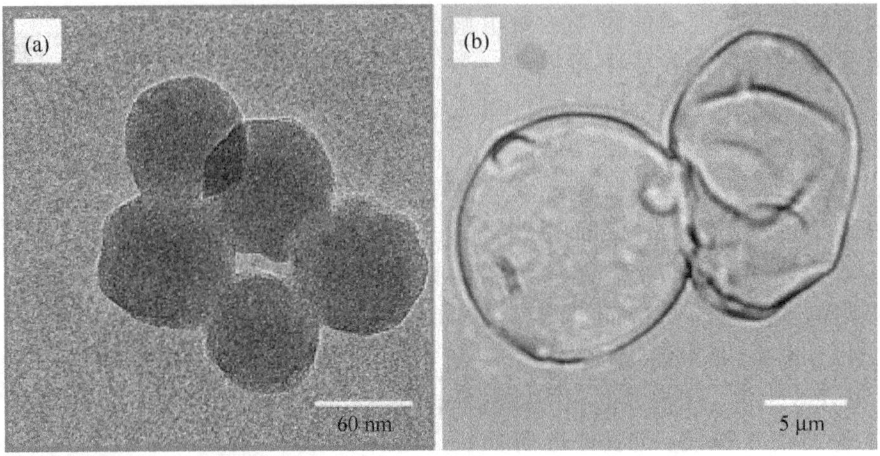

图 8－22　采用 LbL 方法涂覆聚电解质到 70 nm 的乳胶粒子 (a)以及 10 μm 的生物胶体(b)上的 TEM 照片

1. 沉淀和表面反应

已经有很多研究表明聚合物和无机粒子分散在水溶液中能涂覆各种无机材料，或者涂覆材料在核上沉淀，或者利用核上特殊的功能基团直接表面反应引入涂层。用这些方法制备的无机涂层包括二氧化硅、钇基碳酸盐、二氧化钛、氮化钛和氧化锆。早期工作集中在二氧化钛微球上涂覆 SiO_2 层，然而，在二氧化硅沉积过程中粒子结块和凝聚严重。用沉淀的方法直接在核上沉淀涂层材料，Ohmori 和 Matijevic 给出了在纺锤形 $\alpha-Fe_2O_3$ 粒子上用正硅酸乙酯(TEOS)水解生成 SiO_2 层的最优涂覆条件。适当控制 TEOS 的水解动力学，可以在每个 $\alpha-Fe_2O_3$ 粒子上得到均匀的 SiO_2 层(见图 8－23(a))。用相似的方法也可制得 SiO_2 核氧化钇涂层和氧化钇核 SiO_2 涂层的均匀分散的亚微米球形粒子(见图 8－23(b))。SiO_2

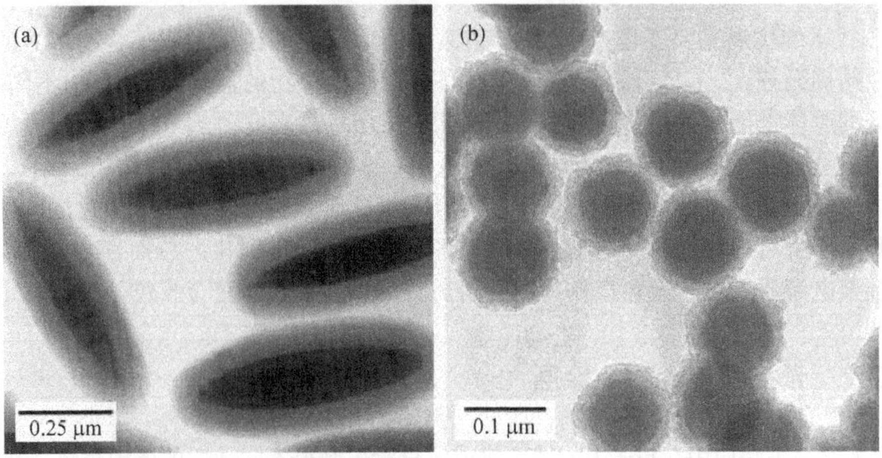

图 8－23　$\alpha-Fe_2O_3$ 粒子上涂覆均匀的 SiO_2 层(a)和氧化钇核 SiO_2 涂层(b)的 TEM 照片

涂覆粒子的行为像纯 SiO_2，其涂层能保护钇核材料抗分解。Hanprasopwattana 等用钛的醇盐前驱体水解也成功地在亚微米的 SiO_2 微球上涂上了亚单层到 7 nm 厚的二氧化钛。他们发现钛的醇盐与水的比例，以及反应混合物在醇中的稀释度控制涂层的性质。重复这个过程几次，能在 SiO_2 微球上得到厚度达 46 nm 的 TiO_2 层。

在上述无机涂层方法中，核粒子的尺寸和数量以及与反应物（如醇盐、有机溶剂和水）相对的比例影响涂层的质量与厚度。因此，为了建立粒子涂层最佳的条件，需要进行系统的实验。在 Liz-Marzan 等进行的系列研究中，他们用硅烷偶联剂修饰柠檬酸盐稳定的金纳米粒子表面，金表面通过硅烷的氨基配位实现硅烷化。用 pH 为 10～11 的硅酸钠溶液滴加到连续搅拌的表面修饰的金溶液中，就能在较短的时间内在金核上形成较厚的 SiO_2 层（见图 8－24）。

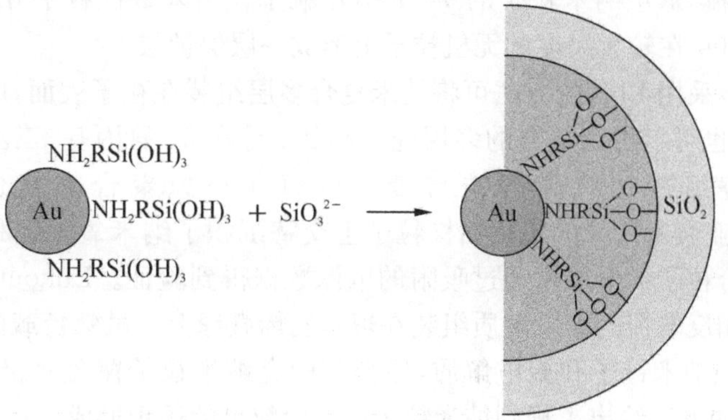

图 8－24　在柠檬酸盐稳定的金纳米粒子表面反应形成薄的氧化硅壳的过程示意图

图 8－25 给出了采用这个过程得到的不同壳厚的 SiO_2 涂覆的金纳米粒子。SiO_2 壳的厚度可在 10～80 nm 变化。重要的一点是在这个生长过程中 TEOS 必须保持相对低的浓度，使 SiO_2 在金粒表面形成，而避免在溶液中形成新的 SiO_2 核。相似的过程被 Philipse 等用于制备 SiO_2 包覆的磁性 Fe_3O_4 粒子，Bruggen 等用于制备 SiO_2 包覆勃姆石棒上。Liz-Marzan 等用同时银还原和钛酸正丁酯缩聚的方法制备了 TiO_2 包覆的银纳米粒子。无机包覆的粒子能在其表面催化氧化还原反应，可作为探针直接与其进行化学反应或被组装于多层薄膜中。

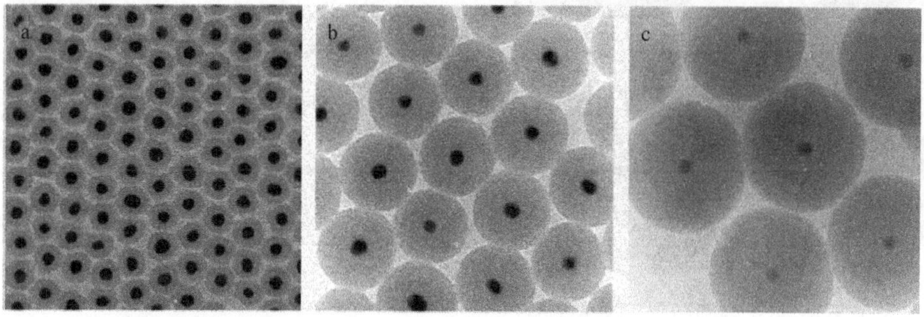

图 8－25　不同壳厚的 SiO_2 涂覆的金纳米粒子的 TEM 照片

表面化学反应也已经被拓展到用金属纳米粒子来修饰粒子表面。Akashi 等在聚苯乙烯表面接枝聚异丙氨，通过乙醇还原六氯铂酸水合物制得铂纳米粒子。固载铂的胶粒可用作水中烯丙醇加氢的活性和稳定的异相催化剂，它们可重复使用多次并保留其活性。用相似的方法，Dokoutchaev 等用沉积金属钯的氧化物和氢氧化物前驱体于聚苯乙烯微球上，还原得到球表面上 2～4 nm 的钯金属纳米粒子。然而，这些方法得到的大都是低覆盖率的无规则的金属纳米粒子涂覆于大粒子上。

2. 纳米粒子的控制组装

纳米粒子和大粒子的静电相互作用通过溶液自组装已经被广泛用于制备核壳粒子。Homola 等报道了预制的较小的 SiO_2 粒子与 $\gamma-Fe_2O_3$ 粒子在这两种粒子带相反电荷的条件下混合，得到涂覆 SiO_2 纳米粒子的 $\gamma-Fe_2O_3$ 粒子。结果磁性粒子分散性更好，团聚更少，纳米尺度的 SiO_2 在较大尺度的无机粒子上形成一层保护层。

基于胶体模板采用 LbL 的方法可将纳米复合多层组装在粒子表面，可以在固相核上制得单层纳米粒子，也可以得到复合的多层壳。Keller 等在 3-氨丙基-三乙氧基硅烷修饰的 SiO_2 粒子上交替组装片状磷酸锆与带电的氧化还原聚合物复合多层。Chen 和 Somasundaran 在亚微米尺寸的氧化铝核粒子上交替沉积了纳米氧化铝和作为桥联聚合物的聚丙烯酸。复合粒子的形成可通过吸附的电泳数据得到验证。Dokoutchaev 等报道了金属纳米粒子和带相反电荷的聚电解质组装在聚苯乙烯微球上。虽然负载的纳米粒子可以用 LbL 方法重复沉积纳米粒子和聚电解质，但得到的金纳米粒子覆盖率仍低且涂层不均匀。Caruso 等用相同的方法给出了规则纳米粒子层在胶粒上的逐步形成。在亚微米粒子上涂覆的二氧化硅、氧化铁纳米粒子层可达到纳米尺度的厚度控制。每一层的生长和涂层粒子的形貌可以用 Zeta 电位仪、光散射和电镜观测。对于 SiO_2 涂层，每一步沉积过程近似于纳米粒子的一个单层。图 8-26 的 TEM 图片解释了涂层的规则性和在纳米尺度上的可控性。

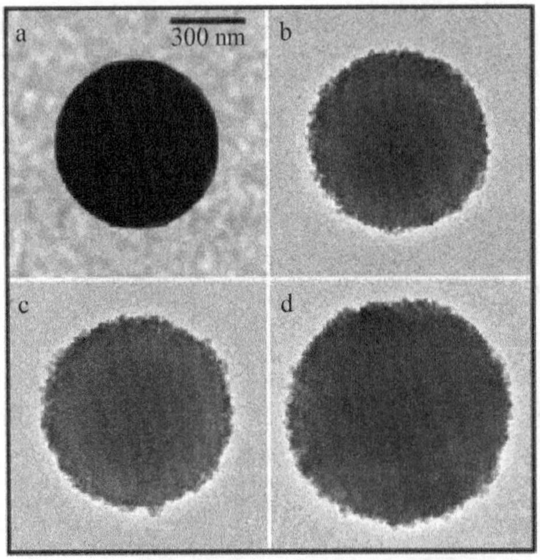

图 8-26 用 LbL 方法制备的生长在 640 nm 的聚苯乙烯粒子上的二氧化硅纳米粒子-聚合物多层壳的 TEM 照片

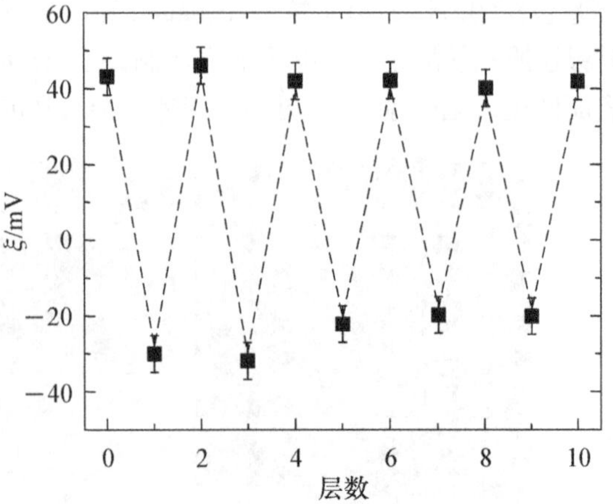

图 8-27 在聚电介质修饰的 PS 胶乳上的 SiO_2/PDDA 多层的 Zeta 电位随层数的变化关系

壳层的厚度与复合粒子的粒径可方便地通过改变沉积循环的次数。由于沉积了 25 nm 的 SiO_2 纳米粒子，微球表面的粗糙度增加。

图 8 - 27 给出了 SiO_2/PDDA 交替组装在聚电解质修饰的 PS 上 Zeta 电位随层数的变化。奇数层对应 SiO_2 的吸附，偶数层对应 PDDA 的吸附。Zeta 电位的正负交替变化，能够清楚地描述每一步的组装过程。图 8 - 28 给出了 SiO_2/PDDA 交替组装在聚电解质修饰的 PS 上单粒子激光散射强度分布随层数的变化。随组装层数增加，散射强度峰右移，表明层厚增加。

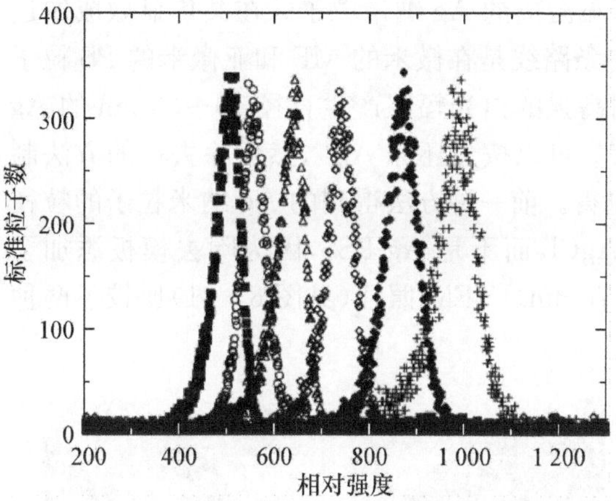

图 8 - 28　含 SiO_2/PDDA 多层的 PS 的单粒子光散射强度分布

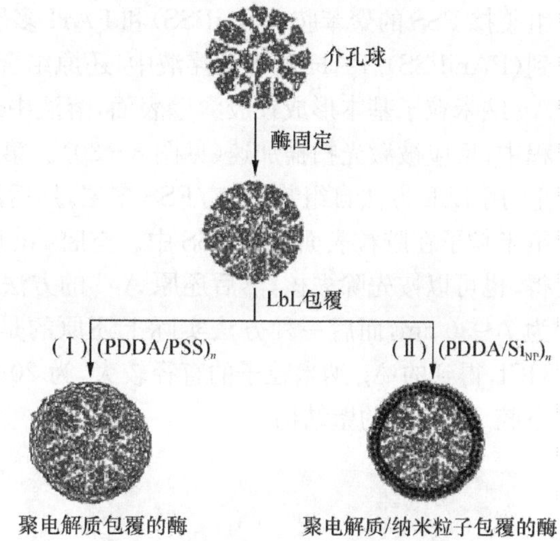

图 8 - 29　用 MS 球作为载体包覆酶的过程示意图

对装载生物分子的微球采用 LbL 方法包覆聚电解质或聚电解质/纳米粒子层可以提高生物分子的稳定性。最近 Wang 和 Caruso 报道了用聚电解质(PDDA/PSS)和聚电解质/氧化硅纳米粒子包覆载酶介孔氧化硅(MS)微球(见图 8 - 29)的性质，结果显示包覆后的过氧化氢酶的性质显著提高，寿命延长。循环 25 次，酶的活性损失 30%，而未包覆的 MS 微球中酶的活性损失 65%。另外用分解酶的物质(如蛋白酶)处理，包覆的过氧化氢酶的活性仍保留 98%。

采用 LbL 技术的优点在于控制溶液条件可在大胶粒上得到均匀的纳米粒子涂层。Fe_3O_4，TiO_2 和黏土纳米粒子，荧光半导体量子点等都能通过这一技术多层组装到亚微米尺度的粒子上组成功能性复合粒子。

LbL 方法的优势之一是很容易构建核壳型功能微球。壳的厚度可以通过变化组装循环次数得以控制。但是组装过程中或组装过程后很难控制粒子的尺寸，组装过程后的粒子浓度也很难控制。因此，采用预组装聚电介质多层膜(PEMFs)原位合成方法，可克服传统的 LbL 粒子-聚电介质组装方法的缺点。聚电介质多层作为纳米反应器系统，有如下一些优点:①PEMFs 的结构和组分可变,且可通过聚电介质的性质和组装过程的条件(pH、离子强度可调),不同的金属离子有与聚电介质组分不同的键合活性,从而能够选择性地合成纳米粒子;②金属离子与 PEMFs 结合能实现各种化学反应和物理处理,因此可形成不同功能和性质的纳米粒子(金属、半导体和磁性粒子);③为了增加膜层中粒子浓度和粒子尺寸,可以采用多层反应循环;④聚合物链周围的环境限制了粒子的团聚,能产生均匀的小纳米粒子。目前,已有大量金属、半导体和金属氧化物/氢氧化物纳米粒子包埋在 PEMFs 中合成的研究报道。

Antipov 等研究了包银胶粒和空腔银球。他们采取了两条路线:第一条路线是在 MF 上组装掺 PSS 的聚苯胺(PAniPSS)和 PAH 多层,分解 MF 核后得到空腔胶囊,然后添加 Ag^+ 到(PAniPSS)/PAH 胶囊悬浮液中,还原结合到 PEMFs 壳中的 Ag^+,制得含 Ag 空腔微球。Ag 纳米粒子基本形成在胶囊壁表面,溶液中未见游离的 Ag 纳米粒子。在共焦显微成像过程中,反应被激光扫描加速(见图 8-30)。第二条路线是在微米的 MF 和亚微米的 PS 粒子上,用 LbL 方法自组装 Ag^+/PSS 多层,然后用高强的白光辐照产生直径 10～30 nm 的 Ag 纳米粒子在胶粒表面的壳 PSS 中。空腔 Ag 胶囊可以按先还原 Ag^+,然后除去核的方法制得,也可以按先除去核,然后还原 Ag^+ 的方法制得。前一种方法得到的 Ag 纳米粒子的粒径为 7～30 nm,而后一种方法实际上还原的是 AgCl,而不是 Ag-PSS,因为除去模板添加了 HCl,得到的 Ag 纳米粒子的直径较大,为 20～70 nm。TEM 照片(见图 8-31)比较了两种空腔 Ag 胶囊的壁结构。

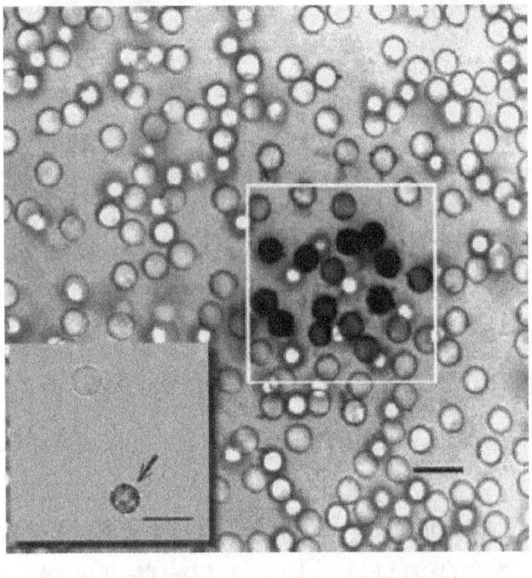

图 8-30 在$(PAniPSS/PAH)_4$ 壳的表面 AgC 的光还原

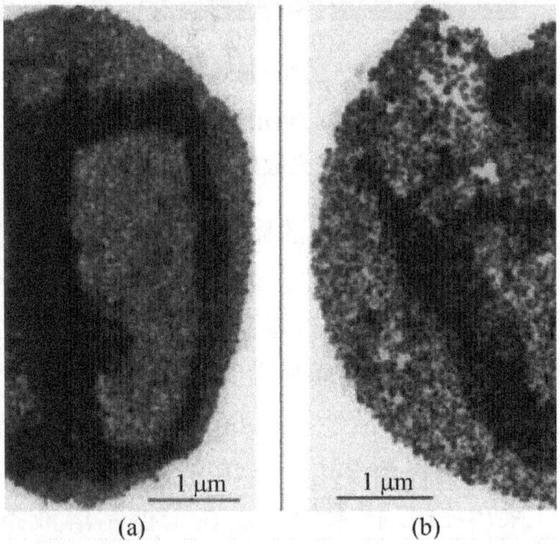

图 8-31 $(PSS/Ag)_{50}$空腔胶囊的 TEM 图

Bruening 研究组采用 PEI-$\overset{+2}{Pd}$配合物与 PAA 交替组装在 150 μm 的氧化铝胶粒的表面,然后用 $NaBH_4$ 还原,生成均匀的催化的 Pd 纳米粒子(直径 1～3 nm),包埋于氧化铝胶粒的 PEMFs 中(如图 8-32 所示)。Pd 纳米粒子在氧化铝胶粒表面,能作为催化剂用于不饱和醇的选择性加氢。聚电解质基质的优点是多方面的，如稳定金属纳米粒子，引入催化选择性，以及阻止不希望的异构化。

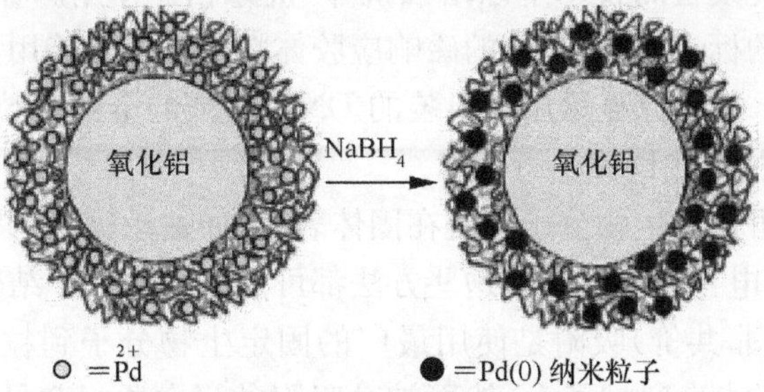

图 8-32　胶粒上 PEMFs 中 Pd 纳米粒子的形成

以三聚氰胺甲醛(MF)微球为模板，运用 LbL 自组装法，在其上交替组装 PSS 和 PDDA 两种聚电解质。利用聚电解质长链上的极性基团($-SO_3^-$ 和 $-NH_3^+$)与 Cd^{2+} 配合，并通过原位合成法，制得带有均匀 CdS 纳米粒子层的荧光复合微球。制备过程的示意图如图8-33所示。图 8-34 为 CdS 纳米粒子包埋于 MF 微球的 PEMFs 中的复合微球超薄切片的透射电镜照片。微球表面的 CdS 纳米粒子分布较为均匀，原位反应以后所得到的复合微球基本上都保持了模板微球的原貌，从图中可以清楚地看到单个 CdS 纳米粒子，其粒径约为 10 nm。得到的荧光微球的荧光发射峰约为 470 nm。

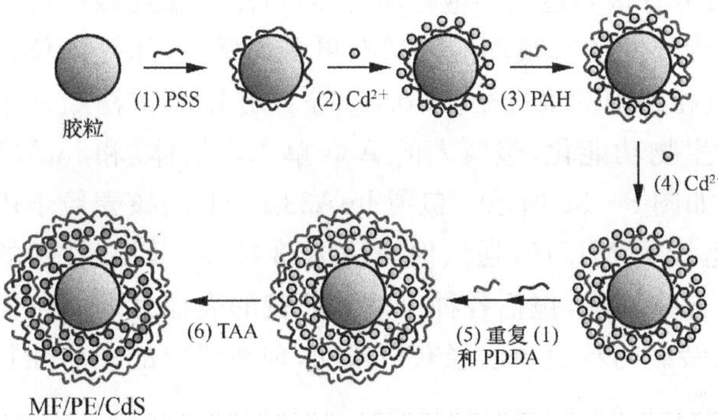

图 8-33　用 LbL 自组装和原位反应制备含 CdS/聚电介质复合多层

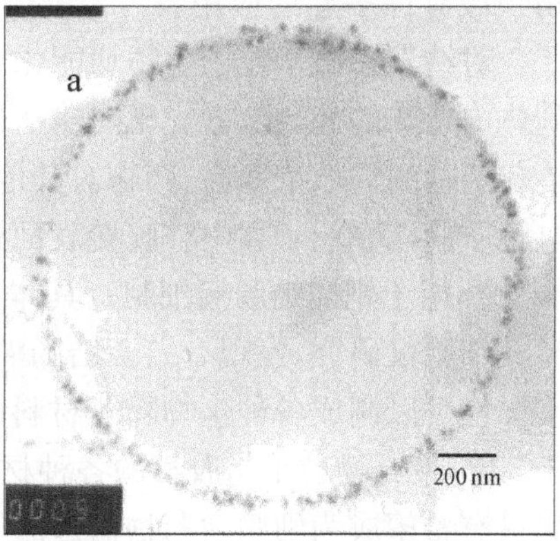

图 8-34　CdS/聚电介质复合多层核壳微球的 TEM 图

8.2.3　生物大分子层

由于蛋白质在生物技术上的重要性，在固体介质上进行蛋白质的固定引起了众多研究者的关注。胶体粒子连接生物分子(如酶、抗体和抗原)已经有很长时间了。偶联生物分子的粒子能与抗原、靶细胞或病毒发生特异性反应，有很好的体内与体外应用前景。这些免疫粒子的应用领域很广，从免疫检测、生物分离、杂交测定到生物化学或酶反应、亲和层析、临床分析和诊断，以及电子或标准光谱的定位与标记。Peula 等用聚合物胶体作为吸附蛋白质的载体用于乳胶交联免疫检测技术中以增强抗体-抗原相互作用。金胶体连接蛋白质常常被用作免疫细胞化学的标记，生物功能的磁响应胶体粒子可以直接用其磁性来分离。最近，Mirkin 等和 Alivisatos 等研究显示用自组装的 DNA 修饰的金纳米粒子能进入二聚体和三聚体或更高的聚集体中补充 DNA。

已经有很多技术可以将生物分子固定在固体表面，如被动吸附、共价结合、溶胶-凝胶诱捕、特异性识别以及静电自组装方法。这些方法都可以将生物分子结合到聚苯乙烯、聚丙烯酰胺等粒子上。被动(非共价)吸附是使用最广的固定生物分子到粒子上的方法。用这种方法，蛋白质和抗体都能涂到粒子上，然而被动吸附的蛋白质很容易从表面丢失、变性，从而失去活性，而且小分子物质不能很好地通过被动吸附粘到像疏水的聚苯乙烯这样的粒子表面。在蛋白质和固体载体合适基团之间的共价结合是另一种广泛使用的连接生物分子到粒子上的方法。将蛋白质共价结合到粒子表面大量的表面修饰可以克服不稳定性、可逆性或失活。相比平面基体，有关蛋白质和粒子偶合最主要的研究集中在单生物层的形成。然而，最近的研究显示采用 LbL 技术是组装蛋白质多层到胶体粒子表面最合适的方法。采用交替沉积蛋白质与带相反电荷的聚合物可将牛血清蛋白(BSA)、葡萄糖苷酶、葡萄糖氧化酶和山葵过氧化氢酶组装在聚苯乙烯微球上。蛋白质多层壳的厚度可从几纳米到几百纳米之间变化。LbL 方法能在胶粒上制备高密度的多层生物分子功能膜，在生物领域有许多新的应用。

对纳米和微米粒子生物功能化，使其带有特异性的细胞靶向配体，可用于输送载药粒子到体内特殊的病灶位置。靶向输送比非特异性的或被动的输送有更多的优点，如靶向位置治疗药物的局域浓度高、药物对其他组织和细胞的毒性小。Cortez 等对用 LbL 方法组装聚电解质的核壳粒子和中空胶囊表面进行生物功能化，包覆人的 A33 单克隆抗体(和 huA33 mAb)，用于靶向结肠癌细胞。具体过程如图 8-35 所示。包覆 huA33 mAb 的核壳粒子用流式细胞仪研究，发现有结合结肠癌细胞线 LIM1215，强烈地表达 A33 抗原。LbL 技术的多样性可以制成各种生物降解材料的聚合物胶囊，包括各种尺寸和剪裁的表面性质。包覆于 LbL 聚合物粒子与胶囊的各种材料的装载与释放也已经获得成功，现在研究的靶向性胶囊最有希望成为细胞内药物输送的候选者。

8.3 纳米结构薄膜材料的表面与界面行为

纳米结构的半导体薄膜材料的重要而新奇的特性引起了不同专业研究者的极大兴趣，并得到了广泛研究。这些纳米结构的半导体材料独特的表面与界面特性在微电子学、光伏打电池、成像与显示技术、传感器件、能量储存等领域具有潜在的应用价值。

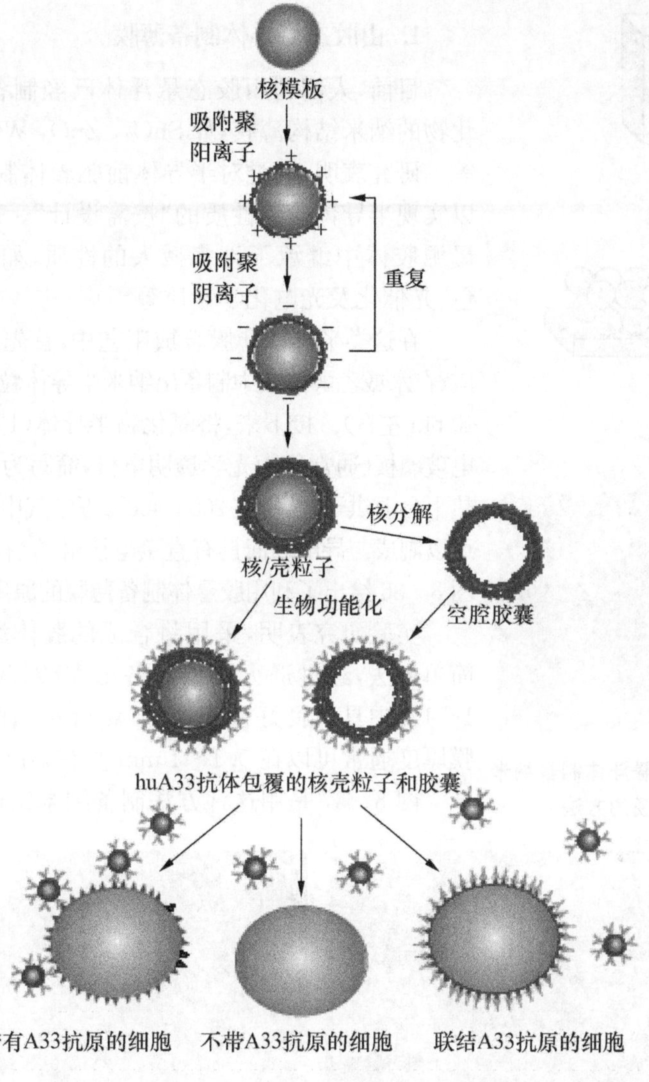

图 8－35　用 LbL 方法组装聚电解质的核壳粒子和中空胶囊表面进行生物功能化示意图

8.3.1　纳米结构的半导体薄膜的制备

近年来，人们利用化学、电化学以及有序组装等方法对半导体薄膜的制备进行了广泛研究。其中，直接由半导体胶态悬浮体合成铸型薄膜是一种比较简单的方法，它与其他现行制备方法（如化学气相沉积或分子束外延等）相比，制造成本较低。在合成具有二维或三维构型的纳米结构薄膜中，溶胶-凝胶技术是一种非常重要的方法。此外，将有机模板作为媒质可制备 SnS_2 纳米孔材料。这种纳米结构薄膜拥有很高的孔隙率，利用敏化剂、氧化还原偶合剂以及其他纳米结构半导体材料很容易对其进行表面改性。

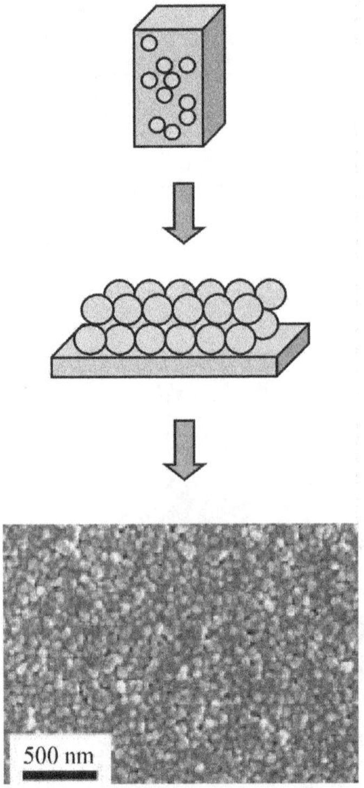

图 8－36　由胶态悬浮体制备纳米结构薄膜的方法

1. 由胶态悬浮体制备薄膜

目前，人们利用胶态悬浮体已经制备出了多种金属氧化物的纳米结构薄膜，如 SnO_2，ZnO，WO_3，TiO_2 和 Fe_2O_3 等。研究表明，通过对半导体前驱胶体制备条件的控制，可以实现半导体薄膜性质的“按需设计”。这些氧化物薄膜从母源胶体中继承了许多诱人的性质，如光致变色、电致变色、光催化及光电化学性质等。

在这类半导体薄膜合成工艺中，首先是通过控制水解反应，在水或乙醇溶液中制备出纳米半导体粒子(粒子直径为 2～10 nm 左右)。接下来，将氧化物半导体(1%)胶悬体涂敷于导电玻璃板(通常称为光学透明电极，简写为 OTE)表面，并在加热平台上烘干；然后在 200～400℃下空气中退火 1～2 h，这样就可以制成与导电表面具有直接电接触的纳米结构半导体薄膜。图 8－36 给出了利用胶悬体制备薄膜的原理示意图。

实验研究表明，采用将合成的胶体涂于指定表面这种简单方法，经过退火可以制备出在酸、碱介质(pH 范围为 1～13)中具有良好稳定性的、结合牢固的半导体薄膜。薄膜厚度通常可以在 0.1～1 mm 左右调控。

图 8－37 是用这种方法制备纳米结构半导体薄膜用的

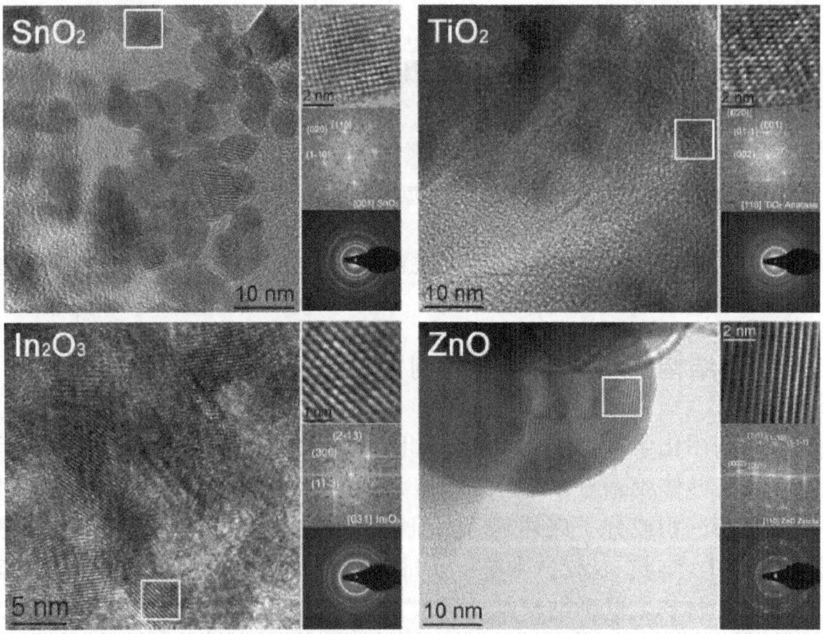

图 8－37　制备纳米结构半导体薄膜用的金属氧化物胶体的 HRTEM 照片

金属氧化物胶体的高分辨率电镜照片。图 8－38 是其中 SnO_2 和 In_2O_3 半导体薄膜的电导率(在 40%湿度的空气时为 G_0 和 $10^{-10}NO_2$ 时为 $G_{f,g}$)随操作温度的变化曲线。结果显示，低于 400℃纳米结构的 SnO_2 和 In_2O_3 半导体薄膜有良好的气敏特性。

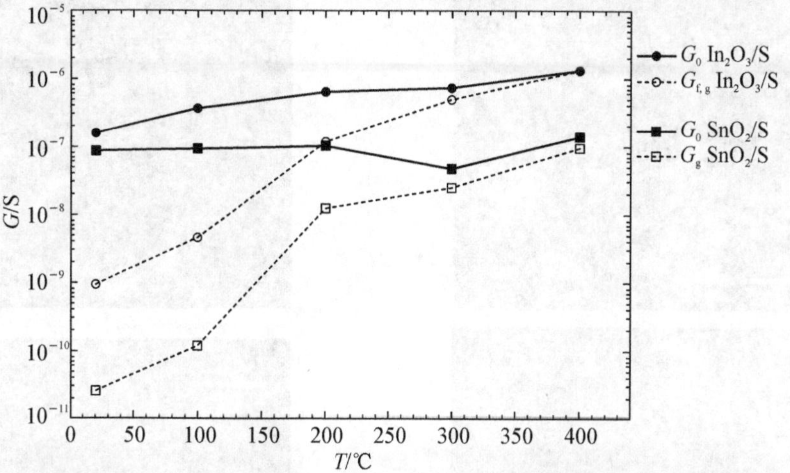

图 8－38　SnO_2 和 In_2O_3 半导体薄膜的电导率随操作温度的变化曲线

2. 化学溶液沉积方法

在半导体表面或导体表面上，通过化学溶液沉积方法也可以直接沉积所需的另一种半导体材料。尤其对于生长ⅡB－ⅥA族化合物半导体纳米晶体薄膜，这种方法非常方便，其原理如图 8－39 所示。例如，将 ZnO 薄膜分别在 Cd^{2+} 和 S^{2-} 溶液中连续交替浸渍就可以沉积出 CdS 纳米晶体薄膜。其薄膜呈黄色表明在 ZnO 表面上形成了 CdS。这样的一种化学沉淀方法尤其适用于复合型半导体薄膜的设计与合成。近年来研究发现，可以通过改变沉积时间，控制颗粒膜的形貌。图 8－40 和图 8－41 分别是在涂碳基体上不同时间沉积 CdSe 得到的电子显微镜照片。利用化学沉积方法在 6 h 和 24 h 分别可以得到尺寸为 155 nm 和 350 nm 左右的颗粒，而构成颗粒的晶粒均在 5 nm 左右。

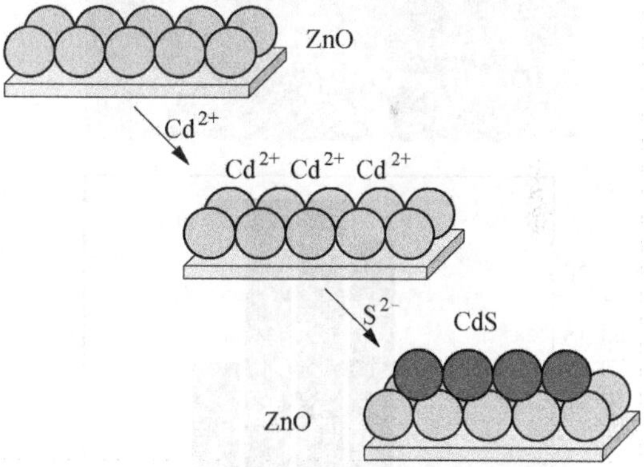

图 8－39　利用溶液离子选择性吸附合成纳米结构薄膜的示意图

3. 电化学沉积方法

对于ⅡB－ⅥA化合物半导体铸型薄膜，如 CdS，CdSe，CdTe 及其他一些混合半导体薄

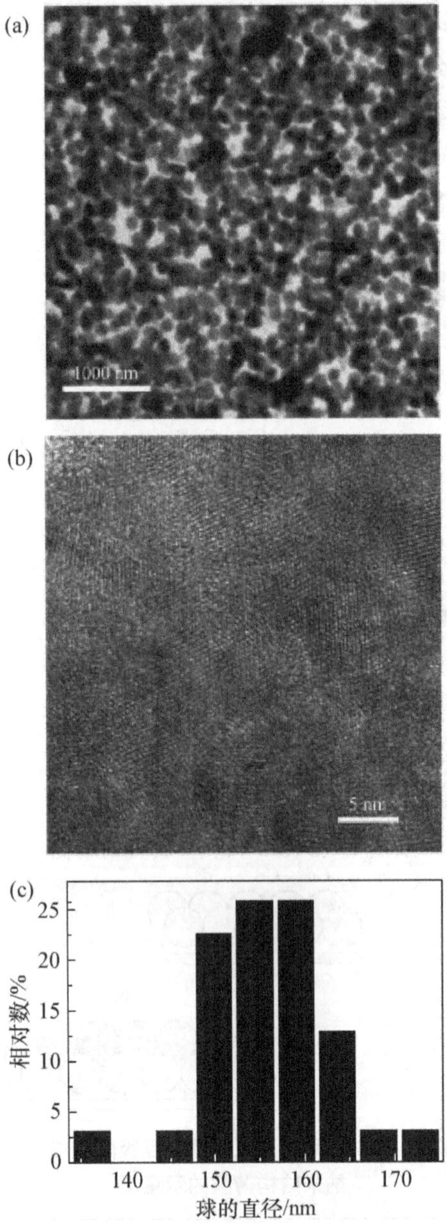

图 8－40　在涂碳基体上 6 h 沉积 CdSe 得到的 TEM 照片

(a) 微米尺度范围；(b) 纳米尺度范围；(c) 形成薄膜的球的尺寸分布

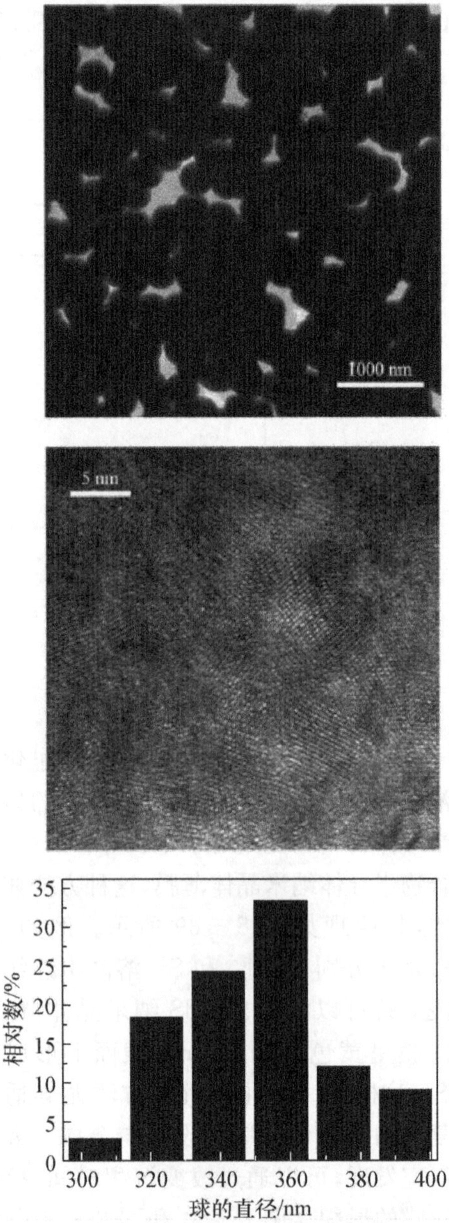

图 8－41　在涂碳基体上 24 h 沉积 CdSe 得到的 TEM 照片

(a) 微米尺度范围；(b) 纳米尺度范围；(c) 形成薄膜的球的尺寸分布

膜，电化学沉积方法也是一种非常方便的技术。Kavan 等通过 $TiCl_3$ 的阳极氧化水解，在导电性表面上沉积制备了量子尺寸的 TiO_2 晶体。大量的研究形成了这样的共识，电化学沉积合成的半导体薄膜是由凝聚型纳米晶体组成的，其与基底之间的结合很牢固。通过沉积电流及其温度，可以控制纳米晶体的尺寸分布（包括分离型或聚集型）。

近年来，人们研究发现在电化学沉积过程中，利用光辐射可以改变晶粒的成核与生长。Ivanou 等研究了 PbSe 纳米晶在 p－Si(100)片上的电化学沉积。在无光照的情况下，PbSe 粒子强烈地局域在新生的 Pb 种子附近，因此，形成的 PbSe 粒子在 Si 表面浓度较低。而在光照情况下，不需要形成铅粒子，Si 电极上形成的光电子能还原 Se^{4+} 成Se，PbSe 粒子在 Si 表面可随机形成，浓度较高。

4. 自组装层

利用功能化分子与固体表面的相互作用，可以在表面上形成自组装层（如在金表面上合成的硫代化合物）；然后由这种表面分子层的连续组装就可以得到相应的半导体薄膜。Fendler 及其合作者在不同基底上用阳离子型聚合物和带负电的固体粒子一层一层地自组装制备出了有序化的纳米结构薄膜。

Kim 等采用 LbL 自组装法将 TiO_2 纳米粒子与带相反电荷的聚电解质或含 Ti^{4+} 的有机化合物（二(乳酸铵)二羟基钛，TALH）在室温下成功地制出了 TiO_2 薄膜。图 8－42 是这种方法制备 TiO_2 多层膜的过程示意图。

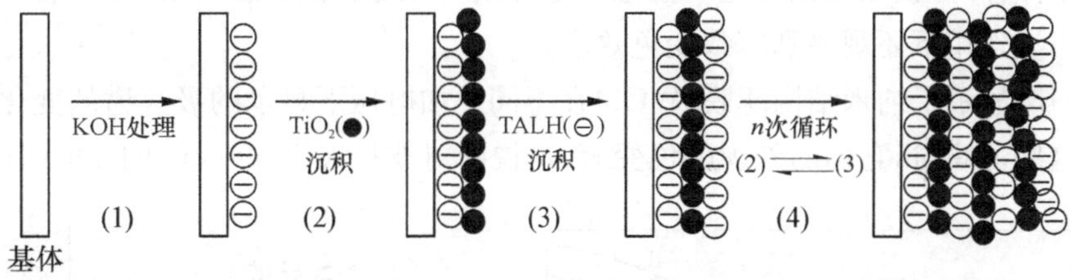

图 8－42　层层自组装法制备(TiO_2/TALH)多层膜过程示意图

LbL 方法制备多层膜的优点：过程简单、室温沉积、厚度可控（从纳米级至上无限制），以及不需要复杂的设备。采用石英晶体微天平可以原位检测膜生长情况。图 8－43(a)、(b)、(c)是 TALH 在 pH 为 2.0、2.5 和 5.5 下制得的$(TiO_2/TALH)_{30}$多层膜的表面形貌照片，TiO_2 胶体的 pH 为 2.5。图 8－43(d)是$(PDDA/TALH)_{30}$(pH＝2.5)形成薄膜的表面形貌。比较不同条件下得到的薄膜的表面形貌，图(b)所示的最平坦而致密，粒径分布在 70～100 nm。

8.3.2　纳米结构的半导体薄膜的性质

1. 电致变色和光致变色效应

在由金属氧化物胶体制备的 WO_3，SnO_2 和 TiO_2 薄膜中，可以观察到可逆的电致变色和光致变色效应。当这些薄膜在紫外光照射或电化学（阴极）偏压的作用下，由于在陷俘位

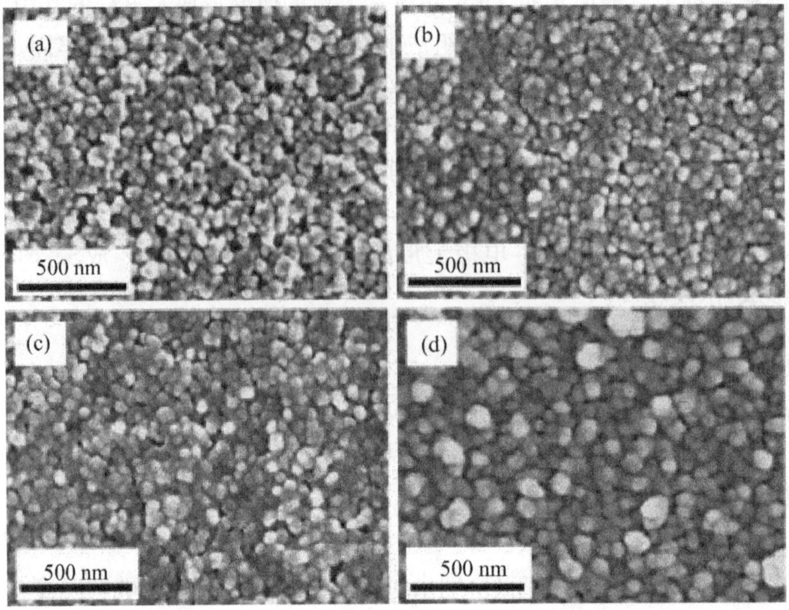

图 8－43　在 TALH 不同的 pH 下制得的(TiO_2/TALH)$_{30}$ 多层膜的 FE-SEM 照片

置上的电子储存，薄膜很快就会呈现蓝色。这种效应也可以在辐射作用下产生。此外，WO_3 胶悬体在声波作用下还观察到声致变色效应。

图 8－44 显示了纳米结构薄膜(WO_3)在不同外加电压下显示的吸收谱的变化。当用紫外光照射这些薄膜时，它们的外观颜色变蓝，这说明对波长大于 500 nm 的光的吸收增加了。

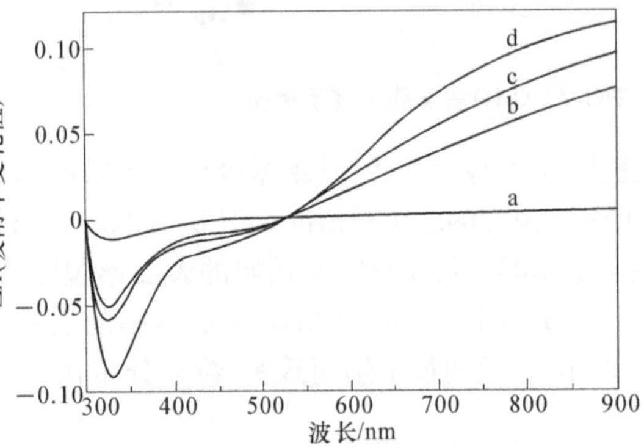

图 8－44　WO_3 颗粒薄膜吸收谱的带隙激发效应

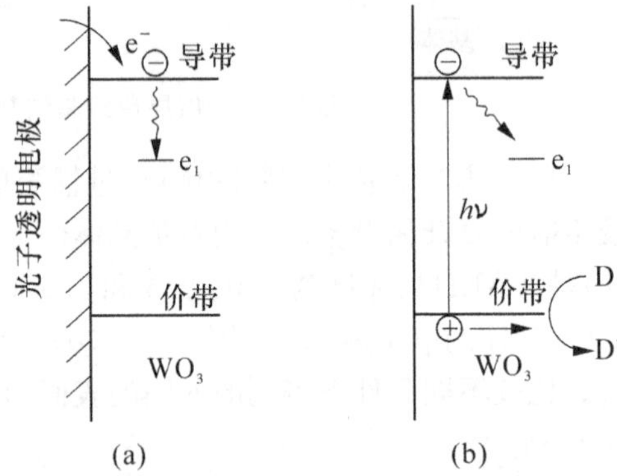

图 8－45　由电化学(a)和光电化学(b)方法在 WO_3 颗粒膜中陷俘电子

同时，薄膜在负偏压作用下也能产生相似的变蓝效应。在电致变色效应实验中，观察到与半导体相对应的起始电势为平坦型电势，并与介质的 pH 有关。通过监测光吸收率，Fitzmaurice 及其合作者确定了 TiO_2 和 GaAs 半导体纳米薄膜的平坦型电势，并给出了陷俘电子的消光系数。另外，实验还发现，当 ZnO；SnO_2 和 CdS 薄膜在外加电压比平坦电势还低时，这些薄膜变成无色。图 8－45 给出了上述变色效应的原理示意图。

WO_3 颗粒薄膜的带隙激发通过带电载流子的陷俘效应导致了电荷分离，如方程：

$$WO_3(h\nu > E_g) \rightarrow WO_3(e_{CB}\cdots h_{VB}) \rightarrow WO_3(e_t + h_t) \quad (8-17)$$

$$WO_3(e_t + h_t) + D \rightarrow WO_3(e_t) + D^+ \quad (8-18)$$

式中，e_{CB}和 h_{VB}分别代表导带和价带中的自由载流子；e_t 和 h_t 分别表示电子和空穴；D 代表"净化剂"。如果存在如草酸之类的牺牲型电子给体，则光致空穴很快就会被"清洗"干净，从而减小了电荷复合的概率。在 TiO_2，ZnO 和 WO_3 等金属氧化物胶体中均观察到类似的陷俘电子稳定化现象。研究表明，被陷俘在金属离子格点位置上(如在 TiO_2 中的 Ti^{4+} 位置及 WO_3 中的 W^{6+} 位置)的电子，在红光至红外波段呈现一个宽的特征吸收谱带。同时，还发现 WO_3 颗粒薄膜的光致变色效应是可逆的：当紫外光照射停止后，蓝色缓慢消失，并逐渐恢复到原来的薄膜颜色；其颜色在空气中恢复得相对慢一些(10～20 min)，因为氧气的还原电势比 WO_3 的平坦电势稍低一点。

纳米结构的 WO_3 薄膜材料的电致变色性能受到成膜方法及工艺的影响。目前溶胶-凝胶过程和电化学方法是最常用的沉积 WO_3 薄膜的技术，这两种方法制作价格便宜且在化学计量比、晶型、多孔性、厚度等方面有良好的重复性，最重要的是可通过掺杂和退火热处理对薄膜的微结构进行剪裁，从而能达到改善变色性能的目的。

图 8－46 是采用电化学方法得到的刚沉积的 WO_3 薄膜(含表面活性剂模板)(a)，以及 100℃((b)和(c))、250℃((d)和(e))和 500℃(f)退火后的样品

图 8－46　采用电化学方法得到的刚沉积的 WO_3 薄膜(含表面活性剂模板)(a)以及 100℃((b)和(c))、250℃((d)和(e))和 500℃(f)退火后的样品在不同放大倍数下的 SEM 照片

在不同放大倍数下的 SEM 照片。由图 8－46 可见，刚沉积的薄膜纳米粒子周围由微通道和孔连接，呈层状的堆积结构。100℃退火形成清晰有序的虫洞型结构。250℃退火虽然介观结构未破坏，但出现晶粒交叠。500℃退火薄膜高度晶化，形成分离的不规则形状的晶粒。

图 8－47 是上述各种薄膜随时间的光敏响应。(a)为刚沉积的 WO_3 薄膜，(b)、(c)和(d)分别为 100℃、250℃和 500℃退火后的样品。由图 8－47 可见，与刚沉积的薄膜及 250℃和 500℃退火的样品比较，100℃退火的样品显示最快的变色速率和最大的显色功效，其良好的性能与它开放的通道和介孔结构有关。

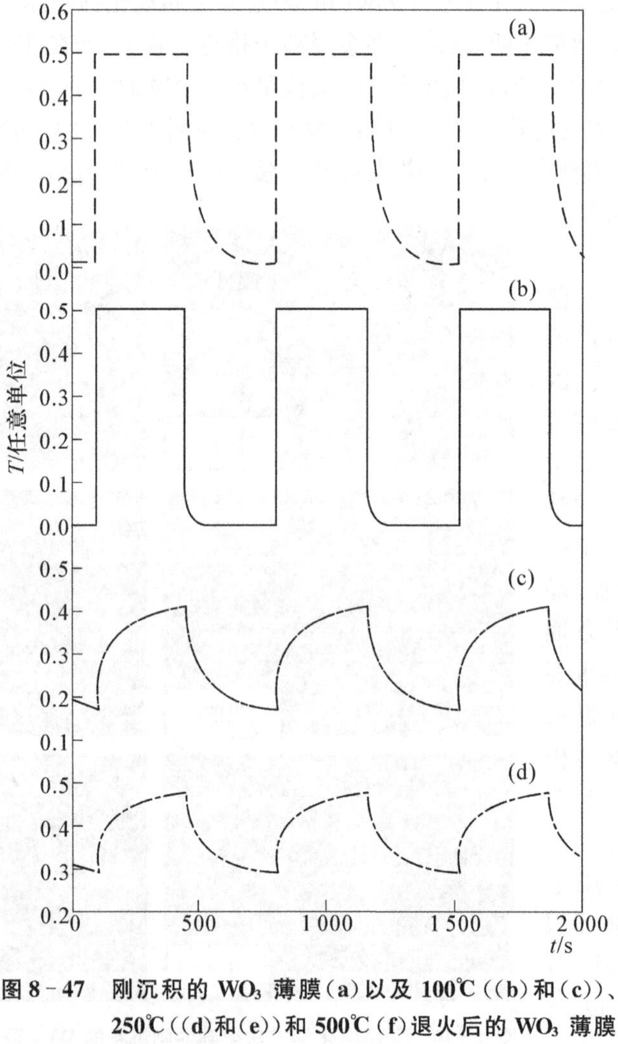

图 8－47　刚沉积的 WO_3 薄膜(a)以及 100℃((b)和(c))、250℃((d)和(e))和 500℃(f)退火后的 WO_3 薄膜瞬时的光敏响应

2. 光电流的产生

纳米半导体粒子在导电玻璃上成膜，可以构成互连排列的微型电极。当它们处于带隙激发态时，具有产生光电流的能力，因此，它们非常适合作为光电化学电池中的光敏电极。图 8 - 48 是其原理图。

纳米结构的半导体薄膜的光电化学特性类似于多晶半导体材料。在紫外光照射下，纳米结构的半导体薄膜经过电荷分离形成电子空穴对；电子和空穴由于其转移到电解质上的速率不同将引起某种载流子在薄膜中的聚集。

例如，如果光致空穴被氢氧离子复合，则在 TiO_2 纳米晶体薄膜上就可以收集到电子。由于电子聚集程度的不同，将改变赝费密能级，从而产生势梯度驱使电子向收集表面移动。这些薄膜的光电化学性质对表面吸附物(如氧等)非常敏感。由于在晶界处的电荷复合以及电子向溶液转移所造成的流失都会影响光电流的产生效率，因此，需要通过合理设计半导体粒子体系以及选择匹配的氧化还原偶合剂等方法，来提高电荷分离效率，从而得到光电化学性能优异的纳米结构半导体薄膜。

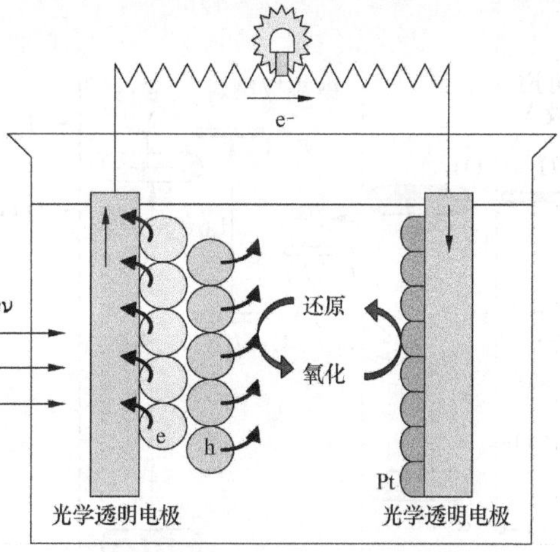

图 8 - 48　在纳米结构半导体薄膜中的光电流产生机理

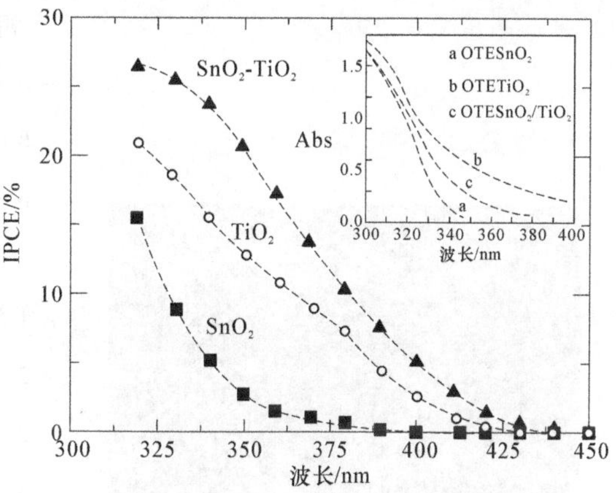

图 8 - 49　光电流作用光谱

固定在导电玻璃表面的 SnO_2，TiO_2 和 SnO_2/TiO_2 纳米团簇的光电化学响应及其吸收谱如图 8 - 49 所示。入射光子产生光电流的效率(IPCE)，可以通过 OTE/TiO_2 电极在不同激发波长下的光电流测量并根据下式得出：

$$\mathrm{IPCE}(\%) = 100(1\,240 i_{sc})(\lambda I_{inc}) \tag{8-19}$$

式中，i_{sc}表示短路光电流，单位是 $A \cdot cm^{-2}$；I_{inc}表示入射光强度，单位是 $W \cdot cm^{-2}$；λ 为激发波长，单位是 nm。由图 8 - 49 可以看出，SnO_2 和 TiO_2 薄膜光电流的起始激发波长分别为 360 nm 和 400 nm；激发波长若在这些起始激发波长以下，则光电流增加。这一结果与 SnO_2

(E_g=3.5 eV)和锐钛矿型 TiO_2(E_g=3.2 eV)吸收谱的特征峰是一致的。同时也说明,所观测到的光电流与薄膜中半导体纳米团簇的激发相对应。对于 OTE/SnO_2/TiO_2 复合薄膜其 IPCE 高于 OTE/SnO_2 和 OTE/TiO_2 薄膜;在 325 nm 处得到 IPCE 的最大值为 25%。OTE/SnO_2/TiO_2 电极具有较高的 IPCE,这说明复合薄膜的电荷分离本领增加了。此外,阳极电流的产生也说明电子流动方向指向 OTE 表面。

光诱导裂解水生成氢气和氧气是目前光电化学研究的主要目标。对于这一挑战性的课题,近年来在构造方面已有一些探索。例如,一光电极可以与一暗反电极或光活性阴极偶联。不同带隙的两光电极可被叠加。与暗反电极偶联,也叫"串联电池",是高效利用太阳能转换为化学能的最诱人的构造。

两叠加光系统最佳配对应能吸收太阳发射谱中可见与近红外区域互补的部分。WO_3 和 $\alpha-Fe_2O_3$ 是吸收从太阳发射的蓝与紫外部分光子在阳极产生氧气最合适的半导体氧化物,它们的带隙分别为 2.2 eV 和 2.6 eV。Duret 等采用超声喷雾热分解方法在导电玻璃上沉积了 100 nm 尺度的叶形片状 $\alpha-Fe_2O_3$ 薄膜,膜厚为 5~10 nm(见图 8-50)。介观的叶形结构可以有效吸收可见光,同时缩短光生空穴到电极界面而不被导带电子重新复合的距离。

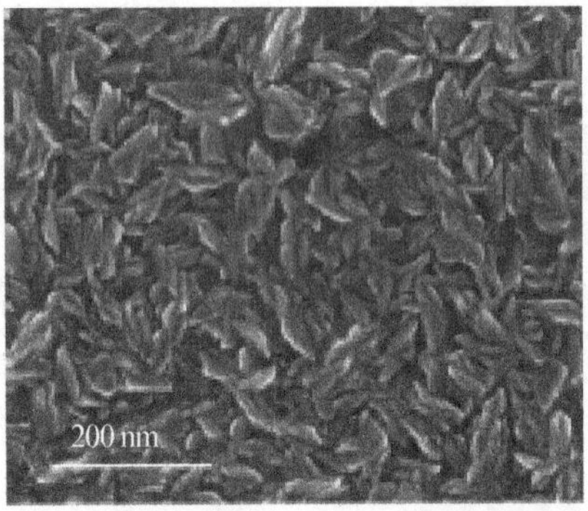

图 8-50 叶形片状 $\alpha-Fe_2O_3$ 薄膜的照片

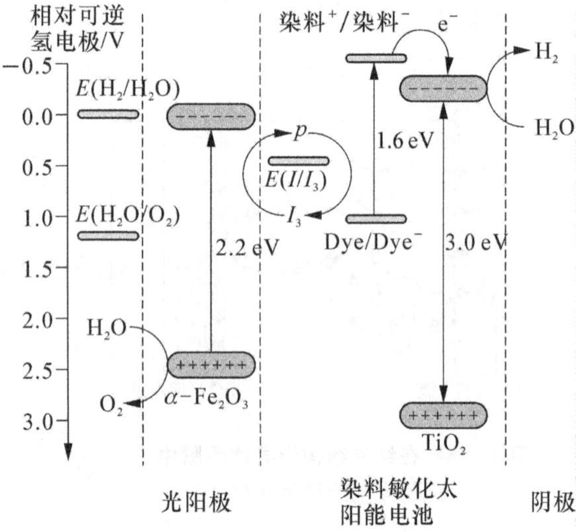

图 8-51 串联电池的能带图

图 8-51 给出了"串联电池"装置的能级示意图。当太阳光入射到电池上时,顶电极吸收波长低于 600 nm 的绿、蓝和紫外光子,在氧化铁薄膜上产生光致电子-空穴对。

$$h\nu + Fe_2O_3 \longrightarrow Fe_2O_3(h^+ + e^-) \tag{8-20}$$

价带空穴移至表面与水反应产生氧气和质子。

$$4h^+ + 2H_2O \longrightarrow 4H^+ + O_2 \tag{8-21}$$

氧化铁导带上的光生电子移至支撑的作为电流收集器的导电玻璃，从那里被注入底电池的阴极，如染料敏化的太阳能电池。后者吸收氧化铁发射的红和近红外光。在底电池由发射光产生的光电流必须大于顶电极产生的电流。经过底电池，电子的电化学势增加允许水还原成氢气。

$$2e^- + 2H^+ \longrightarrow H_2 \tag{8-22}$$

3. 光催化

纳米 ZnO，Fe_2O_3，TiO_2 等半导体纳米粒子具有光催化效应，其中 TiO_2 作为耐久的光催化剂最为常用，可用于降解空气和水中的不良有机成分，如烷烃、脂肪醇、脂肪羧酸、酚醛、芳香族羧酸、卤代烃、表面活性剂、织物染料和农药等。同时在含水的溶液中对于重金属（如 Pt^{4+}，Au^{3+}，Rh^{3+}，Cr^{6+}）的再还原沉淀也有重要作用。对于反应器应用来讲，可以很方便地将半导体粒子固定在合适的基底上，形成纳米结构的半导体光催化薄膜。

图 8－52 给出了光催化机理的基本步骤。使用 TiO_2 作为光催化剂，完成光催化过程共含 7 个可能的步骤：由光子形成荷电体；荷电体重新结合释放热；由一个价带空穴引起的氧化途径的发生；由一个导带电子引起的还原途径的发生；进一步的热和光催化反应，产生矿物化产品；在悬挂的表面键捕捉一个导带电子产生 Ti^{3+}；在表面的钛团簇上捕捉一个价带空穴。

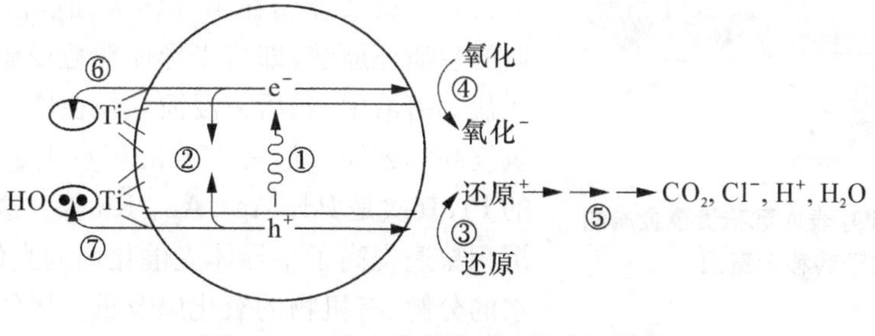

图 8－52　光电化学机理中的主要步骤

为了进一步讨论 TiO_2 光催化的原理，必须对表面结合态的形式进行研究，考虑氯仿（$CHCl_3$）的吸附，图 8－53 示出了表面结合态的两种不同形式。在表面成键位置 1，Cl 与 C 成键带有少量负电荷，而 TiO_2 中的空穴是强氧化剂，因而当强相互作用发生时，空穴会夺走

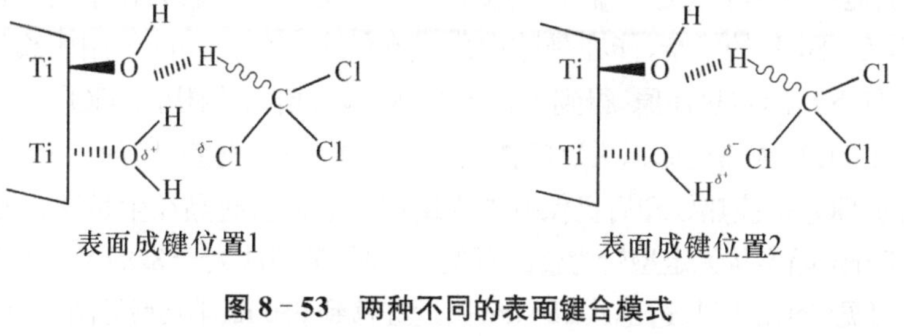

图 8－53　两种不同的表面键合模式

氧中的电子，虽然一个氧原子已与两个氢原子成键，但仍然带有正电荷，因此有强相互作用出现。在表面成键位置 2，TiO_2 与氧的作用弱，因而氧与一个氢原子成键后，就带有少量的负电荷。这样的两个成键过程对于深入理解 TiO_2 的光催化原理将起重要作用。

当使半导体粒子处于带隙激发态时，就将在每个粒子上发生电荷分离。这样就可以利用这些载流子在同一个粒子上进行氧化还原反应。在水溶液中，处于 TiO_2 表面上的空穴将被表面羟基“净化”而产生 OH · 自由基，然后这个自由基再氧化溶解有机物。显然，这样的体系有一个缺点，就是在独立粒子中的载流子之间有很高的复合率。为此，通常借助牺牲电子受体(如溶解氧)来“净化”消除电子，以便空穴能够参与有机物的氧化。由此可见，电子的清除就成为控制有机物光催化氧化反应的一个影响因素。

涂覆于导电表面的半导体颗粒薄膜为我们提供了一种通过电化学方法对光催化反应控制的有效而方便的途径。如果对固定的半导体纳米晶体施加一个阳极偏压，就可以使这些薄膜中的电荷分离达到更好的效果。其原理与 Fujlshima 和 Honda 在单晶 TiO_2 上外加阳极偏压使水分解的机理相似。在电化学辅助光催化过程(ECAP)中，通过驱使光致电子经由外加电路迁移到对电极一侧，外加阳极偏压可以极大地提高电荷分离效率。

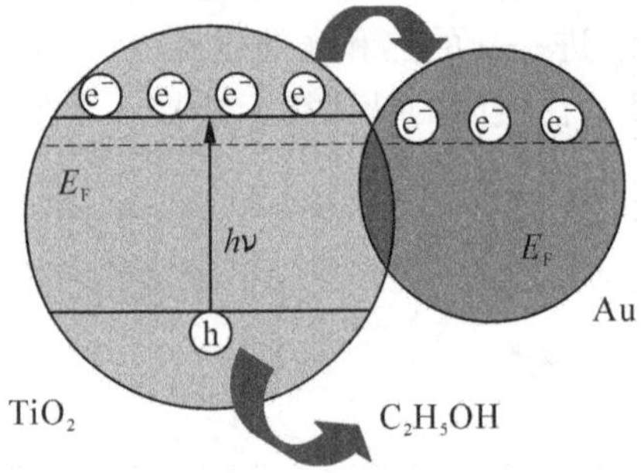

图 8 - 54　TiO_2 表面沉积贵重金属的电子转移示意图

如果在 TiO_2 表面沉积适量的贵重金属，费密能级的持平就会使电子从半导体流向贵重金属，而把空穴留在半导体中，这样就可以有效分离光生电子和光生空穴，从而大大提高半导体光催化剂的活性(见图 8 - 54)。贵重金属在半导体表面的沉积可以采用普通的浸渍还原法，即将半导体颗粒浸渍在含有贵重金属盐的溶液中，然后将浸渍颗粒在惰性气体保护下用氢气高温还原。最常见的沉积贵重金属是第 VⅢ 族的 Pt，其次是 Pd, Ag, Au, Ru 等。这些贵重金属的沉积普遍提高了半导体光催化剂的光催化活性，包括水的分解、有机物的氧化以及重金属的还原等。不过贵重金属沉积的量也需要控制，否则反而适得其反，增加了光生电子和空穴对的复合概率。

由于常用的 TiO_2 带隙宽(金红石型为 3.0 eV，锐钛矿型为 3.2 eV)，仅吸收紫外光，对太阳能的利用不充分，因此，近年来人们花了大量的精力着重研究窄带隙纳米晶 TiO_2，提出了各种方法，包括掺杂金属和非金属原子。过渡金属掺杂的 TiO_2 由于原子的扩散和载流子再复合的中心增加显示其热不稳定。非金属原子由于与钛产生很强的化学共价键，是较好的掺杂原子。F, N, C, S, P 的掺杂，能在带隙中形成新的态。Barborini 等用团簇组装的 TiO_2 作为起始材料，空气下高温碳热还原，得到了带隙 2.06 eV 的纳米结构的 TiO_2 薄膜。图 8 - 55 是起始薄膜(a)和 1 000℃碳热还原退火后的掺碳纳米结构 TiO_2 薄膜(b)的 AFM 图像。

纳米结构的 TiO_2 薄膜热处理后仍保持纳米结构。退火引起晶粒生长和相变。晶粒尺寸从 15 nm 增长到 75 nm，晶型从无定型转为金红石型。同时，带隙从大于 3.3 eV 减小到2.06 eV(见图 8 - 56)。紫外-可见光谱的吸收边也从 380 nm 附近红移到 680 nm 附近(见图 8 - 57)。

图 8－55　起始薄膜(a)和 1 000℃碳热还原退火后的掺碳纳米结构 TiO_2 薄膜(b)的 AFM 图像

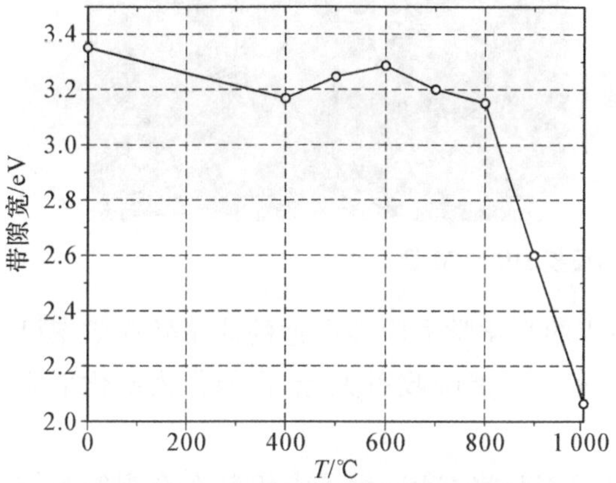

图 8－56　带隙随退火温度的变化

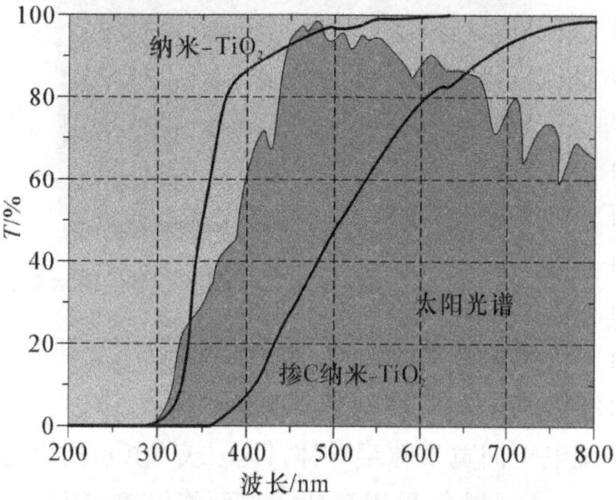

图 8－57　刚沉积的和掺碳的纳米 TiO_2 薄膜的紫外-可见光透射谱

4. 半导体薄膜的光敏化

利用光敏化，即将光活性化合物化学吸附或物理吸附于纳米半导体表面，可扩大激发波长范围，达到在可见光区的光谱响应范围，从而能增加光催化反应的效率。对 TiO_2 而言，由于其吸收光量大概只占太阳光的 4%～6%，这对利用太阳光能是远远不够的，所以通过光敏化来延伸 TiO_2 的激发波长引起了很多研究者的兴趣。常用的光敏化剂包括赤藓红 B、劳氏紫、曙红、叶绿酸、酞菁、若丹明和玫瑰红等。这些光活性物质在可见光下有较大的激发因子，只要活性物质激发态电势比半导体导带电势更负，就可能将光生电子输运到半导体材料的导带，从而扩大激发波长的范围。

染料改性半导体薄膜为模拟光合作用过程提供了一条有效的途径。Bignozzi 等人曾对设计合成光敏剂提出了一个超分子方法。通过优化受光分子(即敏化剂)的设计方案，可以实现消除界面电荷复合，提高光吸收横截面积的目标。

纳米结构半导体薄膜具有强的表面键合特性，这将有利于通过静电或电荷转移相互作用对其表面改性。这些薄膜拥有的高孔隙率使得我们能够以较大的浓度掺入敏化染料。Agrios 等采用静电层沉积方法制得了纳米结构的 TiO_2 薄膜。图 8－58 给出了沉积 5 次 TiO_2 纳米粒子烧结后的 SEM 照片。由图 8－58(a)可见在透明电极上纳米粒子分布均匀，其介孔结构(见图 8－58(b))有利于电解质的扩散。介孔主要是烧结过程中聚合物的脱出留下的位置。涂覆染料分子后，能达到在每 cm^2 的薄膜上覆盖 210 cm^2 的染料分子，根据表面积估算，染料覆盖为单层，从而有望制成低厚度高效率的染料敏化太阳能电池。

图 8－58　纳米颗粒膜的顶视 HR-SEM 像

染料敏化的介观 TiO_2 已经被广泛研究。制成的光化学太阳能电池的能量转换效率已经达到 11%。半导体如 CdS，PbS，Bi_2S_3，CdSe 和 InP 能吸收可见光，也能作为敏化剂实现电子向宽带隙半导体 TiO_2 或 SnO_2 的转移。

Robel 等采用双功能表面修饰剂(SH－R－COOH)将 CdSe 量子点组装在介观纳米结构的 TiO_2 薄膜上，在可见光激发下 CdSe 量子点的电子注入 TiO_2 纳米晶上(见图 8－59)。TiO_2－CdSe 用作光电化学电池的光阳极显示光电流转换效率达到 12%。

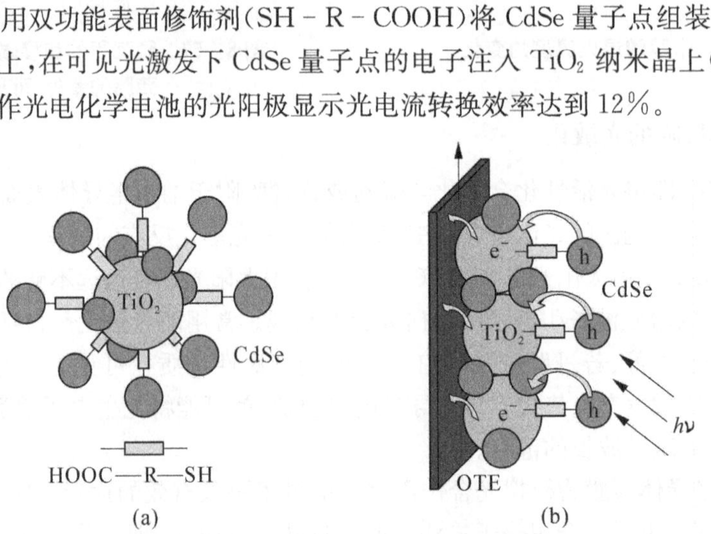

图 8－59　(a)用双功能表面修饰剂连接 CdSe 量子点和 TiO_2 粒子；(b)组装在光学透明电极上的含功能化 CdSe 量子点的 TiO_2 薄膜受光照

图 8-60 显示了 TiO_2 薄膜修饰 CdSe 量子点前后光响应，比较了不同连接分子制备的 TiO_2/CdSe 复合膜，并用光电流转换效率（IPCE）对光电流响应特性进行了评价。三种 TiO_2/CdSe 薄膜的 IPCE 最大值与敏化剂 CdSe 的吸收最大值很好地符合。在表面改性之前的 TiO_2 薄膜只对紫外光激发（波长小于 380 nm）是敏感的，而经表面改性之后的 TiO_2/CdSe 薄膜，对可见光（波长达到 600 nm）也有了响应。这表明，利用 CdSe 量子点的光敏化机制（见图 8-61）可以实现 TiO_2 薄膜光电流响应频带的扩展。

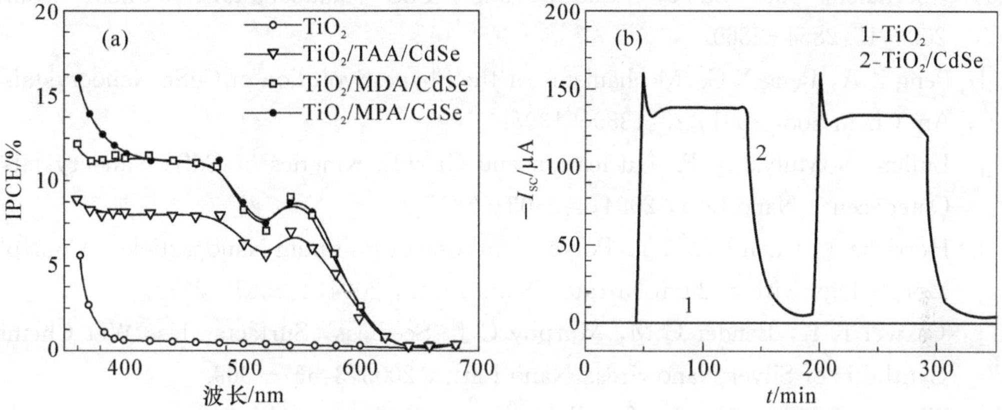

图 8-60 各种 TiO_2 薄膜的光电流作用谱(a)和随时间变化的光电流(b)

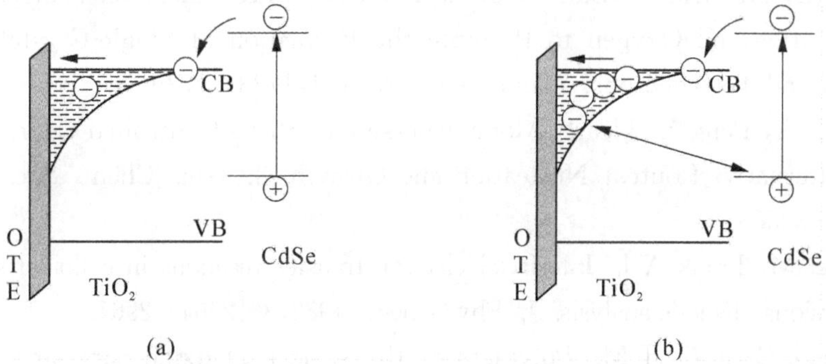

图 8-61 组装在 OTE/TiO_2 电极上的 CdSe 量子点在(a)低和(b)高激发强度的可见光激发下其电荷注入、电荷传输和电荷再复合示意图

参考文献

[1] Gleiter H. Nanostructured materials. Adv Mater，1992，4：461-527.

[2] Wilde G. Nanostructures and nanocrystalline composite materials-synthesis，stability and phase transformations. Surface and Interface Analysis，2006，38：1047-1062.

[3] Wang X，Zhuang J，Chen J，et al. A general strategy for nanocrystal synthesis.

Nature, 2005,437:121－124.

[4] Burda C, Chen X, Narayanan R, et al. Chemistry and Properties of Nanocrystals of Different Shapes. Chem Rev, 2005,105:1025－1102.

[5] Qu L, Yu W W, Peng X. In Situ Observation of the Nucleation and Growth of CdSe Nanocrystals. Nano Lett, 2004,4:465－469.

[6] Yu W W, Qu L, Guo W, et al. Experimental Determination of the Extinction Coefficient of CdTe, CdSe, and CdS Nanocrystals. Chem Mater, 2003,15:2854－2860.

[7] Peng Z A, Peng X G. Mechanisms of the Shape Evolution of CdSe Nanocrystals. J Am Chem Soc, 2001, 23:1389－1395.

[8] Bullen C, Mulvaney P. Nucleation and Growth Kinetics of CdSe Nanocrystals in Octadecene. Nano Lett, 2004,4:2303－2307.

[9] Herricks T, Chen J, Xia Y. Polyol Synthesis of Platinum Nanoparticles: Control of Morphology with Sodium Nitrate. Nano Lett., 2004,4:2367－2371.

[10] Caswel K K, Bender C M, Murphy C J. Seedless, Surfactantless Wet Chemical Synthesis of Silver Nanowires. Nano Lett., 2003,3:667－669.

[11] Pileni M P. The role of soft colloidal templates in controlling the size and shape of inorganic nanocrystals. Nature Mater., 2003,2:145－150.

[12] Wiley B, Herricks T, Sun Y, et al. Polyol Synthesis of Silver Nanoparticles: Use of Chloride and Oxygen to Promote the Formation of Single-Crystal, Truncated Cubes and Tetrahedrons. Nano Lett., 2004,4:1733－1739.

[13] Peng Z A, Peng X. Nearly Monodisperse and Shape-Controlled CdSe Nanocrystals via Alternative Routes: Nucleation and Growth. J. Am. Chem. Soc., 2002,124: 3343－3353.

[14] Grätzel M, Frank A J. Interfacial electron-transfer reactions in colloidal semiconductor dispersions. Kinetic analysis. J. Phys Chem, 1982,86:2964－2967.

[15] Hofman-Caris C H M. Polymers at the surface of oxide nanoparticles. New J. Chem., 1994,18:1087－1096.

[16] Partch R, Gangolli S G, Matijevic E, et al. Conducting polymer composities. I. Surface-induced polymerization of pyrrole on iron (Ⅲ) and cerium (Ⅳ) oxide particles. J. Colloid Interface Sci., 1991,144:27－35.

[17] Huang C L, Matijevic E. Coating of uniform inorganic particles with polymers: Ⅲ, Polypyrrole on different metal oxides. J. Mater. Res., 1995,10:1327－1336.

[18] Marinakos S M, Novak J P, Brousseau L C, et al. Gold Particles as Templates for the Synthesis of Hollow Polymer Capsules. Control of Capsule Dimensions and Guest Encapsulation. J. Am. Chem. Soc., 1999,121:8518－8522.

[19] Quaroni L, Chumanov G. Preparation of Polymer-Coated Functionalized Silver Nanoparticles. J. Am. Chem. Soc., 1999,121:10642-10643.

[20] Caruso F, Donath E, Möhwald H. Influence of Polyelectrolyte Multilayer Coatings on Förster Resonance Energy Transfer between 6-Carboxyfluorescein and Rhodamine B-Labeled Particles in Aqueous Solution. J. Phys. Chem. B, 1998, 102:2011-2016.

[21] Caruso F, Lichtenfeld H, Donath E, et al. Investigation of Electrostatic Interactions in Polyelectrolyte Multilayer Films: Binding of Anionic Fluorescent Probes to Layers Assembled onto Colloids. Macromolecules, 1999,32:2317-2328.

[22] Caruso F. Nanoengineering of Particle Surfaces, Adv. Mater., 2001,13:11-22.

[23] Liz-Marzan L M, Philipse A P. Synthesis and Optical Properties of Gold-Labeled Silica Particles. J. Colloid Interface Sci., 1995,176,459-466.

[24] Dokoutchaev A, James J T, Koene S C, et al. Colloidal Metal Deposition onto Functionalized Polystyrene Microspheres. Chem. Mater., 1999,11:2389-2399.

[25] Oldenburg S J, Averitt R D, Westcott S L, et al. Nanoengineering of optical resonances. Chem. Phys. Lett., 1998,288:243-247.

[26] Keller S W, Johnson S A, Brigham E S, et al. Photoinduced Charge Separation in Multilayer Thin Films Grown by Sequential Adsorption of Polyelectrolytes. J. Am. Chem. Soc., 1995,117:12879-12880.

[27] Chen T, Somasundaran P. Preparation of novel core-shell nanocomposite particles by controlled polymer bridging. J. Am. Ceram. Soc., 1998,81:140-144.

[28] Caruso F, Möhwald H. Preparation and Characterization of Ordered Nanoparticle and Polymer Composite Multilayers on Colloids. Langmuir, 1999,15:8276-8281.

[29] Wang Y, Caruso F. Mesoporous Silica Spheres as Supports for Enzyme Immobilization and Encapsulation. Chem. Mater., 2005,17:953-961.

[30] X Shi, M Shen, H Möhwald. Polyelectrolyte multilayer nanoreactors toward the synthesis of diverse nanostructured materials. Prog Polym Sci, 2004, 29: 987-1019.

[31] Antipov A A, Sukhorukov G B, Fedutik Y A, et al. Fabrication of a novel type of metallized colloids and hollow capsules. Langmuir, 2002,18:6687-6693.

[32] Kidambi S, Dai J, Li J, et al. Selective hydrogenation by Pd nanoparticles embedded in polyelectrolyte multilayers. J. Am. Chem. Soc., 2004, 126: 2658-2659.

[33] Mirkin C A, Letsinger R L, Mucic R C, et al. A DNA-Based Method for Rationally Assembling Nanoparticles into Macroscopic Materials. Nature, 1996, 382: 607-609.

[34] Cortez C, Tomaskovic-Crook E, Johnston A P R, et al. Targeting and Uptake of Multilayered Particles to Colorectal Cancer Cells. Adv. Mater., 2006, 18: 1998-2003.

[35] Angelatos A S, Katagiri K, Caruso F. Bioinspired colloidal systems via layer-by-layer assembly. Soft Matter, 2006, 2: 18-23.

[36] Zelikin A N, Quinn J F, Caruso F. Disulfide Cross-Linked Polymer Capsules: En Route to Biodeconstructible Systems. Biomacromolecules, 2006, 7: 27-30.

[37] Sounart T L, Liu J, Voigt J A, et al. Sequential nucleation and growth of complex nanostructured films. Adv. Funct. Mater., 2006, 16: 335-344.

[38] Epifani M, Diaz R, Arbiol J, et al. Nanocrystalline metal oxides from the injection of metal oxide sols in coordinating solutions: Synthesis, characterization, thermal stabilization, device processing, and gas-sensing properties. Adv. Funct. Mater., 2006, 16, 1488-1498.

[39] Fendler J H. Self-Assembled Nanostructured Materials. Chem. Mater., 1996, 8: 1616-1624.

[40] Deepa M, Srivastava A K, Agnihotry S A. Influence of annealing on electrochromic performance of template assisted, electrochemically grown, nanostructured assembly of tungsten oxide. Acta Materialia, 2006, 54: 4583-4595.

[41] Liu D, Kamat P V. Photoelectrochemical behavior of thin cadmium selenide and coupled titania/cadmium selenide semiconductor films. J. Phys. Chem., 1993, 97: 10769-10773.

[42] Duret A, Grätzel M. Visible Light-Induced Water Oxidation on Mesoscopic α-Fe_2O_3 Films Made by Ultrasonic Spray Pyrolysis. J. Phys. Chem. B, 2005, 109, 17184-17191.

[43] Hoffmann M R, Martin S T, Choi W, et al. Environmental applications of semiconductor photocatalysis. Chem. Rev., 1995, 95: 69-96.

[44] Fujishima A, Honda K. Electrochemical photolysis of water at a semiconductor electrode. Nature, 1972, 238: 37-38.

[45] Jakob M; Levanon H; Kamat P V. Charge Distribution between UV-Irradiated TiO_2 and Gold Nanoparticles. Determination of Shift in Fermi Level. Nano Lett., 2003, 3: 353-358.

[46] Stathatos E., Petrova T., Lianos P. Study of the efficiency of visible-light photocatalytic degradation of basic blue adsorbed on pure and doped mesoporous titania films. Langmuir, 2001, 17: 5225-5030.

[47] Barborini E, Conti A M, Kholmanov I, et al. Nanostructured TiO_2 Film with 2 eV Optical Gaps. Adv. Mater., 2005, 17: 1842-1846.

[48] Habibi M H, Talebian N, Choi J-H. The effect of annealing on photocatalytic properties of nanostructured titanium dioxide thin films. Dyes Pigments, 2007, 73: 103 - 110.

[49] Bignozzi C A, Argazzi R, Indelli T, et al. Design of supramolecular systems for spectral sensitization of semiconductors. Solar Energy Mater. Solar Cells, 1994, 32: 229 - 244.

[50] Graetzel M. Photoelectrochemical Cells. Nature, 2001, 414: 338 - 344.

[51] Plass R, Pelet S, Krueger J, et al. Quantum Dot Sensitization of Organic-Inorganic Hybrid Solar Cells. J. Phys. Chem. B, 2002, 106: 7578 - 7580.

[52] Peter L M, Wijayantha K G U, Riley D J, et al. Band-Edge Tuning in Self-Assembled Layers of Bi_2S_3 Nanoparticles Used To Photosensitize Nanocrystalline TiO_2. J. Phys. Chem. B, 2003, 107: 8378 - 8381.

[53] Robel I, Subramanian V, Kuno M, et al. Quantum Dot Solar Cells. Harvesting Light Energy with CdSe Nanocrystals Molecularly Linked to Mesoscopic TiO_2 Films. J. Am. Chem. Soc., 2006, 128: 2385 - 2393.

思考题

1. 纳米材料的表界面有哪些基本特性？试举例说明与普通材料相比的不同之处。

2. 纳米粒子的成核生长过程有什么特征？如何用表面化学手段控制纳米粒子的形态？

3. 纳米粒子的稳定性取决于哪些因素？谈谈提高纳米粒子稳定性的主要方法。

4. 什么是粒子表面的纳米工程？主要有哪些方面？

5. 简述如何用粒子表面的纳米工程技术构筑有机/有机、有机/无机和无机/无机核壳粒子。试述它们在材料领域中的应用。

6. 简述自组装的定义。

7. 纳米结构的半导体薄膜有哪些制备方法？试比较各自的优、缺点。

8. 什么是电致变色和光致变色效应？从材料结构角度，讨论提高电致变色和光致变色效应的措施。

9. 简述光电流产生的原理和光催化机理，结合实例阐述选用纳米结构材料的优势和作用机理。

10. 什么是光敏化？光敏化半导体薄膜有何潜在的应用价值？

内 容 提 要

本书在介绍表面化学四大定理和表面活性剂的基础上，着重讨论高分子材料、无机材料、生物材料、纳米材料以及复合材料的表界面研究最新进展。

本书是材料类专业硕士研究生的专业基础课教材，也可作为从事材料和表界面科学研究的科研工作者和工程技术人员的参考书。

材料科学与工程研究生教学用书

近代材料科学与技术进展	陈　文　主编
材料 X 射线衍射与电子显微分析	姜传海　主编
表面化学分析	黄惠忠　主编
材料表面与界面	胡福增　主编
材料合成与制备	崔春翔　主编
材料热力学与动力学	金学军　主编
材料结构与性能	黄维刚　主编
材料加工工程	李廷举　主编
材料物理进展	田晓慧　主编
材料化学进展	薛冬峰　主编
现代腐蚀科学与防护技术	梁成浩　主编
先进复合材料	倪礼忠　主编
现代陶瓷材料及技术	曲远方　主编
现代薄膜材料与技术	蔡　珣　主编
高聚物结构与性能	董炎明　主编
聚合物分子设计及制备方法	陈晓农　主编
高分子材料流变学	金日光　主编
聚合物加工原理及进展	金日光　主编
聚合物反应原理及进展	韩哲文　主编
功能高分子材料	王国建　主编
高分子凝聚态物理及其进展	吴其晔　主编